World Scientific
Connecting Great Minds

〔美〕弗兰克·J.法博齐 (**Frank J. Fabozzi**)
〔美〕弗朗西斯科·A.法博齐 (**Francesco A. Fabozzi**) 著
〔西〕马科斯·洛佩斯·德普拉多 (**Marcos López de Prado**)
〔美〕斯托扬·V.斯托亚诺夫 (**Stoyan V. Stoyanov**)

俞卓菁 译

Finance Textbook Fabozzi Selected

高级金融学译丛·法博齐精选系列

U0395078

资产管理
工具和问题

ASSET MANAGEMENT
Tools and Issues

格致出版社　上海人民出版社

弗兰克·J.法博齐

致我已故的姐姐露西·法博齐(Lucy Fabozzi)

弗朗西斯科·A.法博齐

致我的父亲——我的榜样——以及我的姐妹

帕特里西娅(Patricia)和卡莉(Karly)

马科斯·洛佩斯·德普拉多

致我的才华横溢的工科学生:你们是我们对美好未来的希望。

斯托扬·V.斯托亚诺夫

致我的妻子彼佳(Petya),我的孩子阿娃(Ava)和尼娅(Nia)

前言

本书描述了在资产管理中使用的工具,并更深入地解释了本书配套册《机构资产管理基础》中涵盖的专题和问题。在前言中,我们简要地描述本书每一章的内容,并解释为何我们基于自身在行业中,以及教授本科生和研究生课程的经验,决定在本书中涵盖这些课题。

第1章描述了资产管理公司。我们描述了资产管理公司的特征,它们与财富管理公司的差异,以及传统资产管理公司与对冲基金的差异。主管客户与资产管理公司之间关系的文件是投资管理协议。此章描述了这种协议的基本条款,附录是一份投资管理协议样本。在此章中,我们还描述了客户希望从资产管理人那里得到什么、行业在如何发生变化,以及未来建立资产管理公司需要什么。

希望成为证券分析师的人士需要理解会计学的基础知识。为了分析公司,股票分析师使用传统的财务报表分析,并伴随着对公司管理层的考察及对公司在行业中所处地位的经济分析。但理解财务报表对于那些量化分析师来说也是必要的。这是因为公司的基本面因素是从其财务报表构建而来的。然而,盲目地接受公司财务报表中的数字,未意识到公司可以采用不同的会计处理方法,并且管理层也有使财务报表看上去更具吸引力的自由裁量权,可能会歪曲股票分析师的推荐或者在量化模型中使用计算错误的因子。在第2章中,我们回顾了关键财务报表,并解释了在编制财务报表时所作的假设。我们未对编制财务报表的机制(即借记和贷记的机制)作出解释。此章对尚未学习过财务会计课程的人士是较为友好的概述。

投资级债券市场中最大的非政府债券板块是住宅抵押贷款证券板块。因此,任何债券投资组合经理都应熟悉这个板块中的产品:房产抵押贷款过手证券、分级偿还房产抵押贷款证券和本息拆离房产抵押贷款证券。在第3章中,我们描述了这些证券化产品,并解释了如何创建它们及为何创建它们。创建了这些产品的机制被称为构建资产池(或贷款池)或资产池的证券化,我们在创建资产支持证券时也会用到这些机制。

第3章至第7章涵盖了在量化资产管理中通常使用的统计学和运筹学工具。第4章涵盖了金融计量经济学工具:回归分析、主成分分析法,以及波动率的时间序列模型(ARCH和GARCH)。

在资产管理中,投资组合或投资策略的业绩通常取决于多个随机变量的结果,每个变量的变化都会影响大量可能的路径。由于这些最终结果使得为评估风险而评估所有可能结果的组合不切实际,因此,我们采用了蒙特卡洛模拟。在第5章中,我们解释了蒙特卡洛模拟的基本知识,描述了该模拟过程中的步骤,然后提供了数项资产管理应用。

优化模型指出了为实现目标而应采取的最佳行动。在资产配置、投资组合构建和投资组合再平衡等大多数资产管理应用中使用的优化模型都是数学规划模型。第 6 章描述了在资产管理的优化中使用的各种数学规划模型及数项应用。

资产管理人依赖于在第 4 章中描述的金融计量经济学工具以识别数据中的模式。机器学习为研究人员提供了利用现代的非线性和高维度的技术识别模式的新工具。在第 7 章解释了机器学习与金融计量经济学的差异后，我们描述了机器学习，提供了机器学习工具的简要概观，并描述了其在资产管理中的各种应用。我们还解释了如何开发机器学习策略。这种策略的制定不是一个简单问题，对其的误用可能会导致令人失望的结果。

在经典的资产配置问题[更普遍地被称为哈里·马科维茨(Harry Markowitz)建立的现代投资组合理论]中，方差被用作风险的代表指标。然而，方差对称地惩罚了正数和负数的回报率。在第 8 章中，我们描述了对均值-方差分析的扩展(这些扩展通过风险度量或对分散程度的不对称度量来捕捉风险的不对称性)，并重点关注与资产配置决策最为相关的特征。这些特征包括捕捉资产回报率的观察值所呈现的偏度和峰度的能力，与极端损失相关性最大的尾部依赖性，以及最重要的一点，即与多元化原则的一致性。由于投资者通常将替代风险度量与资产回报率的分布假设结合使用，在第 8 章中，我们回顾了应用最为普遍的分布假设，并将重点放在扩展后的框架与均值-方差分析的差异点上。均值-方差分析的每种扩展都与风险/回报比率是一致的，它可以被用作风险调整后业绩的度量。

在描述各种金融学理论和解释各种策略的实施时，卖空和使用杠杆是关键。在卖空时能在市场中借入证券、为头寸进行融资以创建杠杆，以及将一个持仓组合用作抵押物以产生增量回报，均属于证券融资和抵押品管理的领域。第 9 章讨论了证券借贷及在证券融资和抵押品管理中使用的其他工具；此章的重点是股票。第 10 章讨论了通常被用于为债券市场头寸提供资金的回购协议。

第 11 章至第 14 章深入探究了量化股票策略。第 11 章讨论了实施量化研究时涉及的问题。在此章中，我们描述了开展量化研究的过程、如何将研究转化为可实施的交易策略、与资产管理的量化方法相关的问题、量化研究过程的共同目标，以及在为估计模型选择样本和方法时涉及的问题。

第 12 章接着讨论了类型广泛的量化股票策略。我们从描述资产管理的基本面方法与量化方法的差异开始讨论。接着，我们阐述了量化股票策略的分类系统，并描述了多因子策略、资产配置策略、因子策略、基于事件的策略、统计套利策略、文本策略及另类数据策略。在描述了这些策略后，我们解释了如何开发量化策略，并描述了一个良好的量化投资模型和策略具有的五个特性。

实施股票因子投资时面临的挑战是第 13 章的主题，我们从描述因子研究的当前状态开始。第 14 章描述了股票的交易成本。尽管我们在本书配套册的第 13 章中简要地描述了这些成本，但本书中的讨论将更加全面。

正如本书配套册第 13 章所解释的那样，因子模型有两种类型：回报率预测因子模型和风险预测因子模型。第 15 章和第 16 章分别展示了风险预测因子模型是如何被分别用于股票投资组合管理和债券投资组合管理的。

在本书的最后两章中，我们解释了回测投资策略的问题和方法。第 17 章描述了与回测有关的偏差，并提供了三种常用的方法及每种方法优势和劣势的概观。本章的重点是前讲式方法。第 17 章还描述了应向客户披露的关于拟议投资策略的回测结果的信息。第 18 章的重点是使用蒙特卡洛方法开展回测，以及描述了其相对于其他投资策略回测方法的优势。

每一章都从学习目标开始。在每一章末尾都有此章涵盖的关键要点的全面清单。

配套册

本书配套册《机构资产管理基础》有 19 个章节,它们被划分为六个部分。每一章都从学习目标开始。

第一部分解释了资产管理所涉及的主要活动(第 1 章)和各种形式的风险(第 2 章)。第二部分的四个章节描述了投资工具和资产类别:股票(第 3 章)、债务工具(第 4 章)、集合投资工具和另类资产(第 5 章)、金融衍生工具(第 6 章)。

第三部分涵盖了关于投资组合选择和资产定价的理论。关于衡量回报和风险的基础知识是第 7 章的主题。第 8 章涵盖了普遍所称的**现代投资组合理论**,尽管这个理论是 1990 年诺贝尔经济学奖的共同获得者哈里·马科维茨教授在将近 70 年前引进的。这个理论亦被称为均值-方差分析,提供了构建有效投资组合——在既定风险水平提供最高期望回报率的投资组合——的框架。均值-方差分析的实施并不简单。为取得有效投资组合必须采用的优化模型要求对输入信息进行估计,而这一方面存在一些问题。第 8 章也将解释这些实施问题。在第 9 章中,我们解释了资产定价模型——描述了风险的某个度量与期望回报率之间关系的模型——的基础知识。此章涵盖了两个最知名的资产定价模型——资本资产定价模型和套利定价理论模型,并简要介绍了其他因子模型。

第四部分的五个章节涵盖了普通股分析和投资组合管理。股票分析师依赖财务分析以评估公司的经营业绩和财务状况。第 10 章涵盖了财务分析工具。第 11 章解释了基于现金流量折现模型和相对估值模型对公司股票进行估值的方法。第 12 章和第 13 章涵盖了类型广泛的普通股策略。在第 12 章中,我们讨论了市场有效性的概念及其对投资策略的意义。此章的剩余部分涵盖了在投资者认为市场是价格有效的情况下采取的投资策略。这些策略被称为贝塔策略。主动型股票策略亦称阿尔法策略,这是第 13 章的主题。在此章中,我们还描述了资产管理人实现实际回报率的原因(回报率归因分析)、与投资策略相关的容量问题及投资策略回测的基础知识。第 14 章的主题是如何运用股票衍生工具控制普通股投资组合的风险。

第五部分的四个章节是关于债券分析方法和债券投资组合管理的。第 15 章解释了债券是如何定价的,以及各种收益率的度量。第 16 章的主题是量化利率风险的度量。此外,我们还在此章中讨论各种信用风险度量。第 17 章解释了债券投资组合策略,包括指数化策略和主动型策略。与股票市场的指数化不同,债券投资组合的指数化相当具有挑战性。为了控制债券投资组合的利率风险和信用风险,衍生工具被加以运用。第 18 章解释并举例说明了这些工具及它们如何被用于控制风险。

多资产基金——资产管理人不仅投资于股票和债券,而且还投资于另类资产的基金——已经有了相当大的发展。用于管理多资产投资组合的策略是第 19 章的主题,此章构成了第六部分。

致谢

我们感谢以下个人在本书撰写过程中提供的帮助:

● 第 3 章是与阿南德·K.巴塔查里亚(Anand K. Bhattacharya)和比尔·柏林纳(Bill Berliner)合作撰写的,前者是亚利桑那州立大学凯瑞商学院金融系的金融实践教授和金融学理学硕士计划的教员主任,后者是 PennyMac 金融服务公司的固定收益研究部门和投资者关系部门董事总经理。

● 第 9 章和第 10 章是与史蒂文·曼(Steven Mann)合作撰写的,他是南卡罗来纳大学的荣誉退休教授。

● 第 11 章是与塞吉欧·M.福卡迪(Sergio M. Focardi)和 K.C.马(K.C. Ma)合作撰写的,前者是巴黎的法国达芬奇大学金融系的教授和研究员,以及英泰克集团(The Intertek Group)的创始合伙人;后者是西佛罗里达大学金融系的 Mary Ball Washington/Switzer Bros.赞助的讲席教授。

● 第 12 章至第 14 章是与约瑟夫·塞尼格利亚(Joseph Cerniglia)和彼特·N.科姆(Peter N. Kolm)合作撰写的,前者是纽约大学柯朗数学研究所合聘教授和宾夕法尼亚大学访问学者,后者是纽约大学柯朗研究所数学系的实践教学教授和金融数学理学硕士计划的主任。

Contents

目 录

1

资产管理公司

学习目标

在阅读本章后,你将会理解:

- 专业管理的资产的类别:集合投资基金和自由裁量委托;
- 资产管理与财富管理的差异;
- 传统资产管理公司与对冲基金的差异;
- 资产管理公司的重要特征;
- 投资管理协议的基本术语;
- 客户希望从其资产管理人那里得到什么;
- 资产管理业务正在如何变化,以及应对这些变化的策略;
- 如何打造未来的资产管理公司。

引言

在本章中,我们描述了资产管理行业、该行业中公司的特征、它们面临的挑战及如何创建未来的资产管理公司。

专业管理的资产的类别

专业管理的资金有两个类别:集合投资基金和自由裁量委托的资产。

集合投资基金

对集合投资基金而言,投资者购买和赎回份额,这些份额代表了一家资产管理公司管理的资产池的权益。购买价格和赎回价格的基础是净资产值(net asset value,NAV),它等于资产的市场价值与基金的负债之差除以已发行份额的数量。集合投资基金是依据一国的证券法律设立的。例如,在美国,监管机构是根据《1933 年证券法》设立的证券交易委员会(SEC)。

从投资者的视角来看,集合投资基金有双重优势。首先,它使投资者能够实现多元化投资,这在投资资金有限的情况下是不可能的。例如,在没有集合投资基金的情况下,一名拥有 25 000 美元投资资金的投资者将难以实现多元化。然而,通过购买集合投资基金(基金的投资策略是投资不同的资产类别)的份额,就可以实现多元化投资。其次,集合投资基金是专业管理的,因此,投资者获益于专业投资者的知识,并为此支付管理费。

自由裁量委托

自由裁量委托赋予了资产管理公司代表客户执行交易和构建投资组合的权利。客户——资产的所有者或受益所有人——不赋予资产管理人随心所欲地做他们认为合适的任何事情的权利。相反,客户会对资产管理人施加必须遵守的指导方针,投资管理协议对此作出规定。例如,双方会协定资产管理人获准采取的投资策略,以及协定资产管理人可以投资的不同资产类别的配置。除了基准指数和投资组合的风险状况之外,通常还会施加其他参数。在股票投资组合的情况下,风险状况可用投资组合的贝塔值可以偏离 1 的幅度,以及跟踪误差的可接受范围来表示;对债券投资组合而言,风险状况可根据投资组合的久期可以偏离基准久期的幅度或跟踪误差的可接受范围来设置。

资产管理与财富管理

资产管理公司可被视为财富管理公司的一个子集,因为资产管理是代表客户执行的数项活动之一。如果客户已经投资于集合投资或自由裁量委托,那么资产管理公司会管理客户的一部分资产,而财富管理则处理客户财务的所有方面。也就是说,财富管理人执行的活动超出了资产管理的活动范畴,包括客户所有财富的资产配置、税务咨询、遗产规划、退休规划、保险,以及投资工具的选择。财富管理人会就集合投资工具的选择提供建议,这些集合投资工具由公司的资产管理团队或第三方资产管理团队管理。

两者有三个差异。第一,对于通过集合投资或自由裁量委托被分配给资产管理公司的资金金额,资产管理人会追求在投资管理协议(稍后将描述该协议)规定的任何强制约束条件下,最大限度地提高这些资金的回报。财富管理人负责为客户面临的众多财务问题提供解决方案,包括为多元化投资提供指导方针。第二,资产管理公司利用其内部的专有知识,根据投资者选择投资所基于的市场条件创建产品,财富管理人会向其客户推荐这些产品。财富管理人不仅依赖投资工具方面的专业知识,而且还需要税务会计师、遗产规划律师和保险代理人的专业技能来代表客户制定财务规划。两者的第三个差异是它们为其服务向客户收取费用的方式。资产管理公司基于其在集合投资工具或自由裁量委托中的资产管理规模(AUM)收取费用。在一些安排中,可能会根据业绩收取激励费。而财富管理人收取的费用是聘请费,亦可能包含一笔基于资产管理规模的费用。

传统资产管理与对冲基金

资产管理公司包括传统资产管理公司和对冲基金。两种类型的资产管理公司使用的策略都与我们在本书配套册中描述的相同。然而,这两类资产管理公司有五个差异。

第一,对冲基金会比传统的资产管理公司承担更大的投资风险(即进行更大的押注)。也就是说,对冲基金使用的投资策略是传统资产管理公司所使用的投资策略的一个高风险版本。这是通过利用杠杆和衍生工具实现的。

第二个差异是两者收取的管理费。对传统的资产管理公司而言,管理费通常是完全基于资产管理规模设定的,但可能会涉及适度的业绩报酬。相比之下,对冲基金的典型收费结构是"2 和 20"。这意味着对冲基金管理人每年获取资产管理规模的 2%,以及所产生的正回报的 20%。

两者的第三个差异是基准的使用。传统的资产管理公司的业绩通常相对于某个基准,如某个股票指数或债券指数。也就是说,业绩是基于相对基础来衡量的。例如,2000 年、2001 年和 2002 年,标普 500 指数的年回报率分别为 -9.1%、-11.9% 和 -22.1%。假如一家传统资产管理人这三年的业绩为 -5%、-8% 和 -15%,那么该资产管理人的业绩表现持续超越了基准,尽管基金的回报率为负数。对冲基金则通常没有基准。相反,业绩是基于绝对回报来评估的。这意味着,如果对冲基金在相同三年内的回报率与传统资产管理人的回报率相同,那么对冲基金管理人就未能提供基金投资者所期望的回报。

第四个差异与那些可以投资于对冲基金的投资者相关。证券交易委员会将获准投资于对冲基金的个人限定为合格投资者(accredited investor)。合格投资者亦称成熟投资者,根据美国的证券法律,其拥有特殊地位,因为他们获准投资于未经注册的证券。正如稍后将解释的那样,对冲基金是一种未经注册的证券。合格投资者的定义建立于《1933 年证券法》D 条例第 501 条规定的收入和资产净值门槛之上。[①]

传统的资产管理公司与对冲基金的最后一个差异涉及政府监管。在美国,尽管所有资产管理公司都有相同的反欺诈规定,并对其客户负有信托责任,但在信息披露方面,对冲基金受到的政府监管较少。此外,由于对冲基金是未经注册的证券,根据联邦证券法,它们被禁止发

---

① 证券交易委员会可能会变更收入和资产净值门槛。拟议的变更已于 2019 年 12 月发布(SEC Release 33-10734)。截至本书撰写之时,为了符合合格投资者的资格,个人必须:(1)拥有至少 100 万美元的个人资产净值或与配偶联合资产净值;或(2)过去两年内个人年总收入超过 20 万美元,或者与配偶联合收入超过 30 万美元,并且预期在未来获得相同的收入。

布广告。因此,对冲基金不能像传统资产管理人那样营销自己的产品。

资产管理公司的特征

以下是资产管理公司的四个重要特征:
- 代表客户的受托人;
- 由客户指导投资决策;
- 遵守法律和监管指引;
- 不为自身使用杠杆。

代表客户的受托人

资产管理公司投资的资金来自客户,而不是资产管理公司。资产管理公司投资的资产并非由本公司持有,而是由托管人持有。在 1929 年股市崩溃前,投资者购买的金融工具的保管方法是自我保管。也就是说,投资者对证明其索偿权的实物凭证负责。20 世纪 30 年代以后,信托公司接管了托管功能。然而,股票市场中的交易量导致将股票凭证从一家卖方的金融机构转移至买方的金融机构十分困难。这种情况已不复存在。如今,资产管理人代表客户购买的金融资产的保管是由一家合格的财务托管人执行的。四家规模最大的托管人为银行:纽约梅隆银行、摩根大通、道富银行和花旗集团。仅这四家银行托管的全球资产就价值 114 万亿美元。[1]

资产管理公司不得将本公司资产与客户资产相混合。它不能保证回报业绩。对集合投资工具而言,扣除所有费用后的收益仅被分配给基金份额的持有者。对独立账户而言,任何收益在扣除费用后被分配给个体投资者。最后,在管理客户资金时,投资组合经理不得成为其代表客户开展交易的对手方,亦不得成为场外衍生工具交易的对手方。

由客户指导投资决策

尽管投资组合管理团队作出在既定投资策略下投资于哪些证券的决策,但却是客户通过选择所投资的资产类别和所采用的策略,来提供指导方针。在经注册的投资公司(即共同基金和封闭式基金)情况下,投资者基于发行说明书中描述的投资策略,以及基金所投资的证券类型和限制(不得卖空或集中度限制)来选择基金。

遵守法律和监管指引

资产管理行业在一个受到高度监管的环境中运行,复杂的规则在不断发生变化。所涉及

---

[1] 富达(Fidelity, 2018)提供了在美国托管的简史。

的监管机构通常不止一家。例如，在美国，如果一家资产管理公司在管理集合基金之外也代表一家保险公司管理资金，那么管理人必须同时遵守保险行业的监管法规及证券交易委员会的规定。在为养老基金管理资金时，管理人受到美国劳工部监督下《雇员退休收入保障法》(ERISA)的监管。

在数个国家中管理资金的大型资产管理公司，必须知晓其运营所在的每一外国国家的监管机构及其国内监管机构制定的规则。

不为自身使用杠杆

与银行或银行相关金融机构不同，资产管理公司的资产负债表相当简单。通常，它不使用杠杆，除非在受到允许的情况下代表客户使用杠杆，衍生工具的使用亦如此。当一名投资组合经理寻求融资时，他是为客户才这样做的。

投资管理协议

当资产管理公司同意为个人或机构提供服务时，规定服务条款的法律文件是投资管理协议(Investment Management Agreement，IMA)。本章附录提供了一个独立账户的投资管理协议模板，我们在描述投资管理协议的以下基本术语时会引用该模板：

- 集合工具和其他管理人的使用；
- 报告；
- 经纪；
- 表决；
- 合规；
- 顾问的责任；
- 终止。

投资管理协议从资产管理人的任命开始(见投资管理协议样本的第1条)。管理人的权限部分(见投资管理协议样本的第2条)规定了资产管理人在无需客户批准的情况下可被授权执行哪些操作。注意，在投资管理协议样本中，资产管理人不得接受现金或证券的交付，或建立任何托管安排。托管人是由客户选择的。

指导方针和指示部分(投资管理协议样本的第3条)描述了客户的投资目标和所有投资限制。通常，投资管理协议包含的附件中会描述详细的安排。如果资产管理人希望修改投资指导方针，投资管理协议指定了管理人为进行变更所必须经过的批准流程。

描述费用的部分(投资管理协议样本的第4条)显示了客户必须向资产管理人支付的费用是如何确定的。通常，会有一个附件形式的计划表来提供更详细的费用安排。关于费用安排的其他问题协议也作了解释；例如，费用将如何支付(通常为每季支付一次)，以及在资产管理不足一年时间(由于初始时期较短或管理人的解聘)情况下的补偿。

经纪部分(见投资管理协议样本的第8条)描述了资产管理人如何交易账户中的资产，以及资产管理人在选择经纪商执行交易时可以考虑什么。管理多个独立账户及多个集合投资工具的资产管理人通常会同时为所有这些账户执行单笔交易(被称为委托单的聚合或"捆绑")。在交易执行后,资产管理人必须在所有账户之间分配交易。经纪部分规定,该分配不应相对于其他账户而偏袒任何账户。此外,如果交易是以不同价格执行的,本条解释了每个账户的价格是如何确定的。

资产管理人必须向客户提供书面报告。报告部分(投资管理协议样本的第10条)解释了报告的频率和报告的时效性。通常,报告是频繁提供的。

在向客户报告时,必须提供账户中资产的价值。估值部分(投资管理协议样本的第11条)描述了账户中资产的价值是如何确定的。如果由于某种原因难以确定某些资产的价值,估值部分将要求资产管理人在确定公允市场价值时诚信行事。

当账户中的持仓包含普通股时,就会存在与股票相关的表决权应如何行使的问题。代理委托书和其他法律通知部分(投资管理协议样本的第12条)规定了资产管理人可以或不可以做什么。本条还解释了其他行动,如资产管理人应如何处理账户持仓中的债权人破产的情况。

终止部分(第14条,标记为"终止;存续")涵盖了客户为终止协议可以采取的行动(即解聘资产管理人),或资产管理人因不再希望管理客户资产而采取的行动。这可以通过由任意一方在短时间内(通常为30天)以书面形式通知对方的方式来完成。

客户希望从其资产管理人那里得到什么

有数项研究考察了当客户的资产由资产管理公司和财富管理公司管理时,客户在寻求什么。基于对投资者的调查,普华永道(2019)的一项研究——"资产管理革命:投资者的视角"——考察了这个问题。这项研究有三个发现。第一,投资者在寻求一种更佳的方式与管理其资本的公司进行互动,并采用数字技术实现这一目标。第二,投资者对社会责任及投资的其他非财务方面越来越感兴趣。这前两项发现表明,投资者可能不再仅关注财务业绩而不考虑其他因素。第三,投资者认识到该行业中的竞争水平已经提高,因此他们现在更加注重管理费和公司的运营。

为了评估投资者的优先考虑和满意度,普华永道开展了对投资者关心的六个关键领域方面的问卷调查:(1)风险-回报;(2)费用;(3)环境、社会和治理(ESG);(4)关系;(5)经营实力;(6)宏观经济和政治环境。调查的参与者包括全球各地的750家机构投资者和10 000名散户投资者。根据参与者的回答,普华永道创建了一个"投资者一致性指数"。该指数基于1—10的分值,衡量了投资者对其资产管理人在六个管理领域中每个领域的表现的满意度,以及该领域对他们的重要性之间的差距。指数的符号具有以下含义:分值为正,表明调查中投资者确实感到资产管理人满足了投资者的需求;而分值为负,则表明投资者的需求未能得到满足。零分表明不存在差距。

普华永道的调查发现,在六个关键领域中,最重要的是宏观经济和政治环境。在调查中,这个领域对散户投资者尤其重要。一般而言,散户投资者最易受到经济低迷的影响。普华永道的调查还发现,散户投资者高度重视关系。普华永道指出,散户投资者认为关系十分重要的一个主要原因可能是,散户投资者需要得到沟通和解释,从而使他们能够放心地认为,当市场环境困难时,管理人对风险有清晰的认识。

资产管理行业的基本面在如何发生变化

数位市场评论员及经纪公司和咨询公司的报告,已试图识别资产管理行业和财富管理行业将发生重大变化的原因。这些行业中的公司应对这些变化的方式将决定其成功与否。

许多市场评论员已识别出,复杂的监管环境将会是改变这个行业的一项重大挑战。但影响这个行业的还有其他因素,包括投资者的行为如何改变,以及技术的发展。有无数白皮书和行业研究已讨论过将会改变这个行业的一些挑战。其中一项研究是 WNS Global Services 的 Tikam、Vij 和 Pal(2016)。他们论证,有三个趋势将会影响这个行业。除了讨论这三个趋势之外,作者还解释了资产管理公司如何利用它们。

因数字技术颠覆而导致的商业模式的结构性变化

第一个趋势是,数字化颠覆正在使资产管理公司现有的商业模式发生结构性变化。金融科技(FinTech)行业已颠覆了金融管理服务行业的所有部门,并促使现有企业作出回应。金融科技公司以其简化和较低的费用结构、透明度,以及更愉快的用户体验,吸引着投资者。

在消费者行为的变化方面,Tikam,Vij 和 Pal(2016)通过引用 Salesforce 的一项研究提出两个见解。第一,在制定投资决策时,千禧一代(18—24 岁)更依赖网上评论和同行推荐,而不是财务顾问提供的建议。相比之下,"婴儿潮"一代(55 岁及以上)在制定投资决策时,既依赖财务顾问,也依赖网上评论。第二,千禧一代对财富管理人使用的传统费用结构不感兴趣。

Tikam,Vij 和 Pal(2016)建议资产管理公司可以使用三个应对策略来应对上述的第一个趋势:(1)增强意识;(2)细分客户并满足他们的需求;(3)重新调整商业模式。增强意识涉及资产管理公司的领导者识别潜在的颠覆性技术,并制定创新策略来应对它们。

在第二个应对策略方面,为了提升客户满意度,资产管理公司应识别其客户群中不同细分群体的需求。一种细分方法是将客户分为需要个人关注的客户和更偏好自助服务的客户。Salesforce 的研究揭示了不同年代的人是怎样偏好个人关注和自助服务的。研究发现,年龄在 18—54 岁的个人(即 18—34 岁的千禧一代和 35—54 岁的 X 一代)更偏好在制定投资决策时拥有更大的独立性。也就是说,这几代人适用于自助服务模式。当这个群体选择根据财务顾问的建议制定决策时,他们希望这是双方合作的努力。"婴儿潮"一代在制定投资决策时更偏好于以依赖财务顾问为主。此外,Salesforce 的研究还表明,客户所使用模式的类型也解释了他们更偏好的投资类型。例如,偏好自助服务模式的个人可能会自己开展投资研究,往往喜欢跟踪一个指数的廉价基金(如 ETF),然而也有可能会对其他类型的资产感兴趣。此外,这个群体往往不太可能青睐既定的资产管理人,而是将其业务分散给多家公司。

对于第三个应对策略,即重新调整业务模式和业务关系,资产管理公司的领导者必须拥有积极政策来应对金融科技公司带来的颠覆性变化。Tikam,Vij 和 Pal(2016)建议这可以通过两种方式实现。第一,考虑到某些人群对财务顾问的投资建议缺乏信任,而更信任技术,资产管理公司应开发与人的建议相结合的技术。第二,资产管理公司可与金融科技初创公司合作。

复杂且频繁的监管变化

在全球运营的资产管理公司必须遵守其运营所在国家的证券法律。各国的法规会频繁修订,这要求资产管理公司的合规团队了解这些变化。例如,Tikam,Vij 和 Pal(2016)指出,一项研究发现,全球监管机构平均每日发布 155 项监管更新。按年度计算,这意味着一家在全球运营的资产管理公司的合规团队可能不得不在短短一年内处理 40 603 项更新。这项行动仅用于监管更新。它不包括导致合规团队为监控该公司的众多基金和编制监管报告所使用的模型发生大幅修正的重大监管变化。这些模型的修正不只是修改一行计算机代码的问题,而可能会严重削减资产管理公司的盈利能力。此外,它还增加了操作风险,进而可能会导致监管机构施加重大处罚。

Tikam,Vij 和 Pal(2016)建议的应对这第二个趋势的三种策略是:(1)启动智能监管跟踪;(2)实施集中式监管协调;(3)将部分或所有的监管合规活动外包给第三方。前两个应对策略涉及建立一个对每日监管公告的跟踪系统,并将这些更新信息存储在一个集中的数据库中。如今,有数家金融科技公司专门提供出于监管目的进行合规报告所使用的软件。这些金融科技公司被称为监管科技(RegTech)公司。

利润率压力越来越大

合规成本和网络安全成本的上升、股票市场波动性的加大、来自低成本销售商的竞争,以及投资者的偏好向低成本投资工具(尤其是指数化产品,如 ETF)的转变,将对资产管理公司的利润率造成压力。股票市场的下跌会影响收入,因为它缩小了资产管理规模。由于管理费是资产管理规模的一个固定比例,因此股票价值的下降会减少收入。

Tikam,Vij 和 Pal(2016)建议的四个应对策略为:(1)开展监管变化对利润率影响的现状评估;(2)实施自动化,以提升效率和降低资源成本;(3)开发创新策略;(4)将非核心业务外包。现状评估分析将使资产管理公司能够识别监管变化如何影响其业务的所有部门,然后为每个部门制定策略以应对监管变化。

第二个应对策略要求分析业务的每个部门,以确定如何使用自动化。例如,对于投资咨询业务,使用机器人咨询服务受到千禧一代投资者的欢迎。机器人咨询服务的增长十分明显:资产管理公司和财富管理公司收购了专门从事这个领域的金融科技公司,银行内部也开发了机器人咨询服务。

自动化可以降低成本的另一个领域是交易处理。我们有技术可以减少交易的处理。开发一项为客户提供解决方案、符合法规,以及基于风险回报且具有合理性的创新产品策略,可以产生收入以提高利润。ETF 是一个可以做什么的好例子。这并不是说 ETF 是新工具。相反,有各种各样的 ETF 投资策略受到投资者的欢迎。尽管这些是低费用产品,但它们是可扩展的。为了吸引客户,资产管理公司可以利用社交媒体渠道来分享它们的投资见解。

关于第四个应对策略,非核心业务包括结算、对账、基金业绩的监控和数据管理。这些非核心业务可以外包,如果第三方供应商能够更高效地执行这些任务,那么可以提高利润。

打造未来的资产管理公司

我们以应该如何打造未来的资产管理公司结束本章。为了做到这点,我们引用赛斯·P.伯恩斯坦(Seth P. Bernstein)——Alliance Bernstein 公司的总裁兼首席执行官——与凯特·伯克(Kate Burke)——Alliance Bernstein 公司的首席行政官——于 2019 年 12 月合作撰写的博客(Bernstein and Burke, 2019)。他们列举了以下要素,作为打造未来的资产管理公司所需要的条件。

- 文化;
- 提高金融科技创新的门槛;
- 构建提供差异化阿尔法的解决方案;
- 响应对负责任投资策略的需求;
- 开发与投资者合作的新方式。

Bernstein 和 Burke(2019)强调了资产管理公司在文化扮演中的关键角色,它在不断变化中是恒定不变的。公司文化之所以重要的原因不仅仅是为其中的每个人(投资管理团队、研究团队和客户服务团队)开放了多元视角,而且还向客户灌输了信任。为强调文化的重要性,赛斯·伯恩斯坦在总结博客时表示:

> 在我们的观点中,文化是贯穿所有这些举措的一个常量,帮助我们连接今天和明天……但是,如果没有杰出的人才和创造一个让员工茁壮成长的环境,那么这一切都不可能实现。

金融科技一般是指将新技术应用于为个人和公司提供金融解决方案。这个自全球金融危机以来已经上升的趋势——被称为"金融科技革命"——是,科技公司已经进入,并且开始提供过去总是由资产管理公司等传统金融机构提供的服务(见 Imerman、Fabozzi and Jain, 2021)。Bernstein 和 Burke(2019)指出了金融科技公司提供的创新如何能够放大资产管理公司的人才智慧的影响。这些创新通过提供更有效的方式开展资产管理活动来做到这一点,从投资管理和投资组合构建到服务客户。数据科学(大数据、人工智能和机器学习)①在信息的开发和分析中的角色,对于制定投资策略、分析数据和理解客户的经验是至关重要的。然而,正如 Bernstein 和 Burke(2019)指出的那样,资产管理公司对数据科学的使用尚处于早期阶段。他们表示:

> 像所有公司一样,我们仍在完善应用数据科学的方案,因为它是一个不断发展的领域……但前景十分光明。除了提高分析师信息的质量之外,我们还在使用数据科学地改进我们的投资流程和平台,以及更好地理解客户的需求。

---

① 第 7 章涵盖了机器学习。

投资者在寻求可以产生超额回报率(或阿尔法)的创新投资策略。因此,资产管理公司必须能够为客户构建解决方案,以使它们能够制定投资策略来实现阿尔法。这可以在内部完成,也可以通过从外部获得这样的能力来完成。

客户如今要求提高其资金投资去向的透明度。他们希望资产管理公司制定他们可以投资的负责任的策略/解决方案,并期望公司能够将这些原则整合到所提供的其他解决方案中。这些策略包括 ESG 投资、道德投资和绿色投资。①资产管理公司必须有能力制定客户需求日益旺盛的此类解决方案。

最后,资产管理公司必须有能力与客户建立更深层次的合作关系,这种关系超越了客户与资产管理公司之间的传统关系。这涉及开展提供投资见解的对话,以使客户更好地理解回报的驱动因素、最新的分析工具及其使用方法,以及新的市场及其提供的机会等。这可以通过资产管理公司在其网站和定期播客上提供白皮书/见解来实现。

Bernstein 和 Burke(2019)以下面的文字总结了其对如何打造未来资产管理公司的观点:

> 管理核心业务。有效地服务客户。深思熟虑地降低成本。重新考虑过程和方法。投资于战略举措,包括人才、技术和创新,以及产品开发。

关键要点

- 两类专业管理的资金包括:集合投资基金和自由裁量委托的资产。
- 资产管理公司可被视为财富管理公司的一个子集,因为资产管理是代表客户执行的数项活动之一。
- 如果客户投资于集合投资或自由裁量委托,资产管理公司将管理客户的一部分资产。
- 财富管理涉及客户财务的所有方面:资产配置、税务咨询、遗产规划、退休规划、保险,以及投资工具的选择。
- 资产管理公司与财富管理公司存在三种差异:(1)资产管理人追求在投资管理协议中规定的任何强制约束条件下,最大限度地提高这些资金的回报,而财富管理公司负责为客户面临的众多财务问题提供解决方案,包括提供多元化投资建议;(2)资产管理公司创建投资者可能会选择投资的产品,而财富管理人不仅依赖投资工具方面的专业投资知识,而且需要税务会计师、遗产规划律师和保险代理人的专业技能来代表客户制定财务规划;(3)资产管理公司基于资产管理规模收取费用,可能还会根据业绩收取激励费,而财富管理公司收取聘请费,其可能也包含一笔基于资产管理规模的费用。
- 传统资产管理公司与对冲基金之间的五个差异为:(1)对冲基金会比传统的资产管理公司承担更大的投资风险;(2)传统资产管理公司的管理费通常是完全基于资产管理规模收取的,而对冲基金的管理费是"2 和 20"结构;(3)传统资产管理公司的业绩通常是相对某个基准的,而对冲基金的业绩是基于绝对回报基础评估的;(4)只有合格投资者才可以投资于对冲基金;(5)对冲基金是未经注册的证券,不能像传统资产管理人那样营销其产品。

---

① 本书配套册的第 13 章讨论了这些问题。

- 资产管理公司的重要特征是，它们是受托人，基于客户提供的指导方针进行投资，必须遵守法律和监管指引，并且不为自身使用杠杆。
- 当资产管理公司同意向个人或机构提供服务时，规定服务条款的法律文件是投资管理协议。
- 将会影响资产管理行业的三个趋势为：(1)数字化颠覆导致资产管理公司的现有商业模式发生结构性变化；(2)复杂且频繁的监管变化；(3)利润率压力越来越大。
- 以下是打造未来资产管理公司的建议：提高金融科技创新的门槛、构建提供差异化阿尔法的解决方案、响应对负责任投资策略的需求，以及开发与投资者合作的新方式。

参考文献

Bernstein, S.P., and K. Burke, 2019. "Building the asset management firm of the future," Blog AllianceBernstein. Available at https://www.alliancebernstein.com/library/building-the-asset-management-firm-of-the-future.htm.

Fidelity, 2018. "Custody in the age of digital assets." Available at https://www.fidelitydigitalassets.com/bin-public/060_www_fidelity_com/documents/FDAS/custody-in-the-age-of-digital-assets.pdf.

Imerman, M., F.J. Fabozzi, and N. Jain, 2021. *The Economics of FinTech*. Cambridge, MA: MIT Press.

PwC, 2019. "Asset management revolution: Investor's perspectives." Available at https://www.pwc.com/gx/en/industries/financial-services/assets/pwcawm-revolution-screen.pdf.

Tikam, J., A. Vij, and N. Pal, 2016. "Three trends shaping the asset management industry, and how to capitalise on them." WNS Global Services. Available at https://www.wns.com/Portals/0/Documents/Whitepapers/PDFFiles/651/34/WNS_Whitepaper_Three_Trends_Shaping_the_Asset_Management_Industry_and_How_to_Capitalise_on_Them.pdf.

附录：投资管理协议样本[①]

本协议于 200[ ]年____月____日(以下简称"本协议")由(顾问名称)(以下简称"管理人")[一家(_____)公司]与_____(以下简称"客户")签署。

1. 任命。客户特此任命管理人为投资管理人，管理客户不时分派给其的客户资产、出售该等资产所获得的收益，以及可归属于该等资产的收入(以下简称"账户")。如果受管理人投资指令约束的账户资产金额有任何增加或减少，客户应立即以书面形式通知管理人。

---

① 转载自 https://www.sec.gov/Archives/edgar/data/38777/000119312509241304/dex1012.htm。

2. 管理人的权限。管理人被授权监督和指导账户中资产的投资和再投资，但须遵守本协议第 3 条所述的指导方针中所载的限制（这些限制可能会不时地进行修订），并服从客户通过本协议第 3 条所述的指示指导账户投资的权利。管理人作为客户的代理人和账户的实际代理人，在其认为适当的情况下，无需事先与客户协商，可以：(a)在管理人决定的时间和以管理人决定的方式，买入、卖出、交换、转换或以其他方式投资或交易任何股票、债券、期权、单位和其他证券，包括货币市场工具，无论发行人是在美国境内还是境外组建的；(b)与（或通过）管理人可以选择的经纪商、交易商或发行人下达执行证券交易的委托单，经纪商或交易商有权为其服务从账户中获取报酬；(c)在管理人认为对促进投资或再投资有必要时，作为账户代理人和实际代理人执行任何文件；(d)按照管理人自行决定，作为代理人或委托人在即期或远期市场以市场汇率买入、卖出、兑换或转换外汇。作为客户的代理人和账户的实际代理人，管理人在认为适当的情况下，无须事先与客户协商，可以聘请外部法律顾问审查银行贷款和其他场外工具的交易相关文件，并从账户中收取费用。管理人可以向任何经纪商、交易商或交易的其他当事方提供本协议的副本，以作为其有权代表账户行事的证据。

管理人无权为账户接受现金或证券的交付，也无权为账户建立或维持托管安排。客户应选择一个托管人（以下简称"托管人"）为账户进行实物保管。客户应指示托管人对账户中的资产进行隔离，并根据管理人传达并且托管人收到的指令对资产进行投资和再投资。此类指令应以书面形式发出或以口头形式发出，并在发出后立即以书面形式确认。客户不应在未合理地提前书面通知管理人其更换托管人的意向，并提供新托管人的名称和其他相关信息的情况下，更换托管人。管理人不对托管人的任何作为或不作为负责。

3. 指导方针和指示。本协议附件 A 是客户投资目标的声明，以及对任何和所有适用于账户投资的具体投资限制的声明（以下简称"指导方针"）。客户在任何时候都有权修改指导方针，或向管理人发出买入、卖出或保留任何投资的指示（以下简称"指示"），但指导方针的任何修改、任何指示或指示的任何修改对管理人都不具有约束力，除非管理人收到获授权人［如第 5(d)条定义］的书面通知。管理人应有一个合理的时间使账户符合指导方针的任何变更。管理人没有义务对所提供的任何书面指导方针或指示中所含的任何陈述开展任何调查或询问，而且除非另有明确通知，管理人可以将之视为其中所含陈述的真实性和准确性的确凿证据。除非另有明确规定，指导方针和所有指示将继续有效，直至后续以书面形式被正式通知管理人的修改正式取消为止。

4. 费用。作为对其在本协议项下所提供服务的全额报酬，管理人应按季度获得一笔费用，金额等于附件 B 中规定的年费率的四分之一，费用基数等于每个日历季度纽约证券交易所开放交易的最后一天（以下简称"估值日"）的账户资产价值。初始计费周期将在客户签署本协议且管理人接受，并且托管人收到初始资金时（以下简称为"起始日期"）开始。初始费用将按比例计算，涵盖从起始日期至该日历季度的估值日之间的时期，基数为该估值日的估值。未来的季度费用将以同样的方式延付计算。如果管理人的服务时间小于整个季度，那么其报酬将用上述方式确定，基数等于终止日结束时账户内资产的价值，报酬应根据该季度内其担任本协议项下管理人的期间按比例支付。客户应指示托管人在收到管理人开具的发票后，自动从账户中扣款并直接向管理人支付所有管理费用。

5. 陈述和保证。客户在此确认、声明和保证并同意管理人如下事项：

(a) 客户的资产。客户是账户内所有资产的唯一所有人，并且(i)对任何此类资产的转让、出售或公开分配不存在限制；(ii)除书面向管理人披露的之外，此类资产不存在期权、留置权、押记、担保或负担。

（b）**权限**。根据本协议的条款和条件，客户拥有完全的权限和权力聘请管理人，并且该等聘请不违反客户的设立文件、任何其他重要协议、任何法院或政府权威机构的命令或判决，或任何适用于客户的法律。客户进一步声明，本协议允许的所有投资均在其权力范围内，并且已得到正式授权。

（c）**ADV 表格**。客户确认收到管理人 ADV 表格的第二部分。尽管本协议有任何相反规定，但如果客户未在本协议签署前至少四十八(48)小时收到 ADV 表格的副本，那么客户有权在本协议签署后的五(5)个工作日内终止协议，而无须交纳罚金；然而，客户须承担该等终止前账户内任何市场波动的风险。

（d）**获授权人**。任何代表客户在本协议上签署名字的人士均有完全的权限和权力代表客户签署本协议。客户声明，所附的获授权人证明（附件 C）中指定的高级职员被授权为客户行事，并通过在附件 C 或实质类似的表格中列出同样获授权代表客户行事的其他人士（以下简称"获授权人"）并将该等文件交给管理人，不时向管理人提供证明。如果发生任何可以合理预期会影响本协议项下该等个人的权限的事件，客户应及时以书面形式通知管理人。

（e）**特定事件通知**。如果发生了任何导致、或可能会导致本协议项下所含的客户声明不准确、虚假、具有误导性或不完整的事件，客户应及时以书面形式通知管理人。

6. **非排他性协议**。本协议中的任何规定均不应被视为局限或限制管理人或其任何高级职员、董事或雇员从事任何其他业务，或将时间和精力投入任何业务的管理或其他方面（无论性质相似与否），或向其他任何企业、公司、组织或个人提供投资咨询服务或任何类型的服务的权利。客户知悉，管理人向众多其他客户和账户提供投资咨询服务。客户还知悉，管理人可以就其任何其他客户或为自己的账户提供建议和采取行动，这些建议和行动可能与管理人就其本协议项下账户所采取的行动的时间和性质不同。

本协议中的任何规定均不要求管理人有义务就本协议项下的账户，购买或出售，或推荐购买或出售管理人，或其附属公司，或其股东、董事、高级职员或雇员可能会为其自己的账户或任何其他客户的账户购买或出售的证券（包括多头和空头头寸）。客户确认，管理人及其附属公司实现或推荐交易的能力可能会受到美国和其他地区的适用监管要求的限制，或者也会受到其旨在遵守此类要求的内部政策的限制。因此，在一些时期内，当管理人或其附属公司在执行服务或总头寸达到上限时，管理人可能会就某类投资不发起或不推荐某些类型的交易，客户不会被告知这个事实。

7. **管理人的责任**。法律另有规定除外，客户明确同意管理人不对以下事项负责：(a)因善意作出的任何投资决策，或采取或未采取其他行动，并且在当时的情况下，管理人细心、技能、审慎和勤勉的程度与具有类似身份的审慎个人在经营具有类似特征和类似目标的企业时使用的程度相同，由此导致客户蒙受的损失；(b)由管理人遵守指导方针或其认为准确的指示引起，或与之相关的客户或管理人遭受的任何损失、费用或其他责任（包括但不限于律师费用）；(c)管理人或客户可能与之就本协议标的进行交易的任何经纪商或其他人采取行动或未能采取行动；(d)由超出管理人合理控制范围以外的情形引起，或因之直接或间接导致的任何损失，或未能履行或延迟履行本协议项下的任何义务。这些情形包括但不限于：天灾、地震、火灾、洪水、战争、恐怖主义、内乱或军事动乱、破坏、流行病、暴乱、公用事业、计算机软件或硬件、运输或通信服务的中断、损失或故障、事故、劳资纠纷、民事或军事当局的行为、政府行为、以及无法获得劳动力、材料、设备或运输工具。

8. 经纪。如果管理人下达委托单或指导下达委托单，从而为账户购买或出售投资组合证券，在选择经纪商或交易商执行此类委托单时，管理人有明确授权除了其他因素之外，考虑以下事实：经纪商或交易商已提供统计、研究或其他信息或服务，这会在总体上增强管理人的投资研究和投资组合管理能力。根据经修订的《1934 年证券交易法》第 28(e) 条，双方进一步理解，如果管理人善意地确定与经纪商提供的经纪和研究服务［如第 28(e) 条定义］的价值相比，所收取的佣金金额是合理的（从账户或管理人对管理人的自由裁量账户的总体责任的角度来看），那么管理人可以与经纪商协商，并向其支付可以超出另一家经纪商为实现交易所收取的金额的佣金。

本协议中没有任何规定禁止将账户内买卖投资组合证券的委托单与管理人管理的其他账户的委托单聚合或"捆绑"起来。在交易的分配方面，管理人不应相对其他账户偏袒任何账户，同时执行的买单或卖单应在有关账户之间，以其认为公允的方式进行分配。在一些情况下，当时的交易活动可能会导致管理人对客户账户中出售的全部数量的证券收到各种各样的执行价格。在这种情况下，管理人可以（但没有义务）计算各种价格的平均值，并用平均价格从账户中扣款或计入账户贷方，尽管这种价格聚合的效果有时可能会对账户不利。客户理解并确认，管理人或其附属公司可以基于管理人认为重要的因素：如管理人或其附属公司各自的交易策略、其各自账户的相对规模、投资目标或投资限制，将在首次公开发行中购买证券的买卖交易限制于特定账户，包括那些将在二级市场中以溢价交易或预期以溢价交易的证券。

无论在何种情况下，如果管理人认为交易将违反任何适用州法或联邦法律、规定、法规、或在拟议交易时管理人或其任何附属公司必须遵守的监管机构或自律机构的法规，那么管理人均无义务实现该交易或为交易下达委托单。

9. 保密关系。各方同意，一方就本协议中考虑的服务、交易或关系获得的关于另一方的所有非公开保密信息，应在任何时候受到最严格的保密对待，不应向第三方披露，在以下情况除外：(a)法律或监管机构要求披露，包括但不限于任何传票、行政、监管或司法要求，或法院命令。(b)本协议另有规定。(c)在本协议的另一方事先以书面形式许可的情况下，客户授权管理人：(i)在管理人编制的代表性或样本客户名单中包含客户的名称，前提是管理人不得披露客户的联系信息或关于客户持仓的任何信息；(ii)在综合业绩展示、营销材料、归因分析、统计汇编或其他类似的汇编或演示中使用管理人在账户或账户业绩方面的投资经验，前提是该等使用不得披露客户的身份，除非是在客户允许的范围内。

10. 报告。管理人应向客户发送截至每个日历季度估值日账户的书面报告。该等报告应在估值日后的合理期限内提交。在管理人向客户提交的所有报告中，以外币计价的外国证券将以美元估值，管理人和客户另有约定的除外。客户应及时审查每份该等报告及管理人提供的任何其他报告。在适用法律允许的范围内，在该等报告发布日后的六十(60)天期限届满后，或在本协议按本协议规定终止时（如终止时间更早），管理人应永远免除就每份该等报告（包括但不限于该报告显示或反映的管理人的所有作为和不作为）对任何人负有的所有责任，客户在该等六十(60)天期限内就任何作为或不作为向管理人提交书面异议的除外。本协议不损害管理人就其提交的任何报告采取司法解决的权利。

11. 估值。在计算账户的资产价值时，如果在证券交易所、纳斯达克全国市场或纳斯达克小盘股市场上市的证券随时可以获得市场报价，管理人应分别以估值日的最后一个卖出报价或官方收盘价格对这些证券进行估值，或者，如果没有报告的卖出交易，在最新报价的买入价和卖出价范围内对证券进行估值。管理人应在最新的买入价和卖出价范围内对场外证券进行估值。如果证券同时在场外市场和证券交易所交易，管理人应按照其确定的最广泛、最具代表性的市场进行估值。对于任何无法建立当前市场报价的证券、或是发生了市场事件引发对当前市场报价的可靠性产生怀疑的证券、或是对于其他任何证券或资产，它们都应以管理人善意确定的方式进行估值，以反映其公允市场价值。

12. 代理委托书和其他法律通知。管理人将作出代理表决的决定，除非客户明确保留这些决定权。管理人对代理表决的义务应取决于：(i)及时从托管人或客户处收到代理委托书；(ii)表决不存在任何法律障碍，包括证券借贷或类似计划。不应期望或要求管理人就涉及账户内目前或先前持有的证券，或相关发行人的法律诉讼采取行动。然而，在涉及账户内目前或先前持有的证券的集体诉讼中，管理人将尽商业上合理的努力代表账户提交索偿证明，在这一方面，管理人可以在未经事先许可或同意的情况下，披露关于账户的信息，无论是通过将此类信息包含在任何该等索偿证明中，还是以其他方式在与之相关的任何事项中披露此类信息。管理人可以在任何时候通过向客户提交终止通知书，终止这项提交索偿证明的服务，如果此类服务未更早终止，那么将在本协议终止日自动终止。客户知悉，通过代表客户提交索偿证明，管理人可以放弃客户就法律诉讼的标的对发起人单独提起诉讼的权利。

客户还知悉，管理人或其附属公司可以不时地建议代表一家或多家经注册的投资公司，或管理人或其附属公司为之提供咨询服务的其他集合投资工具，对发行人提起诉讼（无论是通过选择退出任何现有的集体诉讼还是其他方式）。在这种情况下，管理人不会向客户提供关于此类诉讼的通知或参与此类诉讼的机会。客户同意不让管理人因不将账户卷入任何此类诉讼而受到损害。

对于涉及代表一家或多家经注册的投资公司、或管理人或其附属公司为之提供咨询服务的其他集合投资工具的证券发行人的破产，客户也知悉，管理人可以自行决定代表一家或多家经注册的投资公司、或者管理人或其附属公司为之提供咨询服务的其他集合投资工具，参与破产程序和加入债权人委员会。除非另有协定，不应期望或要求管理人就客户投资组合中持有的可能已进入破产程序的证券提交索偿证明。管理人不对未能提交此类文件负有责任；或者，如果管理人是在授权下行事，可以自行决定提交此类文件，管理人不对未能及时提交此类文件负责。

13. 知悉投资风险。尽管本合同有任何相反的规定，但客户理解为账户所作的投资的价值可能会上下波动，这是没有保证的。客户同意，管理人过去没有、现在也不会作出任何保证，包括但不限于对账户取得任何具体业绩水平的保证。客户进一步理解和知悉，管理人代表客户制定的投资决策受到各种市场风险、货币风险、经济风险和商业风险，以及这些投资决策不能总是赢利的风险的影响。客户知悉，由管理人监督或管理的账户取得的历史业绩不能代表账户的未来业绩。客户理解，证券、共同基金和其他非存款投资并非存款或管理人（或其附属公司）的其他义务，未由其保证，亦未由联邦存款保险公司（FDIC）或其他任何政府机构承保，存在投资风险，包括投资本金损失的可能性。

14. 终止；存续。任何一方可在提前三十（30）天以书面形式通知另一方后终止本协议。

然而，该等终止不影响双方因该等终止前发起的交易在本协议项下产生的责任或义务。第4、第7、第9、第10、第17和第18条应在本协议终止后继续有效。在本协议终止后，管理人在本协议项下不再承担任何义务，前提是：(a)尽管本协议终止，对于一方在协议终止前向另一方提交书面通知的任何索偿或事项（管理人可以在协议终止日后向客户提交截至终止日应向管理人支付费用的报表，此等情况除外），一方对另一方在本协议项下的任何责任仍将继续存在并保持完全有效，直至该等责任最终履行完毕；(b)管理人保留完成截至终止日尚未结清的任何交易的权利，并在账户中保留足以完成该等交易的金额；(c)管理人有权获取费用和开支，按比例分摊至终止日。在本协议终止后，客户应全权负责就账户中的任何资产发出书面指示。

15. 转让。如未经客户事先书面同意，管理人不能将本协议全部或部分进行转让（根据经修订的《1940年投资顾问法》的含义）。在前句的限制下，管理人可以将其在本协议项下的所有或部分职责委托给任何附属公司。

16. 通信。所有报告和本协议项下要求必须以书面形式提供的其他通信应由专人送达，或通过预付邮资的一级邮件、隔夜快递或经确认的传真（后附原件）发送。

发送给客户端：
联系人：＿＿＿＿＿＿＿＿＿＿＿＿＿＿＿＿＿＿＿
发送给管理人端：
联系人：＿＿＿＿＿＿＿＿＿＿＿＿＿＿＿＿＿＿＿

本协议的任何一方可随时通过书面通知指定一个不同的地址以接收报告和本协议项下的其他通信。

17. 适用法律；场地。本协议受美国法律和（加利福尼亚州）（纽约州）法律的管辖，并根据美国法律和（加利福尼亚州）（纽约州）法律解释和执行，但不适用其中的法律选择或冲突法条款。双方特此同意由（加利福尼亚州）（纽约州纽约郡）的联邦法院和州法院行使管辖权和作为审理地。

18. 完整协议；修改。本协议：(a)载明了双方就本协议标的达成的全部谅解；(b)取代了先前就该标的达成的任何和所有口头或书面的协议、谅解和沟通；(c)不得修改、修订或放弃条款，除非该等修改、修订或放弃条款所针对的一方正式签署特定的书面文书。如果与本协议及不属于本协议或任何投资政策声明的任何指示或投资指导方针存在冲突或不一致，以本协议为准。

19. 标题。本协议各条的标题仅为方便查阅，不影响本协议的含义和操作。如本协议所用，在适用情况下，单数形式的引用应包括复数形式。

20. 副本。本协议可以签署任何数量的副本，每份副本均被视为原件，但所有副本合在一起将构成同一份文书。

21. 可分割性。如果本协议项下的任何条款因任何原因被视为无效、可撤销或非法的，则该条款仅在其被宣布为无效、可撤销或非法的范围内没有任何效力。本协议项下未被明确认定有该等缺陷的所有条款将继续完全有效。

本协议各方已由其正式授权的高级职员正式签署本协议,自本协议文首所载日期起生效,特此证明。

（客户名称）

签署人:＿＿＿＿＿＿

名字:（获授权人）

职务名称:

（顾问名称）

签署人:＿＿＿＿＿＿

名字:

职务名称:

附件 A

投资目标声明

（由客户提供）

客户账户限制声明

（由客户提供）

附件 A

附件 B
费用一览表

作为管理账户的报酬,管理人将获得以下款项:

附件 B

附件 C
获授权人证明

我作为＿＿＿＿＿＿＿＿[说明职务名称;如(合伙公司的)一般合伙人;(公司的)总裁、董秘]证明下列人员为本协议项下的"获授权人":

姓名	职务	签名样本
＿＿＿＿＿＿	＿＿＿＿＿＿	＿＿＿＿＿＿
＿＿＿＿＿＿	＿＿＿＿＿＿	＿＿＿＿＿＿
＿＿＿＿＿＿	＿＿＿＿＿＿	＿＿＿＿＿＿
＿＿＿＿＿＿	＿＿＿＿＿＿	＿＿＿＿＿＿

＿＿＿＿＿＿＿＿＿＿＿＿＿＿＿＿＿
法人名称(请用印刷字体书写)
签署人:＿＿＿＿＿＿＿＿＿＿＿＿＿＿
签字
＿＿＿＿＿＿＿＿＿＿＿＿＿＿＿＿＿
名字和职务名称(请用印刷字体书写)
日期:＿＿＿＿＿＿＿＿＿＿＿＿＿＿＿

附件 C

2

财务报表基础知识

学习目标

在阅读本章后，你将会理解：
- 财务报表的目的；
- 五种财务报表：损益表、综合损益表、资产负债表、现金流量表和股东权益变动表；
- 一般公认会计原则（GAAP）的含义；
- 在利用 GAAP 编制财务报表时所作的假设；
- GAAP 的基础原则；
- 使用利润平滑操纵利润的常见方法；
- 独立审计师的角色；
- 不同的可能审计意见；
- 如何计算一家公司的每股收益；
- 基本每股收益与摊薄每股收益的差异；
- 现金流量表的活动。

引言

一家公司的财务报表向投资者提供了对企业的经营活动、融资活动和投资活动的总结。财务报表至少有五种：损益表、综合损益表、资产负债表、现金流量表和股东权益变动表。

在对财务报表有了基本的理解之后，我们将看到如何通过分析财务报表来提供关于公司业绩①

① 参见本书配套册的第 10 章。

的信息,以及如何利用该信息来估计公司股票的公允价值。也就是说,仅仅查看财务报表中报告的原始数据不足以评估公司的业绩;相反,必须将基本财务报表中的原始数据组合起来才能做到这点。这项任务被称为财务报表分析。

在本章解释财务报表时,我们以宝洁公司为例。该公司是一家美国的消费品制造商,产品在 180 多个国家销售。公司有五个部门:美容、美发、健康护理、织物及家居护理,以及婴儿、妇女和家庭护理。该公司的股票在纽约证券交易所交易,股票代码为"PG",其股票包含在道琼斯工业平均指数中。

上市公司是通过年报向股东分发财务报表的,根据美国证券法,这些公司必须分发年报。此外,财务报表成为向美国证券交易委员会定期提交备案的 10-K 表格的一部分,该文件相较于年报远远包含了更多的信息。

五种财务报表的概观

在本节中,我们先概述五种财务报表,然后继续解释在按照 GAAP 编制财务报表时所作的假设和原则。

损益表

损益表是对公司在一段时期内(如财政季度或会计年度)经营业绩的总结。用来称呼损益表的其他术语有收益表、经营表和利润表。该财务报表从公司的净销售额或其收入(等价而言)开始。这个项目似乎相当容易理解。然而,由于我们在本章后面将要解释的原因,并非总是如此,因此,我们将讨论关于公司何时被允许确认收入,从而将之包含在损益表内的会计规则。最后一行,即"底线",是公司的净利润或净收益,它也是以每股股票的收益表示的,被称为每股收益。

表 2.1 显示了宝洁公司在 2015 年、2016 年和 2017 年三个会计年度的损益表。注意,公司的会计年度在 6 月 30 日结束。其 2017 年的净收益为 154.11 亿美元。在损益表中的净收益下面显示了公司每股收益的两个值:5.80 美元和 5.59 美元。我们将在本章后面解释有两个数字的原因。

综合损益表

公司的综合损益表包含公司在会计年度期间确认的所有收入和费用。它是比公司的净利润远更宽泛地衡量收益或亏损的指标,包含损益表中未体现的数值。我们将在本章后面描述综合损益。描述这个更为宽泛的损益衡量指标的财务报表被称为综合损益表。

资产负债表

资产负债表亦称财务状况表,展示了公司截至其会计年度的最后一日(在年度资产负债

表 2.1 宝洁公司 2017 年和 2016 年的损益表

	2017 年	2016 年
净销售额	65 058	65 299
产品销售成本	32 535	32 909
销售、一般和管理费用	18 568	18 949
委内瑞拉业务剥离费用	—	—
营业利润	13 955	13 441
利息支出	465	579
利息收入	171	182
其他营业外收入/(费用),净额	(404)	325
持续经营业务的所得税前利润	13 257	13 369
持续经营业务的所得税	3 063	3 342
持续经营业务的净收益	10 194	10 027
停业部门的净收益(亏损)	5 217	577
净收益	15 411	10 604
减:归属于少数股东权益的净收益	85	96
归属于宝洁公司的净收益	15 326	10 508
每股普通股的基本净收益		
持续经营业务的收益	3.79	3.59
停业部门的收益/(亏损)	2.01	0.21
每股普通股的基本净收益	5.80	3.80
每股普通股的摊薄净收益:(1)		
持续经营业务的收益	3.69	3.49
停业部门的收益/(亏损)	1.90	0.20
每股普通股的摊薄净收益	5.59	3.69
每股普通股的股息	2.70	2.66

注:除每股金额外,金额均以百万美元为单位;年度止于 6 月 30 日。

表 2.2 宝洁公司 2017 年和 2016 年的综合损益表

合并综合损益表	2017 年	2016 年
净收益	15 411	10 604
其他综合收益/(亏损),税后净额		
财务报表折算	239	(1 679)
对冲的未实现收益/(损失)〔分别扣除了 $(186)、$5 和 $739 的税款〕	(306)	1
投资证券的未实现收益/(损失)〔分别扣除了 $(6)、$7 和 $0 的税款〕	(59)	28
待遇确定型退休计划的未实现收益/(损失)(分别扣除了 $551、$(621)和 $328 的税款)	1 401	(1 477)
其他综合收益/(亏损)总额,税后净额	1 275	(3 127)
综合收益总额	16 686	7 477
减:归属于少数股东权益的综合收益总额	85	96
归属于宝洁公司的综合收益总额	16 601	7 381

注:金额以百万美元为单位;年度止于 6 月 30 日。

表 2.3　宝洁公司 2017 年和 2016 年的资产负债表

资　　　产	2017 年	2016 年
流动资产		
现金和现金等价物	**5 569**	7 102
可供出售的投资证券	**9 568**	6 246
应收账款	**4 594**	4 373
存货		
材料和物料	**1 308**	1 188
在制品	**529**	563
产成品	**2 787**	2 965
存货总额	**4 624**	4 716
递延所得税	**—**	1 507
预付费用和其他流动资产	**2 139**	2 653
待售流动资产	**—**	7 185
流动资产总额	**26 494**	33 782
物业、厂房和设备,净值	**19 893**	19 385
商誉	**44 699**	44 350
商标和其他无形资产,净值	**24 187**	24 527
其他非流动资产	**5 133**	5 092
资产总额	**120 406**	127 136
负债和股东权益		
流动负债		
应付账款	**9 632**	9 325
应计及其他负债	**7 024**	7 449
待售流动负债	**—**	2 343
一年内到期的债务	**13 554**	11 653
流动负债总额	**30 210**	30 770
长期债务	**18 038**	18 945
递延所得税	**8 126**	9 113
其他非流动负债	**8 254**	10 325
负债总额	**64 628**	69 153
股东权益		
可转换 A 类优先股,设定价值为每股 1 美元	**1 006**	1 038
（授权 600 股）		
无表决权 B 类优先股,设定价值为每股 1 美元	**—**	—
（授权 200 股）		
普通股,设定价值为每股 1 美元（授权 10 000	**4 009**	4 009
股;已发行股票:2017-4009.2、2016-4009.2）		
超面值缴入股本	**63 641**	63 714
员工持股计划债务偿还准备金	**(1 249)**	(1 290)
累计的其他综合收益/（亏损）	**(14 632)**	(15 907)
库存股票,以成本价计算（所持股票:2017-	**(93 715)**	(82 176)
1455.9、2016-1341.2）		
留存收益	**96 124**	87 953
少数股东权益	**594**	642
股东权益总额	**55 778**	57 983
负债和股东权益总额	**120 406**	127 136

　　注:金额以百万美元为单位;年度止于 6 月 30 日。

表的情况下)和其会计季度的最后一日(在季度资产负债表的情况下)的资产、负债和权益的金额。公司的资产是管理层赖以经营公司的资源。资产是如何融资的? 负债和权益正是在这里发挥作用,因为它们表明资产是如何使用的,以及资金是从何处获得的。负债代表公司借取的金额。权益代表由公司所有者(在公司情况下,即股东)出资的公司资产的金额。由于公司仅能通过债务和股权融资,因此有一个众所周知的会计恒等式:资产=负债+权益。

表 2.3* 显示了宝洁公司 2017 年和 2016 年的资产负债表。2017 年,总资产为 1 204.06 亿美元。当年的负债和权益(在资产负债表中显示为股东权益)为 646.28 亿美元和 557.78 亿美元。正如我们所看到的那样,负债与权益的总和等于资产。

现在,让我们来看一个可能看似简单的问题。如果宝洁公司希望抛售其所有的资产(不管出于何种原因),它将大约获得多少金额? 查看资产负债表:它显示资产的账面价值为 1 204.06 亿美元。

不幸的是,这并非答案。原因在于,资产负债表中显示的对总资产的诠释取决于在编制财务报表时使用的会计规则。这是指有一些特定会计原则被应用于财务报表的编制。我们将在本章后面讨论这些会计规则,然后就能理解 1 204.06 亿美元意味着什么了。

这里有另一个可能看起来十分简单的问题。通过核查资产负债表,你能够确定在 2017 年 6 月 30 日(其会计年度的最后一日),宝洁公司普通股的市场价值是多少吗? 资产负债表中股东权益的数值为 557.78 亿美元。事实上,在 2017 年 6 月 30 日前后,宝洁公司股票的售价为每股 87 美元左右,发行在外的股数大约为 40.09 亿股。2017 年 6 月 30 日,发行在外的股票的市场价值(被称为其市值)大约为 3 487.83 亿美元(每股 87 美元乘以 40.09 亿股)。因此,股票的市场价值远远超过了资产负债表中报告的股东权益。其中的原因再次是在计算股东权益时使用的会计规则。

现金流量表

由于多种原因,公司的现金流至关重要。我们将在后文提供现金流量的正式定义。现金流量表是公司现金流量的汇总,它包含关于公司从何处获取现金,以及将现金用于何处的信息。更具体而言,现金流量表有三个组成部分:经营活动产生的现金流量、投资活动产生的现金流量和融资活动产生的现金流量。

股东权益变动表

股东权益变动表提供了股东权益变动的汇总。此外,它还包含关于已采取的改变发行在外股票数量的行动信息。此类行动包括公司回购任何股票、随着时间的推移执行公司所授予的任何股票期权,以及出售库存股票。[①]该财务报表的基本结构旨在提供从会计年度开始时至会计年度结束期间,股东权益各组成部分所报告的金额的对账。

---

* 原书为表 2.2,此处有误,已修改。——译者注

① 本章后文将解释库存股票。

一般公认会计原则

为了对财务报表使用者有用，财务报表所含内容应提供相关信息和可靠信息，并且以统一方式编制，以使投资者能够对一家公司作为股权投资的投资价值或作为资金借款人的信用资质作出明智的决定。

一般公认会计原则（GAAP）是由美国公认的会计机构建立的具有权威性的会计准则、规则和实践的框架。在美国，上市公司必须根据财务会计准则委员会（Financial Accounting Standards Board，FASB）制定的 GAAP 和通过其《财务会计准则声明》（Statement of Financial Accounting Standards，SFAS）颁布的会计准则进行报告。FASB 是一家独立的组织，证券交易委员会指定其负责制定会计准则。[①]

在美国以外，国际会计准则理事会（International Accounting Standards Board，IASB）制定了 GAAP。IASB 的会计准则被称为国际财务报告准则（International Financial Reporting Standards，IFRS），它被称为非美国的 GAAP。美国正在向 IFRS 过渡。幸运的是，一般而言，美国的 GAAP 与非美国的 GAAP（IFRS）之间的相似大于差异，因为对于大多数类型的交易，非美国的 GAAP 遵循与美国的 GAAP 相同的基本原则和概念框架。

GAAP 的假设

在记录财务交易和最终生成财务报表时，存在一些作出的假设和必须遵循的原则。这些假设和原则十分重要，因为它们会影响财务报表使用者解释所报告数字的方式。在根据 GAAP 编制财务报表时，有以下三个假设：（1）货币单位假设；（2）时间段假设；（3）持续经营假设。

货币单位假设

在美国，编制财务报表所使用的货币单位为美元。通货膨胀的影响及后文讨论的一个原则（即资产必须以历史成本入账），可能会在通货膨胀的环境中使用和解释这些数值时产生问题。

时间段假设

年度财务报表的编制是为了涵盖公司所选择的任何连续 12 个月（被称为会计年度）期间的经营活动。四份季度财务报表涵盖的三个月时期是从选定的会计年度开始的。许多企业都是高度周期性的。通常，公司会选择其会计年度，以便与其业务周期中活动的最低点相吻合。

---

① 尽管存在这些规则，但仍有充足的空间操纵财务报表。例如，参见 Mulford 和 Comiskey（2002），以及 Schilit、Perler 和 Engelhart（2018）。

持续经营假设

持续经营假设对于应用下一节中讨论的 GAAP 是至关重要的。假设一家公司将继续经营业务，是指在其正常的经营过程中：(1)公司预期会以资产负债表中记录的金额实现其为资产支付的金额；(2)履行其对债权人的负债。如果持续经营假设对一家公司不成立，那么资产负债表中资产和负债的金额及分类（将在本章后面解释）可能需要调整。这项调整将对收入、费用和权益的报告产生影响。我们将在后文看到，在资产负债表中，资产和负债有一个时间分类，它被称为流动项目和非流动项目。这个时间分类与一年和一年以上的时间框架相关。为了使该时间分类具有意义，持续经营假设必须是有合理性理由的。同样，只有在持续经营假设的背景下，历史成本、收入确认和匹配的 GAAP 才是有意义的。

GAAP

六个 GAAP 为：(1)充分披露原则；(2)谨慎性原则；(3)收入确认原则；(4)成本原则；(5)匹配原则；(6)重要性原则。这些假设的简要解释如下。

充分披露原则

充分披露原则是指对于诸如收入、费用和资产等会计项目的会计数字，财务报表的附注应提供文字叙述和额外的数字披露。如果缺乏这种充分披露，财务报表分析将不完整。

谨慎性原则

在记录某些交易时，必须对其进行估计。例如，当一家公司购买设备时，为了确定设备的成本将如何随着时间的推移而分摊，必须对其经济寿命进行估计。分摊到未来会计时期的定期成本被称为折旧。谨慎性原则是指，当会计师使用公司管理层提供的估计值编制财务报表而这些估计值发生的可能性相等时，必须使用最不乐观的估计值。

收入确认原则

收入确认似乎是商业组织中每个人都理解的概念，不应对此感到困惑。撇开欺诈行为不论，让我们看看收入确认为何不像人们期望的那样简单。为了做到这一点，让我们举一个例子。

假设一家公司同意以 240 万美元的价格为客户提供为期一年的服务。公司于 2020 年 12 月 1 日与客户签署了交付服务的协议，并在签署日收到了 240 万美元的付款。公司在 2020 年 12 月整个月内提供了服务。在编制 2020 年全年（即从 2020 年 1 月 1 日起至 2020 年 12 月 31 日止的会计年度的财务报表期间）的财务报表时，240 万美元未被视为在 2020 年赚取的收入。相反，公司仅提供一个月的服务，而不是合同中约定的 12 个月的服务。因此，公司仅赚取了 240 万美元中的 20 万美元（240 万美元除以 12）。于是，财务会计处理将显示公司 2020 年会计年度的收入为 20 万美元。该收入显示为公司损益表的一部分。公司未于 2020 年赚取的金额（220 万美元）成为公司的负债。

让我们稍微改动一下这个例子。假设在签署协议后，公司同意于下一年向客户开具发票，但仍在 12 月提供协定的服务。在这种情况下，尽管公司未收到现金，但仍可以在其损益表中记录 20 万美元的收入(从而确认是于 12 月赚取的收入),这 20 万美元将在资产负债表中显示为应收账款的一部分。然而,为了根据 GAAP 进行这项会计处理,如果以下两个条件得到满足,那么可以确认收入:(1)收入是已实现或是可实现的;(2)收入已经赚取。如果已收到现金(即在此情况下收入已实现),那么第一个条件将得到满足。如果后文描述的特定标准得到满足,那么仍符合第一个条件。除了欺诈交易之外,服务是否已经执行通常是十分清晰的。

回到我们的例子中,在 240 万美元于合同签署时收到的情况下,对 2020 年会计年度确认 20 万美元的收入是依据 GAAP 的适当处理:①现金已经收到,服务(根据假设)已经执行。②当现金未在协议签署时收到,但将在下一个会计年度(2021 年)开具发票时,情况就不那么清晰了。上文列举的第二个标准* 得到了满足。然而,没有足够的关于客户的信息来确定 20 万美元的可收款性。例如,假设客户是一家现金紧张并且财务状况薄弱的公司。于是,就存在是否应确认 20 万美元的问题。更糟糕的是,我们可以想象以下欺诈行为:一家公司与其知道不能履行服务协议的支付条款的实体开展虚假交易,然后利用这些虚假交易虚增收入。

因此,GAAP 的收入确认规则可能看似简单,但复杂的交易可能会为收入是否已经确认的诠释留有空间。

成本原则

资产负债表中的信息将标识公司所购买的资产。公司为资产支付的金额最初会显示在资产负债表中。资产负债表中的金额会随着时间的推移而发生变化,但不会因资产公允价值的上升而上调。有两个原因会发生下调。第一,由于所说的折旧或摊销,它们会使资产负债表中的金额降低至为资产支付的金额以下,因此需要对某些类型的资产进行调整。即便是折旧或摊销亦不能反映资产减少的真实金额:它是由会计师通过应用本章后文解释的一组规则确定的。下调的第二个原因是资产负债表中的价值已经明显减值,从而要求将资产负债表中资产的账面价值减少至其公允价值。GAAP 规定了如何对资产进行减值测试。

因此,在考察资产负债表时,其所显示的金额仅反映了因折旧、摊销和任何减值下调后的历史成本。因此,如果一家公司以 500 万美元从另一家公司购买了专利,而该专利的最终市场价值被估计为 2 亿美元,那么在资产负债表中显示的金额将为 500 万美元,然后该金额会根据摊销逐渐减少。

匹配原则

为了使损益表具有意义,在报表涵盖的时期内,必须恰当地将收入和费用匹配起来。也就是说,在赚取收入的时期内恰当地确认收入(让我们回想收入确认原则),并将与产生收入相关的费用正确地与这些收入匹配起来。

需要理解的是,在寻求创建一份反映公司产生收入的经营活动的损益表时,考察何时花费现金用于生产公司的产品(商品和服务),以及何时支付现金购买产生收入所需的原材料,是具有误导性的。也就是说,依据 GAAP 的收入和费用不一定与现金的流入和流出相对应。

在对收入确认原则的讨论中,我们使用了一个例子:公司于日历年度的 12 月 1 日为咨询

---

* 原书为前三个标准,此处有误,已修改。——译者注

服务产生了 240 万美元的现金,服务提供期限为 12 个月。很明显,根据 GAAP,仅 20 万美元将被视为公司损益表中的收入。假设公司在上一个日历年度购买了耗资 2 400 万美元的设备,并且该设备被用于履行 240 万美元的合同。为了公允地表示该公司在日历年度的利润,必须确定该设备有多少部分被用于产生该日历年度的收入。这不是任意执行的。正如我们在本章后面解释的那样(我们将提供有关损益表和资产负债表的更多详细信息),我们将看到根据会计折旧确定这个金额的 GAAP。

匹配原则的实施要求在被称为权责发生制的基础上进行会计核算。在权责发生制会计制度下,收入的确认如我们前面解释的那样:在收入已赚取并且已实现(或可实现)时确认收入,费用在确认收入的当期确认。

当所取得资产的预期效益大于一年,在购买资产时,所支付的价格被作为有适当标题的资产记录在资产负债表中。例如,它可以是"设备"。当会计师在购买时创建了一项资产,我们称会计师将该资产资本化,而不是将资产费用化。正如稍后解释的那样,随着时间的推移,被资本化的资产将根据资产的类型,以及遵循 GAAP 规则发生价值的定期减少:折旧、摊销和减值。

由于匹配原则,在采用权责发生制会计进行收入和费用的确认时,经常会导致时间差异。所产生的时间差异会导致资产负债表中的"应计"和"递延"项目。时间差异有四种类型:应计收入、应计费用、递延收入和递延费用。

当收入在收到现金之前确认时,就会发生应计收入。这已在先前的例子中说明,服务是于 12 月执行的,价格为 20 万美元*,而该笔款项的发票是于下一个日历年度开具的。如果在支付现金之前确认费用,就会发生应计费用。对于递延,递延收入是在收到现金之后确认的收入,而递延费用是在支付现金之后确认的费用。

由于权责发生制会计依赖于公司在确定收入和费用时间方面的自由裁量权,因此存在操纵利润的可能性。在对收入确认的讨论中,我们描述了操纵确认收入的时间如何会是会计欺诈的主要原因之一。如果费用的时间也受到操纵,那么类似的欺诈结果亦可能发生。操纵利润并不总是为了增加利润。公司可能会为了符合投资者的预期而平滑利润或收入。

为操纵利润使用利润平滑的三种最常见的方法为:渠道填充、拉入式销售和饼干罐储备。

(1) **渠道填充**①:渠道填充是一种以牺牲未来会计期间的收入和利润为代价,加速当前会计期间的收入和利润的方案。这种做法涉及一家足够强势的公司,能够迫使其分销渠道中的公司订购比预期销售更多的产品。订单于会计季度末发货,胁迫方公司同意接受退货并向采购公司提供全额退款。其结果是,胁迫方公司在会计期间拥有更大的收入,从而有更高的利润。

(2) **拉入式销售**:公司已经采用的管理收益和收入的另一种做法是拉入式销售。在这种做法中,存在计划于未来会计季度向客户发货的现有订单。公司不按计划对订单发货并在应该发货的未来会计季度确认收入,而是提前对订单发货并在当前会计季度入账。

(3) **饼干罐储备**:最后,还有一种被称为饼干罐储备的用法。在典型的饼干罐方案中,公

---

* 原书为 24 万美元,此处有误,已修改。——译者注

① Lai、Debo 和 Nan(2011)考察了管理者对公司市场价值的短期利益如何会激励渠道填充。进一步的讨论和案例研究参见 Prem、Rao 和 Martin(2019)。

司对一些费用作出不恰当的假设,在盈利良好的会计期间(即比投资者的预期更好,盈利年份)夸大这些费用。例如,可能会夸大保修费用,并将在当前会计期间确认为费用的金额与本应扣除的较低金额的差额置入饼干罐中。在未来会计期间,如果盈利情况不如投资者的预期,公司会动用饼干罐,在该会计期间不扣除真实的费用。

一家发生重组费用的公司在决定于哪个未来会计期间确认这些费用时有相当大的自由裁量权。一家上市公司可能会对一大部分的重组费用进行确认,因为公司愿意使当前会计期间的利润遭到重创,以便使未来会计期间的盈利状况看上去更佳。这被称为"巨额冲销"(big bath charges)。[1]

重要性原则

GAAP 会计实务认识到,在实施以上任何一个会计原则时,会存在一些与财务报表中所含财务信息的使用者无关的交易或情形。在这种情况下,重要性原则允许会计师忽略对一项原则的严格遵守。然而,对于一笔交易或一个会计项目需要达到多少金额才能被视为不重要的问题,并没有明确的答案。会计界认为,会计师必须运用判断力。人们可能会预期,交易规模相对于公司规模的大小,是会计师在决定交易是否重要时使用的一个重要因素。

独立审计师和审计报告

公司管理层对财务报表呈现的财务信息的编制和完整性负责。管理层有责任确保 GAAP 规定的某些估计和判断得到恰当执行。在公司内部,这项职能是由内部审计师执行的。

如果未执行独立分析来证明财务报表是按照 GAAP 编制的,那么财务报表的使用者就不太可能接受财务报表是公正的。这项独立分析是由一家拥有注册会计师(CPA)雇员的独立会计师事务所执行的。这些事务所由董事会下属的审计委员会聘请,对财务报表进行审计并提供意见或报告,后文将会讨论不同类型的意见。独立审计师(或外部审计师)与内部审计师和董事会的审计委员会一起工作,以收集为形成对管理层的财务报表是否符合 GAAP 的意见所需的信息。也就是说,尽管审计师对财务报表提供了意见或报告,但财务报表仍是公司管理层的报表。

审计师在对公司的财务报表进行审查后,可能会给出下列四种可能的审计意见之一:

(1) **无保留意见**。无保留意见是指审计师认为财务报表是按照 GAAP 公正地呈现的。

(2) **保留意见**。当审计师认为财务报表按照 GAAP 呈现了公司的财务状况、经营业绩和现金流量,但对某些事项仍有保留意见时,将会出具保留意见。审计意见将会标识和解释形成保留意见的保留事项原因。保留事项或是由于偏离了 GAAP,或是由于对公司是否能够持续经营持有怀疑,或是由于审计的范围。

(3) **否定意见**。当审计师认为财务报表未按照 GAAP 呈现公司的财务状况、经营业绩和

---

[1]　为了解管理层的巨额冲销会计实务如何会影响投资者对财务报表的看法,参见 Hope 和 Wang(2018)。

现金流量时,将会出具否定意见。否定意见是在与 GAAP 有重大背离时出具的。

（4）**无法表示意见**。当审计师无法对财务报表形成意见时,将会出具无法表示意见。

损益表

损益表汇总了公司在一段时期内(会计季度或会计年度)的经营业绩。在本节中,我们会解释损益表及其组成部分。

尽管损益表的呈现方式因公司而异,但我们会使用表 2.1 显示的宝洁公司损益表。我们将在本节中详尽地说明损益表的所有组成部分。

收入/销售额

从公司产品的销售获取或将获取的收入被称为销售额或收入。表 2.1 显示宝洁公司使用的术语为净收益。我们在前面解释了收入确认原则和匹配原则。

尽管不适用于宝洁公司,但有许多公司从长期合同产生收入。例如,柯蒂斯—莱特公司(Curtiss-Wright Corporation)从长期合同中获得了很大一部分收入。对于此类合同,收入和毛利跨越了一个会计年度以上的时间。我们简要地描述此类情况下的收入确认方法。

长期合同会计的 GAAP 方法为:(1)完成合同法;(2)完工百分比法。完成合同法仅在合同义务全部履行完毕后才确认长期合同项下项目产生的所有收入和利润。这种会计处理显然违反了匹配原则。然而,如果至少存在以下一种情况,管理层则认为其是合理的:管理层不能提供对项目完成百分比的可靠估计;存在可能会干扰项目完成的固有危险;项目属于短期性质,从而对使用完成合同法报告和使用完工百分比法报告的利润不会产生有实质性差异的影响。

完工百分比法要求根据施工进度(即完工百分比)在每个时期确认合同收入。实施这个方法的主要问题是,相当准确的完工进度可能不那么容易衡量。GAAP 要求在完工进度、收入和成本的估计相当可靠并且所有下列条件都成立时,才能使用这个方法:(1)合同明确规定了关于各方提供和获取商品或服务的可执行权利、交换的对价,以及结算的方式和条件;(2)可以期望买方会履行合同项下的所有义务;(3)可以期望执行合同项下服务的公司会履行合同义务。

营业成本和营业利润

从收入/销售额中减去营业成本,由此产生的指标被称为营业利润。营业成本有三种类型:(1)商品销售成本;(2)销售、一般和管理费用;(3)研究和开发费用。注意,研究和开发费用是其发生所在时期内的费用。也就是说,它们是损益表中的费用,而不能作为资产被资本化。

在表 2.1 宝洁公司的损益表中,未出现营业成本这一术语,而是出现了三种类型的营业成本中的两种。注意,宝洁公司使用的术语是产品销售成本,而不是商品销售成本。

商品销售成本

商品销售成本(或产品销售成本)的计算如下:

$$
\begin{array}{l}
\text{会计期初的存货成本} \\
+\text{会计期间购买/制造存货的成本} \\
-\text{会计期末的存货成本} \\
\hline
=\text{商品销售成本}
\end{array}
$$

或同等地,

$$
\begin{array}{l}
\text{在会计期间可销售的存货的成本} \\
-\text{会计期末的存货成本} \\
\hline
=\text{商品销售成本}
\end{array}
$$

存货包括原材料库存、在制品库存和产成品库存。截至 2017 年会计年度,宝洁公司的资产负债表(见表 2.3)报告了存货的以下数据:

原材料　　　　　13.08 亿美元

在制品　　　　　5.29 亿美元

产成品　　　　　27.87 亿美元

正如我们看到的那样,商品销售成本的计算依赖于会计期初和期末的存货成本,以及在该期间创造/购买存货的成本。确定存货成本被称为存货估值或存货成本核算。根本而言,这个过程涉及将可供销售存货的成本分配给期末存货和商品销售成本。

存货估值/存货成本核算

根据 GAAP,一家公司在选择确定存货成本的会计方法时有相当大的自由裁量权。我们将在描述各种替代方法、存货成本中包含哪些项目,以及所采用的方法如何影响公司的净利润时,会简要地进行讨论。应该指出,有些高科技公司可能没有任何存货。

GAAP 要求在存货成本核算中计入以下成本:

● 零件和原材料成本

● 直接人工成本:直接人工成本是与产品或服务直接生产的工作相关的工资和附加福利。

● 间接制造成本:间接制造成本亦称工厂间接成本、工厂负担和制造支持成本,是与制造产品相关的间接制造相关成本。三个间接制造成本的例子为:生产过程中使用的固定资产的折旧、生产过程中涉及直接人工以外的其他人工(被称为间接人工)(如物料管理员、维护人员、设备维修人员和产品检测员),以及用于运营制造工厂和设备的公用事业。

公司使用以下四种存货成本核算方法之一,来确定如何将成本分配给商品销售成本和期末存货[①]:(1)个别认定法;(2)先进先出法(FIFO);(3)后进先出法(LIFO);(4)平均成本法。一旦公司选择了一种方法,它就不能轻易地改变方法,因为这会使两个会计期间的财务报表难以公允地相互比较。

---

① 此外还有其他方法,但它们的使用频率较低。

当个别认定法被用于存货成本核算时,每件商品的销售成本都会被单独认定并记录为商品销售成本。当公司销售大量类似商品时,这种方法往往是不切实际的。然而,当公司销售的商品彼此之间独一无二并且每件商品都成本高昂时,这种方法是合适的。

其他三种存货成本核算方法——FIFO、LIFO和平均成本法——是基于一个存货成本流量假设来确定存货成本的。更具体而言,存货成本流量假设如下:

- FIFO:假设第一批进入的单位是第一批售出的。
- LIFO:假设最后一批进入的单位是第一批售出的。
- 平均成本法:使用每一单位的平均成本来计算所售商品的成本。

最常用的方法是FIFO。

存货成本核算方法的选择将会对净利润产生影响。在通货膨胀时期或板块内价格正在上升的时期内,FIFO将比LIFO或平均成本法产生更高的净利润。

存货估值还有一个方面也十分重要。历史成本原则表明,资产应以其历史成本报告。因此,市场价值高于历史成本的固定资产不会按较高的市场价值进行调整。在存货情况下,如果存货因变得过时或根本不可销售而导致其市场价值下跌,则需要对存货进行重新估值。存货估值的规则是,存货以其成本或市场价值的孰低者(lower of cost or market,LCM)报告。存货的重新估值在高科技行业并不罕见,因为其产品有不同的“代”。

以下是宝洁公司财务报表附注中陈述的存货估值会计政策:

> 存货是以成本或市场价值的孰低者来估值的。与产品相关的存货按照FIFO维持。备用零件存货的成本使用平均成本法维持。

持续经营业务的收益

营业利润,顾名思义,是仅从公司销售其产品和服务的经营活动取得的利润。公司在经营其业务时可能会发生与产生收入的产品和服务不直接相关的其他费用。一个例子是与公司为经营其业务借取资金的成本相关的费用。利息支出是借款成本。在美国,利息支出是一项经营业务的成本,从营业利润中扣除。注意,向股东支付的股息代表了利润的分配,而不是一种可以抵扣税款的费用。

此外,还有其他非通过经营活动产生的收入来源。例如,公司可能会将其盈余的现金投资于其他公司的债务或美国国债。从此类投资获取的收入为利息收入。

通过将营业利润与营业外收入相加并从中减去营业外费用,得出的结果是持续经营业务的所得税前收益。通过从这个项目中减去持续经营业务的所得税,我们得到持续经营业务的净收益。

2017年,宝洁公司有1.71亿美元的利息收入形式的营业外收入。营业外费用有两项,即4.65亿美元的利息支出和4.04亿美元被标记为其他营业外费用的支出。其他营业外费用的标记表示它是“净额”。这意味着存在其他营业外收入和营业外费用,两者的差额为4.04亿美元的费用。财务报表附注告诉我们,它“主要包含收购和剥离净收益、投资收益和其他营业外项目”。

这导致持续经营业务的所得税前收益为132.57亿美元。持续经营业务的所得税为30.63亿美元。从132.57亿美元中减去30.63亿美元可得出持续经营业务的净收益。

为得出公司的净收益,还有一个项目必须考虑在内。公司可能会停止部分业务部门的经营。与停业相关的成本可以分摊到数个会计年度中。每年的成本在损益表中显示为停业部门的收益或亏损。

对宝洁公司而言,2017 年从停业部门产生的收益为 52.17 亿美元。财务报表的附注 13 表明,有数个产品类别已停止生产。例如,2016 年,宝洁公司剥离了多个"美容品牌",停止了宠物护理业务及其电池业务。超过 50 亿美元的收益归因于数种产品的出售所获得的收益,主要来自其美容品牌的出售。

普通股股东可以获得的净利润

所报告的净利润为所有股东——优先股股东(如有)和普通股股东——赚取的金额。然而,普通股股东感兴趣的是他们赚取并可供他们使用的金额,即普通股股东可以获得的净利润。

有了持续经营业务的收益和停业部门的收益后,将两者相加将给出公司的净利润或净收益。对宝洁公司而言,净收益为 154.11 亿美元,它是持续经营业务的净收益(101.94 亿美元)与停业部门的净收益(52.17 亿美元)之和。

为了得出普通股股东可以获得的净利润,必须作出两项调整。第一,必须扣除向优先股股东支付的股息。第二项调整是从收益中减去所称的归属于少数股东权益的净利润或归属于少数股东权益的净收益。这个项目是在公司的合并子公司中由其他人拥有的那部分净利润和权益。

在宝洁公司的案例中,2017 年,归属于少数股东权益的净收益为 8 500 万美元,因此股东可以获得的净利润为 153.26 亿美元(154.11 亿美元-8 500 万美元)。注意,宝洁公司未将这一项目标记为股东可以获得的净利润,而是将其称为"归属于宝洁公司的净收益"。然而,这不是普通股股东可以获得的净利润,因为它未考虑到向优先股股东支付的股息。查看表 2.1 损益表,表中未显示向优先股股东支付的股息,但确实支付了这种款项。查看财务报表的附注 6,我们可以发现支付了 2.47 亿美元的股息。从归属于宝洁公司的净收益中减去 2.47 亿美元,我们得到 150.79 亿美元,宝洁公司将其称为"普通股股东可以获得的归属于宝洁公司的净收益",这更普遍地被称为普通股股东可以获得的净利润。

普通股的每股收益

公司在其财务报表中报告普通股的每股收益(EPS)。这是显示每股普通股赚取了多少金额的指标。其计算方式如下:

$$每股收益 = \frac{普通股股东可以获得的净利润}{发行在外的普通股股数} \tag{2.1}$$

分子通过扣除向优先股股东支付的股息,仅使用普通股股东赚取的金额。

我们必须计算在分母中使用的普通股股数。原因是,每股收益是针对一个会计期间的,但普通股的股数可能会在该期间发生变动。也就是说,在整个会计期间,发行在外的普通股股数并不一定是相同的。由于这个原因,会计师会计算发行在外的普通股股数的加权平均。

此外，GAAP 还要求公司报告两个每股收益指标：基本每股收益和摊薄每股收益。基本每股收益正是以上计算每股收益的公式的结果。

宝洁公司 2017 年的损益表中基本每股收益为 5.80 美元。让我们来看是如何计算的。正如前文解释的那样，注意公司财务报表的附注 6，它表示普通股股东可以获得的归属于宝洁公司的净收益为 150.79 亿美元。这等于每股收益公式的分子中应使用的普通股股东可以获得的净利润。每股收益公式的分母是什么？也就是说，在每股收益公式中应使用的股数是多少？答案也可以在附注 6 中发现。对于基本每股收益的计算，发行在外的普通股股数为 25.98 亿股。

$$基本每股收益 = \frac{150.79\ 亿美元}{25.98\ 亿} = 5.80\ 美元$$

这是表 2.1 中显示的基本每股收益的数值。

摊薄每股收益

摊薄每股收益考虑了将证券转换为普通股的可能性；例如，允许持有人将其交换为指定数量的普通股的证券，以及公司发行的赋予某些交易方执行期权以取得指定数量股票的权利的期权。前者的一个例子是可转换证券，如可转换优先股或可转换债券。综合而论，公司作出的所有允许第三方可能会取得公司普通股的财务安排被称为稀释性证券。摊薄每股收益使财务报表使用者能够看到在稀释性证券的持有者实际行使其取得股票的权利的情况下，对基本每股收益的潜在影响。

计算摊薄每股收益的公式为：

$$摊薄每股收益 = \frac{经稀释性证券执行调整的普通股股东可以获得的净利润}{在稀释性证券被执行情况下的普通股股数} \quad (2.2)$$

调整分子的原因是，净利润必须根据如果稀释性证券被执行，该指标将会发生什么来进行调整。例如，考虑一种可转换债券，该债券能够获取利息。如果债务持有者将其转换为普通股，那么利息支出将会减少，减少金额等于向可转换债券持有者支付的利息。可转换优先股也同样如此，但在这种情况下，减少金额将为向此类股东支付的股息。

在计算中可以包含哪些稀释性证券是有限制的。任何可能会使摊薄每股收益高于基本每股收益的稀释性证券都不包含在摊薄每股收益的计算中。这种稀释性证券被称为反稀释性证券。

让我们使用宝洁公司 2017 年的财务报表来举例说明摊薄每股收益的计算。公司在其财务报表的附注 6 中报告了以下指标：

归属于宝洁公司的净收益 /（亏损）（摊薄）= 153.26 亿美元

稀释后的加权平均发行在外普通股股数 = 27.40 亿

归属于宝洁公司的净收益/（亏损）（摊薄）等价于摊薄每股收益公式的分子。因此，

$$摊薄每股收益 = \frac{153.26\ 亿美元}{27.40\ 亿} = 5.59\ 美元$$

表 2.1 显示了该金额。

综合损益表

未作为股息向股东分配的净利润将由公司保留,并会增加股东权益。因此,我们会预期,假如公司在一个会计年度的净利润为 1 000 万美元,该会计年度初的股东权益为 8 000 万美元,那么在股东未获得任何股息分配的假设下,该会计年度末的股东权益将为 9 000 万美元。然而,曾有一段时间,有一些交易对股东权益造成不利影响,但却未显示在损益表中。在我们的例子中,假设会计年度末的股东权益为 7 500 万美元,而不是 9 000 万美元。丢失的 1 500 万美元股东权益发生了什么? 公司基本上会将对股东权益造成不利影响的一笔或一系列交易隐藏在股东权益变动表中。也就是说,人们预期任何影响股东权益的事项都应该在损益表中指明,但情况并非如此。

由于这种滥用,GAAP 通过要求公司报告其所称的"综合收益"和"其他综合收益"来处理这个问题。GAAP 将综合收益定义为:

> 在一个时期内由非所有者来源的交易和其他事件及情形而导致的企业权益(净资产)的变动。除了由所有者的投资和向所有者进行分配导致的变动之外,它包含一个时期内权益的所有变动。

因此,综合收益包含净利润。综合收益中通过与净利润相加以取得综合收益的组成部分被称为其他综合收益,它被定义为根据 GAAP 在资产负债表中被记录为股东权益一部分的收入、费用、收益和损失,但不包含在净利润中。

因此,

$$综合收益 = 净利润 + 其他综合收益 \tag{2.3}$$

其他综合收益的三个例子为:(1)对不使用美元作为其功能性外币的外国子公司进行的外汇调整;(2)在试图使用某些金融衍生工具(互换、期货和远期合约)对冲其头寸时,在衍生工具上实现了损失;(3)出售有价证券的收益或损失。

表 2.2 显示了宝洁公司的综合损益表。2017 年,净收益(在经少数股东权益调整前)为 154.11 亿美元。四个其他综合收益项目(税后净额)的总额为 12.75 亿美元。由此得出综合收益总额* 为 166.86 亿美元(154.11 亿美元+12.75 亿美元)。从这个金额中减去归属于少数股东权益的金额(8 500 万美元),得出归属于普通股股东的综合收益总额(或如宝洁公司标记的那样,"归属于宝洁公司的综合收益总额")为 166.01 亿美元。

资产负债表

资产是公司拥有的财产,负债和权益表明了公司是如何为这些资产融资的。

---

* 原书为其他综合收益总额,此处有误,已修改。——译者注

我们将以表 2.3 显示的宝洁公司 2017 年资产负债表为例进行说明。

资产

公司的资产就是其资源。对资本进行分类有不同的方法。一种方法建立于资产转换为现金需要多长时间的基础之上。当资产可以在一年或一个经营周期内转换为现金时,它被称为流动资产。公司的经营周期是指通过销售收入将对存货的现金投资重新转换为现金所需要的时间长度。大多数公司的经营周期都不超过一年。非流动资产或长期资产是不符合被归类为流动资产标准的资产。

流动资产

在资产负债表中列示资产时,先出现流动资产,然后是非流动资产。其原因是,在资产负债表中,列示顺序通常是按流动性顺序报告的,流动性最高的资产列在最前,流动性最低的资产列在最后。流动资产包括现金和现金等价物、应收账款、存货、预付费用、短期投资和递延所得税。

GAAP 将"现金和现金等价物"中的"现金等价物"成分定义为"短期、高流动性的投资,它们可以很容易地转换为已知金额的现金,并且临近到期日,以至于因利率变化造成的价值变动的风险变得微不足道"。[①]货币市场基金是现金等价物的一个例子。现金等价物是根据历史成本原则以历史成本报告的。

短期投资不同于被归类为现金等价物的投资。剩余期限多于三个月、但少于一年的债务证券被归类为短期投资。此类流动资产以公允市场价值、而不是以历史成本报告,这是历史成本原则的一个例外。

对于宝洁公司而言,其 2017 年的资产负债表对每类流动资产进行了细分。

非流动资产

非流动资产有两种类型:实物资产和无形资产。

(1) 实物资产:实物资产亦称固定资产,包括物业、厂房和设备,通常在资产负债表中仅标识为物业和设备。在购置固定资产时,它以购置时所支付的成本入账,被称为物业和设备总值。正如本章前面所解释的那样,这种创建资产的过程被称为资产的资本化。每年,物业和设备根据某种可允许的折旧会计政策进行折旧。折旧是指将实物资产的历史成本分摊至其使用寿命(或经济寿命)内。这是匹配原则所要求的。当年的折旧金额被视为一种费用并出现在损益表中,我们在讨论不同的实物资产折旧会计方法时一起讨论了这点。

公司可以选择采用何种方法在固定资产的预期寿命期内分摊该资产的成本。这种分摊是所称的折旧。两种可选方法是直线法和加速法。在使用直线折旧法时,固定资产的成本(减去其预计残值的金额)在资产的预期寿命期内以均匀的方式作为费用计提。当使用加速折旧法时,前期将计提较大的年度折旧费用。如果公司选择采用加速折旧法,那么它有两种

---

① 参见财务会计准则委员会的会计准则汇编第 305-10-20 段。

方法可供选择：余额递减法和年数总和法。就我们的目的而言，我们无须进一步详细解释这些方法。重要的是，如果使用直线折旧法，那么在资产预期寿命期内每一年计提的折旧金额都是相同的；而如果使用加速折旧法，那么资产预期寿命期内前期的折旧较高，而后期的折旧则较低。

在资产负债表中出现的是"厂房和设备，净值"，它被称为"账面价值"。根据历史成本原则，它不是公允市场价值。物业和设备净值的金额为总值与自初始购置以来的累计折旧之间的差额。也就是说，实物资产的累计折旧等于每年计提的折旧金额的总和。正如前文所解释的那样，对于某些固定资产，账面价值还会因任何认定的减值而进一步减少。

2017年，宝洁公司报告的"物业、厂房和设备，净值"为198.93亿美元。在财务报表的附注3中，我们看到物业、厂房和设备的总额为401.48亿美元，这是总值。累计折旧为202.55亿美元。损益表中显示的是净值。

在财务报表的附注1中，宝洁公司陈述了其关于物业、厂房和设备会计政策的以下内容：

> 物业、厂房和设备以扣除累计折旧后的成本入账。折旧费用是使用直线法在资产的估计使用寿命期内确认的。机器和设备包括办公家具和固定装置（15年的使用寿命）、计算机设备和资本化软件（3—5年的使用寿命）以及制造设备（3—20年的使用寿命）。建筑物是在40年的估计使用寿命期内折旧的。公司定期审查所估计的使用寿命，并在适当时作出前瞻性的变更。当特定事件发生或经营状况发生特定变化时，可能会对资产寿命进行调整，并对账面金额的可收回性执行减值评估。

（2）无形资产：美国的GAAP将无形资产定义为使公司有权为所有者创造权利、特权和其他经济利益的非实物资产。GAAP将无形资产定义为"缺乏实物形态的资产（不包括金融资产）"。GAAP的定义排除了被认为是无形资产的"商誉"，我们将在稍后讨论这点。事实上，财务报表的附注中提及了"商誉和无形资产"或"商誉和其他无形资产"，其对商誉进行了区别对待。

无形资产可被分类为：（1）与营销相关的无形资产；（2）与客户相关的无形资产；（3）与艺术相关的无形资产；（4）基于合同的无形资产；（5）技术。一些类型的无形资产出现在资产负债表中，其他则没有。

根据GAAP，无形资产是根据其获得方式和经济寿命进行分类的。在获得方式方面，无形资产被分类为内部创造（或自创）的无形资产和购买的无形资产。对于后者，这是通过直接购买无形资产或由于某种企业组合（如收购或与另一家公司合并）实现的。根据GAAP，当企业合并发生时，需确定可辨认的无形资产。此时会聘请专家来评估每项可辨认无形资产的公允市场价值。因此，我们如今看到的无形资产可能因下列原因产生：（1）公司自己创造的无形资产；（2）从其他公司购买单项无形资产；（3）通过企业合并购买，这会导致一项或多项可辨认的无形资产。

购买的无形资产：一些公司在其资产负债表中报告大量所购买的无形资产。与实物资产相同，匹配原则要求公司在资产的预期寿命期（即预期产生经济利益的年数）内分摊购置成本。在实物资产的情况下，所分摊并之后在损益表中显示为费用的成本叫做折旧。对于无形资产，它被称为摊销。出于摊销目的，GAAP要求区分寿命不确定的无形资产和寿命确定的无形资产。如果所购买的无形资产预计为公司产生现金利益的时期没有可预见的年限，那么它被归类为无确定寿命的无形资产。对于购买的无形资产，如果没有确定的寿命，则无须进行摊销。相比之下,如果购买的无形资产寿命有限——GAAP将其定义为公司预期产生现金利益的时期数有限——则必须进行摊销。

内部创造的无形资产:至此为止,我们已经讨论了对购买的无形资产的处理。内部创造的无形资产是如何处理的? 由于高科技公司通常创造此类资产,这十分重要。这通常属于"研究和开发(研发)"类别。这种情况下的处理方法是,尽管存在例外,但美国的GAAP要求在资产负债表中不报告任何无形资产。相反,美国GAAP要求将研发成本费用化(即在成本发生的会计期间将其作为损益表中的费用)。

与有形资产相同,必须摊销的无形资产也需要受到减值测试。如果情况发生变化或特定事件(被称为"触发事件")发生,则必须确定减值,如果确定减值是不可恢复的,则必须减少或完全核销无形资产的账面价值。因减值引起的资产负债表中账面价值的减少,将会在损益表中产生相应的费用金额。

宝洁公司报告的商标和其他无形资产(净值)为241.87亿美元。

商誉

商誉是在公司收购另一家公司时产生的无形资产。商誉是用为被收购公司支付的价格与所取得的净资产的公允价值之间的差额来衡量的。净资产的公允价值等于:所有可辨认的有形和无形资产的公允价值减去收购方公司代表被收购公司承担的任何负债的公允价值。在收购方公司的资产负债表中,商誉的金额作为一项资产显示。也就是说,商誉在资产负债表中被加以了资本化。

商誉被视为无确定寿命的无形资产。因此,不对商誉进行任何摊销。然而,与其他无形资产相同,商誉也需要受到减值测试,这些测试可能会减少其在资产负债表中的数额。

在宝洁公司2017年的财务报表中,所报告的商誉为446.99亿美元。财务报表的附注4显示了其每条业务线有多少相关商誉。

其他非流动资产

其他非流动资产(或简称"其他资产")可以包括投资、对子公司的预付款和来自子公司的应收款、来自公司高级职员和员工的应收款、公司高级职员人寿保险的现金解约价值,以及在建建筑的成本。

负债

公司的负债体现了公司为购买出现在其资产负债表中的资产融资借款的金额。"负债"和"债务"这两个术语可以互换使用。

在资产负债表中,负债按到期日的先后顺序列示。通常,其分为两类:流动负债和长期负债。在一年或一个经营周期(取较长者为准)内到期的负债被归类为流动负债。长期负债是指到期期限在一年以上的债务。

流动负债

截至2017年会计年度末,宝洁公司报告的流动负债总额为302.10亿美元,流动负债项目如下:

应付账款	95.32 亿美元
应计及其他负债	70.24 亿美元
一年内到期的债务	135.54 亿美元

应付账款表示因赊购而欠供应商的款项金额。应计费用是已经实现、但尚未支付的费用。

在财务报表的附注 3 中,解释了在第二项应计及其他负债中包含的内容。它们包含营销和推广费用、薪酬费用、重组费用、税款、法律和环境费用,以及其他费用。

上述第三项与公司的债务相关。公司有短期债务和长期债务。其短期债务是在一年内到期的债务。尽管长期债务可能要在一年以后到期,但可能有部分长期债务是在一年内到期的。例如,一家公司可能发行了 20 年期债券,但同意在未来 20 年期间均匀地偿还本金。在这种情况下,1/20 的债券债务将被视为是在一年内到期的。

对于宝洁公司而言,附注 10 表明了一年内到期的债务由两个项目组成。第一项是长期债务一年内到期的部分,其 2017 年的金额为 16.76 亿美元。第二项是其发行商业票据借取的金额。商业票据是筹集短期资金的常用借贷工具;其 2017 年的金额为 117.05 亿美元。这两个项目与另一个被称为"其他"的项目的总和,等于资产负债表中报告的 135.44 亿美元。

长期负债

典型长期负债的例子是通过发行票据和债券来借款、资本租赁和递延税款。"资本租赁"代表对租金付款的长期承诺的租赁债务。租赁这个专题并不简单。"递延税款"是可能必须在未来支付的税款,但它们当前尚未到应付时间。尽管就财务报告的目的而言,它们(根据匹配原则)被计入了费用,但它们可能已到应付时间或者在未来应付*。递延所得税是由出于财务报告目的(GAAP)计算的资产和负债的账面金额与出于所得税目的计算的金额之间暂时性差异产生的净税收影响。或有负债亦包含在内,我们将在后文对其进行讨论。

2017 年,宝洁公司报告了三个长期负债项目:长期债务、递延所得税和其他非流动负债。财务报表的附注 10 提供了长期负债组成部分的细目。宝洁公司的未偿债券债务为 152.81 亿美元。它由以美元、欧元和日元计价的 17 种债券组成。在这个金额中,16.76 亿美元为长期债务中一年内到期的部分。因此,净长期债券债务为 136.05 亿美元。资本租赁债务为 16.76 亿美元,所有其他长期债务为 43.82 亿美元。将这三个项目相加,得出资产负债表中报告的长期债务为 180.38 亿美元。

2017 年报告的递延所得税为 81.26 亿美元。其他非流动负债为 82.54 亿美元。宝洁公司没有或有负债。我们稍后将更仔细地考察非流动负债和或有负债。因此长期负债为:

长期债务	180.38 亿美元
递延所得税	81.26 亿美元
＋其他非流动负债	82.54 亿美元
长期负债	344.18 亿美元

注意,宝洁公司没有长期负债的标题。相反,这二个项目列示在流动负债总额之后。将

---

* 原书为不在未来应付,此处有误,已修改。——译者注

流动负债总额(302.10 亿美元)和长期负债总额(344.18 亿美元)相加,得出负债总额为 646.28 亿美元。

其他非流动负债

让我们考察组成宝洁公司其他非流动负债* 的项目。根据财务报表的附注 3,2017 年 82.54 亿美元的其他非流动负债包括:

养老金福利	54.87 亿美元
其他退休后福利	13.33 亿美元
不确定的税收状况	5.64 亿美元
其他	8.70 亿美元

养老金福利反映了在公司设有待遇确定型养老金计划时,未来退休待遇的现时价值。在待遇确定型养老金计划中,精算师预测未来向退休人员支付的款项,并以适当的折现率对这些未来的待遇进行折现。于是,由此得出的金额为公司的法定义务。与待遇确定型养老金计划形成对比的是给付确定型计划。对于这种类型的计划,公司在每个时期向员工支付款项,而没有任何进一步的义务。员工负有责任为其退休收入资金产生回报。

财务报表的附注 8 表明宝洁公司同时设有两种类型的养老金计划。其待遇确定型养老金计划主要是为美国境外的员工设立的,以及由于收购其他公司而为美国员工收购的待遇确定型养老金计划。

其他退休后福利主要是健康医疗和人寿保险方面的退休福利,受益人大多数是在达到最低年龄限制并满足服务要求后,符合享受这些待遇资格的美国员工。

或有负债

长期负债中包含的另一个项目是或有负债。这项负债是公司可能会产生的潜在成本。根据 GAAP,或有负债是根据这项成本发生的概率来计算的。或有负债分为三类,每个类别都有按照 GAAP 规定的会计处理方法。这三个类别基于或有负债发生的可能性之上:很可能、有可能和极小可能。会计处理方法还取决于对将要产生的负债金额进行估计(衡量)的能力。[1]当然,随着时间的推移,或有负债的归类可能会发生变化。

股东权益

公司的所有者权益由权益体现。股东权益是权益的账面价值。它是账面价值,因为正如

---

* 原书为其他流动负债,此处有误,已修改。——译者注

[1] GAAP 的规定如下:

● 如果或有负债是很有可能发生的,并且公司可以合理估计将会发生的损失金额;那么该金额必须:(1)作为长期负债的一部分显示在资产负债表中;(2)作为费用显示在损益表中。

● 如果公司不能合理地估计将会发生的损失金额,那么需要对这种可能性进行披露,但不在资产负债表中显示金额。(例如,专利侵权诉讼通常显示为一项或有负债。)

● 如果金额是可能的,那么处理方法与不能估计或有负债的情况相同:仅需要在财务报表附注中披露。

● 如果或有负债被视为极小可能的,那么它就不出现在资产负债表中,也无须在财务报表附注中披露。

我们已解释的那样,资产和负债的价值必须遵循 GAAP 的规则,不反映市场价值(有一些例外)。我们将在后文解释如何计算股东权益。

优先股和普通股

公司有两类股东:普通股和优先股。优先股股东在股息分配方面和公司清算的情形下比普通股股东拥有优先权。也就是说,在优先股股东收到其指定股息前,普通股股东不得获取股息。对优先股股东而言,股息可以是一个固定的美元金额或是根据某个公式浮动的金额。在公司清算中,优先股股东在资产分配方面优先于普通股股东。为了获得股息分配和清算情形下资产分配方面的这种优先权,与普通股股东相比,优先股股东放弃了其股票价格的升值潜力。在特殊情形下,优先股股东享有特定表决权。

查看宝洁公司的资产负债表(见表 2.3),我们看到公司有两种获授权发行的优先股。第一种是可转换 A 类优先股。这种形式的优先股使股票所有者能够将之转换为普通股。这种优先股可能是稀释性证券,同时也需要计算摊薄每股收益。第二种优先股是无表决权的 B 类优先股。

相比之下,普通股股东是公司的剩余所有者。公司在履行其对所有债务持有人的义务并且优先股股东收到其股息后,向普通股股东支付股息。

普通股的分类

我们刚才讨论了基于表决权的普通股分类。现在,我们将描述股票是如何按照授权股票、已发行股票、未发行股票、发行在外的股票和库存股票进行分类的。

当一家公司成立时,其章程将列明可以出售的股票总数。这被称为授权股票。然后,授权股票被划分为已发行股票(向投资者出售的授权股票数量)和未发行股票(尚未向投资者出售的授权股票数量)。

发行在外的股票是向投资者出售的股票数量。发行在外的股票数量似乎应与已发行股票的数量相同。由于公司可能会从投资者那里回购股票,情况并不一定如此。被回购的股票被称为库存股票。因此发行在外的股票数量加上库存股票的数量等于已发行股票的数量。

表 2.2 显示了宝洁公司授权发行的三种股票的信息,其中显示了每种类型的授权股票的总数。注意,无表决权的 B 类优先股没有发行在外的股票。

普通股的票面价值

所有金融工具都有票面价值。在债务情形下,票面价值是一个有意义的概念,因为它:(1)表明了发行人在到期日前必须向债券持有人偿还的金额;(2)与息票率相结合,表明了每年将支付的利息金额。因此,一种票面价值为 1 000 美元、息票率为 4% 的债券将每年向债券持有人支付 40 美元的利息。

对优先股而言,票面价值有类似的含义。首先,如果优先股被赎回,那么公司必须偿还票面价值。在清算情况下,这是优先股股东有权获得的最高金额。优先股有一个股息率,美元金额为票面价值与股息率的乘积。

当我们考虑普通股时,票面价值在其与股票市场价值的关系方面通常是一个没有意义的数值。公司注册成立所在的州将要求有一个票面价值或设定价值。与票面价值相同，设定价值与市场价值也没有任何关系。重要的是票面价值或设定价值仅出于法律原因。具体而言，已发行股票的数量乘以票面价值或设定价值将确定公司的最低法定资本。这个最低法定资本在股息的支付和股票的回购方面对公司施加了限制。如果两种行动会导致上述乘积降低至最低法定资本以下，那么将不能采取行动。公司的董事会设定票面价值或设定价值，它通常是 1 美元或低于 1 美元的，以避免降低至最低法定资本以下的问题，并为股息和股票回购决策提供灵活性。

对宝洁公司而言，每种股票的设定价值为每股 1 美元。

股东权益的账面价值

股东权益账面价值的确定方式如下：

	根据票面价值或设定价值计算的已发行股份金额
加	超面值缴入股本
加	留存收益
加	累计的其他综合收益（或减去损失）
减	按成本计算的库存股票金额
加	少数股东权益
等于	股东权益

注意，股东权益为包含优先股股东和普通股股东的权益总额。

让我们描述股东权益的每一个组成部分。第一个组成部分不过是基于所发行的优先股和普通股的票面价值或设定价值的法定资本。对宝洁公司而言，以设定价值发行的优先股为 10.06 亿美元，以设定价值发行的普通股为 40.09 亿美元。

第二个组成部分是以超出票面价值或设定价值的价格出售普通股的结果，它被称为超面值缴入股本。对宝洁公司而言，2017 年的超面值缴入股本为 636.41 亿美元。

第三个组成部分是当前会计期间自公司成立以来未向股东分配的金额。对宝洁公司而言，2017 年的留存收益为 961.24 亿美元。

下一个项目，即累计的其他综合收益，已在本章前面解释。在本质上，它包含某些投资的未实现收益和损失，股东权益中报告的金额为自公司成立以来的累计金额。宝洁公司 2017 年该金额为 146.32 亿美元的损失。

然后，从股东权益中减除公司回购的已发行股票，这是我们先前表明的库存股票。减除金额等于为库存股票支付的金额。对宝洁公司而言，2017 年该金额为 937.15 亿美元。少数股东权益为 5.94 亿美元。

宝洁公司有一个项目未包含在上面显示的股东权益格式中。它是 12.49 亿美元的员工持股计划债务偿还准备金，在股东权益的计算中为减项。

2017 年，宝洁公司报告的股东权益为 557.78 亿美元。

普通股股东权益的账面价值

股东权益的账面价值包含所有股份：优先股和普通股。普通股股东权益的账面价值不包含任何已发行的优先股（假设所有优先股都是以票面价发行的，因此没有任何金额包含在超面值缴入股本中）。

在宝洁公司的情形下，2017 年，从 557.78 亿美元的股东权益中减去 10.06 亿美元的已发行优先股可以得出普通股股东权益。注意，在资产负债表中未提及这个数值。

资产负债表的局限性

尽管资产负债表显然包含了评估公司价值的有用信息，但它确实具有局限性。其存在三个主要局限。第一个局限是，资产负债表是基于历史成本构建的，因此仅反映了资产的账面价值。第二个局限是，资产负债表中的某些项目是基于估计的。最后，一个重要的局限是，资产负债表中未包含某些内容。有一些为公司增加价值的无形资产未反映在资产负债表中；其包括品牌忠诚度、商标、员工忠诚度，等等。

现金流量表

现金流量表提供了公司现金流量的汇总。汇总展示的内容如下：
- 经营活动产生的现金流量；
- 投资活动产生的现金流量；
- 融资活动产生的现金流量。

从现金流量表三个组成部分中的任何一个，可以得出以下指标：
- 经营活动产生的净现金流量；
- 投资活动产生的净现金流量；
- 融资活动产生的净现金流量。

上述指标的总和被称为净现金变动。将会计年度初（即上一个会计年度末）资产负债表中的现金（包括现金等价物）与净现金变动相加，得到的结果为会计年度末资产负债表中的现金（包括现金等价物）。也就是说：

$$净现金变动＋年初现金＝年末现金$$

本质上，现金流量表对资产负债表中的年初现金和年末现金进行了对账，并详细说明了产生这一变动的不同现金来源和现金用途。

通过考察一家公司的现金流来源，我们可以了解关于公司经济前景的大量信息。例如，一家财务实力雄厚的公司往往会稳定地从经营活动产生正现金流量，并从投资活动产生负现金流量。为了保持竞争力和对投资者的吸引力，公司必须能够从其经营活动产生现金流，并且为了发展，公司必须持续进行资本投资。

我们以表 2.4 复制的宝洁公司 2017 年和 2016 年的现金流量表为例。

表 2.4 宝洁公司 2017 年和 2016 年的现金流量表

	2017 年	2016 年	2015 年
现金和现金等价物,年末	**5 569**	**7 102**	6 836
现金和现金等价物,年初	**7 102**	6 836	8 548
经营活动			
净利润	**15 411**	10 604	7 144
折旧和摊销	**2 820**	3 078	3 134
提前清偿债务产生的损失	**543**	—	—
基于股份的薪酬费用	**351**	335	337
递延所得税	**(601)**	815	(803)
资产出售收益	**(5 490)**	(41)	(766)
委内瑞拉业务剥离费用	—	—	2 028
商誉和无形资产减值费用	—	450	2 174
应收账款的变动	**(322)**	35	349
存货的变动	**71**	116	313
应付账款、应计及其他负债的变动	**(149)**	1 285	928
其他经营性资产和负债的变动	**(43)**	204	(976)
其他	**162**	184	746
经营活动总额	**12 753**	15 435	14 608
投资活动			
资本支出	**(3 384)**	(3 314)	(3 736)
资产出售收入	**571**	432	4 498
与委内瑞拉业务剥离相关的现金	—	—	(908)
收购,扣除所获得的现金	**(16)**	(186)	(137)
短期投资的购买	**(4 843)**	(2 815)	(3 647)
短期投资的出售和到期产生的收入	**1 488**	1 354	1 203
与剥离美容品牌相关的在剥离前增加的受限现金	**(874)**	(996)	—
与剥离美容品牌相关的在结束时划转的现金	**(475)**	—	—
在美容品牌剥离结束后释放的受限现金	**1 870**	—	—
在电池业务剥离中转移的现金	—	(143)	—
其他投资的变动	**(26)**	93	(163)
投资活动总额	**(5 689)**	(5 575)	(2 890)
融资活动			
向股东支付的股息	**(7 236)**	(7 436)	(7 287)
短期债务的变动	**2 727**	(418)	(2 580)
长期债务的增加	**3 603**	3 916	2 138
长期债务的减少	**(4 931)**[(1)]	(2 213)	(3 512)
库存股票的购买	**(5 204)**	(4 004)	(4 604)
来自电池业务剥离中注入的现金的库存股票	—	(1 730)	—
股票期权和其他因素的影响	**2 473**	2 672	2 826
融资活动总额	**(8 568)**	(9 213)	(13 019)
汇率变动对现金和现金等价物的影响	**(29)**	(381)	(411)
现金和现金等价物变动的补充披露	**(1 533)**	266	(1 712)
利息的现金支付	**518**	569	678
所得税的现金支付	**3 714**	3 730	4 558

注:金额以百万为单位;年度止于 6 月 30 日。

经营活动产生的现金流量

经营活动产生的现金流量是来自日常经营活动的现金流量,本质上是经以下因素调整的净利润:(1)非现金支出和收入;(2)流动资产和流动负债的变动。

宝洁公司 2017 年的非现金支出和收入是在净利润后列示的七个项目。在净利润中加上的项目包括折旧和摊销,以及提前清偿债务产生的损失。递延所得税和资产出售的损失需从净利润中扣除。

在资产负债表中显示流动资产和流动负债变动的四个项目,需与净利润相加或从净利润中减除。"变动"是指从上一个会计期间至当前会计期间的变动。后者需要调整净利润是由于根据 GAAP 使用的权责发生制会计。步骤如下所示:

为取得现金流量对净利润的调整	流动资产	流动负债
在净利润中加上	增加	减少
从净利润中减除	减少	增加

对宝洁公司而言,2017 年经营活动产生的现金流量(标记为"经营活动总额")为 127.53 亿美元。

投资活动产生的现金流量

投资活动产生的现金流量是与购买固定资产(物业、厂房和设备)、无形资产和公司相关的现金流量;抵消这个金额的是来自此类资产处置的收入。

对宝洁公司而言,投资活动产生的现金流量——在现金流量表中被称为"投资活动总额"——为-56.89 亿美元。

融资活动产生的现金流量

融资活动产生的现金流量是来自与资本资金来源相关的活动的现金流量。如何使用现金流的例子包括回购普通股、偿还到期债务和向股东支付股息。注意,为债务支付的利息是净利润的一部分,因此没有被包括在此处。如何取得现金流的例子包括出售普通股、出售债券和执行期权以购买普通股。

2017 年,宝洁公司融资活动产生的现金流量(标记为"融资活动总额")为-85.69 亿美元。

其他调整

在宝洁公司情形下,还有一项其他调整。这是为汇率变动对现金和现金等价物的影响作出的-0.29 亿美元的调整。

净现金变动

净现金变动是以下三种活动产生的现金流量的总和：

- 经营活动产生的现金流量；
- 投资活动产生的现金流量；
- 融资活动产生的现金流量。

以下内容汇总了宝洁公司 2017 年的净现金变动，以及期末现金是如何确定的：

经营活动产生的现金流量	127.53 亿美元
投资活动产生的现金流量	−56.89 亿美元
融资活动产生的现金流量	−85.68 亿美元
汇率变动对现金和现金等价物的影响	−0.29 亿美元
净现金变动	−15.33 亿美元

这意味着 2017 年的现金（和现金等价物）减少了 15.33 亿美元。这与宝洁公司的现金（和现金等价物）实际发生的情况一致。该公司 2017 年会计年度的年末现金（和现金等价物）为 55.69 亿美元。2017 年会计年度初的金额（这不过是 2016 年会计年度末的金额）为 71.02 亿美元；下降 15.33 亿美元。

股东权益变动表

股东权益变动表显示了两个年度期间股东权益的变动。当不存在优先股时，该财务报表被称为普通股股东权益变动表。本质上，该报表对股东权益的每个组成部分（股票、超面值缴入股本、留存收益、累计综合收益）从会计年度初（即上一个会计年度末）至会计年度末的余额进行了对账。对于股东权益的每个组成部分，报表从会计年度初的余额开始。之后，表中显示了为取得会计年度末的余额所作出的调整。

表 2.5 以宝洁公司 2017 年的股东权益变动表为例说明了这点。第一行的最后一列显示

表 2.5　宝洁公司 2017 年会计年度的股东权益变动表　　　　（单位：百万美元）

2016 年 6 月 30 日的余额	2 668 074	4 009	1 038	63 714	(1 290)	(15 907)	(82 176)	87 953	642	57 983
净利润								15 326	85	15 411
其他综合损失						1 275				1 275
向股东支付的股息：										
普通股								(6 989)		(6 989)
优先股，扣除税收优惠								(247)		(247)
库存购票的购买(2)	(164 866)						(14 625)			(14 625)
为员工计划发行的股票	45 848			(77)			3 058			2 981
优先股的转换	4 241		(32)	4			28			—
员工持股计划债务的影响					41			81		122
少数股东权益，净额									(133)	(133)
2017 年 6 月 30 日的余额	2 553 297	4 009	1 006	63 641	(1 249)	(14 632)	(93 715)	96 124	594	55 778

了 2016 年会计年度末的期初余额(579.83 亿美元)。这个数值取自 2016 年会计年度的资产负债表,最后一行为期末余额。最后一行最后一列显示了 2017 年会计年度的期末股东权益(557.78 亿美元),它取自 2017 年会计年度的资产负债表。这意味着股东权益减少了 23.05 亿美元。股东权益变动表的目的是解释这种下降及库存股票的购买。

第一行和最后一行之间的各行显示了股东权益变动的原因。让我们考察其中几行。净利润当然会导致股东权益增加。股息则减少股东权益,正如我们看到的那样,对于宝洁公司,向普通股股东和优先股股东支付的股息分别为 69.89 亿美元和 2.47 亿美元*。查看标记为"库存股票"的那一行,我们可以看到它减少了 146.25 亿美元。

关键要点

- 公司的财务报表为投资者提供了对企业的经营活动、融资活动和投资活动的总结。
- 财务报表至少有五种:损益表、综合损益表、资产负债表、现金流量表和股东权益变动表。
- 损益表是对公司一段时期(如会计季度或会计年度)内经营业绩的总结,亦称收益表、经营报表和利润表。
- "底线"是公司的净利润或净收益,亦以每股股票赚取多少金额来显示,它被称为每股收益。
- 公司的综合损益表包含公司在会计年度期间确认的所有收入和费用,包括未在损益表中体现的数值。
- 资产负债表亦称财务状况表,显示了截至公司会计年度最后一日(在年度资产负债表的情况下)和会计季度最后一日(在季度资产负债表的情况下)公司资产、负债和权益的金额。
- 现金流量表是公司现金流量的汇总,它包含关于公司从何处获取现金,以及将现金用于何处的信息。
- 股东权益变动表提供了股东权益变动的汇总;也就是说,它旨在提供从会计年度初至会计年度末股东权益各个组成部分所报告的金额的对账。
- GAAP 是美国公认的会计机构建立的具有权威性的会计准则、规则和实践的框架。
- 在根据 GAAP 编制财务报表时有以下三个假设:(1)货币单位假设;(2)时间段假设;(3)持续经营假设。
- 六个 GAAP 为:(1)充分披露原则;(2)谨慎性原则;(3)收入确认原则;(4)成本原则;(5)匹配原则;(6)重要性原则。
- 为操纵利润使用利润平滑的三种最常见的方法为:渠道填充、拉入式销售和饼干罐储备。
- 公司管理层对财务报表呈现的财务信息的编制和完整性负责。
- 管理层有责任确保 GAAP 规定的某些估计和判断得到恰当地执行,在公司内部,这项

---

* 原书为 2 470 亿美元,此处有误,已修改。——译者注

职能是由内部审计师执行的。

● 审计师在对公司的财务报表进行审查后,可能会给出四种可能的审计意见为:(1)无保留意见;(2)保留意见;(3)否定意见;(4)无法发表意见。

● 所报告的净利润是为所有股东——优先股股东(如有)和普通股股东——赚取的金额。

● 普通股股东感兴趣的是他们赚取并可供其使用的金额,即普通股股东可以获得的净利润。

● 普通股的每股收益是显示每股普通股赚取了多少金额的指标,它通过普通股股东可以获得的净利润除以发行在外的普通股股数计算。

● GAAP 要求报告两个每股收益指标:基本每股收益和摊薄每股收益。

● 摊薄每股收益考虑了将证券转换为普通股的可能性,如允许持有人将其交换为指定数量普通股的证券,以及公司发行的赋予某些交易方执行期权以取得指定数量股票的权利的期权。

● 资产负债表是公司的资产、负债和权益的报告,它一般是在会计季度末或会计年度末提交的。

● 公司的资产是其资源,包括流动资产和非流动资产(实物资产和无形资产)。

● 公司的负债体现了公司为购买出现在其资产负债表中的资产融资借款的金额。

● 在一年或一个经营周期(二者取较长者为准)内到期的负债被归类为流动负债;长期负债是指到期期限在一年以上的债务。

● 股东权益是权益的账面价值。

● 现金流量表提供了公司现金流量的汇总,内容包含经营活动产生的现金流量、投资活动产生的现金流量和融资活动产生的现金流量。

参考文献

Hope, O-K., and J. Wang, 2018, "Management deception, big-bath accounting, and information asymmetry: Evidence from linguistic analysis," *Accounting, Organizations and Society*, 70:33—51.

Lai, G., L. Debo, and L. Nan, 2011, "Channel stuffing with short-term interest in market value," *Management Science*, 57(2):332—346.

Mulford, C.W., and E.E., Comiskey, 2002. *The Financial Numbers Game: Dectecting Creative Accounting Practices*. Hoboken, NJ: John Wiley & Sons.

Prem, W., A. Rao, and C. Martin, 2019. "Channel-stuff or sales with a right to return?" *Journal of the International Academy for Case Studies*, 25(1):1—11.

Schilit, H., J. Perler, and Y. Engelhart, 2018. *Financial Shenanigans: How to Detect Accounting Gimmicks and Fraud in Financial Reports 4th Edition*. NY, NY: McGraw-Hill.

3

证券化和住宅抵押贷款相关证券的创建[*]

学习目标

在阅读本章后,你将会理解:

- 住宅抵押贷款相关证券市场的相对规模;
- 住宅抵押贷款的特征;
- 房产抵押贷款证券(mortgage-backed security,MBS)的基本特征;
- 证券化是如何将一组迥然不同的贷款转换为在高流动性市场中交易的规模可观的同质证券的;
- 什么是联邦机构 MBS;
- 三种类型的联邦机构 MBS:过手证券、分级偿还房产抵押贷款证券(collateralized mortgage obligation,CMO)和本息拆离 MBS;
- 什么是私人部门 MBS 或非联邦机构 MBS;
- 房产抵押贷款现金流的组成部分;
- 什么是提前还款,以及它会如何给贷款的现金流带来不确定性;
- 提前还款发生的原因;
- 提前还款率是如何计量的;
- 联邦机构过手证券的现金流是如何计算的;
- 联邦机构本息拆离 MBS 是如何创建的;
- 联邦机构 CMO 是如何创建的;
- 不同类型的 CMO;
- 什么是私人部门 CMO;

---

    * 本章是与阿南德·K.巴塔查里亚(Anand K. Bhattacharya)和比尔·柏林纳(Bill Berliner)共同撰写的。前者是亚利桑那州立大学凯瑞商学院(W. P. Carey School of Business)金融学系的金融实践教授和金融学理学硕士计划的教员主任,后者是 PennyMac 金融服务公司的固定收益研究部门和投资者关系部门的董事总经理。

● 为什么私人部门 CMO 需要信用增级。

引言

在美国,截至 2019 年末,一至四户住宅抵押贷款未偿债务的面值总额为 11 万亿美元。住宅抵押贷款的发起人可以将这些贷款保留在其资产组合中,或将它们汇集在一起,并将其用作发行住宅抵押贷款相关证券的抵押品。在 11 万亿美元的未偿房产抵押贷款债务中,有 8 万亿美元已被证券化(即已成为房产抵押贷款相关证券的抵押品)。考虑一下,美国的投资级公司债券市场(评级为 BBB 和更高评级的债券)规模大约为 6.5 万亿美元,美国的中期和长期未偿国债的规模大约为 12 万亿美元。因此,住宅抵押贷款相关证券市场是可供资产管理人选择的投资级债券的一个主要组成部分。

与公司债券及美国的中期和长期国债不同,住宅抵押贷款相关证券的评估远更复杂。在对这些证券进行任何分析之前,必须理解它们是如何创建的。创建这些证券的过程被称为证券化。在本章中,我们将解释住宅抵押贷款相关证券是如何创建的。我们还将解释联邦机构住宅抵押贷款证券,以及联邦机构 CMO 和联邦机构本息拆离 MBS 是如何从这些证券创建而来的。接着,我们将解释私人部门 MBS。

联邦机构住宅抵押贷款证券

房产抵押贷款是一种由某些特定资产作为抵押品担保的贷款,借款人必须支付预定的一系列款项。在借款人(抵押人)违约(即未能支付合同约定的款项)的情况下,房产抵押贷款赋予贷款人(抵押权人)取消贷款抵押品赎回权并扣押资产的权利,以确保债务得以清偿。房产抵押贷款的利率被称为期票利率。我们现在的重点是住宅抵押贷款。

MBS 的基本单位是贷款池。在最大众化的水平,房产抵押贷款池是大量具有类似(但不完全相同)特征的房产抵押贷款的集合。具有共同属性——如期票利率、距到期日的期限、信用品质、贷款余额和房产抵押贷款设计类型——的贷款是使用各种各样的法律机制被组合在一起的,以创建相对可替代的投资工具。在创建 MBS 后,房产抵押贷款就从一组迥然不同的资产转换为在高流动性市场中交易的规模可观的同质证券。

将具有共同属性的房产抵押贷款群组转换为 MBS 是用两种机制之一实现的。符合三家实体——吉利美、房利美和房地美——的承保准则的贷款是作为一个联邦机构贷款池证券化的。尽管吉利美(政府国民房产抵押贷款协会)是一家美国政府机构,具有美国政府的完全承诺和信用的支持;但房利美和房地美却是政府发起的企业。尽管存在这个区别,但这三家实体发行的 MBS 被称为联邦机构 MBS,我们在本节中考察其不同的类型。联邦机构 MBS 分为三类:过手证券、CMO 和本息拆离 MBS。

不符合联邦机构贷款池条件的贷款通过非联邦机构或私人部门交易来证券化。这些类型的证券没有联邦机构的担保，因此必须在发行人的注册实体或"储架"（Shelf）下发行。

住宅抵押贷款的现金流特征

尽管抵押人可以从许多类型的房产抵押贷款中作出选择，由于我们此处的目的是理解房产抵押贷款的基本现金流特征，因此我们将使用最常见的房产抵押贷款设计：固定利率、等额还款的房产抵押贷款。固定利率、等额还款的房产抵押贷款（或简称"等额还款的房产抵押贷款"）设计背后的基本思路是：借款人在一个协定的时期（被称为房产抵押贷款的期限）内以等额分期还款的方式支付利息和偿还本金。因此，在该期限末，贷款得以完全摊还。

对于等额还款的房产抵押贷款而言，每月的抵押贷款还款在每月的第一日到期，并由下列项数组成：(1)相当于年固定期票利率的 1/12 与前一个月的月初未偿房产抵押贷款余额的乘积的利息；(2)未偿房产抵押贷款余额（本金）的部分还款。

每月的房产抵押贷款还款与代表利息的还款部分的差额，等于用以降低未偿房产抵押贷款余额的金额。房产抵押贷款月还款的设计使得在贷款的最后一笔预定月还款得以支付后，未偿房产抵押贷款余额等于零（即房产抵押贷款已全额偿还）。因此，用于支付利息的房产抵押贷款月还款部分会逐月下降，而用于降低房产抵押贷款余额的部分则会逐月上升。

其原因是，由于房产抵押贷款余额会随着每月的还款下降，对房产抵押贷款余额所欠的利息也会下降。由于每月的房产抵押贷款还款是固定的，用于减少随后每月本金的月还款部分将会越来越大。

对房产抵押贷款而言，房产抵押贷款产生的现金流与抵押人支付的金额并不相同。这是因为必须支付维持费和其他担保费。每笔房产抵押贷款都必须被加以维持。

因此，无论房产抵押贷款采取何种设计，房产抵押贷款每月产生的现金流可被划分为三个部分：(1)维持费和担保费；(2)扣除维持费和担保费后的利息付款；(3)预定的本金还款（被称为摊还）。

提前还款和现金流的不确定性

我们不能假设抵押人不会在预定的到期日前偿还房产抵押贷款余额的任何部分。在预定的本金偿还日前支付的还款被称为提前还款。提前还款的发生有多种原因。首先，借款人会在出售住宅时提前清偿全部房产抵押贷款余额。其次，借款人在市场利率下降至贷款的期票利率以下时会存在清偿贷款的经济动机。提前偿还房产抵押贷款的这个原因被称为再融资。再次，当借款人不能履行房产抵押贷款项下的偿还义务时，资产会被收回和出售。出售资产的所得被用以清偿房产抵押贷款。最后，假如资产被火灾破坏或发生其他经过保险的灾难，那么保险赔款将被用以清偿房产抵押贷款。

提前还款的影响是，房产抵押贷款的现金流不是确定已知的——这是指现金流的金额和发生时间是不确定的。因此，抛开违约不论，抵押权人知道只要贷款处于未偿状态，贷款将在每月的预定日期支付利息和偿还本金。在房产抵押贷款的到期日，投资者将会收回所出借的金额。抵押权人不知道的——不确定性——是房产抵押贷款将在多长时间内保持未偿状态，因此也不知道本金还款的时间。

联邦机构住宅抵押贷款过手证券

在房产抵押贷款过手证券(或简称"过手证券")中,房产抵押贷款池每月产生的现金流是按比例分配给凭证持有者的。每月可分配给凭证持有者的现金流由三个部分组成:(1)扣除维持费和担保费后的利息;(2)常规预定的本金还款(摊还);(3)提前还款。

正如前文指出的那样,凭证持有者估计现金流的困难在于提前还款。这种风险被称为提前还款风险。

提前还款和提前还款惯例

在住宅抵押贷款证券市场中,数个惯例已被用作提前还款率的基准。如今所使用的基准是条件提前还款率和公共证券协会(PSA)提前还款基准。

条件提前还款率(conditional prepayment rate,CPR)作为提前还款速度的一个度量,假设借款人在抵押品剩余期限内的每一个月都提前偿还贷款池中一定比例的剩余本金。用于某笔交易的CPR是以抵押品的特征(包括历史提前还款经验)及当前和预期的未来经济环境为基础的。

CPR是年提前还款率。为了估计月提前还款率,我们必须将CPR转换为月提前还款率,它通常被称为单月清偿率(single monthly mortality rate,SMM)。根据给定的CPR,我们可以利用以下公式确定SMM:

$$SMM = 1 - \left[(1-CPR)^{1/12} \right] \tag{3.1}$$

SMM等于$w\%$意味着,在月初扣除预定的本金还款后,大约有$w\%$的剩余抵押贷款余额将会在当月被提前偿还。也就是说:

$$第\ t\ 个月的提前还款 = SMM \times (第\ t\ 个月的月初抵押贷款余额 -$$
$$第\ t\ 个月的预定本金还款)$$

但利用CPR的一个问题是,它假设自贷款发起之初起提前还款率是固定不变的。例如,紧接在贷款发起后的提前还款的美元金额不太可能会大于在贷款老化后的提前还款金额。然而,利用固定的CPR作出了这个假设。对住宅抵押贷款而言,PSA提前还款基准处理了这个问题。[①]PSA提前还款基准由一个年提前还款率的月序列表示。基本的PSA基准模型假设新发起的贷款提前还款率较低,随着房产抵押贷款的老化加速,达到平稳状态并保持在这一水平。

PSA标准提前还款基准假设30年期住宅抵押贷款的提前还款率如下:
- 第一个月的CPR为0.2%,在以后的29个月中每月上升0.2%/年,直至达到6%/年。
- 在剩余年度内,CPR为6%。

上述所有月数都是相对贷款池的发起时间计算的。

这个基准被称为100% PSA,在数学上可以用以下方式表达:

---

① PSA方法与CPR方法不是互斥的选择,而是通常相互结合使用的——PSA解释了预期CPR在老化的初始几个月期间是如何逐渐上升的。之后,贷款池经历一个固定的CPR。

$$如果\ t \leqslant 30\ 个月,那么\ CPR = 6\%(t/30)$$

$$如果\ t > 30\ 个月,那么\ CPR = 6\%$$

其中,t 为自贷款发起后所经历的月数。

我们将用比这个基准更慢或更快的速度表示为 PSA 的某个百分比。例如,50% PSA 意味着 PSA 基准提前还款率 CPR 的 1/2,165% PSA 意味着 PSA 基准提前还款率 CPR 的 1.65 倍。0% PSA 的提前还款意味着无提前还款假设。

PSA 基准通常被称为提前还款模型,这表示它可被用来估计提前还款。然而,需要指出的是,将提前还款的这个市场惯例定性为提前还款模型是错误的。

房产抵押贷款过手证券的现金流

有了这个提前还款惯例背景后,我们现在可以来讨论联邦机构证券的构建。为了举例说明构建方法,以及它是如何被用以通过分级来创建具有不同利率风险和提前还款风险敞口的债券的,我们使用一种虚拟的过手证券,它在我们的例子中为抵押品。让我们考察在给定的 PSA 假设下,虚拟过手证券的月现金流。我们对基础房产抵押贷款作出以下假设:

- 类型:固定利率、等额还款的房产抵押贷款;
- 加权平均息票率(WAC):6.0%;
- 加权平均期限(WAM):358 个月;
- 维持费:0.5%(为简化起见,我们忽略担保费);
- 未偿余额:6.60 亿美元。

过手证券的息票率为 5.5%(6% 的 WAC 减去 0.5% 的维持费)。

构建过手证券的第一步要求对房产抵押贷款池的现金流进行预测。现金流被分解为三个组成部分:

(1) 利息(基于 6% 的 WAC 和 5.5% 的过手利率);

(2) 摊还(常规预定的本金还款);

(3) 基于某个提前还款假设的提前还款。

为了产生虚拟过手证券的现金流,我们将假设提前还款速度为 165% PSA。表 3.1 显示了现金流。

表 3.1　在 165% PSA 的假设下,过手利率为 5.5%、WAC 为 6%、WAM 为 358 个月的 6.60 亿美元过手证券的月现金流　(单位:美元)

(1)	(2)	(3)	(4)	(5)	(6)	(7)	(8)	(9)
月份	未偿余额	SMM	房产抵押贷款还款	净利息	预定的本金还款	提前还款	本金还款总额	现金流
1	660 000 000	0.000 83	3 964 947	3 025 000	664 947	546 435	1 211 383	4 236 383
2	658 788 617	0.001 11	3 961 661	3 019 448	667 718	728 350	1 396 068	4 415 516
3	657 392 549	0.001 39	3 957 277	3 013 049	670 314	909 895	1 580 209	4 593 258
4	655 812 340	0.001 67	3 951 794	3 005 807	672 732	1 090 916	1 763 649	4 769 455
5	654 048 691	0.001 95	3 945 214	2 997 723	674 970	1 271 261	1 946 231	4 943 954
6	652 102 460	0.002 23	3 937 538	2 988 803	677 025	1 450 775	2 127 800	5 110 000
7	649 974 660	0.002 51	3 928 768	2 979 051	678 895	1 629 307	2 308 202	5 287 252
8	647 666 458	0.002 79	3 918 910	2 968 471	680 578	1 806 703	2 487 281	5 455 752
9	645 179 177	0.003 08	3 907 966	2 957 071	682 070	1 982 813	2 664 883	5 621 955

(1)	(2)	(3)	(4)	(5)	(6)	(7)	(8)	(9)
月份	未偿余额	SMM	房产抵押贷款还款	净利息	预定的本金还款	提前还款	本金还款总额	现金流
10	642 514 294	0.003 36	3 895 942	2 944 857	683 372	2 157 486	2 840 858	5 785 715
11	639 673 436	0.003 65	3 882 847	2 931 837	684 480	2 330 573	3 015 053	5 946 890
12	636 658 383	0.003 93	3 868 685	2 918 018	685 394	2 501 927	3 187 320	6 105 338
13	633 471 062	0.004 22	3 853 466	2 903 409	686 111	2 671 401	3 357 511	6 260 921
14	630 113 551	0.004 51	3 837 198	2 888 020	686 630	2 838 851	3 525 482	6 413 502
15	626 588 069	0.004 80	3 819 891	2 871 862	686 951	3 004 137	3 691 088	6 562 950
16	622 896 981	0.005 09	3 801 557	2 854 944	687 072	3 167 117	3 854 189	6 709 134
17	619 042 792	0.005 38	3 782 207	2 837 279	686 993	3 327 655	4 014 648	6 851 928
18	615 028 144	0.005 67	3 761 853	2 818 879	686 712	3 485 618	4 172 330	6 991 209
19	610 855 814	0.005 97	3 740 509	2 799 756	686 230	3 640 872	4 327 102	7 126 858
20	606 528 712	0.006 26	3 718 190	2 779 923	685 546	3 793 290	4 478 836	7 258 760
21	602 049 876	0.006 56	3 694 909	2 759 395	684 660	3 942 748	4 627 408	7 386 803
22	597 422 48	0.006 85	3 670 684	2 738 186	683 572	4 089 123	4 772 695	7 510 881
23	592 649 773	0.007 15	3 645 531	2 716 311	682 282	4 232 298	4 914 580	7 630 892
24	587 735 193	0.007 45	3 619 467	2 693 786	680 791	4 372 159	5 052 950	7 746 736
25	582 682 243	0.007 75	3 592 511	2 670 627	679 100	4 508 595	5 187 695	7 858 322
26	577 494 549	0.008 05	3 564 681	2 646 850	677 208	4 641 501	5 318 709	7 965 560
27	572 175 839	0.008 35	3 535 997	2 622 473	675 117	4 770 776	5 445 894	8 068 367
28	566 729 945	0.008 65	3 506 479	2 597 512	672 829	4 896 323	5 569 152	8 166 664
29	561 160 793	0.008 65	3 476 148	2 571 987	670 344	4 848 172	5 518 516	8 090 503
30	555 642 277	0.008 65	3 446 080	2 546 694	667 869	4 800 459	5 468 328	8 015 021
100	272 093 325	0.008 65	1 875 944	1 247 094	515 478	2 349 114	2 864 592	4 111 686
101	269 228 733	0.008 65	1 859 718	1 233 965	513 574	2 324 352	2 837 926	4 071 891
102	266 390 806	0.008 65	1 843 631	1 220 958	511 677	2 299 821	2 811 498	4 032 456
103	263 579 308	0.008 65	1 827 684	1 208 072	509 788	2 275 518	2 785 306	3 993 378
104	260 794 002	0.008 65	1 811 875	1 195 306	507 905	2 251 442	2 759 347	3 954 653
105	258 034 655	0.008 65	1 796 203	1 182 659	506 029	2 227 590	2 733 620	3 916 278
200	86 170 616	0.008 65	786 913	394 949	356 060	742 285	1 098 345	1 493 293
201	85 072 271	0.008 65	780 106	389 915	354 745	732 796	1 087 541	1 477 455
202	83 984 730	0.008 65	773 358	384 930	353 435	723 400	1 076 835	1 461 765
203	82 907 896	0.008 65	766 669	379 995	352 129	714 097	1 066 226	1 446 221
204	81 841 669	0.008 65	760 037	375 108	350 829	704 886	1 055 714	1 430 822
205	80 785 955	0.008 65	753 463	370 269	349 533	695 765	1 045 298	1 415 567
300	16 829 401	0.008 65	330 091	77 135	245 944	143 445	389 388	466 523
301	16 440 012	0.008 65	327 235	75 350	245 035	140 085	385 120	460 470
302	16 054 892	0.008 65	324 405	73 585	244 130	136 761	380 891	454 476
303	15 674 001	0.008 65	321 599	71 839	243 229	133 474	376 703	448 542
304	15 297 298	0.008 65	318 817	70 113	242 330	130 224	372 554	442 667
305	14 924 744	0.008 65	316 059	68 405	241 436	127 009	368 444	436 849
350	1 876 871	0.008 65	213 790	8 602	204 405	14 467	218 872	227 474
351	1 657 999	0.008 65	211 940	7 599	203 650	12 580	216 230	223 829
352	1 441 769	0.008 65	210 107	6 608	202 898	10 716	213 614	220 222
353	1 228 154	0.008 65	208 290	5 629	202 149	8 875	211 024	216 653
354	1 017 131	0.008 65	206 488	4 662	201 402	7 056	208 458	213 120
355	808 672	0.008 65	204 702	3 706	200 659	5 259	205 918	209 624
356	602 755	0.008 65	202 931	2 763	199 917	3 484	203 402	206 165
357	399 353	0.008 65	201 176	1 830	199 179	1 731	200 911	202 741
358	198 442	0.008 65	199 436	910	198 444	0	198 444	199 353

表中第 2 列显示了月初的未偿房产抵押贷款余额（即前一个月的月初未偿余额减去前一个月的本金还款总额）。第 3 列给出了 165% PSA 的 SMM。[1]第 4 列报告了每月的房产抵押贷款还款总额。注意，随着提前还款减少了未偿房产抵押贷款余额，每月的房产抵押贷款还款总额会随着时间的推移下降。[2]第 5 列显示了每月的利息，它是通过将月初未偿抵押贷款余额乘以 5.5% 的过手利率并除以 12 确定的。第 6 列显示了常规预定的本金还款（摊还），它是房产抵押贷款每月的还款总额（第 4 列）与当月的息票利息总额（月初未偿房产抵押贷款余额乘以 6.0% 并除以 12）的差额。第 7 列报告了当月的提前还款，是利用公式（3.1）得出的。

常规预定的本金还款与提前还款之和为第 8 列，显示了本金还款总额。于是，预测的月现金流为每月的利息加上本金还款总额，显示在表 3.1 的最后一列中。

在 165% PSA 的提前还款速度下，这种过手证券的平均期限为 8.6 年。平均期限为本金现金流的加权平均数除以票面值，权重为预期收到预计本金的月份的序列数。

本息拆离联邦机构房产抵押贷款证券

房产抵押贷款过手证券将基础房产抵押贷款池的现金流按比例分配给证券持有者。本息拆离 MBS 是通过将本息分配方式，从按比例分配改变为不均等分配创建的。

在最常见的本息拆离 MBS 类型中，所有利息都分配给一级证券——纯利息（interest-only）证券，全部本金都分配给另一级证券——纯本金（principal-only）证券。

纯本金证券

纯本金证券亦称 PO 或纯本金房产抵押贷款拆离证券，代表了基础房产抵押贷款池或（在联邦机构本息拆离证券的情况下）证券的基础 MBS 证券池的本金部分。PO 通常是以显著低于票面价值的价格购买的。PO 投资者实现的回报受到基础贷款或贷款池的提前还款率的很大影响；提前还款速度越快，投资回报就越大。如果提前还款速度比购买证券时假设的速度更快，那么投资者将早于预期收到本金（以票面价值支付）；由于该本金是以折扣价购买的，投资者的回报将会提高。反之，假如提前还款速度缓慢，那么本金的偿还将慢于预期，从而降低所实现的回报。这种表现与具有零息票和子弹型到期日的债券相似。如果一种 5 年期零息票债券在投资者以大幅折扣价购买后被立即赎回，那么其回报将通过本金的立即偿还得到提高。或者，如果债券的期限出于某种原因被延长，那么投资者的回报将受到不利影响。

让我们考察随着房产抵押贷款市场利率的变化，PO 的价格预期将如何发生变化。当房产抵押贷款利率降低至房产抵押贷款池中贷款的期票利率以下时，提前还款的速度预计将会上升，从而加速向 PO 持有者支付的还款。因此，PO 的现金流将会改善（在早于预期获得本金还款的意义上）。现金流还会以更低的利率折现，因为房产抵押贷款的市场利率已经下降。结果是，当房产抵押贷款利率下降时，PO 的价格通常会显著上升。当抵押贷款利率上升至房

---

[1] 注意，在第 1 个月，表 3.1 显示的 SMM 是已经老化了两个月的过手证券的单月清偿率。这是由于 WAM 为 358 个月。

[2] 在没有提前还款的情况下，这个金额在过手证券期限内是固定不变的。计算抵押贷款月还款总额的公式可参见 Fabozzi（2006，Ch.22）。

产抵押贷款池中贷款的期票利率以上时,提前还款的速度预计将会放缓。现金流将会恶化(在需要比预期更长的时间收回本金还款的意义上)。再加上更高的折现率,当房产抵押贷款利率上升时,PO 的价格通常会急剧下跌。

纯利息证券

纯利息证券亦称 IO 或纯利息房产抵押贷款拆离证券,没有经济票面价值。它代表基础本金产生的利息现金流,投资者仅获取剩余未偿的本金的利息。由于它们与年金相似,其价值在提前还款的速度下降时上升,因为利息现金流的未偿时间将会更长。反之,更快的提前还款速度会导致其价值下降,因为产生利息现金流的本金会减少得更快。事实上,如果提前还款显著增加,那么 IO 投资者可能会无法收回其初始投资,即便该证券被持有至期满。

让我们考察 IO 对房产抵押贷款利率变化的预期价格反应。假如房产抵押贷款利率降低至房产抵押贷款池中贷款的期票利率以下,那么提前还款预期将会加速。这会导致 IO 的预期现金流发生恶化。尽管现金流将以一个更低的利率折现,但净效果通常是 IO 价格的下降。假如房产抵押贷款利率上升至房产抵押贷款池中贷款的期票利率以上,那么预期现金流将会改善,但现金流是以一个更高的利率折现的。净效果可能是 IO 价格的上升或下降。

因此,我们看到 IO 的一个有趣特征,即在以下情况发生时,其价格通常会与房产抵押贷款利率同向变化:(1)房产抵押贷款利率降低至房产抵押贷款池中贷款的期票利率以下;(2)在房产抵押贷款利率超出期票利率的一定范围内(这与债券价格的正常表现相反,通常它们与利率变化反向变动)。注意,尽管 IO 和 PO 都可能有很大的价格变化,但 IO 和 PO 的综合价格变化必须等于创建它们的基础过手证券的价格变化。

联邦机构分级偿还房产抵押贷款证券

CMO 是一种由房产抵押贷款过手证券池支持的证券。CMO 的构建使得债券被分为数个级别,每个级别具有不同的平均期限。不同的债券级别亦称差级(tranches)。基础过手证券池产生的本金还款被用于按照发行说明书中规定的优先顺序来清偿债券。

尽管我们将不会解释在 CMO 结构中创建的类型众多的债券级别或差级,但我们将提供一些例子以展示它们是如何创建(构建)的,以及它们相对于创建它们的房产抵押贷款过手证券会如何改变投资特征:接续还本债券、计划摊还级别债券和支持级债券。[①]

接续还本结构

最简单的一类 CMO 结构是接续还本结构。为了举例说明这个结构,我们使用面值为 6.60 亿美元、利率为 5.5% 的过手证券(由符合吉利美、房利美和房地美承保标准的住宅抵押贷款组成)来创建一个简单的结构。我们给出了以下结构,并称这个结构为"结构 1"(见表 3.2)。

---

① 对不同类型 CMO 债券级别的更详尽的描述参见 Fabozzi、Bhattacharya 和 Berliner(2011)。

表 3.2　结构 1

债券级别	票面额(美元)	息票率
A	320 925 000	5.5%
B	59 400 000	5.5%
C	159 225 000	5.5%
D	120 450 000	5.5%

在构建联邦机构证券时,仅对本金和利息的分配规则设有规定。对违约和逾期的处理是没有规则标准的,因为还款具有发行人的担保。在结构 1 中,我们使用以下规则:

● 利息:基于月初的未偿本金余额向每个债券级别分配月度利息。

● 本金:每月的所有本金还款(即常规预定的本金还款和提前还款)都先分配给债券级别 A,直至其全额清偿为止。在债券级别 A 的票面额全部清偿后,每月的所有本金还款都支付给债券级别 B,直至其全额清偿为止。在债券级别 B 的票面额全部清偿后,每月的所有本金还款都支付给债券级别 C,直至其全额清偿为止。最后,在债券级别 C 的票面额全部清偿后,每月的所有本金还款都支付给债券级别 D。

表 3.3　在 165% PSA 的假设下,结构 1 选定月份的月现金流　　　　　　　　　　(单位:美元)

月份	A 级			B 级		
	月初余额	本金	利息	月初余额	本金	利息
1	320 925 000	1 211 383	1 470 906	59 400 000	0	272 250
2	319 713 617	1 396 068	1 465 354	59 400 000	0	272 250
3	318 317 549	1 580 209	1 458 955	59 400 000	0	272 250
4	316 737 340	1 763 649	1 451 713	59 400 000	0	272 250
5	314 973 691	1 946 231	1 443 629	59 400 000	0	272 250
6	313 027 460	2 127 800	1 434 709	59 400 000	0	272 250
7	310 899 660	2 308 202	1 424 957	59 400 000	0	272 250
8	308 591 458	2 487 281	1 414 378	59 400 000	0	272 250
9	306 104 177	2 664 883	1 402 977	59 400 000	0	272 250
10	303 439 294	2 840 858	1 390 763	59 400 000	0	272 250
11	300 598 436	3 015 053	1 377 743	59 400 000	0	272 250
12	297 583 383	3 187 320	1 363 924	59 400 000	0	272 250
75	14 039 361	3 614 938	64 347	59 400 000	0	272 250
76	10 424 423	3 581 599	47 779	59 400 000	0	272 250
77	6 842 824	3 548 556	31 363	59 400 000	0	272 250
78	3 294 268	3 294 268	15 099	59 400 000	221 539	272 250
79	0	0	0	59 178 461	3 483 348	271 235
80	0	0	0	55 695 114	3 451 178	255 269
81	0	0	0	52 243 936	3 419 293	239 451
82	0	0	0	48 824 643	3 387 692	223 780
83	0	0	0	45 436 951	3 356 372	208 253
84	0	0	0	42 080 579	3 325 330	192 869
85	0	0	0	38 755 249	3 294 564	177 628
95	0	0	0	7 149 734	3 001 559	32 770
96	0	0	0	4 148 175	2 973 673	19 012
97	0	0	0	1 174 502	1 174 502	5 383
98	0	0	0	0	0	0

月份	C 级			D 级		
	月初余额	本金	利息	月初余额	本金	利息
1	96 500 000	0	442 292	73 000 000	0	334 583
2	96 500 000	0	442 292	73 000 000	0	334 583
3	96 500 000	0	442 292	73 000 000	0	334 583
4	96 500 000	0	442 292	73 000 000	0	334 583
5	96 500 000	0	442 292	73 000 000	0	334 583
6	96 500 000	0	442 292	73 000 000	0	334 583
7	96 500 000	0	442 292	73 000 000	0	334 583
8	96 500 000	0	442 292	73 000 000	0	334 583
9	96 500 000	0	442 292	73 000 000	0	334 583
10	96 500 000	0	442 292	73 000 000	0	334 583
11	96 500 000	0	442 292	73 000 000	0	334 583
12	96 500 000	0	442 292	73 000 000	0	334 583
95	96 500 000	0	442 292	73 000 000	0	334 583
96	96 500 000	0	442 292	73 000 000	0	334 583
97	96 500 000	1 073 657	442 292	73 000 000	0	334 583
98	95 426 343	1 768 876	437 371	73 000 000	0	334 583
99	93 657 468	1 752 423	429 263	73 000 000	0	334 583
100	91 905 045	1 736 116	421 231	73 000 000	0	334 583
101	90 168 928	1 719 955	413 274	73 000 000	0	334 583
102	88 448 973	1 703 938	405 391	73 000 000	0	334 583
103	86 745 035	1 688 064	397 581	73 000 000	0	334 583
104	85 056 970	1 672 332	389 844	73 000 000	0	334 583
105	83 384 639	1 656 739	382 180	73 000 000	0	334 583
175				71 179 833	850 356	326 241
176				70 329 478	842 134	322 343
177				69 487 344	833 986	318 484
178				68 653 358	825 912	314 661
179				67 827 446	817 911	310 876
180				67 009 535	809 982	307 127
181				66 199 553	802 125	303 415
182				65 397 428	794 339	299 738
183				64 603 089	786 624	296 097
184				63 816 465	778 978	292 492
185				63 037 487	771 402	288 922
350				1 137 498	132 650	5 214
351				1 004 849	131 049	4 606
352				873 800	129 463	4 005
353				744 337	127 893	3 412
354				616 444	126 338	2 825
355				490 105	124 799	2 246
356				365 307	123 274	1 674
357				242 033	121 764	1 109
358				120 269	120 269	551

　　根据这些利息和本金的分配规则，表3.3显示了在165％PSA提前还款速度的假设下，每个债券级别的现金流。注意，债券级别A是在第78个月全额清偿的，当月开始向债券级别B支付本金还款，债券级别B是在第98个月全额清偿的。债券级别C在第98个月开始获得本金还款。

　　在解释结构1实现了什么目标之前，需要作一些注释。首先，结构中四个债券级别的票面价值总额为6.60亿美元，它等于抵押品（过手证券）的票面价值。其次，我们已通过假设所有债券级别都有相同的息票率，简化了这个例子。在实际交易中，息票率将取决于当时的市场条件（即收益率曲线），每个债券级别的息票率不一定是相等的。必须满足的一个条件是：在一个月中向所有债券级别支付的利息总额不得高于抵押品产生的利息，否则会发生利息短缺。同样，结构中债券级别的加权平均息票率不得超过抵押品的息票率（在我们的例子中为6％）。最后，尽管本金还款分配的支付规则是已知的，但每月本金的确切金额是未知的。每月的本金将取决于抵押品产生的本金现金流，这进而取决于抵押品的实际还款率。因此，为了预测每月的现金流，必须对提前还款作出假设。

　　现在，让我们来考察结构1实现了什么目标。为了看到所实现的目标，以下显示在一个提前还款假设范围内，抵押品和四个债券级别的平均期限（以年为单位）汇总（见表3.4）。

表 3.4　抵押品和四个债券级别的平均期限 （单位：年）

	100％	125％	165％	250％	400％	500％
抵押品	11.2	10.1	8.6	6.4	4.5	3.7
债券级别						
A	4.7	4.1	3.4	2.7	2.0	1.8
B	10.4	8.9	7.3	5.3	3.8	3.2
C	15.1	13.2	10.9	7.9	5.3	4.4
D	24.0	22.2	19.8	15.2	10.3	8.4

　　注意抵押品平均期限的巨大变化程度。这是一种符合机构投资者（如银行）需求的短期证券，还是一种可能适合保险公司的中期证券？考察这四个债券级别的平均期限。它们的平均期限既有比抵押品更短的，也有更长的，从而会吸引平均期限偏好不同于抵押品平均期限的机构投资者。例如，一家对短期投资感兴趣并担忧展期风险（即投资期限变得比预期更长）的存款机构将会发现债券级别A比抵押品更有吸引力，因为在一个合理的提前还款速度范围内，债券级别A在较慢提前还款速度下的平均期限小于5年，而抵押品的期限可能会延长至略大于11年。[①]在期限偏好范围的另一端，某一家机构考虑一个寻求较长期投资并担忧缩期风险（即投资期限变得比预期更短）的待遇确定型养老金计划。与抵押品相比，该机构投资者将更偏好债券级别D。

　　尽管债券级别D的平均期限有相当大的变化程度，但对抵押品缩期风险的担忧要更甚于对债券级别D缩期风险的担忧。为了看到这点，注意在表3.4中显示的最快提前还款速度（500％PSA）下，抵押品的平均期限可以缩短至3.7年，但债券级别D仅缩短至8.3年。

　　因此，我们可以看到，该结构（被称为接续还本结构）中债券级别的本金分配规则，已将抵押品的提前还款风险（即展期风险和缩期风险敞口）重新分配给各债券级别。因此，从机构投

---

　　①　注意，平均期限不是预期的期限。例如，在100％PSA的假设下，尽管债券级别A的平均期限为4.7年，但可能仍需要大于10年的期限才能全额清偿债券级别A。

资者的视角来看,一项不具备吸引力的资产或抵押品可被用以创建能够更好地与这些投资者的需求相匹配的证券。我们已经陈述了这一点,但至此才予以证明。

计划摊还级别债券和支持级债券

有一些机构投资者甚至寻求拥有更大的提前还款风险保护的证券(债券级别)。投资银行家已为此类投资者创建了一项产品。为了理解投资银行的证券设计者是如何做到这点的,查看表 3.5。表中显示了在 100% PSA(第 2 列)和 250% PSA(第 3 列)的提前还款速度假设下,我们票面价值为 6.60 亿美元、利率为 5.5% 的抵押品的选定月份的本金还款总额。表 3.5 的最后一列显示了每月的最低本金还款总额。也就是说,如果提前还款速度在抵押品期限内是固

表 3.5 选定月份中 100% PSA 和 250% PSA 假设下的本金还款总额和 PAC 计划的创建

(单位:美元)

月份	100% PSA	250% PSA	PAC 计划
1	955 525	1 494 837	995 525
2	1 108 446	1 774 008	1 108 446
3	1 221 042	2 052 351	1 221 042
4	1 333 255	2 329 510	1 333 255
5	1 445 026	2 605 129	1 445 026
6	1 556 298	2 878 852	1 556 298
7	1 667 013	3 150 323	1 667 013
8	1 777 113	3 419 190	1 777 113
9	1 886 540	3 685 100	1 886 540
10	1 995 237	3 947 708	1 995 237
11	2 103 149	4 206 667	2 103 149
12	2 210 219	4 461 641	2 210 219
13	2 316 391	4 712 295	2 316 391
14	2 421 610	4 958 303	2 421 610
15	2 525 823	5 199 344	2 525 823
16	2 628 975	5 435 106	2 628 975
17	2 731 013	5 665 285	2 731 013
18	2 831 885	5 889 586	2 831 885
101	2 577 230	2 709 199	2 577 230
102	2 563 858	2 669 922	2 563 858
103	2 550 555	2 631 198	2 550 555
104	2 537 320	2 593 019	2 537 320
105	2 524 154	2 555 377	2 524 154
211	1 451 822	516 114	516 114
212	1 444 240	508 066	508 066
213	1 436 697	500 136	500 136
346	712 694	48 340	48 340
347	708 916	47 342	47 342
348	705 158	46 360	46 360
349	701 419	45 394	45 394
350	697 699	44 444	44 444
351	693 998	43 509	43 509
352	690 317	42 591	42 591
353	686 654	41 687	41 687
354	683 010	40 798	40 798
355	679 385	39 924	39 924
356	675 779	39 065	39 065
357	672 191	38 220	38 220
358	668 622	37 388	37 388

定不变的，并且这个固定的提前还款速度处于100％ PSA和250％ PSA之间，那么每月的本金总额将如表中最后一列所示。如果计算最后一列中的本金总和，这个金额等于470 224 580美元。

最后一列中的金额使证券设计者能够创建一种被称为计划摊还级别债券（更普遍地被称为PAC债券）的债券级别，它在获取预定本金还款方面优先于结构中所有的其他债券级别。例如，对于我们的票面价值为6.60亿美元、利率为5.5％的虚拟过手证券，使用100％ PSA的提前还款速度下限和250％ PSA的提前还款速度上限，PAC计划将如表中最后一列所示。上限和下限的提前还款速度被称为设计速度，100％—250％的PSA范围被称为设计区间。结构中的非PAC债券级别被称为支持级债券或附随债券，命名原因取自其在结构中的功能，我们将在稍后解释这一点。

结构中的关键在于，支持级债券在实际提前还款迅速的情况下接受了缩期风险，并在实际提前还款缓慢时接受了展期风险。因此，与结构1说明的接续还本结构（在这种结构中，债券级别可以获得对展期风险或缩期风险的一些保护，但并非同时获得对两种风险的保护）不同，PAC债券对展期风险和缩期风险都提供了提前还款保护。

PAC结构中的提前还款保护来自支持级债券。正是支持级债券获取了任何超出向PAC债券级别支付的预定金额的超额本金还款，并且在本金不足的情况下必须等待才能获取本金——因此，描述这种债券级别的术语为支持级债券。

为了理解PAC结构中的分配规则，考虑下面的虚拟结构，我们称其为"结构2"（见表3.6）。

表3.6　结构2

债券级别	债券类型	票面额（美元）	息票率
P	PAC	470 224 580	5.5％
S	支持级债券	189 775 420	5.5％

注意，结构2中的票面额为根据100％—250％ PSA的设计区间创建的PAC总额。

表3.5显示了这点是如何做到的。第2列和第3列显示了分别基于100％和250％的提前还款速度的月本金还款。最后一列显示了每个月的最低本金还款。最后一列是对PAC债券级别的还款计划。这个计划被称为PAC计划，会在发行说明书中说明。

为了理解本金还款规则是如何对PAC债券级别运作的，我们查看第12个月。PAC计划表明，在该月向PAC债券级别支付的还款为2 210 219美元。假设该月的实际本金还款为3 200 000美元。于是，应向PAC债券级别（P）支付2 210 219美元，并将989 781美元的余额分配给支持级债券（S）。

表3.7显示了两种债券级别在发行时的平均期限。

表3.7　两种债券级别发行时的平均期限　　　　　　　　　　　　　　（单位：年）

	PSA 速度					
	50％	75％	100％	165％	250％	400％
P	10.21	8.62	7.71	7.71	7.71	5.52
S	24.85	22.71	20.00	10.67	3.28	1.86
抵押品	14.42	12.68	11.24	8.56	6.44	4.47

表 3.8　结构 3

债券级别	票面额(美元)
P-A	38 308 710
P-B	153 808 875
P-C	36 116 850
P-D	73 544 130
P-E	107 941 020
P-F	60 505 005
S	189 775 410

注意,在 100%—250% PSA(设计区间)的提前还款速度下,PAC 债券级别的平均期限是固定不变的。同时还注意,支持级债券的平均期限有相当大的变化。对于所显示的提前还款速度,其变化程度远大于抵押品。这是符合预期的,因为支持级债券为 PAC 债券级别提供了提前还款保护。

在实践中,典型的结构可能会包含多个 PAC 债券级别。也就是说,可能会有一系列 PAC 债券。例如,考虑以下结构,我们将其称为"结构 3"(见表 3.8)。

前六个债券级别为 PAC 债券,其票面价值总额为 470 224 580 美元,与结构 2 中的单一PAC 债券相同。本金还款的分配规则顺序如下。

● 向 P-A 支付从抵押品获取的本金还款,直至获得其预定金额为止,如有任何超额本金还款,那么在这种超额本金还款不高于预期本金还款(在 250% PSA 速度下)的情况下,将其分配给 S,否则将其分配给 P-A。

● 在 P-A 全额清偿后,向 P-B 支付从抵押品获取的本金还款,直至获得其预定金额为止,如有任何超额本金还款,那么在这种超额本金还款不高于预期本金还款(在 250% PSA 速度下)的情况下,将其分配给 S,否则将其分配给 P-B。

● 在 P-B 全额清偿后,向 P-C 支付从抵押品获取的本金还款,直至获得其预定金额为止,如有任何超额本金还款,那么在这种超额本金还款不高于预期本金还款(在 250% PSA 速度下)的情况下,将其分配给 S,否则将其分配给 P-C。

● 以此类推。

在各种提前还款速度假设下,每种 PAC 债券的平均期限如表 3.9 所示。

表 3.9　PAC 债券的平均期限　(单位:年)

	PSA 速度					
	50%	75%	100%	165%	250%	400%
P-A	1.3	1.1	1.0	1.0	1.0	1.0
P-B	5.1	4.1	3.5	3.5	3.5	3.1
P-C	8.8	7.1	5.9	5.9	5.9	4.3
P-D	11.1	9.0	7.5	7.5	7.5	5.2
P-E	15.1	12.5	10.9	10.9	10.9	7.3
P-F	19.9	18.5	18.3	18.3	18.3	12.5

注意,所有 PAC 债券在设计区间内的平均期限都是稳定的。这符合预期。但进一步注意,P-A 和 P-B 等期限较短的 PAC 债券在较大的提前还款速度范围内具有稳定性。原因与支持级债券相关。在结构 2 中,支持级债券的票面价值为 189 775 410 美元,保护了单一 PAC 债券的 470 224 580 美元的票面价值。在结构 3 中,由于 P-A 对本金还款享有第一优先权,这意味着从 P-A 的视角来看,支持级债券的票面价值为 189 775 410 美元,仅保护了 P-A 的 38 308 710 美元的票面价值。因此,在设计区间以外有更大的提前还款保护。同样,对 P-B 而言,189 775 410 美元的支持级债券的票面价值,仅保护了 192 117 585 美元的票面价值(P-A 与 P-B 的票面价值之和)。尽管与设计区间相比,这个结构在更宽的提前还款速度范围下为 P-B 提供了提前还款保护,但该范围小于 P-A,而大于 P-C 和 P-D。

由于其为结构中的 PAC 债券级别提供保护的角色,支持级债券在结构中具有最大的提前还款风险。投资者在评估支持级债券的现金流特征时必须尤其谨慎,以降低因提前还款导致不利投资组合后果的可能性。不幸的是,在 CMO 市场的早期,这些类型债券级别的购买者通常未意识到其投资特征,他们因基于其某个特定提前还款假设的高收益率而被吸引购买,而不是在经期权调整的基础上分析它们。

在结构 2 给出的 PAC—支持级结构中,仅有一级支持级债券。在实际交易中,支持级债券通常被分割为不同债券级别。例如,设计者可以创建按顺序清偿的支持级债券。为了使某些支持级债券比结构中的其他支持级债券具有更大的提前还款保护,设计者甚至可以对支持级债券进行分割,以创建具有本金偿还计划的支持级债券。也就是说,可以创建作为 PAC 支持级债券的支持级债券。在含有 PAC 债券和具备 PAC 本金还款计划的支持级债券的结构中,前者被称为 PAC Ⅰ 债券或一级 PAC 债券,后者被称为 PAC Ⅱ 债券或二级 PAC 债券。尽管 PAC Ⅱ 债券比不具备本金还款计划的支持级债券拥有更大的提前还款保护,但该提前还款保护小于为 PAC Ⅰ 债券提供的保护。

私人部门住宅抵押贷款证券

私人部门 CMO 市场包含种类繁多的产品和设计差异。从技术上说,任何未在联邦机构或 GSE 储架(即吉利美、房地美和房利美)下证券化的交易都可被视为私人部门证券,因为其发行实体与美国政府没有任何(显性或隐性的)关联。此类证券必须具备某种形式的信用增级,以创建大量的投资级债券。然而,如今市场惯例是将私人部门板块局限于拥有第一顺位留置权、固定利率和可调利率的优质贷款。

除了信用增级的存在之外,私人部门证券与联邦机构 CMO 具有许多相同的特征和设计技术。然而,由于为证券提供抵押担保的贷款的性质及与不同的储架相关的法律和监管问题,因此存在一些重要的差异。首先,私人部门证券的设计可以使衍生工具(如利率互换和上限合约)作为风险缓解措施被插入到结构中。相比之下,GSE 不允许在证券中纳入此类工具。其次,为私人部门证券提供抵押担保的贷款一般被假设会以比联邦机构贷款池中贷款更快的速度提前还款。联邦机构证券市场的惯例是使用基础情景提前还款速度(与彭博报告的提前还款速度的中值一致)来设计证券。

相比之下,私人部门证券是根据市场惯例(即 250％—300％范围内的 PSA 速度)或预定的上升期(即在 12 个月内 CPR 上升 6％—18％)设计的。发行说明书中定义了这种上升,它通常被称为发行说明书提前还款曲线(prospectus prepayment curve)或 PPC(100％ PPC 只是当时的价格中定义的基本上升情形)。最后,私人部门证券通常有清理赎回权。这些清理赎回权被插入交易中,以解除受托人不得不监督余额很小的证券的负担。当证券和/或抵押品组的当前面值降低至某一预定水平以下时,将会触发赎回。

在本节中,我们简要回顾了在私人部门证券通常利用的内部信用增级的创建中所涉及的机制。注意,尽管本节重点是固定利率房产抵押贷款的构建(正如我们对本章稍早涉及的联邦机构证券分析那样),但其他房产抵押贷款设计也可以类似的方式构建。

私人部门信用增级

为私人部门证券构建信用增级的第一步是将贷款的面值分割为优先级和次级利益。优先级债券在利息和本金的获取及已实现损失的分配方面拥有优先权,其创建时一般需要足够的次级安排才能被信用评级机构评定为 AAA 级。在大多数情况下,次级利益被进一步分割(或分级)为一系列债券,这些债券在优先权方面依次递减。次级债券的评级范围通常为从 AA 级至最先损失债券的无评级。这些证券通常被称为六件套,因为评级机构一般会出具六个宽泛的评定等级。在投资级类别中,债券评级为从 AA 级至 BBB 级,非投资级评级从 BB 级下降至最先损失债券的无评级。表 3.10 的 A 栏和 B 栏显示了一种虚拟证券的结构(或"分割"),图 3.1 显示了如何在结构内部分配损失的简图。

表 3.10　对于面值为 4 亿美元、初始次级安排比例为 3.5％的虚拟证券,用证券规模的比例和信用支持计量的次级安排

	面值(美元)	证券规模的比例(％)
A. 差级债券的规模(用证券总规模的比例表示)		
AAA	386 000 000	96.50
AA	6 000 000	1.50
A	2 600 000	0.65
BBB	1 800 000	0.45
BB	1 200 000	0.30
B	1 200 000	0.30
最先损失债券(无评级)	1 200 000	0.30
次级债券总额	14 000 000	3.50

	面值(美元)	信用支持(％)[a]
B. 以每个评级水平的次级安排比例计量的差级债券的规模(即信用支持)		
AAA	386 000 000	3.50
AA	6 000 000	2.00
A	2 600 000	1.35
BBB	1 800 000	0.90
BB	1 200 000	0.60
B	1 200 000	0.30
最先损失债券(无评级)	1 200 000	0.00

注:a.通过将所有优先顺序劣后的差级债券占证券规模的比例相加来计算。举一个例子,如果证券的累计损失为 0.40％,最先损失债券和评级为 B 的差级债券将被全部耗尽,但评级为 BB 和 BB 以上的差级债券将不会受到影响。

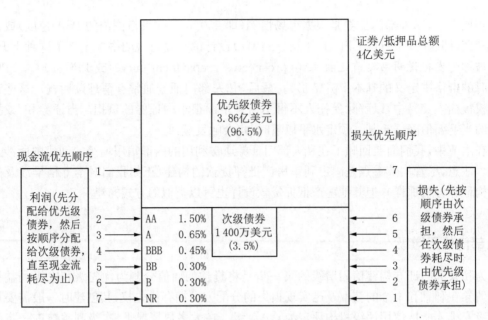

图 3.1　含现金流和损失分配的虚拟结构图

内部信用增级需要两个互补机制。证券的现金流是通过一个瀑布机制分配的，它规定了本息还款向不同优先等级的差级债券的分配。与此同时，已实现损失的分配也受到一个单独的优先排序计划的约束，次级债券通常按照相反的优先顺序受到影响。

尽管原始的次级安排比例是在发行时（或者更确切地说，是在证券抵押品的属性最终确定时）设定的，但含内部信用增级的证券设计使得信用增级的金额随着时间逐步增长。私人部门结构一般使用所谓的转换利益机制，其中，次级债券在发行后的一段时期内（对于固定利率的证券化交易一般为五年）不获取本金的提前还款。在锁定期到期后，次级债券开始以递增的方式获取提前还款。只有在 10 年后，次级债券才能获取按比例分配的提前还款。将次级债券锁定在外意味着随着抵押品发生提前还款，次级债券的面值将会相对于优先级债券按比例增长；优先级债券在锁定期内获取抵押品的所有提前还款，因此会随着时间的推移按比例减少。表 3.11 显示了典型的转换利益计划，以及对本金再分配的效果的注释。

转换利益结构的效果如下：(1)优先级债券比次级债券得到更快的偿还；(2)优先级债券占交易的比例减小；(3)次级安排比例将会增长，为优先级债券提供更大的保护；(4)次级债券必须保护的优先级债券将会减少（去杠杆化）。

表 3.11　固定利率优质房产抵押贷款证券化交易的次级债券的转换利益例子

第 1—60 个月	次级债券被完全锁定在提前还款之外（仅获取摊还）
第 61—72 个月	次级债券按比例获取 30%的提前还款
第 73—84 个月	次级债券按比例获取 40%的提前还款
第 85—96 个月	次级债券按比例获取 60%的提前还款
第 97—108 个月	次级债券按比例获取 80%的提前还款
第 109 个月以后	次级债券按比例获取 100%的提前还款

关键要点

- 房产抵押贷款是一种由某些特定资产作为抵押品担保的贷款，借款人（抵押人）必须支付预定的一系列款项，在借款人违约（即未能支付合同约定的款项）的情况下，房产抵押贷款赋予贷款人（抵押权人）取消贷款抵押品赎回权并扣押房产的权利，以确保债务得以清偿。

- 房产抵押贷款的利率被称为期票利率。

- 房产抵押贷款相关证券的基本单位是贷款池，即大量具有类似（但不完全相同）特征的房产抵押贷款的集合。

- 具有共同属性——如期票利率、距到期日的期限、信用品质、贷款余额和房产抵押贷款设计类型——的贷款是使用各种各样的法律机制被组合在一起的，以创建相对可替代的投资工具。

- 通过创建 RMBS，房产抵押贷款从一组迥然不同的资产转换为在高流动性市场中交易的规模可观的同质证券。

- 符合三家实体——吉利美、房利美和房地美——承保准则的贷款是作为一个联邦机构贷款池证券化的。

- 联邦机构 MBS 分为三类：过手证券、CMO 和本息拆离 MBS。

- 不符合联邦机构贷款池条件的贷款通过非联邦机构或私人部门交易来证券化。

- 私人部门 MBS 没有联邦机构的担保。

- 对于等额还款的房产抵押贷款而言，每月的房产抵押贷款还款在每月的第一日到期，由下列项数组成：(1)相当于年固定期票利率的 1/12 与前一个月的月初未偿房产抵押贷款余额的乘积的利息；(2)未偿房产抵押贷款余额（本金）的部分还款。

- 无论房产抵押贷款采取何种设计，房产抵押贷款每月产生的现金流可被分为三个部分：(1)维持费和担保费；(2)扣除维持费和担保费后的利息付款；(3)预定的本金还款（或摊还）。

- 提前还款是超出预定本金还款的还款。

- 提前还款发生的原因为：(1)借款人出售住宅；(2)借款人在市场利率下跌至贷款的期票利率以下时，会有清偿贷款的经济动机；(3)借款人不能履行房产抵押贷款项下的偿还义务，因此贷款人收回和出售房产；(4)如果房产被火灾破坏或其他经过保险的灾难发生，那么保险赔款将被用以清偿房产抵押贷款。

- 提前还款的效果是，房产抵押贷款产生的现金流不是确定已知的（即现金流的金额和发生时间是不确定的）。

- RMBS 的投资者有提前还款风险敞口。

- 在房产抵押贷款过手证券中，房产抵押贷款池每月产生的现金流按比例分配给凭证持有者，它包含：(1)每月扣除维持费和担保费后的利息；(2)常规预定的本金还款（摊还）；(3)当月的提前还款。

- 两个用于计量提前还款率的惯例为条件提前还款率和 PSA 提前还款基准。

- 联邦机构本息拆离 MBS 是通过将本息分配方式，从按比例分配改变为不均等分配创建的。

- 在最常见的本息拆离 MBS 类型中，所有利息都分配给一级证券（纯利息证券），全部本金都分配给另一级证券（纯本金证券）。
- 联邦机构 CMO 是由一个房产抵押贷款过手证券池支持的证券，其构建使得债券被分为数个级别（被称为差级债券），它们具有不同的平均期限。
- 在联邦机构 CMO 中，基础过手证券池产生的本金还款被用于按照发行说明书中规定的优先顺序清偿债券。
- 三种常见的联邦机构 CMO 为接续还本债券、计划摊还级别债券和支持级债券。
- 私人部门 CMO 市场包含种类繁多的产品和设计差异。
- 除了存在信用增级之外，私人部门证券与联邦机构 CMO 具有许多相同的特征和设计技术。
- 为私人部门证券构建信用增级的第一步是将贷款的面值分割为优先级利益和次级利益。
- 优先级债券在利息和本金的获取及已实现损失的分配方面拥有优先权，创建时一般需要足够的次级安排才能被信用评级机构评定为 AAA 级。
- 在大多数情况下，次级利益被进一步分割（或分级）为一系列债券，这些债券在优先权方面依次递减，评级范围通常为 AA 级至最先损失债券的无评级。

参考文献

Fabozzi, F. J. 2006. *Fixed Income Mathematics: Analytical and Statistical Techniques*. New York: McGraw-Hill.

Fabozzi, F. J., A. K. Bhattacharya, and W. S. Berliner, 2011. *Mortgage-Backed Securities: Products, Structuring, and Analytical Techniques: Second Edition*. Hoboken, NJ: John Wiley & Sons.

4

资产管理的金融计量经济学工具

学习目标

在阅读本章后,你将会理解:

- 单变量线性回归*;
- 多元线性回归;
- 主成分分析;
- 股票横截面回报率的解释因子的估计;
- 波动率的计量经济学模型:ARCH 和 GARCH。

引言

一般而言,计量经济学模型被用于解决我们日常面临的两类问题。一方面,我们希望得到对自身所观察到现象的解释。例如,我们可以就既定时期内既定投资组合的回报率对一个主要市场指数回报率的敏感度进行提问:敏感度是否随着时间的推移发生变化,或者是否存在另一个我们应该关注的因子在影响着投资组合的回报率? 或者,例如,假如我们的投资组合的业绩超越了既定的基准,那么业绩超越基准的来源是什么?

另一方面,我们担心未来,因为未来是不确定的。我们希望预测投资组合在特定条件下可能会如何表现。这些条件可能描述了不同的政策制度或可能的未来情景。尽管这个问题与预测而非解释相关,但还是有联系的。例如,国债收益率的可能变化对一个多资产类别投资组合的影响将是什么?

---

* 原书为单因变量,有误,此处已修改。——译者注

本章描述了用于为此类问题提供答案的标准的计量经济学工具。我们将考虑其在资产定价和风险管理中的应用。

线性回归

回归分析研究一个变量(被称为因变量)与另一个或数个其他变量(被称为解释变量或自变量)之间的关系。当关系为线性的时,回归分析亦称线性回归。在本节中,我们将介绍在资产管理领域中重要应用的不同变型。我们从仅有单个解释变量的简单情况开始,因为它更容易理解,然后再讨论有多个解释变量的一般情况。最后,我们还会区分时间序列回归与横截面回归;前者的变量是随着时间的变化而被观察到的,后者的观察涉及在一个时间点观察到的多个变量。

单一解释变量

线性回归最简单的例子是我们仅考虑一个解释变量的情况。用 Y 表示因变量,并用 X 表示解释变量。例如,因变量可以是既定股票的月回报率,解释变量可以是标普 500 指数的月回报率。我们对发现股票回报率如何对市场变化作出反应感兴趣。用数学公式表示,这个关系被表达为:

$$Y_t = \alpha + \beta X_t + u_t \tag{4.1}$$

其中,α 被称为截距,β 表示斜率系数,u 被称为残差,它捕捉了线性关系的误差,因此亦称误差项。任何回归模型都应被视作统计模型,而不是两个变量之间的因果联系。例如,表述市场回报(以标普 500 指数代表)导致股票回报是不正确的。相反,模型描述的是 Y 相对 X 的表现。

线性回归模型作了数个假设:

(1) **模型是线性的**:这个假设意味着我们假设两个变量之间存在线性关系。

(2) **均方差**:对于自变量的任何数值,误差项的方差都是相同的。

(3) **独立性**:观察值是彼此独立的。

(4) **零条件均值**:对于自变量的任何数值,误差项的均值为零。

尽管其中一些假设可放宽为较弱的假设,但这里列示的是经典假设[例如,见 Fabozzi、Focardi、Rachev 和 Arshanapalli(2014)]。

方程给出的线性回归代表了我们所假设的统计模型。在给定因变量和自变量数据的情况下,我们的目标是估计模型参数 α 和 β,并利用所估计的方程开展特定的分析。例如,我们可能对在市场下跌的情况下预期股票价格将下跌多少感兴趣;或是测试斜率系数是否可忽略不计,从而使股票可被视为是市场中性的。

在实践中,回归模型是采用普通最小二乘法(ordinary least squares, OLS)估计的。根据 OLS 方法,我们通过找到将回归模型的预测值与观察值之间的误差最小化的数值来估计模型参数。用 Y_1, Y_2, $\cdots$, Y_n 和 X_1, X_2, $\cdots$, X_n 表示观察到的样本。通过对以下问题求解,可以遵循最小二乘原则:

$$\min_{\alpha, \beta} \sum_{t=1}^{n} (Y_t - \alpha - \beta X_t)^2 \tag{4.2}$$

其中，$u_t = Y_t - \alpha - \beta X_t$，它代表了误差。下列方程提供了这个优化问题的解：

$$\hat{\alpha} = \bar{Y} - \hat{\beta}\bar{X}, \tag{4.3}$$

$$\hat{\beta} = \frac{\sum(X_t - \bar{X})(Y_t - \bar{Y})}{\sum(X_t - \bar{X})^2} \tag{4.4}$$

其中，$\bar{X}$ 和 $\bar{Y}$ 表示样本的平均值。在实践中，我们使用软件工具，而不是手动处理这些方程；但方程显示的是，截距和斜率的估计量可以很容易地通过样本数据计算而来。

尽管选择 OLS 方法来估计参数看上去可能是特别的，但估计量具有很好的性质。例如，用这种方法估计的回归系数已知是无偏的，这意味着平均而言，它们与真实值是一致的。此外，OLS 估计量在所有线性估计量中具有最小的方差，这意味着回归参数的估计是最为准确的。

统计模型与数据的拟合度有多好？这对任何模型都是一个关键问题。在线性回归的情况下，我们可以用一种简单的方法来衡量拟合优度，即用一个被称为决定系数（用 r^2 表示）的度量。基本思路是，取估计参数后的误差平方和，并考察该平方和占因变量变化总和的比例。例如，如果我们发现 X 和 Y 之间没有任何统计关系并且斜率系数的估计值为零，$\beta = 0$；那么误差将等于 Y 减去均值后的观察值，$u_i = Y_i - \bar{Y}$。反之，如果统计模型是一个没有任何残差的精确线性方程，那么误差的平方和将等于零。

因此，计算误差平方和与因变量变化总和的比率将表明拟合优度。决定系数的公式如下：

$$r^2 = 1 - \frac{\sum u_t^2}{\sum(Y_t - \bar{Y})^2} \tag{4.5}$$

根据上述讨论，$r^2 = 1$ 表示完全拟合，而 $r^2 = 0$ 则表示 X 与 Y 之间没有任何关系。一般而言，$0 \leqslant r^2 \leqslant 1$。

在下面的例子中，我们说明了含单一解释变量的线性回归，并用系统性和非系统性风险诠释了决定系数。[①]

估计公司的市场贝塔值

根据获得诺贝尔奖的资本资产定价模型（CAPM），股票回报受到两种因素的影响：市场因素和公司特有因素。市场因素综合了大多数公司暴露于其中（市场中）的风险，如通货膨胀、经济衰退、高利率、战争等。相比之下，公司特有风险是由特定公司特有的随机事件导致的，如法律诉讼、罢工、成功或不成功的商业决策等。在实践中，市场因素通常由在股票交易所交易的所有股票的组合代表，其中每家公司的权重与其所谓的市值衡量的公司规模成正比。

对于单家公司的股票回报率，CAPM 与下列回归模型是一致的：

$$R_t - r_f = \beta(R_{m, t} - r_f) + u_t \tag{4.6}$$

---

① Rachev、Mittnik、Fabozzi、Focardi 和 Jasic(2017，Ch.5)提供了在资产管理中的数种其他应用：使用詹森度量评估管理业绩、使用夏普基准选择基准、关于对冲基金存续的基于回报的风格分析，以及衡量债券投资组合的经验久期。关于因子建模的应用参见 Engle、Focardi 和 Fabozzi(2016)。

其中，R_t 表示股票回报率的时间序列，r_f 表示由美国短期国债利率代表的无风险利率，$R_{m,t}$ 表示市场组合回报率的时间序列，u_t 是加总所有公司特有风险的残差。回报率差异 $R_t - r_f$ 和 $R_{m,t} - r_f$ 有时被称为超额回报率。回归系数 β 是公司特有的，捕捉了市场风险敞口。它亦称公司的市场贝塔，代表对影响公司的资本筹集成本等因素的风险度量。金融分析师定期计算公司的市场贝塔值，它们可能会随着公司业务的发展而变化。

在本例中，我们估计苹果公司的市场贝塔值，并为因变量和自变量数据作出常用的选择。我们采用股票和市场组合①的月回报率，并使用五年的数据——2013 年 1 月—2017 年 12 月的 60 个月回报率。无风险利率是一个月期短期国债的回报率。表 4.1 显示了数据。

表 4.1　用于计算苹果公司市场贝塔值的月数据（2013 年 1 月—2017 年 12 月）

月　份	$R_{m,t} - r_f$	$R_t - r_f$	月　份	$R_{m,t} - r_f$	$R_t - r_f$
2013 年 1 月	0.012 9	−0.030 9	2015 年 7 月	−0.060 4	−0.069 1
2013 年 2 月	0.040 3	0.045 2	2015 年 8 月	−0.030 8	−0.018 8
2013 年 3 月	0.015 5	0.000 3	2015 年 9 月	0.077 5	0.083 4
2013 年 4 月	0.028	0.015 7	2015 年 10 月	0.005 6	−0.010 0
2013 年 5 月	−0.012	−0.075 8	2015 年 11 月	−0.021 7	−0.106 5
2013 年 6 月	0.056 5	0.141 2	2015 年 12 月	−0.057 7	−0.075 3
2013 年 7 月	−0.027 1	0.076 7	2016 年 1 月	−0.000 7	−0.006 9
2013 年 8 月	0.037 7	0.025 6	2016 年 2 月	0.069 6	0.133 1
2013 年 9 月	0.041 8	0.096 4	2016 年 3 月	0.009 2	−0.140 0
2013 年 10 月	0.031 2	0.063 8	2016 年 4 月	0.017 8	0.065 2
2013 年 11 月	0.028 1	0.051 6	2016 年 5 月	−0.000 5	−0.037 0
2013 年 12 月	−0.033 2	−0.107 7	2016 年 6 月	0.039 5	0.089 9
2014 年 1 月	0.046 5	0.051 2	2016 年 7 月	0.005	0.017 9
2014 年 2 月	0.004 3	0.064 3	2016 年 8 月	0.002 5	0.071 1
2014 年 3 月	−0.001 9	0.099 4	2016 年 9 月	−0.020 2	0.004 1
2014 年 4 月	0.020 6	0.072 7	2016 年 10 月	0.048 6	−0.026 7
2014 年 5 月	0.026 1	0.069 2	2016 年 11 月	0.018 2	0.053 0
2014 年 6 月	−0.020 4	0.028 7	2016 年 12 月	0.019 4	0.047 3
2014 年 7 月	0.042 4	0.072 2	2017 年 1 月	0.035 7	0.128 5
2014 年 8 月	−0.019 7	−0.012 2	2017 年 2 月	0.001 7	0.052 9
2014 年 9 月	0.025 2	0.072 0	2017 年 3 月	0.010 9	−0.000 6
2014 年 10 月	0.025 5	0.101 2	2017 年 4 月	0.010 6	0.062 8
2014 年 11 月	−0.000 6	−0.067 9	2017 年 5 月	0.007 8	−0.053 9
2014 年 12 月	−0.031 1	0.061 4	2017 年 6 月	0.018 7	0.032 0
2015 年 1 月	0.061 3	0.096 4	2017 年 7 月	0.001 6	0.101 8
2015 年 2 月	−0.011 2	−0.027 5	2017 年 8 月	0.025 1	−0.057 5
2015 年 3 月	0.005 9	0.005 8	2017 年 9 月	0.022 5	0.095 9
2015 年 4 月	0.013 6	0.041 0	2017 年 10 月	0.031 2	0.015 8
2015 年 5 月	−0.015 3	−0.033 2	2017 年 11 月	0.010 6	−0.012 6
2015 年 6 月	0.015 4	−0.032 9	2017 年 12 月	0.055 7	−0.011 7

注：$R_{m,t} - r_f =$ 市场组合的回报率减去短期国债的利率（超额回报率）。

$R_t - r_f =$ 苹果公司股票的回报率减去短期国债的利率（超额回报率）。

---

① 市场组合是在美国注册成立并在纽约证券交易所、美国证券交易所或纳斯达克上市的所有公司的市值加权投资组合。市场组合回报率和无风险利率的数据可从肯尼思·弗伦奇（Kenneth French）的网站获得。见 http://mba.tuck. dartmouth.edu/pages/faculty/ken.french/data.library.html。

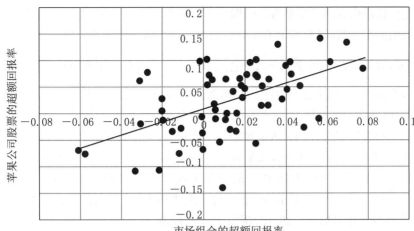

图 4.1　苹果公司的回归估计

注:市场组合的月超额回报率和苹果公司的月超额回报率分别绘制在横轴和纵轴上。

尽管回归模型没有截距,但从业者会估计含截距的回归方程,这有时被称为市场模型。估计的回归方程为:

$$\hat{Y}_t = 0.007\,8 + 1.213\,9X_t \tag{4.7}$$

图 4.1 提供了直观的说明。估计的截距确实很小,没有显著的影响。斜率系数表示,假如市场上涨 1%,那么苹果公司的股价将会大约上升 1.21%;也就是说,它放大了正数和负数的市场回报率。因此,截至 2017 年 12 月,该公司的风险似乎大于由市场组合代表的总体市场的风险。

0.29 的 r^2 值表示,大约 29% 的公司总风险可以用市场因素解释,剩余的 71% 是公司特有风险。对于单种股票,这种分解十分常见。

投资者为何构建投资组合

前文例子中的分析可以针对任何风险资产开展,包括任何本身即可被视作一种风险资产的股票投资组合。如果我们通过将初始资本的一定权重分配给既定股票,将一定金额投资于 N 种股票的集合,那么一个预定时期内的投资组合回报率就等于单种股票回报率的加权平均。如果所有权重都相等(等于初始资本的 $1/N$),那么投资组合被称为等权重投资组合。

假设 CAPM 回归模型对于所有单种股票都是成立的:

$$R_{t,i} - r_f = \beta_i(R_{m,t} - r_f) + u_{t,i} \tag{4.8}$$

其中, $i = 1, 2, \cdots, N$ 表示股票集合中相应股票的标号。残差 $u_{t,i}$ 加总了相应公司的股票特有风险;对于任何固定的 t,与不同公司对应的残差被假设为独立的随机变量。于是,对于投资组合,我们可以表示:

$$\frac{1}{N}\sum_{i=1}^{N}R_{t,i} - r_f = (R_{m,t} - r_f)\frac{1}{N}\sum_{i=1}^{N}\beta_i + \frac{1}{N}\sum_{i=1}^{N}u_{t,i}$$
$$R_{t,p} - r_f = \beta_p(R_{m,t} - r_f) + u_{t,p} \tag{4.9}$$

其中, $R_{t,p}$ 表示投资组合的回报率时间系列, β_p 表示投资组合的市场贝塔, $u_{t,p}$ 为加总公司特有风险的残差。投资组合的回报率为该时期内单种股票回报率的平均值，投资组合的市场贝塔值为公司贝塔值的平均数，残差等于单种股票残差的平均值。由于我们假设单种股票的残差是独立的，因此 $u_{t,p}$ 的方差 σ_p^2 等于 $\sigma_p^2 = \dfrac{1}{N^2}\sum_{i=1}^{N}\sigma_i^2$。对于大型投资组合，当 N 十分庞大时，如果我们进一步假设股票特有风险是有限的，那么这个数量将收敛于零。因此，通过建立投资组合，投资者可以降低股票特有风险，这被称为风险的多元化。不幸的是，系统性风险不能以这种方式降低——等权重投资组合的贝塔值预期是一个正数，无论投资组合中包含多少种股票。

为了用实证说明多元化的概念，我们建立一个投资组合，它由在美国注册成立并在美国股票交易上市的所有股票中最大的 10% 的股票组成。[1]与前文的例子一致，我们利用该投资组合 2013 年 1 月—2017 年 12 月的 60 个月的超额回报率，并使用相同的市场组合数据以展示如何计算公司的市场贝塔值。表 4.2 提供了输入数据。

表 4.2　用于计算一个等权重投资组合的市场贝塔值的月数据，该投资组合投资于在美国注册成立并在美国股票交易所上市的最大的 10% 的股票（2023 年 1 月—2017 年 12 月）

月　　份	$R_{m,t}-r_f$	$R_{t,p}-r_f$	月　　份	$R_{m,t}-r_f$	$R_{t,p}-r_f$
2013 年 1 月	0.012 9	0.009 5	2015 年 7 月	−0.060 4	−0.062 4
2013 年 2 月	0.040 3	0.046 5	2015 年 8 月	−0.030 8	−0.034
2013 年 3 月	0.015 5	0.016 7	2015 年 9 月	0.077 5	0.078 6
2013 年 4 月	0.028	0.026 5	2015 年 10 月	0.005 6	0.004 1
2013 年 5 月	−0.012	−0.011 7	2015 年 11 月	−0.021 7	−0.018
2013 年 6 月	0.056 5	0.057 5	2015 年 12 月	−0.057 7	−0.060 6
2013 年 7 月	−0.027 1	−0.024 1	2016 年 1 月	−0.000 7	0.003 1
2013 年 8 月	0.037 7	0.039 3	2016 年 2 月	0.069 6	0.061 8
2013 年 9 月	0.041 8	0.046 2	2016 年 3 月	0.009 2	0.013 7
2013 年 10 月	0.031 2	0.030 5	2016 年 4 月	0.017 8	0.013 7
2013 年 11 月	0.028 1	0.028 5	2016 年 5 月	−0.000 5	−0.007 4
2013 年 12 月	−0.033 2	−0.034 3	2016 年 6 月	0.039 5	0.035 2
2014 年 1 月	0.046 5	0.046 6	2016 年 7 月	0.005 0	0.002 4
2014 年 2 月	0.004 3	0.009 1	2016 年 8 月	0.002 5	−0.001 1
2014 年 3 月	−0.001 9	0.006 1	2016 年 9 月	−0.020 2	−0.013 9
2014 年 4 月	0.020 6	0.026 7	2016 年 10 月	0.048 6	0.043 2
2014 年 5 月	0.026 1	0.021 5	2016 年 11 月	0.018 2	0.013 9
2014 年 6 月	−0.020 4	−0.019 8	2016 年 12 月	0.019 4	0.021 0
2014 年 7 月	0.042 4	0.037 5	2017 年 1 月	0.035 7	0.037 8
2014 年 8 月	−0.019 7	−0.014 9	2017 年 2 月	0.001 7	−0.000 5
2014 年 9 月	0.025 2	0.020 2	2017 年 3 月	0.010 9	0.011 9
2014 年 10 月	0.025 5	0.025 6	2017 年 4 月	0.010 6	0.013 9
2014 年 11 月	−0.000 6	−0.000 6	2017 年 5 月	0.007 8	0.011 3
2014 年 12 月	−0.031 1	−0.037 1	2017 年 6 月	0.018 7	0.018 4
2015 年 1 月	0.061 3	0.011	2017 年 7 月	0.001 6	0.004 2
2015 年 2 月	−0.011 2	−0.014 6	2017 年 8 月	0.025 1	0.026 1
2015 年 3 月	0.005 9	0.015 9	2017 年 9 月	0.022 5	0.015 3
2015 年 4 月	0.013 6	0.007 5	2017 年 10 月	0.031 2	0.031 1
2015 年 5 月	−0.015 3	−0.018 9	2017 年 11 月	0.010 6	0.009 7
2015 年 6 月	0.015 4	0.020 5	2017 年 12 月	0.055 7	0.057 9

注：$R_{m,t}-r_f$ = 市场组合的回报率减去短期国债的利率（超额回报率）。
　　　$R_{t,p}-r_f$ = 投资组合的回报率减去短期国债的利率（超额回报率）。

---

[1]　规模的度量为公司的市值，它等于股票价格乘以公司已发行的股票股数。我们使用在肯尼思·弗伦奇的网站上按规模排序的投资组合的数据。

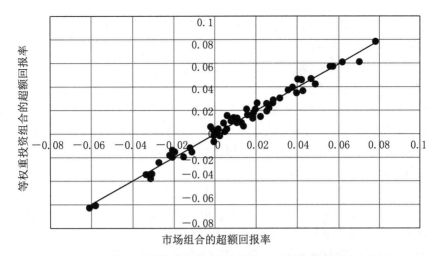

图 4.2　由最大 10% 的美国股票组成的等权重投资组合的回归估计

估计的回归为：

$$\hat{Y}_t = -8.1 \times 10^{-6} + 0.993\,5X_t \tag{4.10}$$

其中，$r^2 = 0.98$。图 4.2 中绘制了该投资组合的回归线和数据。高 r^2 值表明了多元化投资的效果——股票特有风险几乎被完全消除。最显著的风险是对市场组合的系统性风险敞口。事实上，由于一些风险可以通过多元化消除，金融学中的资产定价理论得出的结论是：只有系统性风险才能获得回报——投资者不应期望通过承担公司特有风险来盈利。从回归分析的角度来看，这意味着回归中的截距预期将是一个数值很小、在经济上微不足道的数字。

假设检验

回归参数是用最小二乘原则估计的。例如，使用本例样本，我们发现公司的贝塔估计值等于 1.21。由此产生的下一个问题是：我们可以在多大程度上信任这个数字？如果贝塔值等于零，那么其含意是因变量与自变量之间不存在任何关系。在使用真实数据时，即便两个变量之间确实没有关系，贝塔估计值也极不可能精确地等于零；因此，我们需要额外的分析才能得出可能不存在任何关系的结论（即斜率系数是否有可能等于零）。

在统计学中，这被称为假设检验。在概念上，参数估计量是样本的一个函数。这可以从 $\hat{\alpha}$ 和 $\hat{\beta}$ 的表达式中明显看出来。如果我们采用两个变量产生的不同样本并重新估计每个样本的系数，那么估计值将会发生变化。这些变化可以用它们的分布来描述；也就是说，我们将参数估计量视作一个随机变量。检验某个特定参数值的假设简化为：在给定估计量分布的情况下，检查该数值等于真实参数值的可能性有多大。

然而，为了得出估计量的分布，通常需要作出额外的假设，我们在此处不对此进行讨论。我们仅须知道，在对回归方程中随机变量的分布作出相当一般的假设下，对于相对较大的样本，我们可以近似得出估计量的分布。为了检验假设，通常采用以下类型的统计量：

$$t = \frac{\text{估计量} - \text{数值}}{\text{标准误差}} \tag{4.11}$$

其中,数值是指我们所检验的假设数值,标准误差是指估计量的标准差。这种统计量亦称 t 统计量,因为它们有学生 t 分布,自由度参数等于 $n-2$,其中 n 表示样本规模,数字 2 表示估计的系数——在本例中为截距和斜率系数——的数量。

在实践中,软件包计算 t 统计量的方法为:代入估计量的估计值,减去假设值,然后除以估计量的标准误差,标准误差也是从数据估计而来的。接着,它们使用学生 t 分布来计算 t 统计量的 p 值。如果 p 值很小(通常考虑用 0.01 和 0.05 作为参考值),那么我们可以得出估计的数字具有统计显著性的结论。否则,我们得出估计的数字不具有显著性的结论,而且我们不能拒绝回归系数等于假设值的假设。

例如,如果我们希望检验线性回归模型中两个变量之间存在具有统计显著性的关系的假设,那么用更正式的方法表示,估计量为 $\hat{\beta}$,假设值为零。如果统计量的 p 值低于 0.05,那么可以说不能拒绝在 5% 的显著性水平上不存在关系的假设。

下一个例子对线性回归的输出结果提供了更详尽的说明,并对假设检验进行了进一步的论述。

低波动率异象

CAPM 是用以下方法进行实证检验的:先估计含截距的单因子市场模型;然后,检验截距是否具有统计显著性。如果它具有显著性,那么风险资产的预期超额回报率就等于:

$$E(R_t - r_f) = \alpha + \beta E(R_{m,t} - r_f) \tag{4.12}$$

其中,α 的存在表明等号左边的预期回报率不能完全由 $\beta E(R_{m,t} - r_f)$ 项来解释。因此,α 代表异常表现,它可以是正数或负数,被称为"阿尔法",这与我们的符号标记一致。

从资产定价理论的角度来看,如果可以取得截距具有统计显著性的资产,那么这可能表示 CAPM 理论是不完整的。与此同时,一般投资者(尤其是对冲基金)对寻找此类资产相当感兴趣,因为至少在原则上,此类资产可被用于构建具有无风险利润的投资组合。然而,这种利润是否能在样本外实现则是另一个问题。

考虑以下被称为低波动率策略的简单投资组合策略。在任何既定月份的月末,我们使用最近 60 个月的日回报率,计算在美国注册成立并在美国股票交易上市的所有股票的波动率。接着,我们根据波动率计算值按递减顺序对股票进行排序,并用其中波动率最低的 10%(最末10%)的股票建立一个等权重投资组合。这个投资组合在下一个月的月末前保持不变,同时这个过程重复进行。我们计算这项投资策略每个月的月回报率。

假如我们在 1963 年 8 月开始这项策略,那么截至 2017 年 12 月末,我们将收集到 655 个月回报率。[①]我们使用这个样本估计回归,其中因变量为这项投资策略的超额回报率的时间序列,解释变量为市场组合的月超额回报率的时间序列。无风险利率为一个月期美国短期国债的月回报率。

图 4.3 绘制了估计的回归线,它由以下方程描述:

$$\hat{Y}_t = 0.004\,431 + 0.519\,4X_t, \tag{4.13}$$

表 4.3 提供了附加信息。

---

① 我们使用在 Kenneth French 的网站上按方差排序的投资组合的数据:http://mba.tuck.dartmouth.edu/pages/faculty/ken.french/data.library.html。

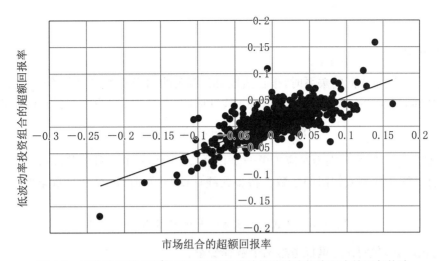

图 4.3　波动率最低 10% 的美国股票组成的低波动率投资组合的回归估计

表 4.3　单因子低波动率异象回归模型的输出结果

	截距	斜率
估计值	0.004 431	0.519 4
标准误差	0.000 73	0.016 6
t 统计量值	6.032	31.24
p 值	(0.000 0)*	(0.000 0)*
	$r^2 = 0.599$	$df = 653$

　　截距和斜率系数都是高度显著的,因为它们的 p 值可忽略不计。换言之,截距估计值为 0.004 431,是一个接近于 0 的微小数字,但该估计量的标准误差要比它更小一个数量级。因此,尽管截距很小,但参数的真实值等于零的可能性也极小。对斜率系数的诠释与此相同。

　　从金融学的角度来看,对这项回归的诠释如下。尽管未在表中提供,但低波动率策略的平均月超额回报率为 0.007 23,而市场组合的平均月超额回报率为 0.005 39。这些数字看似很小,但按年计算,它们分别为 8.67% 和 6.46%,这是在一段很长的时期内,相对无风险利率的非常不错的平均表现。由于斜率系数为 0.519 4,因市场风险敞口而获得的平均回报率为 0.519 4×0.005 39 = 0.002 8。剩余部分等于截距(占总数的 60% 以上),是无法解释的。注意,按年计算时,截距达到 0.004 431×12 = 5.32%,这是一个非常高的、在经济上显著的回报率,不能用市场因素来解释。由于这种异常表现的存在,这种现象被称为低波动率异象。

　　我们继续讨论假设检验。我们对检验截距等于零的原假设感兴趣。原假设下的 t 统计量值为 6.032。取得该 t 统计量值的 p 值可忽略不计,因此我们拒绝原假设。事实上,两个回归系数都具有高度显著性。

　　更一般而言,尽管检验单一风险资产模型不足以得出深刻的结论,但结果表明 CAPM 可能是不完整的,因此除了市场因素之外,可能还有其他重要的系统性因素应被用于解释风险资产的平均回报率。尽管这种扩展确实存在,但事实证明,波动率异象仍继续存在。

多元线性回归

当我们研究变量之间的关系时,很自然地会为既定的因变量考虑多个解释变量。上一节讨论的线性回归模型的一个自然推广是多元线性回归,在有两个解释变量的情况下表达为:

$$Y_t = \alpha + \beta_1 X_{1t} + \beta_2 X_{2t} + u_t \tag{4.14}$$

其中,α 为截距,β_1 和 β_2 分别为对应于第一个和第二个解释变量的斜率系数,u 为误差项。两个斜率系数亦称偏斜率或偏回归系数。将多元线性回归模型推广至任意数量的解释变量十分简单。

$$Y_t = \alpha + \beta_1 X_{1t} + \beta_2 X_{2t} + \cdots + \beta_k X_{kt} + u_t \tag{4.15}$$

然而,为简化起见,我们在这里仅考虑两个解释变量。

由于多元线性回归涉及多个解释变量,因此通常会在单一变量情况下讨论的假设之外作出一个附加假设。附加假设是:X_{1t} 和 X_{2t} 之间不存在确切的共线性。这个假设的含义是,没有一个解释变量可被表达为另一个解释变量的确切的线性函数;否则,其中一个变量就可以被相应的线性函数替代,因此仅有一个解释变量,而不是两个。此外,如果两个解释变量是线性相依的,那么系数 β_1 和 β_2 将不能是唯一估计。

多元线性回归模型的参数也是利用最小二乘法估计的。用 Y_1,Y_2,$\cdots$,Y_n,X_{11},X_{21},$\cdots$,X_{n1},以及 X_{12},X_{22},$\cdots$,X_{n2} 来表示观察到的样本。参数是通过对以下问题求解估计的:

$$\min_{\alpha, \beta_1, \beta_2} \sum_{t=1}^{n} (Y_t - \alpha - \beta_1 X_{1t} - \beta_2 X_{2t})^2 \tag{4.16}$$

其中,$u_t = Y_t - \alpha - \beta_1 X_{1t} - \beta_2 X_{2t}$,代表误差。我们可以推导出估计量的闭式表达式,所有计量经济学教科书都提供了该表达式。OLS 估计量的性质不受解释变量数量的影响。也就是说,在单一变量情况下讨论的估计量的良好性质继续成立。

在多元线性回归中,有一个拟合优度的度量,它用 R^2 表示,与单一解释变量情况下的决定系数相似。它被称为多重相关系数,是用相同的方法计算的。它可被诠释为因变量与所有解释变量联合的关联程度。

然而,在实践中,R^2 没有如此重要,因为如果我们增加解释变量的数量,那么 R^2 通常会机械性地上升。[*] 因此,它不能被用于比较两个含有不同数量解释变量的线性回归模型的拟合优度。这个问题可以通过包含一个调整因子的修正来解决。这项修正被称为调整后的 R^2,用 $\bar{R}^2$ 表示,其是根据以下公式计算的:

$$\bar{R}^2 = 1 - (1 - R^2) \frac{n-1}{n-k} \tag{4.17}$$

其中,n 表示观察值的数量,k 表示被估参数的数量。例如,如果有两个 X 变量,那么 $k = 3$,因为我们估计的是一个截距项和两个偏回归系数。标准做法是同时计算调整后的 R^2 和未调

---

[*] 原书为下降,此处似有误,已修改。——译者注

整的 R^2，软件包通常同时提供这两个结果。

尽管调整后的 R^2 提供了一个拟合优度的度量，但它不能提供关于偏回归系数显著性的信息。例如，它可能是一个很高的数字，表明很好的拟合优度，但同时一些偏回归系数可能不具有显著性，从而表明一些解释变量可能与因变量不相关。为了检验偏回归系数是否具有显著性，我们必须单独检验其中的每一个偏回归系数。

统计检验遵循与在单一解释变量情况下相同的 t 统计量。一个关键区别是，统计量的分布是自由度为 $n-k$ 的学生 t 分布，其中 k 等于被估参数的数量。软件包既对每个偏回归系数报告 t 统计量值，也报告相应的 p 值。

除了单独检验偏回归系数之外，我们还可能对检验被估多元线性回归的总体显著性感兴趣。我们注意到，这是一个在有多个解释变量的情况下产生的新问题。如果仅有一个解释变量，那么总体显著性检验与斜率系数显著性检验是一致的。例如，在有两个解释变量的情况下，总体显著性检验由 $\beta_1 = 0$ 和 $\beta_2 = 0$ 的联合检验组成。这与单独检验它们是否等于零不同。

为了检验多元线性回归的总体显著性，我们使用一个被称为 F 比率的统计量。这个统计量可以用 R^2 表示：

$$F = \frac{R^2/(k-1)}{(1-R^2)/(n-k)} \tag{4.18}$$

其中，与前文相同，k 表示被估参数的数量。在本质上，我们检验的是 R^2 是否等于零；或换言之，因变量与所有解释变量之间的关联度是否等于零。F 比率遵循 F 分布，这个分布被用于计算 p 值。F 分布有两个与 F 比率的分子和分母相关联的参数——我们称 F 比率有一个分子自由度为 $k-1$、分母自由度为 $n-k$ 的 F 分布。然而在实践中，我们会查看 p 值，如果该数值足够小（如低于 0.05），那么我们应当拒绝偏回归系数不具有联合显著性的假设。

我们在下面提供两个例子。在第一个例子中，我们重新考察低波动率异象，方法是使用含三个解释变量的多元线性回归，它在金融学中被称为 Fama-French 三因子模型。我们说明了偏回归系数的 t 检验，以及总体显著性的 F 检验。

第二个例子显示，即便等号右边包含一些解释变量的非线性函数项，也可以使用多元线性回归。我们可以将非线性项重新标记为新变量，回归即可作为常规的多元线性回归来估计。

Fama-French 三因子模型和低波动率异象

低波动率异象例子的讨论暗示，著名的单因子 CAPM 可能是不完整的。实际上，这在金融学领域中是众所周知的事实。Fama 和 French(1992) 在 20 世纪 90 年代建议的模型扩展是纳入两个新因子。其中一个被称为规模因子，它捕捉了以下在实证上观察到的事实：小公司往往比大公司具有系统性更高的回报率，其中规模的度量为公司的市值。另一个因素被称为价值因子：每股价格往往远低于每股账面价值①的公司，也往往比基于同一标准通常定价过高的公司具有系统性更高的回报率。这个资产定价模型被称为 Fama-French 三因子模型，其已成为金融领域理论和实践的标准。

---

① 每股账面价值是根据上市公司定期在其财务报表中报告的信息计算的。参见第 2 章。

对于单只股票或股票投资组合的超额回报率，Fama-French 三因子模型与以下回归是一致的：

$$R_t - r_f = \beta_1(R_{m,t} - r_f) + \beta_2 R_{\text{BMS},t} + \beta_3 R_{\text{HML},t} + u_t \qquad (4.19)$$

其中，等号右边的第一项为市场因子的超额回报率，β_2 为规模因子的斜率系数，$R_{\text{BMS},t}$ 表示规模因子回报率的时间序列，β_3 为价值因子的斜率系数，$R_{\text{HML},t}$ 为价值因子回报率的时间序列，u_t 为捕捉非系统性风险的残差。

让我们验证在使用三因子模型的情况下，前面例子中讨论的低波动率投资组合的异常表现将会是什么。回归是用相同的因变量、市场组合和无风险利率的时间序列数据估计的。相应时期的规模因子和价值因子的数据从肯尼思·弗伦奇的数据库[①]中下载而来。估计的回归由下式给出：

$$\hat{Y}_t = 0.0028 + 0.5246 X_{1t} + 0.2364 X_{2t} + 0.3201 X_{3t} \qquad (4.20)$$

其中，X_{1t} 表示市场因子的超额回报率，X_{2t} 表示规模因子的回报率，X_{3t} 表示价值因子的回报率。表 4.4 提供了附加信息。

表 4.4　Fama-French 三因子低波动率异象回归模型的输出结果

	α	β_1	β_2	β_3
估计值	0.0028	0.5246	0.2364	0.3201
标准误差	0.00062	0.0148	0.0208	0.0225
t 统计量值	4.53	35.46	11.34	14.2
p 值	(0.0000)*	(0.0000)*	(0.0000)*	(0.0000)*

$$R^2 = 0.724 \qquad 调整后的 R^2 = 0.723$$
$$F_{3\,651} = 569.6 \qquad p\ 值 = (0.0000)^*$$

这个模型与前面例子中的单因子 CAPM 相比如何？首先，与新因子对应的斜率系数有很高的 t 值，p 值可忽略不计。我们可以拒绝它们各自等于零的原假设。我们从很高的 F 统计量值得出结论：总体回归也是高度显著的；$\beta_2 = \beta_3 = \beta_4 = 0$ 的联合假设遭到强烈拒绝。调整后的 R^2 为 0.723，优于表 4.3 中的 r^2 值。总体而言，三因子模型对这个投资组合似乎是更佳的模型。

从资产定价的角度来看，仅有系统性的、不可分散的风险才能获得回报，因此我们预期截距是不显著的。然而，在本例中，截距等于零的原假设遭到强烈拒绝。三因子模型中的估计值为 0.0028，这意味着低波动率投资组合的平均回报率中有大约 40% 未得到解释，在前面的例子中，这个数字大约为 60%。尽管似乎取得了进步，但平均回报率中仍有很大一部分未得到解释，因此这种异象尚未得到解决。

最后，注意在本例中，我们未试图通过简单地将调整后的 R^2 最大化，来寻找更多的解释变量（这种做法可能是危险的）。事实上，在任何资产定价模型中，解释变量对于一个庞大的因变量集合来说必须是通用的。毕竟，如果一个既定因素捕捉了系统性风险，那么它对某个类别中的所有风险资产（如所有股票和股票投资组合）都应该是一个相关的解释变量。因此，

---

① 见 http://mba.tuck.dartmouth.edu/pages/faculty/ken.french/data.library.html。

得出既定因子模型不完整的结论并寻找在逻辑上合理的其他系统性因子,是一项微妙的计量经济学练习,与提高调整后的 R^2 几乎没有任何关系。

评估投资组合经理的市场择时技能

采用某些类型的股票策略的投资组合经理,试图通过将投资组合集中于他们认为表现将优于市场的股票(亦称选股),或通过选择市场时机来获得比市场组合更高的盈利。后者涉及投资组合经理在认为股市将会上涨时会增加对股市的投资,并且在认为股市将会下跌时会减少投资。如果投资组合经理拥有卓越的技能并且能正确地预测市场回报的方向和大小,那么我们预期投资组合的回报率将会相对于市场组合的回报率呈现凸形——市场动荡/回升被正确识别,投资组合在市场下跌或回升的幅度方面也会表现得越来越好。

检验上述假设的一个方法是纳入一个非线性项,它通常是市场组合的超额回报率的平方。例如,在以下回归中:

$$R_t - r_f = \alpha + \beta_1(R_{m,t} - r_f) + \beta_2(R_{m,t} - r_f)^2 + u_t \tag{4.21}$$

我们会预期发现一个正曲率,即 $\beta_2 > 0$。尽管这种模型包含一个非线性项,但等号右边的系数是线性的。因此,平方项可被重新标记为一个新变量,估计和假设检验可以用标准的多元线性回归来开展。

我们来验证是否所有遵循所谓股票多空策略的对冲基金经理,都拥有此类在统计上显著的技能。为了做到这点,我们将股票多空指数的月收益与市场组合的月超额回报率及其收益的平方进行回归。

数据集由 1997 年 1 月—2016 年 8 月股票多空对冲基金指数的 236 个月回报率组成。[①]图 4.4 绘制了估计的回归,表 4.5 提供了回归结果的汇总。

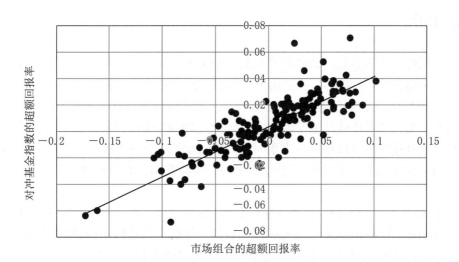

图 4.4　股票多空对冲基金指数的回归估计

---

① 这是北方高等商学院风险中心(EDHEC Risk)的股票多空对冲基金指数:见 http://www.edhec-risk.com/indexes/pure_style。

表 4.5　非线性市场择时技能模型的输出结果

	α	β_1	β_2
估计值	0.002 8	0.375	−0.042
标准误差	0.000 9	0.016	0.220 1
t 统计量值	3.22	22.82	−0.191
p 值	0.001 5	(0.000 0)*	0.848 7

$$R^2 = 0.706\ 2 \qquad 调整后的 R^2 = 0.703\ 7$$
$$F_{2\ 233} = 280 \qquad p\ 值 = (0.000\ 0)^*$$

回归结果显示，我们可以拒绝 α 和 β_1 的估计值等于零的原假设。然而，β_2 的估计值的 t 值相当低，$\beta_2 = 0$ 的原假设下的 p 值很高；也就是说，不能拒绝原假设。尽管如此，F 统计量值很高，并具有可忽略不计的 p 值，这表明，我们不能接受 $\beta_1 = \beta_2 = 0$ 的假设。调整后的 R^2 为 0.706 2，这意味着在对冲基金指数回报率的变动中仅有大约 30% 是市场组合未能解释的——这是预期中的结果。另一个预期结果是，β_1 的估计值为正数。

我们不能拒绝 $\beta_2 = 0$ 的事实表明，如果一些对冲基金拥有市场择时的技能并且能够正确预测方向和幅度，那么平均而言，这些技能似乎不存在于所有专门从事这一策略的对冲基金中。

注意，我们的目标不是将选股技能与市场择时技能分开。截距的估计值表明，市场组合未能解释的指数平均回报率为 $0.002\ 8 \times 12 = 3.36\%$，在本模型中，其可被诠释为平均水平的对冲基金所增加的价值。

主成分分析

金融数据的一个问题是所谓的维度诅咒（curse of dimensionality）——我们可能需要同时分析众多金融变量，因为例如，我们所分析的投资组合包含许多资产。多元线性回归提供了解决这个问题的方法，它仅考虑捕捉金融资产回报共同行为首要方面的少数解释变量。如果目标是对预期风险溢价进行建模，那么通常会考虑市场、规模、价值、动量、流动性等因素。如果目标是解释投资组合回报率分布的风险，那么通常还会纳入板块指数、汇率、利率等因素。这些因素通常是在解释投资组合的回报率时，具有相关性并因此而"重合"的可观察变量。[1]

降低维度（多元线性回归中解释变量的数量）的另一个方法是直接从数据构建因子。主成分分析（principal component analysis，PCA）是一种用于构建因子（被称为主成分）的多变量技术，它解释了因变量*原始数据集之中的尽可能多的变化。根据设计，主成分之间没有

---

[1]　对主成分的分析及其在资产管理中应用的更详尽的讨论参见 Rachev、Mittnik、Fabozzi、Focardi 和 Jasic(2007，Ch.13)。

*　原书为解释变量，似有误，已修改。——译者注

相关性并按重要性排序,因此前几个主成分解释了数据集之中所有变量的大部分可变性。由于这些因子是从数据构建而来的,它们被认为是不可观察的或潜在的因子。

假设我们有一组相关的变量 $Y_1, Y_2, \cdots, Y_d$。PCA 的目标是用一组互不相关的新变量 $X_1, X_2, \cdots, X_d$ 来描述该组变量的变化。一组新的变量是用以下方法按顺序构建的。第一个变量由原始数据的一个线性组合表示:

$$X_1 = a_{11}Y_1 + a_{12}Y_2 + \cdots + a_{1d}Y_d \tag{4.22}$$

其中,$a_{11}, a_{12}, \cdots, a_{1d}$ 是由 X_1 的方差应该最大并且系数的平方和等于 1 的条件确定的系数。

$$a_{11}^2 + a_{12}^2 + \cdots + a_{1d}^2 = 1 \tag{4.23}$$

约束条件背后的原因是,系数(可为正数或负数)的大小需要有界,否则寻找最大方差的问题就没有意义了。

第二个变量是用类似方法构建的。我们也将 X_2 表示为原始数据的一个线性组合:

$$X_2 = a_{21}Y_1 + a_{22}Y_2 + \cdots + a_{2d}Y_d \tag{4.24}$$

其中,系数使得在系数平方和等于 1 的约束下 X_2 的方差最大,并且 $a_{11}a_{21} + a_{12}a_{22} + \cdots + a_{1d}a_{2d} = 0$(这保证了 X_1 和 X_2 互不相关)。剩余变量是以类似方式构建的。

根据设计,新变量是按重要性排序的。在后续分析中使用多少新变量有待确定。如果我们决定使用所有新变量,那么将能够捕捉原始变量组中的全部变化,但最终将得到相同的维度。如果前几个新变量捕捉了很大比例的总变化,那么仅使用前几个变量可能就已足够。

由于根据构建方法,新变量是互不相关的,数据的总变化可以通过将 $X_1, X_2, \cdots, X_d$ 的方差相加起来计算。用 S 表示相加总和,

$$S = \sigma^2(X_1) + \sigma^2(X_2) + \cdots + \sigma^2(X_d) \tag{4.25}$$

由前 K 个主成分解释的总变化的比例由以下比率给出:

$$\frac{\sigma^2(X_1) + \sigma^2(X_2) + \cdots + \sigma^2(X_K)}{S} \tag{4.26}$$

决定选择多少变量的一个规则是选择使这个比率介于 0.7 至 0.9 之间的 K。

在固定 K 后,我们可用利用多元线性回归,用 $X_1, X_2, \cdots, X_K$ 来表示变量 $Y_1, Y_2, \cdots, Y_d$。然而,我们无须估计参数,因为偏回归系数与定义主成分的系数的数值是一致的。从数学方面来说,这是在因子构建中施加的无相关性条件的后果。

例如,为简化起见,假设仅有四个变量,$d = 4$,并且我们仅需要两个主成分,$K = 2$。于是,用数学公式表示,原始变量可以用主成分表示如下:

$$
\begin{aligned}
Y_1 &= a_{11}X_1 + a_{21}X_2 + \epsilon_1 \\
Y_2 &= a_{12}X_1 + a_{22}X_2 + \epsilon_2 \\
Y_3 &= a_{13}X_1 + a_{23}X_2 + \epsilon_3 \\
Y_4 &= a_{14}X_1 + a_{24}X_2 + \epsilon_4
\end{aligned}
\tag{4.27}
$$

其中，残差吸收了剩余两个主成分。注意，主成分的偏回归系数亦是将主成分定义为原始变量的线性组合的系数。如果我们决定纳入全部四个主成分，那么将不存在残差。

在实践中，主成分是用一种被称为特征值分解的方法计算的，这在本章描述的范围之外。我们了解以下知识就已足够：在给定初始变量组 $Y_1, Y_2, \cdots, Y_d$ 后，算法计算它们之间的全部协方差，将数字排列成一个矩阵，然后计算该矩阵的特征值分解。结果由两个项目组成——所有主成分的系数 a_{ij}，以及它们的方差。利用该输出结果，研究人员就可以确定数字 K 及与主成分对应的数据。

主成分是以原始数据线性转换的形式取得的，不能代表任何可观察的量。然而，在某些情况下，它们是有诠释的。在下个例子中，我们使用 PCA 来分析国债收益率曲线，这是一项标准的应用。

分析收益率曲线

国债的所有到期收益率（YTM）的集合亦称国债收益率曲线，其代表一个具有相关性的变量的集合，这些变量是联合分析的。由于其高度相关性，PCA 是一种常见的、通过分离解释收益率曲线行为的统计因子来降低维度的技术。我们使用表 4.6 提供的 2019 年 8 月 1 日—2019 年 9 月 27 日期间的日数据来进行说明。

第一步，我们计算主成分（PC）的系数 a_{ij} 和方差。表 4.7 提供了系数。由 PC1 解释的总变化的比例为 87.7%，由 PC1 和 PC2 解释的比例为 92.3%，由前三个因子解释的比例为 96.2%。因此，前三个 PC 解释了很大部分的总变化。

在 PCA 的大多数应用中，PC 没有特定的诠释。然而，在将 PCA 应用于收益率曲线时，前三个因子有特定的含义——PC1 被称为平行移动因子，PC2 被称为斜率因子，PC3 被称为曲率因子。原因是表 4.7 中系数的数值。

例如，考虑表 4.7 中的第一行，它定义了 PC1 的系数 $a_{11}, a_{12}, \cdots, a_{1d}$。所有数字都是正数，这意味着如果我们将收益率视作因变量并将三个 PC 视作自变量，那么 PC1 的偏回归系数将是相同的正数。因此，如果 PC1 以一个正数增加，那么所有收益率都会以某个正数幅度上升，收益率曲线向上"平行移动"。由于这个原因，PC1 有时被称为平行移动因子。

下一步，我们关注表 4.7 中的第二行。前几个系数是正数。它们逐渐下降，对于较长的期限，其变为负数。由于 PC2 的相应偏回归系数是相同的数字，如果 PC2 以一个正数增加，那么收益率曲线的前端将会向上移动，而另一端则会向下移动，这意味着影响的主要是斜率。

最后，类似的论证表明，如果 PC3 以某个正数增加，那么收益率曲线的短期端和长期端都将会向上移动，而中间部分则会向下移动，这意味着曲率的变化。

波动率动态的时间序列模型

让我们回想，经典线性回归模型中的一个假设是，误差项是同方差的；也就是说，假设其方差不会随着时间发生变化。然而在实践中，金融数据序列（如股票价格、指数水平、汇率、利

表 4.6　期限从两个月至 30 年的国债到期收益率(％)的日观察值

日　　期	2 个月	3 个月	6 个月	1 年	2 年	3 年	5 年	7 年	10 年	20 年	30 年
2019 年 8 月 1 日	2.14	2.07	2.04	1.88	1.73	1.67	1.68	1.77	1.90	2.21	2.44
2019 年 8 月 2 日	2.12	2.06	2.02	1.85	1.72	1.67	1.66	1.75	1.86	2.16	2.39
2019 年 8 月 5 日	2.08	2.05	1.99	1.78	1.59	1.55	1.55	1.63	1.75	2.07	2.30
2019 年 8 月 6 日	2.08	2.05	2.00	1.8	1.60	1.54	1.53	1.62	1.73	2.03	2.25
2019 年 8 月 7 日	2.04	2.02	1.95	1.75	1.59	1.51	1.52	1.60	1.71	2.01	2.22
2019 年 8 月 8 日	2.07	2.02	1.96	1.79	1.62	1.54	1.54	1.62	1.72	2.02	2.25
2019 年 8 月 9 日	2.06	2.00	1.95	1.78	1.63	1.58	1.57	1.65	1.74	2.03	2.26
2019 年 8 月 12 日	2.06	2.00	1.94	1.75	1.58	1.51	1.49	1.56	1.65	1.92	2.14
2019 年 8 月 13 日	2.04	2.00	1.96	1.86	1.66	1.6	1.57	1.62	1.68	1.94	2.15
2019 年 8 月 14 日	1.98	1.96	1.92	1.79	1.58	1.53	1.51	1.55	1.59	1.84	2.03
2019 年 8 月 15 日	1.97	1.91	1.86	1.72	1.48	1.44	1.42	1.47	1.52	1.80	1.98
2019 年 8 月 16 日	1.95	1.87	1.85	1.71	1.48	1.44	1.42	1.49	1.55	1.82	2.01
2019 年 8 月 19 日	1.96	1.94	1.90	1.75	1.53	1.49	1.47	1.54	1.60	1.88	2.08
2019 年 8 月 20 日	1.96	1.94	1.89	1.72	1.50	1.44	1.42	1.49	1.55	1.84	2.04
2019 年 8 月 21 日	1.98	1.97	1.90	1.77	1.56	1.50	1.47	1.54	1.59	1.87	2.07
2019 年 8 月 22 日	2.02	2.00	1.91	1.79	1.61	1.53	1.50	1.56	1.62	1.90	2.11
2019 年 8 月 23 日	2.02	1.97	1.87	1.73	1.51	1.43	1.40	1.46	1.52	1.82	2.02
2019 年 8 月 26 日	2.03	2.01	1.90	1.75	1.54	1.47	1.43	1.49	1.54	1.84	2.04
2019 年 8 月 27 日	2.03	1.98	1.94	1.77	1.53	1.43	1.40	1.44	1.49	1.77	1.97
2019 年 8 月 28 日	2.04	1.99	1.89	1.74	1.50	1.42	1.37	1.42	1.47	1.76	1.94
2019 年 8 月 29 日	2.03	1.99	1.89	1.75	1.53	1.44	1.40	1.46	1.50	1.78	1.97
2019 年 8 月 30 日	2.04	1.99	1.89	1.76	1.50	1.42	1.39	1.45	1.50	1.78	1.96
2019 年 9 月 3 日	2.01	1.98	1.88	1.72	1.47	1.38	1.35	1.42	1.47	1.77	1.95
2019 年 9 月 4 日	2.02	1.97	1.87	1.69	1.43	1.36	1.32	1.40	1.47	1.77	1.97
2019 年 9 月 5 日	2.01	1.97	1.88	1.73	1.55	1.47	1.43	1.51	1.57	1.86	2.06
2019 年 9 月 6 日	2.00	1.96	1.88	1.73	1.53	1.46	1.42	1.50	1.55	1.83	2.02
2019 年 9 月 9 日	1.99	1.96	1.87	1.74	1.58	1.52	1.49	1.57	1.63	1.91	2.11
2019 年 9 月 10 日	1.99	1.95	1.89	1.81	1.67	1.61	1.58	1.66	1.72	2.00	2.19
2019 年 9 月 11 日	1.97	1.96	1.88	1.79	1.68	1.62	1.60	1.68	1.75	2.02	2.22
2019 年 9 月 12 日	1.97	1.95	1.90	1.82	1.72	1.67	1.65	1.72	1.79	2.06	2.22
2019 年 9 月 13 日	1.98	1.96	1.92	1.88	1.79	1.76	1.75	1.83	1.90	2.17	2.37
2019 年 9 月 16 日	2.02	1.99	1.93	1.86	1.74	1.71	1.69	1.77	1.84	2.11	2.31
2019 年 9 月 17 日	2.06	1.99	1.93	1.87	1.72	1.68	1.66	1.75	1.81	2.08	2.27
2019 年 9 月 18 日	1.93	1.95	1.91	1.87	1.77	1.72	1.68	1.76	1.80	2.06	2.25
2019 年 9 月 19 日	1.99	1.93	1.92	1.88	1.74	1.68	1.66	1.73	1.79	2.04	2.22
2019 年 9 月 20 日	1.94	1.91	1.91	1.84	1.69	1.63	1.61	1.68	1.74	1.99	2.17
2019 年 9 月 23 日	1.94	1.94	1.93	1.81	1.68	1.61	1.59	1.65	1.72	1.98	2.16
2019 年 9 月 24 日	1.90	1.92	1.91	1.78	1.60	1.53	1.52	1.58	1.64	1.91	2.09
2019 年 9 月 25 日	1.86	1.89	1.90	1.82	1.68	1.61	1.60	1.66	1.73	1.99	2.18
2019 年 9 月 26 日	1.90	1.83	1.88	1.79	1.66	1.61	1.59	1.65	1.70	1.96	2.15
2019 年 9 月 27 日	1.86	1.80	1.85	1.74	1.63	1.58	1.56	1.62	1.69	1.95	2.13

表 4.7　定义主成分的系数

	2 个月	3 个月	6 个月	1 年	2 年	3 年	5 年	7 年	10 年	20 年	30 年
PC1	0.022	0.054	0.080	0.218	0.382	0.408	0.410	0.395	0.369	0.293	0.289
PC2	0.536	0.348	0.406	0.497	0.156	0.044	−0.012	−0.099	−0.184	−0.226	−0.243
PC3	0.550	0.236	0.028	−0.183	−0.345	−0.257	−0.171	−0.015	0.243	0.364	0.449
PC4	−0.542	0.741	0.280	−0.112	0.084	−0.077	−0.084	−0.111	−0.039	0.060	0.168
PC5	−0.323	−0.341	0.304	0.647	−0.251	−0.322	−0.075	−0.072	0.094	0.132	0.253
PC6	0.075	−0.313	0.464	−0.359	0.594	−0.350	−0.079	−0.163	0.182	−0.070	0.077
PC7	−0.034	−0.058	0.560	−0.300	−0.517	0.060	0.387	0.256	0.145	−0.147	−0.251
PC8	0.031	−0.205	0.271	−0.131	−0.082	0.537	−0.186	−0.093	−0.462	−0.148	0.541
PC9	−0.039	−0.090	0.180	−0.025	−0.050	0.428	−0.266	−0.441	0.210	0.552	−0.398
PC10	0.051	−0.024	−0.039	−0.042	0.023	−0.169	0.692	−0.431	−0.426	0.339	0.061
PC11	−0.003	−0.053	0.143	−0.049	0.103	−0.171	−0.222	0.579	−0.517	0.492	−0.201

率等)具有一种被称为"波动聚类"(clustering of volatility)的特性,这意味着在较长时期的价格大幅波动后,会出现相对平静的时期。这种行为不是偶然的,导致危机或扩张的特定经济条件可能会持续一定时间,这会影响所有市场参与者的行为,因此被市场价格吸收。

波动性建模对于金融的许多领域来说都十分重要,如风险管理和资产定价。在本节中,我们考虑最常见的波动率时间序列模型,它包括自回归条件异方差(ARCH)模型和广义自回归条件异方差(GARCH)模型。[①]

自回归条件异方差模型

自回归条件异方差模型贯彻了以下直觉。如果从实证上看,方差水平似乎是相对持久的,那么当前的方差水平可被表达为前一时刻的方差水平与一个固定项的乘积再加上一个固定项。也就是说,我们可以写出与线性回归模型背后的线性方程类似的表达式,其中解释变量不过是前一时刻的方差水平。然而,我们首先需要一种方法来代表方差,它通常是取残差的平方。

用 R_t 表示金融变量的回报率。ARCH 模型的数学表达式如下:

$$R_t = \mu + u_t$$
$$\sigma_t^2 = \omega + \alpha u_{t-1}^2$$

(4.28)

其中,μ 表示 R_t 的期望值,u_t 表示误差项,σ_t^2 表示 u_t 在时间 t 的方差,ω 为截距项,与一个长期方差水平相关,α 为决定持久性水平的斜率系数,它应该为非负数。如果在时间 $t-1$ 有一个意外的大绝对值回报率,那么在时间 t,它会增加 u_t 的方差;这会提高在时间 t 观察到大数值回报率的概率。参数 α 决定了历史冲击影响当前方差水平的程度。在极端情况下,$\alpha = 0$ 意味着误差的方差不随着时间变化。

上述模型被称为一阶 ARCH[用 ARCH(1) 表示],因为方差方程中仅考虑了一阶的滞后。该模型可推广至任何滞后阶数。例如,一般 q 阶模型[ARCH(q)]由下式给出:

---

① 进一步的解释参见 Engle、Focardi 和 Fabozzi(2016)。

$$R_t = \mu + u_t$$
$$\sigma_t^2 = \omega + \alpha_1 u_{t-1}^2 + \alpha_2 u_{t-2}^2 + \cdots + \alpha_p u_{t-q}^2 \tag{4.29}$$

在处理真实的金融回报率数据时，通常超出 ARCH(1) 并不会带来额外的收益。

广义自回归条件异方差模型

在历史上，ARCH 模型首先被开发出来，然后得到了 GARCH 模型的推广。GARCH 模型的新成分是，时间 t 的方差不仅取决于历史残差的大小，而且还取决于方差本身的历史水平。更正式而言，在仅考虑一阶滞后的情况下，GARCH 模型以下面的方式定义：

$$R_t = \mu + u_t$$
$$\sigma_t^2 = \omega + \alpha u_{t-1}^2 + \beta \sigma_{t-1}^2 \tag{4.30}$$

其中，参数 β 被假设为非负数，决定了当前方差水平对前一时刻方差水平的敏感度。假如 $\beta = 0$，那么 GARCH 模型就变为 ARCH 模型。两个参数还应满足 $\alpha + \beta < 1$ 的条件，它保证了方差的一次剧增不会导致未来的方差不断增加。

新的这一项改变了模型的行为方式，因为如果参数 β 的数值接近 1，那么时间 $t-1$ 的方差剧增一定会导致时间 t 的方差相对较大。然后，方差会随着时间的推移逐渐下降，除非我们观察到残差的新极端值。

我们可以用另一种有用的方法来诠释方差方程。我们可以证明 $V = \dfrac{\omega}{(1-\alpha-\beta)}$ 等于长期方差。于是，方差方程可以等价地用以下方式重述：

$$\sigma_t^2 = V(1-\alpha-\beta) + \alpha u_{t-1}^2 + \beta \sigma_{t-1}^2 \tag{4.31}$$

也就是说，时间 t 的方差可被表达为三个项的加权平均——长期方差水平 V、前一时刻的方差水平 σ_{t-1}^2，以及捕捉 σ_{t-1}^2 中不可获得的新信息影响的项。

除了解释数据集中的方差动态（所谓的样本内分析）之外，GARCH 模型还可被用于预测未来的方差。在给定未来时期数 h 后，我们可以用估计的模型建立以当前方差水平估计值为条件的 σ_{t+h}^2 的预测。由于截至时间 t，未来方差被视为随机变量，预测值等于未来方差的期望值，它是利用在当前时间 t 可以获得的信息计算的，即 $\hat{\sigma}_{t+h}^2 = E_t(\sigma_{t+h}^2)^*$，其中标号 t 表示期望值是在时间 t 计算的。该预测的表达式如下：

$$\hat{\sigma}_{t+h}^2 = \hat{V} + (\hat{\alpha} + \hat{\beta})^{h-1}(\hat{\sigma}_{t+1}^2 - \hat{V}) \tag{4.32}$$

其中，$\hat{\sigma}_{t+1}^2 = \hat{\omega} + \hat{\alpha}\hat{u}_t^2 + \hat{\beta}\hat{\sigma}_t^2$ 在时间 t 是一个已知量。对这个方程的诠释是，提前 h 个时间步长的方差预测等于以一个项修正的长期方差水平，该项捕捉了时间 $t+1$ 的预测与长期水平的偏差。由于 $\hat{\alpha} + \hat{\beta} < 1$，如果未来时期距现在太远，那么修正项将渐近消失，因此预测值收敛于长期水平。收敛速度取决于 $\hat{\alpha} + \hat{\beta}$ 与 1 的接近程度，从这个意义上来说，我们称这两个参数之和表示了持久性水平。作为一个极端情况，如果 $\hat{\alpha} + \hat{\beta} = 1$，那么提前 h 个时间步长的预测等于 $\hat{\sigma}_{t+1}^2$，它不依赖于 h。

---

* 原书等式左边为 σ_{t+h}^2，似有误，此处已修改。——译者注

我们称前文提供的 GARCH 模型表达式为"1—1"阶的,用 GARCH(1，1)表示,这意味着方差方程中的误差项和方差都使用一阶的滞后。对于这两类项,可以分别包含不同阶数 p 和 q 的滞后,在此情况下我们讨论的是 GARCH(p，q):

$$R_t = \mu + u_t$$
$$\sigma_t^2 = \omega + \sum_{i=1}^{q} \alpha_i u_{t-i}^2 + \sum_{j=1}^{p} \beta_j \sigma_{t-j}^2 \tag{4.33}$$

然而,与 ARCH 模型相似,纳入更多的滞后通常不能带来更大的解释力,在实证文献中最常用的变型为 GARCH(1，1)。

与多元线性回归不同,估计参数最常用的方法不是最小二乘法,而是极大似然法。极大似然法要求对残差项 u_t 的分布作出假设,标准假设是均值为 0、方差等于 σ_t^2 的高斯分布,用 $u_t \in N(0, \sigma_t^2)$ 表示。尽管这个假设对真实数据的样本来说可能不成立,但我们可以展示的这个估计量具有一些很好的特性。

在下面的例子中,我们使用标普 500 指数的日回报率进行说明。对金融回报率时间序列而言,波动聚类效应对于日数据来说十分强烈,而对于频率较低的回报率(如月回报率和季度回报率)则会变得较弱。

估计标普 500 指数的波动率

在本例中,我们使用表 4.8 提供的标普 500 指数回报率来估计 GARCH(1，1)模型的参数。样本包含一年的日回报率数据。时期长度和回报率频率都是标准的。图 4.5 中的顶部图提供了时间序列的绘制图。

表 4.8　2018 年 9 月 25 日—2019 年 9 月 20 日期间的标普 500 指数日回报率

日　期	标普 500	日　期	标普 500	日　期	标普 500
2018 年 9 月 25 日	−0.131%	2018 年 10 月 31 日	1.085%	2018 年 12 月 10 日	0.176%
2018 年 9 月 26 日	−0.329%	2018 年 11 月 1 日	1.056%	2018 年 12 月 11 日	−0.036%
2018 年 9 月 27 日	0.276%	2018 年 11 月 2 日	−0.632%	2018 年 12 月 12 日	0.542%
2018 年 9 月 28 日	−0.001%	2018 年 11 月 5 日	0.560%	2018 年 12 月 13 日	−0.020%
2018 年 10 月 1 日	0.364%	2018 年 11 月 6 日	0.626%	2018 年 12 月 14 日	−1.909%
2018 年 10 月 2 日	−0.040%	2018 年 11 月 7 日	2.121%	2018 年 12 月 17 日	−2.077%
2018 年 10 月 3 日	0.071%	2018 年 11 月 8 日	−0.251%	2018 年 12 月 18 日	0.009%
2018 年 10 月 4 日	−0.817%	2018 年 11 月 9 日	−0.920%	2018 年 12 月 19 日	−1.540%
2018 年 10 月 5 日	−0.553%	2018 年 11 月 12 日	−1.970%	2018 年 12 月 20 日	−1.577%
2018 年 10 月 8 日	−0.040%	2018 年 11 月 13 日	−0.148%	2018 年 12 月 21 日	−2.059%
2018 年 10 月 9 日	−0.142%	2018 年 11 月 14 日	−0.757%	2018 年 12 月 24 日	−2.711%
2018 年 10 月 10 日	−3.286%	2018 年 11 月 15 日	1.059%	2018 年 12 月 26 日	4.959%
2018 年 10 月 11 日	−2.057%	2018 年 11 月 16 日	0.222%	2018 年 12 月 27 日	0.856%
2018 年 10 月 12 日	1.421%	2018 年 11 月 19 日	−1.664%	2018 年 12 月 28 日	−0.124%
2018 年 10 月 15 日	−0.590%	2018 年 11 月 20 日	−1.815%	2018 年 12 月 31 日	0.849%
2018 年 10 月 16 日	2.150%	2018 年 11 月 21 日	0.304%	2019 年 1 月 2 日	0.127%
2018 年 10 月 17 日	−0.025%	2018 年 11 月 23 日	0.655%	2019 年 1 月 3 日	−2.476%
2018 年 10 月 18 日	−1.439%	2018 年 11 月 26 日	1.553%	2019 年 1 月 4 日	3.434%
2018 年 10 月 19 日	−0.036%	2018 年 11 月 27 日	0.326%	2019 年 1 月 7 日	0.701%
2018 年 10 月 22 日	−0.430%	2018 年 11 月 28 日	2.297%	2019 年 1 月 8 日	0.970%
2018 年 10 月 23 日	−0.551%	2018 年 11 月 29 日	0.218%	2019 年 1 月 9 日	0.410%
2018 年 10 月 24 日	−2.096%	2018 年 11 月 30 日	0.817%	2019 年 1 月 10 日	0.452%
2018 年 10 月 25 日	1.863%	2018 年 12 月 3 日	1.094%	2019 年 1 月 11 日	−0.015%
2018 年 10 月 26 日	−1.733%	2018 年 12 月 4 日	−3.236%	2019 年 1 月 14 日	−0.526%
2018 年 10 月 29 日	−0.656%	2018 年 12 月 6 日	0.152%	2019 年 1 月 15 日	1.072%
2018 年 10 月 30 日	1.567%	2018 年 12 月 7 日	−2.332%	2019 年 1 月 16 日	0.222%

日　　期	标普 500	日　　期	标普 500	日　　期	标普 500
2019 年 1 月 17 日	0.759%	2019 年 4 月 10 日	0.348%	2019 年 7 月 2 日	0.293%
2019 年 1 月 18 日	1.318%	2019 年 4 月 11 日	0.004%	2019 年 7 月 3 日	0.767%
2019 年 1 月 22 日	−1.416%	2019 年 4 月 12 日	0.661%	2019 年 7 月 5 日	−0.181%
2019 年 1 月 23 日	0.220%	2019 年 4 月 15 日	−0.063%	2019 年 7 月 8 日	−0.484%
2019 年 1 月 24 日	0.138%	2019 年 4 月 16 日	0.051%	2019 年 7 月 9 日	0.124%
2019 年 1 月 25 日	0.849%	2019 年 4 月 17 日	−0.227%	2019 年 7 月 10 日	0.451%
2019 年 1 月 28 日	−0.785%	2019 年 4 月 18 日	0.158%	2019 年 7 月 11 日	0.229%
2019 年 1 月 29 日	−0.146%	2019 年 4 月 22 日	0.101%	2019 年 7 月 12 日	0.462%
2019 年 1 月 30 日	1.555%	2019 年 4 月 23 日	0.884%	2019 年 7 月 15 日	0.018%
2019 年 1 月 31 日	0.860%	2019 年 4 月 24 日	−0.219%	2019 年 7 月 16 日	−0.340%
2019 年 2 月 1 日	0.090%	2019 年 4 月 25 日	−0.037%	2019 年 7 月 17 日	−0.653%
2019 年 2 月 4 日	0.678%	2019 年 4 月 26 日	0.469%	2019 年 7 月 18 日	0.358%
2019 年 2 月 5 日	0.471%	2019 年 4 月 29 日	0.107%	2019 年 7 月 19 日	−0.618%
2019 年 2 月 6 日	−0.222%	2019 年 4 月 30 日	0.095%	2019 年 7 月 22 日	0.283%
2019 年 2 月 7 日	−0.936%	2019 年 5 月 1 日	−0.750%	2019 年 7 月 23 日	0.685%
2019 年 2 月 8 日	0.068%	2019 年 5 月 2 日	−0.212%	2019 年 7 月 24 日	0.469%
2019 年 2 月 11 日	0.071%	2019 年 5 月 3 日	0.964%	2019 年 7 月 25 日	−0.526%
2019 年 2 月 12 日	1.289%	2019 年 5 月 6 日	−0.447%	2019 年 7 月 26 日	0.739%
2019 年 2 月 13 日	0.302%	2019 年 5 月 7 日	−1.651%	2019 年 7 月 29 日	−0.162%
2019 年 2 月 14 日	−0.265%	2019 年 5 月 8 日	−0.161%	2019 年 7 月 30 日	−0.258%
2019 年 2 月 15 日	1.088%	2019 年 5 月 9 日	−0.302%	2019 年 7 月 31 日	−1.089%
2019 年 2 月 19 日	0.150%	2019 年 5 月 10 日	0.372%	2019 年 8 月 1 日	−0.900%
2019 年 2 月 20 日	0.178%	2019 年 5 月 13 日	−2.413%	2019 年 8 月 2 日	−0.728%
2019 年 2 月 21 日	−0.353%	2019 年 5 月 14 日	0.802%	2019 年 8 月 5 日	−2.978%
2019 年 2 月 22 日	0.641%	2019 年 5 月 15 日	0.584%	2019 年 8 月 6 日	1.302%
2019 年 2 月 25 日	0.123%	2019 年 5 月 16 日	0.890%	2019 年 8 月 7 日	0.077%
2019 年 2 月 26 日	−0.079%	2019 年 5 月 17 日	−0.584%	2019 年 8 月 8 日	1.876%
2019 年 2 月 27 日	0.054%	2019 年 5 月 20 日	−0.675%	2019 年 8 月 9 日	−0.662%
2019 年 2 月 28 日	−0.283%	2019 年 5 月 21 日	0.850%	2019 年 8 月 12 日	−1.232%
2019 年 3 月 1 日	0.690%	2019 年 5 月 22 日	−0.282%	2019 年 8 月 13 日	1.513%
2019 年 3 月 4 日	−0.388%	2019 年 5 月 23 日	−1.191%	2019 年 8 月 14 日	−2.929%
2019 年 3 月 5 日	−0.113%	2019 年 5 月 24 日	0.135%	2019 年 8 月 15 日	0.246%
2019 年 3 月 6 日	−0.652%	2019 年 5 月 28 日	−0.838%	2019 年 8 月 16 日	1.443%
2019 年 3 月 7 日	−0.813%	2019 年 5 月 29 日	−0.691%	2019 年 8 月 19 日	1.211%
2019 年 3 月 8 日	−0.213%	2019 年 5 月 30 日	0.210%	2019 年 8 月 20 日	−0.791%
2019 年 3 月 11 日	1.467%	2019 年 5 月 31 日	−1.320%	2019 年 8 月 21 日	0.825%
2019 年 3 月 12 日	0.295%	2019 年 6 月 3 日	−0.277%	2019 年 8 月 22 日	−0.051%
2019 年 3 月 13 日	0.695%	2019 年 6 月 4 日	2.143%	2019 年 8 月 23 日	−2.595%
2019 年 3 月 14 日	−0.087%	2019 年 6 月 5 日	0.816%	2019 年 8 月 26 日	1.098%
2019 年 3 月 15 日	0.498%	2019 年 6 月 6 日	0.614%	2019 年 8 月 27 日	−0.320%
2019 年 3 月 18 日	0.371%	2019 年 6 月 7 日	1.050%	2019 年 8 月 28 日	0.655%
2019 年 3 月 19 日	−0.013%	2019 年 6 月 10 日	0.466%	2019 年 8 月 29 日	1.269%
2019 年 3 月 20 日	−0.294%	2019 年 6 月 11 日	−0.035%	2019 年 8 月 30 日	0.064%
2019 年 3 月 21 日	1.085%	2019 年 6 月 12 日	−0.204%	2019 年 9 月 3 日	−0.690%
2019 年 3 月 22 日	−1.897%	2019 年 6 月 13 日	0.410%	2019 年 9 月 4 日	1.084%
2019 年 3 月 25 日	−0.084%	2019 年 6 月 14 日	−0.161%	2019 年 9 月 5 日	1.301%
2019 年 3 月 26 日	0.718%	2019 年 6 月 17 日	0.093%	2019 年 9 月 6 日	0.091%
2019 年 3 月 27 日	−0.464%	2019 年 6 月 18 日	0.972%	2019 年 9 月 9 日	−0.009%
2019 年 3 月 28 日	0.359%	2019 年 6 月 19 日	0.299%	2019 年 9 月 10 日	0.032%
2019 年 3 月 29 日	0.673%	2019 年 6 月 20 日	0.947%	2019 年 9 月 11 日	0.723%
2019 年 4 月 1 日	1.157%	2019 年 6 月 21 日	−0.126%	2019 年 9 月 12 日	0.288%
2019 年 4 月 2 日	0.002%	2019 年 6 月 24 日	−0.173%	2019 年 9 月 13 日	−0.072%
2019 年 4 月 3 日	0.215%	2019 年 6 月 25 日	−0.950%	2019 年 9 月 16 日	−0.314%
2019 年 4 月 4 日	0.208%	2019 年 6 月 26 日	−0.123%	2019 年 9 月 17 日	0.258%
2019 年 4 月 5 日	0.464%	2019 年 6 月 27 日	0.382%	2019 年 9 月 18 日	0.034%
2019 年 4 月 8 日	0.105%	2019 年 6 月 28 日	0.576%	2019 年 9 月 19 日	0.002%
2019 年 4 月 9 日	−0.607%	2019 年 7 月 1 日	0.767%	2019 年 9 月 20 日	−0.490%

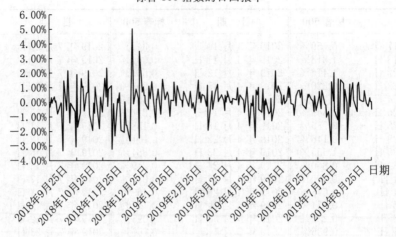

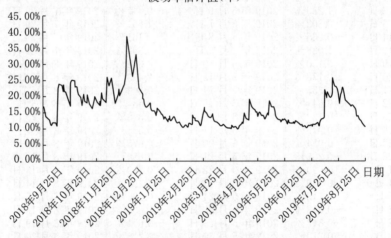

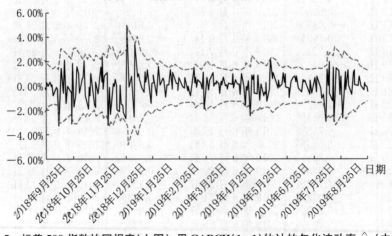

图 4.5　标普 500 指数的回报率（上图），用 GARCH(1，1)估计的年化波动率 $\hat{\sigma}_t$（中图），回报率和波动幅度等于±2$\hat{\sigma}_t$ 的区间

表 4.9 使用表 4.8 提供的标普 500 指数日回报率,得出的 GARCH(1, 1)参数的估计值、它们的标准误差、t 值和相应的 p 值

	估计值	标准误差	t 值	大于 $\lvert t \rvert$ 的概率
μ	0.001	0.001	1.693	0.091
ω	6E-06	0.000	2.172	0.030
α	0.169	0.059	2.875	0.004
β	0.786	0.056	13.947	0.000

表 4.9 提供了模型的参数估计值和附加统计量。在 95% 的置信水平,出现在方差方程中的所有参数均具有统计显著性。阿尔法和贝塔参数的估计值之和接近于 1,$\alpha + \beta = 0.954$,这意味着较高的持久性水平。也就是说,如果波动率激增,那么它往往会在一个相对较长的时期内保持高水平。

图 4.5(中图)提供了经年化的波动率估计值的绘制图。年化是必要的,因为原始回报率是日数据,为了呈现年波动率,需要将估计值乘以 $\sqrt{250}$,这是标准做法。我们可以清楚地区分高波动性时期(初期)和波动性相对较低的时期(中期)。通过核查这些时期的经济新闻,我们也许能够识别在前三分之一的时期内看似高波动性的区制的可能来源。

最后,图 4.5 的下图显示了历史数据及两条曲线,这两条曲线等于日波动率估计值的增减两倍。这些曲线说明了条件回报率分布在时间 t 的近似扩散程度。假设条件分布为高斯分布(这与极大似然法估计量背后的假设是一致的),那么区间 $[-2\sigma_t, 2\sigma_t]$ 在任何时间 t 的概率都为 0.95。任何超出该界限的观察值都可被认为是相应时刻的极端值。

其他 GARCH 类模型

GARCH 模型已成为分析时间序列波动率的标准计量经济学工具。其优势在于,它能够用一个足够简单的方法捕捉波动聚类效应(金融数据的一个重要实证特征),以取得稳健估计和分析的透明度。然而,该模型的一个缺点是,时间 t 的方差 σ_t^2 以同样的方式受到 u_{t-1} 的正负值的影响,因为这一项在方差方程中取平方值。实证文献研究表明,负值的 u_{t-1} 预期会比正值产生更显著的影响,这被称为杠杆效应。

非对称 GARCH 模型族解释了杠杆效应。它包含指数 GARCH(EGARCH)模型、阈值 GARCH(TGARCH)模型,以及更一般的非对称幂 GARCH(APGARCH)模型等。非对称 GARCH 模型在本章的范围之外,一部很好的参考文献是 Francq 和 Zakoian(2010)。

在本节中,我们将讨论指数加权移动平均模型(EWMA),这在风险评估领域十分常见,与经典 GARCH 模型密切相关。

指数加权移动平均模型

指数加权移动平均模型(EWMA)可被视作方差的样本估计量的一种扩展,它对样本中较新近的观察值应用更高的权重。20 世纪 90 年代,风险度量(RiskMetrics)在它们的第一种风险评估方法中采用了这个方法,之后它成为一种常见方法。

在给定一个回报率样本 $R_1, R_2, \cdots, R_n$ 的情况下,考虑 σ_t^2 的以下预测:

$$\sigma_t^2 = (1-\lambda) \sum_{i=1}^{n} \lambda^{i-1} R_{t-i} \tag{4.34}$$

其中，$0<\lambda<1$ 决定了观察值的权重，是一个参数。对于庞大的 n，所有权重的总和近似等于 $1/(1-\lambda)$，$(1-\lambda)$ 项可被视作归一化因子，以确保权重总和等于 1。由于对应的历史观察值距当前越远，λ 的幂次就越高，因此对应的权重 $(1-\lambda)\lambda^{i-1}$ 呈指数级下降，这个模型被称为指数加权模型。注意，如果所有权重都等于 $1/n$，那么式（4.34）就类似于方差的样本估计量。

我们可以证明，上述公式与下面的方差递归方程是一致的，它使我们想起当参数 μ 可忽略不计时，GARCH 模型的方差方程：

$$\sigma_t^2 = (1-\lambda) R_{t-1}^2 + \lambda \sigma_{t-1}^2 \tag{4.35}$$

$1-\lambda$ 项类似于 α，λ 对应于 β。然而，EWMA 模型的一个重要特征是两个系数之和等于 1，这使之与经典的 GARCH 模型不同，后者中对应的系数之和严格小于 1。因此，当前的波动率估计是对任何未来时期的无偏预测。

尽管 GARCH 模型更为灵活，但 EWMA 模型的优势在于，它以一种极其简单的方式捕捉了波动聚类效应。仅有一个参数可以根据每个时间序列校准，或基于特定情况被设定为一个值，具体情况视回报率的频率而定。例如，常用的建议是对日回报率使用 $\lambda=0.94$，并对月回报率使用 $\lambda=0.97$。

图 4.6 提供了对 EWMA 模型与 GARCH(1，1)模型的表现比较的实证说明。我们使用表 4.8 中的标普 500 指数日回报率数据，特别选择 $\lambda=0.94$，这与当前的风险评估实践是一致的。图中显示，EWMA 模型确实成功地捕捉了波动聚类效应。然而，GARCH 模型更为灵活，对底层时间序列行为的变化反应更快。如果我们假设底层数据生成过程与 GARCH 估计一致，那么 EWMA 模型往往会在波动性上升时高估波动率，并在波动性下降时低估波动率。

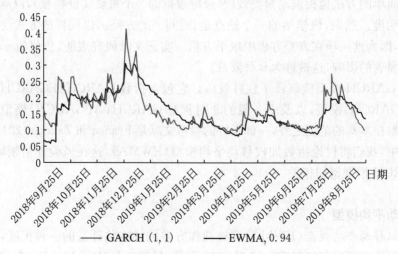

图 4.6 用表 4.8 中的标普 500 指数日回报率、GARCH(1，1)与 $\lambda=0.94$ 的 EWMA 模型估计的年化波动率

关键要点

- 线性回归研究一个变量(被称为因变量)与另一个或数个其他变量(被称为解释变量或自变量)的关系。当关系为线性关系时,回归分析被称为线性回归。
- 回归系数为线性回归的参数,它们是从因变量和解释变量的观察值估计得出的。自由参数被称为截距,与解释变量相乘的参数被称为偏斜率系数。
- 最小二乘法是用以估计参数的最常见的技术。参数是通过寻找将回归模型预测值与观察值之间的误差最小化的数值估计的。
- 多重相关系数 R^2 是一种拟合优度度量,它被诠释为因变量与所有解释变量之间的联合关联程度。随着我们添加更多的解释变量,R^2 会机械性地上升。
- 调整后的 R^2(用 $\bar{R}^2$ 表示)根据解释变量的数量进行了修正,它可被用于比较含不同数量的解释变量模型的拟合优度。
- t 检验被用于检验与既定解释变量的统计关系是否显著;也就是说,相应的偏回归系数是否显著不同于零。
- F 比率被用于检验多元线性回归的总体显著性。
- PCA 是一种用于构建非相关因子的多变量方法,这些因子被称为主成分,解释了因变量[*] 原始数据集中尽可能多的变化。
- 主成分从原始数据构建而来,被认为是不可观察到的或潜在的变量。
- PCA 在收益率曲线建模中是一种常见技术。在这种情况下,前三个主成分被诠释为平行移动因子、斜率因子和曲率因子。
- 波动聚类是金融资产回报的一个特性,它描述了在价格大幅波动的时期之后,会出现相对平静的时期。ARCH 模型和 GARCH 模型被用于建立波动性动态的模型。
- 根据 GARCH 模型,时间 t 的方差可用三个项的加权平均表示——长期方差、前一时刻的方差,以及一个捕捉前一时刻不可获得的新信息影响的项。

参考文献

Engle, R.F., S.M. Focardi, and F.J. Fabozzi, 2016. "Issues in applying financial econometrics to factor-based modeling in investment management," *Journal of Portfolio Management*, 42(5):94—106.

Fabozzi, F.J., S.M. Focardi, S.T. Rachev, and B. Arshanapalli, 2014. *Basics of Financial Econometrics*. Hoboken, NJ: John Wiley & Sons.

Francq, C. and J-M. Zakoian, 2010. *GARCH Models: Structure, Statistical Inference, and*

---

[*] 原书为解释变量,似有误,已修改。——译者注

Financial Applications. UK：Wiley.

Rachev，S.T.，S. Mittnik，F.J. Fabozzi，S.M. Focardi，and T. Jasic，2007. *Financial Econometrics：From Basics to Advanced Modeling Techniques*. Hoboken，NJ：John Wiley & Sons.

5

蒙特卡洛在资产管理中的应用

学习目标

在阅读本章后，你将会理解：
- 什么是蒙特卡洛模拟方法；
- 为何在评估未来结果时蒙特卡洛模拟优于其他方法；
- 蒙特卡洛模拟涉及的步骤；
- 蒙特卡洛模拟在资产管理中的应用；
- 如何确定试验的次数；
- 什么是单个变量的随机数字生成器；
- 如何生成样本路径；
- 用于选择参数分布的方法；
- 因变量随机数字的生成。

引言

在投资组合管理中，投资组合或策略的业绩表现通常依赖于许多随机变量的结果。此外，每个随机变量的变化可能会遵循大量可能的路径。这些可能性使为了评估与投资组合相关的风险而评估所有可能结果的组合变得不切实际。例如，对于一个固定收益投资组合，其业绩表现受到国债利率的变动幅度、非国债与国债证券（或某种其他基准证券）之间的利差、收益率曲线形状的变化、个体公司债券的信用评级、利率波动性的变化，以及（在房产抵押贷款证券的情形下）提前还款速度变化的影响。我们通常对多个这样的变量进行联合考虑，这会极大地增加评估它们对投资组合未来业绩表现影响的难度。

一些风险或投资业绩的度量(如最大回撤)要求计算整个未来轨迹,无论投资组合的类型如何。然而,在其他应用(如退休规划)中,我们感兴趣的是增加投资组合可以产生的收入现金流,它也是依赖于样本路径的。以解析的方式分析这些情形几乎是不可能的。

用于处理投资组合经理和分析师面临的此类问题的技术是模拟。模拟技术有许多类型。当随机变量被指定一个概率分布时,模拟技术被称为蒙特卡洛模拟——其以法国里维埃拉的著名赌博场所命名。蒙特卡洛模型使投资组合经理能够确定他们所面临问题的统计特性。更具体来说,对于我们感兴趣的数值(如策略的回报率或风险敞口),蒙特卡洛模拟的产出是一种概率分布和概要统计量(均值、标准差、偏度和尾部信息)。有了这些信息之后,资产经理就能够用相关的度量来评估策略。蒙特卡洛模拟亦被用于评估复杂的证券,如房产抵押贷款证券(包括分级偿还房产抵押贷款证券和纯利息/纯本金房产抵押贷款产品),以及普通和复杂的衍生工具。[①]

在本章中,我们通过描述模拟步骤来解释蒙特卡洛模拟的基本知识,然后提供几种资产管理应用。在第18章中,我们将解释如何在投资策略的回测中使用蒙特卡洛方法。

在金融决策中蒙特卡洛模拟与其他方法的比较

假设一名资产经理希望评估一个多资产投资组合在未来一年的潜在业绩表现,并且这名经理有一个绝对回报率目标。该资产经理知道投资组合的业绩表现将取决于9个随机变量中每个变量的实际结果,并且在这9个随机变量中,每个变量都有7种可能的结果。因此,共有4 782 969(9^7)种可能的结果,它代表9个随机变量的所有可能组合。此外,在4 782 969种结果中,每一种结果都有不同的发生概率。这名资产经理如何评估这个多资产投资组合所产生的潜在回报?

这名投资组合经理可以采取的一种方法是对每个随机变量取"最佳猜测",并确定其对投资组合业绩表现的影响。每个随机变量的最佳猜测值通常是随机变量的期望值。然而,这个捷径方法存在严重问题。为了理解其缺点,假设与每个随机变量的最佳猜测相关的概率为75%。假如每个随机变量的概率分布都是独立分布的,那么最佳猜测结果发生的概率仅为7.5%。在这个概率水平,没有任何一名资产经理会对这个最佳猜测结果抱有高度信心。

介于列举并评估所有可能组合与最佳猜测方法这两个极端之间的是蒙特卡洛模拟技术。这项技术产生的回报率不代表问题的最优解。相反,蒙特卡洛模拟提供的是关于问题的信息,以使资产经理能够评估某项特定行动的风险。由于它提供了一种处理投资决策的灵活方法,因此它成了在存在多个随机变量的情况下处理投资决策的常用工具。

[①] Boyle(1977)最先提出了蒙特卡洛模拟在衍生工具估值中的运用。Schönbucher(2003)说明了如何使用蒙特卡洛模拟来为信用衍生工具定价。

蒙特卡洛模拟的步骤

蒙特卡洛模拟共有 12 个步骤。在实践中,前三个步骤由资产经理负责。后九个步骤由蒙特卡洛软件执行,其在后文中有所描述,以便在本章后面展示演练时说明。这 12 个步骤如下所示。

步骤 1:我们必须指定业绩表现的度量。例如,业绩表现度量可以是相对一个指定基准的超额回报率、策略产生的绝对回报率,或某个风险敞口(如策略的最大回撤)。

步骤 2:我们必须用数学方式表达资产经理为之寻求信息的有关问题。这意味着不仅要识别关键变量,而且还要识别这些变量之间的相互作用;后者是用变量之间的相关系数量化的。在蒙特卡洛模拟中,有两种类型的变量:确定性变量和随机变量。确定性变量只能取一个数值;随机变量可以取多个数值。

步骤 3:对于每个随机变量,我们必须规定一个概率分布。

步骤 4:对于每个随机变量,我们必须将概率分布换算为累积概率分布。

步骤 5:对于每个随机变量,我们必须在累积概率分布的基础上对每个指定的可能结果设定代表数字。这是通过蒙特卡洛软件完成的。

步骤 6:我们必须为每个随机变量取一个随机数字。这是由蒙特卡洛软件通过使用随机数字生成器完成的。

步骤 7:对于每个随机数字,我们必须确定随机变量的相应数值。

步骤 8:我们必须利用在前一个步骤中求得的每个随机变量的相应数值,来确定业绩表现度量的数值。

步骤 9:我们必须记录步骤 8 中求得的业绩表现度量值。

步骤 10:我们必须多次重复步骤 6 至步骤 9,譬如重复 100 次至 1 000 次。步骤 6 至步骤 9 的每次重复被称为试验。

步骤 11:步骤 9 记录的每次试验的业绩表现度量值成为构建概率分布和累积概率分布的基础。

步骤 12:我们分析步骤 11 所构建的累积概率分布。这是通过计算业绩表现度量的概要统计量(如均值、标准差、偏度和全距)完成的。

确定试验的次数

我们如何知道应该执行多少次试验? 在许多应用中,资产经理可能希望得到模拟结果的一个估计值。例如,如果股票投资经理希望评估一项潜在策略的预期回报率,那么最佳估计是来自所有模拟试验的平均值或均值。然而,估计的均值可能不等于真实的均值。例如,如果我们重复完全相同的试验,那么新的平均值将不同于先前的平均值。我们可以通过选择试验次数来保证一定程度的准确性。

一个常用的准确度的度量为平均标准误差，其定义如下：

$$平均标准误差 = \sqrt{\frac{业绩表现度量试验值的方差}{试验次数}} \tag{5.1}$$

我们可以利用平均标准误差来构建业绩表现度量估计的置信区间。平均标准误差越小，业绩表现度量估计值的精确度就越高。减小平均标准误差的一个方法就是增加试验次数，这可以从式(5.1)明显看出——增加试验次数能够加大分母，而分子则保持固定不变。

我们用下面的简单例子来说明这个思路。假设目标是估计一项策略的预期回报率，回报率的年化波动率为 10%。我们还假设，我们希望对预期回报率得到的精确度(用 95% 的置信区间表达)为 0.1%。这意味着平均回报率与未知均值差额的绝对值不超过 0.1% 的概率为 95%。我们需要多少次试验才能保证这个准确度？我们使用以下公式：

$$\frac{期望的准确度}{2} = 1.96\sqrt{\frac{业绩表现度量试验值的方差}{试验次数}} \tag{5.2}$$

其中，我们使用年化波动率的平方来作为业绩表现度量试验值的方差。在对试验次数求解后，我们得出 $(2 \times 0.1 \times 1.96 \div 0.01)^2 = 1\,536$ 次试验。

这则公式也可用以下方式诠释。在其他条件相同的情况下，为了使准确度翻倍，由于公式右边的平方根，我们需要将试验次数翻四倍。由此，蒙特卡洛方法可能看上去效率低下。然而，我们需要记住，这是一种通用方法，可以应用于几乎任何问题。于是，相对缓慢的准确度提升可被视为我们为使用通用方法所付出的代价。

在步骤 11 中，我们重新计算每次试验的业绩表现度量值。如果我们需要更高的准确度或每次试验的计算成本很高，那么为将平均标准误差降低至令人满意的水平而增加的所需试验次数可能会使得代价十分高昂。或者，我们也可以通过减小试验值的方差来降低平均标准误差。也就是说，我们通过一种减小上述公式中分子的方法来生成蒙特卡洛模拟。这个提高业绩表现估计精确度的方法被称为方差缩减。[①]人们已经在金融领域运用数种方差缩减方法，对这些方法的讨论在本章范围之外。它们适用于特殊情况，根据上述讨论，这意味着针对某些问题，可对蒙特卡洛方法进行调整，以更快地实现在试验次数方面准确度的提升。

蒙特卡洛模拟步骤的演练说明

在我们的演练说明中，我们考虑一名固定收益投资组合经理，他已经将 6 000 万美元投资于三种债券。表 5.1 显示了三种虚拟债券及每种债券的相关信息。在我们的说明中，我们假设每种债券都将在 6 个月后支付下一笔息票利息。投资组合经理希望在仅有两个随机变量的假设下，模拟 6 个月期间的总回报率，这两个随机变量为：(1)国债收益率曲线的水平和形状的变化；(2)国债与 BBB 公司债券的品质利差的变化。

---

① 我们有数种方差缩减方法。Law 和 Kelton(2002，Ch.11)描述了这些方法。

表 5.1　用于模拟说明的三种债券的虚拟投资组合

债券	期限(年)	息票(%)	价格(美元)	票面价值(美元)	收益率(%)
国债	5.5	6.0	100	2 000 万	6.0
BBB 公司债券	15.5	9.0	100	1 600 万	9.0
BBB 公司债券	25.5	10.5	100	2 400 万	10.5

表 5.2　债券投资组合示例中蒙特卡洛模拟的信息

a 栏:6 个月后的六种可能的收益率曲线

国债收益率曲线			概率 分布	累积概率 分布	设定的 代表数字
5 年期	15 年期	25 年期			
4%	6%	7%	0.20	0.20	0—19
5%	8%	9%	0.15	0.35	20—34
6%	7%	7%	0.10	0.45	35—44
7%	8%	8%	0.10	0.55	45—54
9%	9%	9%	0.20	0.25	55—74
10%	8%	8%	0.25	1.00	75—99

b 栏:6 个月后的六种可能的 BBB 公司债券/国债收益率差

BBB/国债 收益率差(基点)	概率 分布	累积概率 分布	设定的 代表数字
75	0.10	0.10	0—9
100	0.20	0.30	10—29
125	0.25	0.55	30—54
150	0.25	0.80	55—79
175	0.15	0.95	80—94
200	0.05	1.00	95—99

　　投资组合管理团队认为,6 个月后的国债收益率曲线有六种可能的结果,国债/公司债券利差(即品质利差)也有六种可能(假设无论期限如何,利差都是相同的)。表 5.2 的 a 栏显示了这六种可能的国债收益率曲线,b 栏显示了六种可能的国债/公司债券利差(即品质利差)。我们利用所有这些信息来演练蒙特卡洛模拟技术 12 个步骤中的每一步,并解释表 5.2 中的最后三列。

　　步骤 1:我们必须指定业绩表现度量。对于这三种债券的投资组合而言,业绩表现度量为年化的 6 个月期总回报率。

　　步骤 2:我们必须用数学方式表达所研究的问题。为了用数学方式表达 6 个月期总回报率,我们采用以下标记:

　　V_i=债券 i 在 6 个月投资期末的价值(i=1,2 和 3,其中 1 是国债,2 是期限较短的 BBB 公司债券,3 是期限较长的 BBB 公司债券);

　　c_i=债券 i 的 6 个月期息票付款。

于是，每种债券在 6 个月投资期末的未来美元总回报为 $V_i + c_i^*$。三种债券组成的投资组合的初始投资组合价值为 6 000 万美元，其 6 个月期总回报率为：

$$总回报率 = \frac{(V_1 + c_1) + (V_2 + c_2) + (V_3 + c_3)}{60\ 000\ 000} - 1 \tag{5.3}$$

这个总回报率乘以 2 将给出在债券等价收益率基础上的年化总回报率。

步骤 3：对于随机变量，我们必须指定每个变量的概率分布。在本例中，我们有两个随机变量——国债收益率曲线和收益率差——我们必须指定两者的概率分布。假设这两个随机变量的概率分布如表 5.2 中的两栏数字所示。每种债券的息票利息付款是确定性变量。

步骤 4：对于我们必须指定其概率分布的每个随机变量，我们必须将概率分布换算为累积概率分布。取值小于或等于某个既定值的累积概率通过取这个既定值以下结果范围内的概率总和计算得出。表 5.2 两栏中的倒数第二列显示了本例中两个随机变量的累积概率分布。

步骤 5：对于每个随机变量，我们必须在累积概率分布的基础上，对概率分布所指定的每个可能结果设定代表数字。表 5.2 两栏中的最后一列显示了本例中对两个随机变量设定的代表数字。注意，我们有 100 个从 0 至 99 的两位数设定数字。我们对每个可能的结果（随机变量的数值）都设定足够的数字，从而设定数字的总数与 100 的比率等于这个结果的概率。例如，对于国债收益率曲线（第一个随机变量），表 5.2 的 a 栏中第一种收益率曲线结果的设定数字为 0 至 19。在 0 至 19 的范围内共有 20 个数字，从而我们对第一种可能的国债收益率曲线形状设定了 100 个数字中的 20 个数字（或 20%），以与其 20% 的概率相等。我们对第五种可能的国债收益率曲线采用了类似的选择，其概率也等于 20%。在这里，20 个设定数字为 55 至 74；我们未对这个结果配置 0 至 19 的数字，因为它们在一开始已分配给第一种国债收益率曲线。

步骤 6：第一次试验，对每个随机变量取得一个随机数字。我们可以取得一个计算机生成的随机数字。在本例中，我们使用 Excel 中的 RANDBETWEEN 函数，它会生成介于两个参数［被称为最小整数（bottom）和最大整数（top）］之间的一个整数。我们设定最小整数为 0，最大整数为 99。在下一节中，我们将更详尽地讨论随机数字的生成。我们在步骤 6 至步骤 9 中选择的第一个随机数字是为代表国债收益率曲线的随机变量而取的。第二个随机数字是为代表品质利差的随机变量而取的。假设计算机生成的前两个随机数字为 9 和 12。

步骤 7：第一次试验，对于每个随机数字，确定随机变量的相应数值。在给定国债收益率曲线的随机数字 12 和品质利差的随机数字 12 后，我们就可以利用表 5.2 两栏中的信息来确定两个随机变量的相应结果。在本次试验中，6 个月后的国债收益率曲线为：

$$5 \text{ 年期国债} = 10\%,\ 15 \text{ 年期国债} = 8\%,\ 25 \text{ 年期国债} = 8\% \tag{5.4}$$

本次试验中的品质利差为 100 个基点，因为它对应于随机数字 12。因此本次试验中，三种债券 6 个月后的收益率为：

$$5 \text{ 年期国债} = 10\%,\ 15 \text{ 年期 BBB 公司债券} = 9\%,\ 25 \text{ 年期 BBB 公司债券} = 9\% \tag{5.5}$$

步骤 8：第一次试验，利用前一个步骤所求得的每个随机变量的相应数值来确定步骤 1 指定的业绩表现度量的数值。表 5.3 的第 8、第 9 和第 10 列显示了第一次试验中每种债券的未

---

* 原书为 $p_i + c_i$，似有误，已进行修改。——译者注

表 5.3　总回报率模拟例子中 20 次试验的结果

试验序号	随机变量	国债收益率曲线			随机变量	品质利差（基点）	每种债券的市场价值（$）			投资组合价值（美元）	总回报率（%）
		5年期	15年期	25年期			5年期国债	15年期BBB公司	25年期BBB公司		
1	91	10%	8%	8%	12	100	17 511 308.00	16 720 000.00	28 817 160.00	63 048 468.00	10.16
2	64	9%	9%	9%	18	100	18 226 184.00	15 490 204.00	26 355 356.00	60 071 744.00	0.24
3	48	7%	8%	8%	54	125	19 768 340.00	16 398 960.00	28 165 020.00	64 332 316.00	14.44
4	44	6%	7%	7%	20	100	20 600 000.00	18 103 364.00	31 704 656.00	70 408 020.00	34.69
5	85	10%	8%	8%	84	175	17 511 308.00	15 784 364.00	26 935 284.00	60 230 952.00	0.77
6	10	4%	6%	7%	76	150	22 396 516.00	18 859 508.00	30 202 336.00	71 458 360.00	38.19
7	66	9%	9%	9%	53	125	18 226 184.00	15 204 420.00	25 797 268.00	59 227 872.00	−2.57
8	38	6%	7%	7%	64	150	20 600 000.00	17 391 160.00	30 202 336.00	68 193 496.00	27.31
9	42	6%	7%	7%	14	100	20 600 000.00	18 103 364.00	31 704 656.00	70 408 020.00	34.69
10	23	5%	8%	9%	81	175	21 475 208.00	15 792 364.00	24 742 584.00	62 002 156.00	6.67
11	61	9%	9%	9%	62	150	18 226 184.00	14 926 732.00	25 260 000.00	58 412 916.00	−5.29
12	90	10%	8%	8%	5	75	17 511 308.00	17 050 624.00	29 495 820.00	64 057 752.00	13.53
13	57	9%	9%	9%	51	125	18 226 184.00	15 204 420.00	25 797 268.00	59 227 872.00	−2.57
14	29	5%	8%	9%	49	125	21 475 208.00	16 398 960.00	25 797 268.00	63 671 432.00	12.24
15	6	4%	6%	7%	18	100	22 396 516.00	19 662 728.00	31 704 656.00	73 763 900.00	45.88
16	67	9%	9%	9%	81	175	18 226 184.00	14 656 880.00	24 742 584.00	57 625 648.00	−7.91
17	38	6%	7%	7%	40	100	20 600 000.00	17 741 956.00	30 938 116.00	69 280 072.00	30.93
18	42	6%	7%	7%	8	75	20 600 000.00	18 475 752.00	32 503 532.00	71 579 288.00	38.6
19	68	9%	9%	9%	86	175	18 226 184.00	14 656 880.00	24 742 584.00	57 625 648.00	−7.91
20	86	10%	8%	8%	71	150	17 511 308.00	16 087 184.00	27 538 124.00	61 136 616.00	3.79

来美元总回报。表中倒数第二列显示了投资组合的未来美元总回报，最后一列显示了第一次试验的总回报率百分比。

步骤 9：第一次试验，记录步骤 8 求得的业绩表现度量值。第一次试验的业绩表现度量值为 10.16%。

步骤 10：重复步骤 6 至步骤 9（即为新试验求得业绩表现度量的计算值）。在这里，我们仅描述对步骤 6 至步骤 9 再重复一次的试验。表 5.3 显示了前 20 次试验的结果。

步骤 11：在步骤 9 中记录的每次试验的业绩表现度量值成为构建概率分布和累积概率分布的基础。

步骤 12：我们对步骤 11 构建的累积概率分布进行分析。这是通过计算业绩表现度量的概要统计量（如均值、标准差、偏度和全距）完成的。表 5.4 提供了 500 次、1 000 次、2 000 次和 4 000 次试验（使用 Excel 软件）的概要统计量（平均值、标准差、偏度和全距*）在对 6 个月后的国债收益率曲线和品质利差所作假设的基础上，平均总回报率为 13.7% 至 13.9%（视试验次数而定）。我们可以用标准差创建每次试验总回报率的置信区间。

---

　　*　原书中还有峰度，似有误，已修改。——译者注

表 5.4　三种债券的投资组合 500 次、1 000 次、2 000 次和 4 000 次试验的概要统计量

试验次数	平均回报率(%)	标准差	偏度	最低回报率(%)	最高回报率(%)
500	13.7	0.684	0.064	12.1	15.8
1 000	13.8	0.487	0.403	12.8	14.9
1 500	13.9	0.422	−0.106	12.7	14.8
2 000	13.9	0.322	−0.052	13.1	14.5
4 000	13.9	0.267	−0.050	13.3	14.6

生成随机数字

步骤 5 和步骤 6 中的算法代表了一种十分常用的技术,用于从规定的分布中生成随机数字,其有时被称为逆累积分布函数方法,或简称逆变换方法。在本节中,我们用简单的术语来讨论随机数字的生成。

在仔细考察步骤 6 后,我们发现生成整数的可能性是相等的——在每次试验中,Excel 独立地选择一个介于 0 和 99 之间的新整数,而不会以任何方式区别对待该区间内的整数。由此,这些整数被称为是均匀分布的。事实上,我们通常将步骤 5 和步骤 6 合并为一个步骤,并且我们在每次试验中以相同方式生成一个介于 0 和 1 之间的随机数字——独立生成,而不区别对待区间[0,1]中的点。这个概率分布被称为区间[0,1]内的均匀分布。在本例中,步骤 7 是通过使用表 5.2 中的第 3 列,而非第 4 列完成的。

每个建模环境都有一个随机数字生成器,它产生一个在区间[0,1]内均匀分布的数字。例如,在 Excel 中,这个函数被称为 RAND,并且不带任何自变量:"＝RAND( )"。尽管我们使用随机数字生成器这一术语,但这些数字是通过一个确定的算法产生的,因此并非真正随机的。它们亦称伪随机数字。

对实际算法的详尽讨论在本章的范围之外。然而,重要的是记住以下这一点:在大多数建模环境(包括在 Excel 中),当今执行 RAND 函数背后的最常见算法[1]所产生的伪随机数字都具有很高的质量,如以下特性所述。

- 算法通过了大量的统计随机性测试。[2]
- 伪随机序列具有很长的周期——在序列开始重复之前需要很庞大的样本。对于单变量样本,这个周期大约为 $4 \times 10^{19\,937}$ 个观察值。
- 伪随机序列可以迅速产生。

离散分布

图 5.1 的上图绘制了 BBB 公司债券/国债收益率差(在表 5.2 的 b 栏中提供)的分布函

---

[1]　最常见的算法被称为梅森旋转法(Marsenne Twister),其建立在质数(被称为梅森质数)的基础上。人类知道的最大质数为梅森质数。

[2]　例子包括检验随机数字是否呈均匀分布;以及在伪随机数字序列中,下一个生成的数字在统计上不依赖于先前生成的数字(无自相关性)。

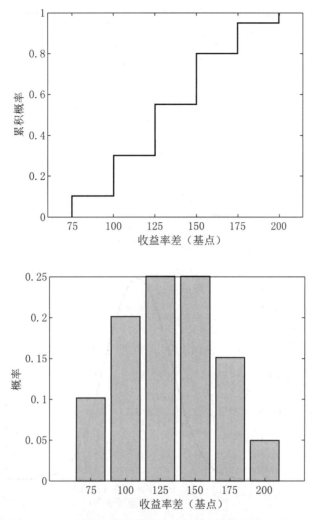

**图 5.1 BBB 公司债券/国债收益率差的累积概率分布函数(上图)
和个体概率(下图)(数据在表 5.2 的 a 栏中提供)**

数,下方的条形图显示了对应的概率。这是一个离散分布的例子,因为其可能结果的数量是有限的——仅能出现六个可能的数值。

为了从这个分布中生成模拟,我们首先要利用如 Excel 中的 RAND 函数,生成一个伪随机数字。接着,我们将所生成的数字定位在图 5.1 中上图的纵轴上,并使用函数图将数字映射至横轴上。例如,如果所生成的数字为 0.4,那么映射值为 125,它即成为收益率差的模拟。由于 RAND 函数产生的伪随机数字遵循均匀分布,因此特定结果(如 125)的概率等于该值处分布跳跃的大小(在 125 处为 0.25),这对应于图 5.1 的条形图(下图)中相应竖条的高度。

连续分布

我们可以决定使用无限数量的可能值,而不是假设利差有六个可能的数值。离散分布可以代表历史概率或者我们自身对可能发生事项设定的前瞻性概率,尽管它是一种广受欢迎的

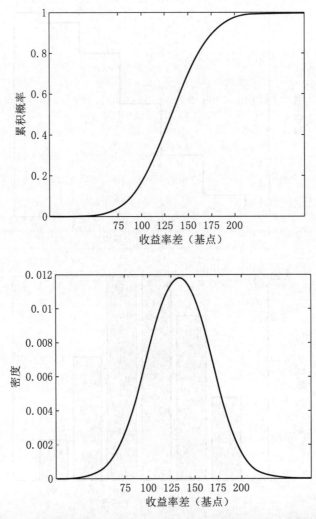

图 5.2　高斯随机变量的累积概率分布函数（上图）和个体概率（下图），该随机变量被用作由表 5.2b 栏中提供的 BBB 公司债券/国债收益率差数据的模型

方法，但其仅能提供有限数量的可能结果。例如，高于 200 个基点和低于 75 个基点的数值将不会出现在蒙特卡洛模拟中，因为表中缺失了这些数值。

　　处理这种局限性的一种方法是假设一个连续分布。这种分布如图 5.2 所示——上图提供了分布函数，下图提供了分布的密度。该图是用以下方式构建的。我们简单地选择了一个均值和标准差与图 5.1 中离散分布相同的高斯分布。

　　尽管这个分布是连续的，但生成随机数字的相同原理也是成立的。第一步，我们使用 RAND 函数从均匀分布中抽取一个随机数字。接着，我们将这个数值定位在纵轴上，并通过分布函数图将数字映射至横轴上。显然，如果我们从均匀分布中抽取足够大的样本，那么其在横轴上的映射值将包含高于 200 和低于 75 的数字；因为这些极端的利差值对应纵轴上接近于 0 和 1 的数字。

　　这个例子表明，逆变换方法十分通用，可适用于任何分布。然而，它的计算效率可能非常低。由此，对于特定分布（如高斯分布），存在专门的算法，这些算法可以更迅速地从特定分布中生成随机数字。尽管这些算法是高度专精的，但它们也依赖于 RAND 函数。

退休投资组合的一个例子

我们用下面的例子来说明蒙特卡洛模拟方法的能力。考虑一名计划在 10 年后退休的个人，他将当前价值 100 万美元的退休储蓄投资于一个投资组合。投资组合有 30％投资于美国大型股指数，70％投资于长期国债指数。退休后，该人员计划在接下来 10 年内的每年年初提取 15 万美元，剩余资金仍投资于相同的投资组合。未来退休人员面临的实际问题是，投资组合在退休后的第 10 年年末前被清算的可能性有多大？如果 15 万美元是该人员不愿意改变的目标，那么随着退休后投资期限的延长，该概率会如何发生变化？

我们通过执行步骤 1—步骤 12 中的通用算法来说明这个问题如何解决。然而，这个问题更加复杂，因为我们需要模拟 20 年的未来业绩表现，而这不能一步完成。原因在于，在提款开始后，我们需要逐年模拟未来投资组合的业绩表现。在这种背景下，一次试验是对未来 20 年内的完整模拟，这亦被称为样本路径或轨迹。

假设该人员距离 2020 年 1 月退休还有 10 年时间。为了模拟未来 20 年的历史——退休前的 10 年和退休后的 10 年——我们使用从 2000 年 1 月开始的 20 年数据。表 5.5 提供了该时期内 30％配置给美国大型股、70％配置给长期国债的投资组合的月回报率。以下概述了开展模拟所必需的假设。

表 5.5　2000 年 1 月—2020 年 1 月，70—30 组合的美国大型股指数和长期国债指数的月回报率

月　份	回报率	月　份	回报率	月　份	回报率	月　份	回报率
2000 年 1 月	−0.63％	2001 年 7 月	2.23％	2003 年 1 月	−1.10％	2004 年 7 月	0.07％
2000 年 2 月	1.50％	2001 年 8 月	−0.47％	2003 年 2 月	1.67％	2004 年 8 月	2.49％
2000 年 3 月	5.13％	2001 年 9 月	−1.81％	2003 年 3 月	−0.50％	2004 年 9 月	0.98％
2000 年 4 月	−1.37％	2001 年 10 月	4.15％	2003 年 4 月	3.11％	2004 年 10 月	1.48％
2000 年 5 月	−0.93％	2001 年 11 月	−1.25％	2003 年 5 月	5.55％	2004 年 11 月	−0.36％
2000 年 6 月	2.36％	2001 年 12 月	−1.01％	2003 年 6 月	−0.66％	2004 年 12 月	2.57％
2000 年 7 月	0.60％	2002 年 1 月	0.40％	2003 年 7 月	−5.48％	2005 年 1 月	1.08％
2000 年 8 月	3.31％	2002 年 2 月	0.29％	2003 年 8 月	1.58％	2005 年 2 月	−0.24％
2000 年 9 月	−2.18％	2002 年 3 月	−1.58％	2003 年 9 月	3.23％	2005 年 3 月	−1.06％
2000 年 10 月	0.97％	2002 年 4 月	0.79％	2003 年 10 月	−0.11％	2005 年 4 月	1.69％
2000 年 11 月	−0.27％	2002 年 5 月	0.05％	2003 年 11 月	0.48％	2005 年 5 月	2.74％
2000 年 12 月	1.87％	2002 年 6 月	−0.91％	2003 年 12 月	2.43％	2005 年 6 月	1.19％
2001 年 1 月	1.26％	2002 年 7 月	−0.27％	2004 年 1 月	1.76％	2005 年 7 月	−0.69％
2001 年 2 月	−1.48％	2002 年 8 月	3.19％	2004 年 2 月	1.79％	2005 年 8 月	1.74％
2001 年 3 月	−2.33％	2002 年 9 月	−0.45％	2004 年 3 月	0.56％	2005 年 9 月	−1.71％
2001 年 4 月	0.54％	2002 年 10 月	0.65％	2004 年 4 月	−4.34％	2005 年 10 月	−1.72％
2001 年 5 月	0.34％	2002 年 11 月	1.08％	2004 年 5 月	0.02％	2005 年 11 月	1.53％
2001 年 6 月	−0.20％	2002 年 12 月	1.07％	2004 年 6 月	1.19％	2005 年 12 月	1.64％

月　份	回报率	月　份	回报率	月　份	回报率	月　份	回报率
2006 年 1 月	0.17％	2009 年 8 月	2.26％	2013 年 3 月	1.14％	2016 年 10 月	−3.51％
2006 年 2 月	0.65％	2009 年 9 月	2.50％	2013 年 4 月	3.28％	2016 年 11 月	−4.39％
2006 年 3 月	−2.01％	2009 年 10 月	−1.58％	2013 年 5 月	−3.66％	2016 年 12 月	0.34％
2006 年 4 月	−0.97％	2009 年 11 月	3.13％	2013 年 6 月	−2.69％	2017 年 1 月	1.02％
2006 年 5 月	−0.89％	2009 年 12 月	−3.38％	2013 年 7 月	0.17％	2017 年 2 月	2.29％
2006 年 6 月	0.54％	2010 年 1 月	0.78％	2013 年 8 月	−1.77％	2017 年 3 月	−0.38％
2006 年 7 月	1.47％	2010 年 2 月	0.78％	2013 年 9 月	1.55％	2017 年 4 月	1.42％
2006 年 8 月	2.63％	2010 年 3 月	0.75％	2013 年 10 月	2.30％	2017 年 5 月	1.63％
2006 年 9 月	1.87％	2010 年 4 月	2.41％	2013 年 11 月	−0.83％	2017 年 6 月	0.62％
2006 年 10 月	1.51％	2010 年 5 月	0.56％	2013 年 12 月	−0.91％	2017 年 7 月	0.20％
2006 年 11 月	1.90％	2010 年 6 月	1.70％	2014 年 1 月	3.34％	2017 年 8 月	2.38％
2006 年 12 月	−1.08％	2010 年 7 月	1.98％	2014 年 2 月	1.79％	2017 年 9 月	−0.97％
2007 年 1 月	−0.15％	2010 年 8 月	3.60％	2014 年 3 月	0.69％	2017 年 10 月	0.68％
2007 年 2 月	1.46％	2010 年 9 月	1.40％	2014 年 4 月	1.49％	2017 年 11 月	1.36％
2007 年 3 月	−0.46％	2010 年 10 月	−1.17％	2014 年 5 月	2.61％	2017 年 12 月	1.58％
2007 年 4 月	1.93％	2010 年 11 月	−1.12％	2014 年 6 月	0.50％	2018 年 1 月	−0.67％
2007 年 5 月	−0.31％	2010 年 12 月	−0.51％	2014 年 7 月	0.00％	2018 年 2 月	−3.13％
2007 年 6 月	−1.12％	2011 年 1 月	−0.96％	2014 年 8 月	4.16％	2018 年 3 月	1.16％
2007 年 7 月	0.75％	2011 年 2 月	1.89％	2014 年 9 月	−1.82％	2018 年 4 月	−1.32％
2007 年 8 月	1.83％	2011 年 3 月	0.02％	2014 年 10 月	2.55％	2018 年 5 月	1.97％
2007 年 9 月	1.26％	2011 年 4 月	2.31％	2014 年 11 月	2.81％	2018 年 6 月	0.65％
2007 年 10 月	1.45％	2011 年 5 月	1.96％	2014 年 12 月	1.90％	2018 年 7 月	0.22％
2007 年 11 月	1.96％	2011 年 6 月	−1.90％	2015 年 1 月	5.37％	2018 年 8 月	1.80％
2007 年 12 月	−0.55％	2011 年 7 月	2.31％	2015 年 2 月	−2.24％	2018 年 9 月	−1.75％
2008 年 1 月	0.04％	2011 年 8 月	4.44％	2015 年 3 月	0.31％	2018 年 10 月	−4.03％
2008 年 2 月	−0.73％	2011 年 9 月	5.00％	2015 年 4 月	−1.86％	2018 年 11 月	1.86％
2008 年 3 月	0.58％	2011 年 10 月	0.94％	2015 年 5 月	−1.13％	2018 年 12 月	1.14％
2008 年 4 月	0.17％	2011 年 11 月	1.21％	2015 年 6 月	−3.19％	2019 年 1 月	2.74％
2008 年 5 月	−1.10％	2011 年 12 月	2.50％	2015 年 7 月	3.57％	2019 年 2 月	0.04％
2008 年 6 月	−1.27％	2012 年 1 月	1.39％	2015 年 8 月	−2.31％	2019 年 3 月	4.41％
2008 年 7 月	−0.04％	2012 年 2 月	−0.18％	2015 年 9 月	0.59％	2019 年 4 月	−0.10％
2008 年 8 月	1.70％	2012 年 3 月	−1.66％	2015 年 10 月	2.19％	2019 年 5 月	2.75％
2008 年 9 月	−2.48％	2012 年 4 月	2.87％	2015 年 11 月	−0.48％	2019 年 6 月	2.82％
2008 年 10 月	−7.58％	2012 年 5 月	3.65％	2015 年 12 月	−0.72％	2019 年 7 月	0.58％
2008 年 11 月	6.30％	2012 年 6 月	0.23％	2016 年 1 月	2.17％	2019 年 8 月	7.00％
2008 年 12 月	6.52％	2012 年 7 月	2.74％	2016 年 2 月	1.96％	2019 年 9 月	−1.28％
2009 年 1 月	−8.45％	2012 年 8 月	−0.07％	2016 年 3 月	2.07％	2019 年 10 月	−0.13％
2009 年 2 月	−3.91％	2012 年 9 月	−0.70％	2016 年 4 月	−0.33％	2019 年 11 月	0.81％
2009 年 3 月	6.31％	2012 年 10 月	−0.86％	2016 年 5 月	1.02％	2019 年 12 月	−1.20％
2009 年 4 月	−0.63％	2012 年 11 月	1.11％	2016 年 6 月	4.67％	2020 年 1 月	5.09％
2009 年 5 月	−0.19％	2012 年 12 月	−1.12％	2016 年 7 月	2.51％		
2009 年 6 月	0.56％	2013 年 1 月	−0.74％	2016 年 8 月	−0.66％		
2009 年 7 月	2.83％	2013 年 2 月	1.28％	2016 年 9 月	−0.92％		

步骤1：业绩表现度量是投资组合在退休后的第10年之前被清算的概率。

步骤2：业绩表现度量的数学表达式很难明确地书写出来，但很容易用之后提供的简短算法来描述。

步骤3：我们假设月回报率的分布为高斯分布，均值等于过去20年的平均月回报率，标准差等于同一时间窗口内月回报率的波动率。通过表5.5中的数据进行简单计算来表明，年化平均月回报率为7.5％，年化波动率等于7.6％。然而，为了模拟，我们使用月度数值而非年化数字，月度数值为0.624％的平均月回报率和2.19％的月波动率。我们还假设每月的回报率是独立的；也就是说，为了模拟两个相邻月份的回报率，我们从相应的分布中独立地抽取两个随机数字。

步骤4—9：接下来的步骤描述了单次试验是如何开展的。由于一次试验代表了整个样本路径，蒙特卡洛模拟有多个子步骤，因此我们对之进行总结，并说明对业绩表现度量的评估：

- 从虚拟的高斯分布中独立地生成120个月回报率。对回报率进行复合，以求得100万美元在10年后（即该人员退休时）的价值。
- 该人员刚刚退休并提取了15万美元。核查剩余价值（它等于在前一步中计算的投资组合价值减去提款金额）是否为正数。如果它是负数，那么就此止步，并标记在这次试验中，投资组合已在第10年之前清算。如果它是正数，那么从虚拟高斯分布中抽取12个随机的月回报率，并使用它们来复合剩余的投资组合价值，以求得未来一年后的价值。
- 重复前一步骤10次，在退休后的每一年都重复一次。如果出现以下两种情况之一，即模拟在抵达第10年前终止或抵达了第10年，那么我们就认为样本路径已经完成。如果发生提前终止，那么我们则将其记录下来。

步骤10：重复上述步骤多次，每次试验都代表未来的一个可能版本。

步骤11：收集模拟结果。

步骤12：为了计算概率，我们将提前终止模拟的试验次数除以试验总次数。

一旦在建模环境中执行这种算法后，我们就很容易运行大量模拟（样本路径），并计算退休人员在退休后的第10年之前耗尽资金的概率。我们还很容易改变其中一些设置。例如，在不同长度的时期内重复该模拟并考察概率如何变化可能会很有趣。

表5.6提供了基于5 000条模拟样本路径的结果。第一个单元格中的概率为0.010 2，它对应退休后的10年时期。也就是说，该人员耗尽资金的概率似乎相当小。然而，随着年数增加，我们注意到，每5年概率会上升略超过0.1的幅度，在年数为20的情况下，概率接近于0.23。

如何选择分布

在运行蒙特卡洛模拟时，重要的是仔细考虑所作的假设，以便评估它们的影响。在退休投资组合例子中的一个重要假设是，未来的投资组合回报率将遵循高斯分布。首先我们如何

表5.6 投资组合在列中所示年数前清算的概率，假设月回报率为高斯分布，模拟样本路径的数量为5 000条

10 年	15 年	20 年	25 年	30 年
0.010 2	0.111 4	0.230 6	0.349 0	0.417 0

选择一个分布？

指导原则是，所假设的分布应很好地描述历史数据，有不同的方法可以量化"很好"的概念。常见的第一步是直观地考察回报率观察值的直方图，它通常呈钟形。然而，它可能会呈现偏度，而且可能会在远离分布主体的地方出现极端回报率，这标志着存在所谓的厚尾迹象。

由于两个原因，将直方图与拟合的高斯分布放在一起观察也十分常见。第一，它代表了金融学中的一个经典分布假设，它通常在默认情况下使用；第二，它是对称的，并且不呈厚尾现象，这使其成为一个良好的基准。

在图 5.3 的上图中，我们展示了表 5.5 中的投资组合回报率数据的直方图及拟合的高斯

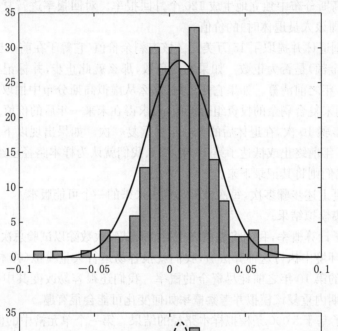

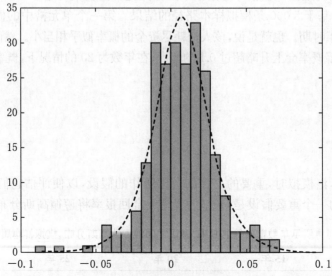

图 5.3　表 5.5 所含数据的直方图，分别用高斯分布（上图）和用位置尺度学生 t 分布（下图）拟合

分布。黑色的曲线正是在退休投资组合例子中用于生成月回报率的分布。尽管它通常符合回报率数据的轮廓,但在使用高斯分布对金融资产回报率建模时,有两个十分常见的问题。第一个问题是实证分布略微左偏,而高斯分布似乎不能很好地捕捉这种现象。尽管这在日回报率时间序列中远远更突出,但它也可能是月回报率的一个特征。

第二个问题是极端的负回报率,其实证发生的频率似乎高于拟合的高斯分布预测的频率。这也是拟合的高斯分布不能很好地捕捉直方图中心部分的原因。与月回报率相比,这种现象在高频率回报率中也远远更突出。

在第 7 章中,我们将讨论代表更一般的分布族的各种分布假设,高斯分布是这些分布族的一个特例。其中一种分布是位置尺度学生 t 分布。图 5.3 的下图显示了同一直方图,但这次是用位置尺度学生 t 分布拟合的。与上图的差异是显而易见的——实证分布的中心部分和左尾的负回报率得到了更好地捕捉。

除了将历史数据的直方图直观地叠加在拟合分布的密度上之外,还有其他常用的图形比较。一个例子是分位数—分位数图(亦称 q—q 图),它将实证分位数与拟合分布的分位数进行比较。

除了图形方法之外,还有正式的方法来计算拟合分布与实证数据的接近程度。两个广泛使用的统计量包括科莫戈洛夫—斯米尔诺夫(Kolmogorov-Smirnov)距离和安德森—达令(Anderson-Darling)统计量。分析既定数据集的一种标准方法是在数个分布假设下同时计算这两个统计量,然后检查在哪个假设下统计量最小。尽管这不是正式的统计检验,但这种比较能够提供对图形方法形成补充的深入洞察。

最后,如果一个分布假设是另一个分布假设的特例,那么我们可以进行正式的统计检验,这通常采用似然比率检验的方式执行。例如,高斯分布是学生 t 分布的一个特例。然而,这超出了本章的范围。①

如果一个不同于选定分布的分布能够更好地拟合数据,那么我们可以重复蒙特卡洛模拟,以评估分布假设的变化对最终结果的影响。这通常被视作一种稳健性检查。

生成联合情景

表 5.5 提供的投资组合回报率是从两个指数——美国大型股指数和长期国债指数——的回报率计算而来的。金融资产的回报率数据很少是独立的。在此特定例子中,美国大型股指数的回报率与长期国债指数的回报率在 2000 年 1 月—2020 年 1 月期间呈负相关。事实上,相关系数等于—0.29。

上一节中的例子假设投资组合由一个固定的组合构成(即假设对两个指数的配置在不同时期内是固定不变的)。然而,在一些金融产品中,对两个基金的配置会随着时间的推移而变化。例如,所谓的生命周期基金或目标日期基金会确定性地增加投资组合中固定收益部分的配置,它通常是一个距离退休的剩余时间的函数。在这种情况下,我们不可能遵循相同的方

---

① 更多信息参见 Rachev、Hochstotter、Fabozzi 和 Focardi(2010)。

法并使用投资组合的过往回报率模拟未来回报率，因为未来的投资组合将变得更加保守，从而使得过往回报率不具有代表性。为了绕过这一问题，我们需要对投资组合的两个组成部分的未来回报率进行联合模拟，然后根据我们模拟的未来时间应用正确的投资组合权重。由于两个指数的回报率不是独立的，实际的问题是，如何对具有相关性的变量生成蒙特卡洛模拟。

在本节中，我们利用第 4 章中的金融计量经济学内容来提供一个答案。主要的思想是：首先对其中一个变量生成模拟，然后在此实现值的条件下，对另一个变量生成模拟。尽管在多个变量的情况下使用相同的原则，但为清晰起见，本节中的讨论仅限于两个变量。

利用第 4 章中讨论的线性回归背后的符号标记，我们将美国大型股指数标记为因变量并用 Y 来表示，将长期国债指数标记为自变量并用 X 表示。于是，因变量的回报率即可用自变量的回报率和一个独立的残差来表示，

$$Y = \alpha + \beta X + \epsilon \tag{5.6}$$

其中，α 和 β 系数是估计得出的。这个方程使我们能够用上面描述的方式开展模拟——方程左边是在右边出现 X 的实现值的条件下模拟的。

然而，第一步是估计回归。使用 2000 年 1 月—2020 年 1 月的月回报率数据，估计的方程为：

$$Y = 0.008\,2 - 0.389\,6 \times X + \epsilon \tag{5.7}$$

贝塔估计值为负数，这反映了两个指数的回报率呈负相关。

我们按照接下来的步骤生成美国大型股指数的回报率和长期国债指数的回报率的联合模拟，这本质上是对本章开头提供的算法中的步骤 3 至步骤 7 之间的步骤进行修改。

步骤 $3'$：我们假设变量 X 的分布为高斯分布，均值和标准差等于 2000 年 1 月—2020 年 1 月期间长期国债指数回报率的平均值和波动率。估计值分别为 0.65％和 3.13％。我们假设估计的残差 ϵ 的分布为高斯分布，均值和标准差等于相应的样本值。估计值分别为 0 和 4％。我们假设残差与变量 X 是独立的。注意，目前为止我们作出的假设足以使我们通过回归方程的右边来描述变量 Y，因此未明确地对 Y 作出任何分布假设。

步骤 $7'$：我们使用蒙特卡洛软件，独立地从 X 的分布生成一个随机数字，并从估计的残差 ϵ 的分布生成一个随机数字。我们将这些数字标记为 X_1 和 ϵ_1。通过将这些数字代入估计的回归方程，我们计算因变量（用 Y_1 表示）的随机数字，

$$Y_1 = 0.008\,2 - 0.389\,6 \times X_1 + \epsilon_1 \tag{5.8}$$

通过多次重复步骤 $7'$，我们获得了变量 X 和 Y 的联合模拟。注意，对 Y 的每次模拟都是以 X 的一个给定的实现值为条件的。

图 5.4 提供了原始数据和 1 000 次蒙特卡洛模拟的散点图。上图显示了两个指数的回报率观察值；自变量在横轴上绘制，因变量在纵轴上绘制。下图显示了所生成的联合蒙特卡洛模拟。对两个散点图的快速比较表明，模拟中云朵一般形状与实际数据中云朵的形状相似，恰当反映了所观察数据的负相关关系。

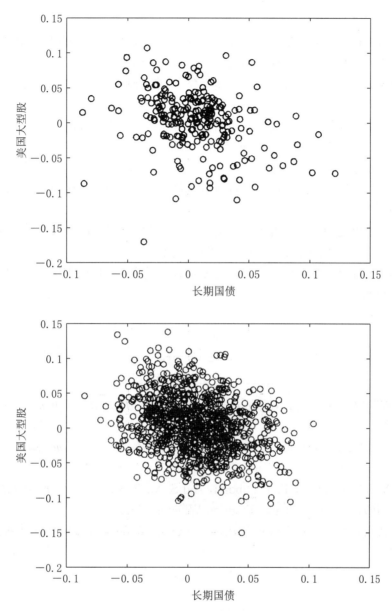

图 5.4 长期国债指数和美国大型股指数的回报率的散点图(上图),
以及相同变量的 1 000 次联合模拟的散点图(下图),
两张图都是以表 5.5 中提供的用于构建投资组合回报率的数据为基础绘制的)

关键要点

• 蒙特卡洛方法模拟影响业绩表现度量的变量可能的末来值,因此能够为业绩表现度量
生成可能的未来值。

• 模拟方法具有很高的通用性,适用于各种各样的情况,这使其成为投资组合经理决策过

程中的一个有用的组成部分。

- 每次模拟都被称为一次试验。试验次数决定了所计算的业绩表现度量的准确度。
- 蒙特卡洛方法依赖于对所模拟的随机数量的分布作出假设。
- 实际的模拟涉及从均匀分布中抽取随机数字，然后对它们进行变换，从而使其成为从所期望的分布中抽取的数字。
- 分布是根据其在拟合样本时描述原始数据的准确程度来选择的。
- 图形工具（如将估计的密度与实证直方图进行比较）和量化方法（它们使用特定的统计量）都被用于评估蒙特卡洛模拟的结果。
- 常见做法是通过修改既定假设并重新运行蒙特卡洛模拟，来评估既定假设（如一个分布模型）的重要性。
- 当我们需要可能的未来投资组合回报率实现值的完整样本路径来评估所选的业绩表现度量时，蒙特卡洛方法可被成功应用于更复杂的模拟。
- 当影响所选业绩表现度量的变量相互依赖时，我们可以使用回归模型来将随机的依赖性纳入蒙特卡洛模拟。

参考文献

Boyle，P.，1977. "Options：A Monte Carlo approach，" *Journal of Financial Economics*，4：323—338.

Law，A. M. and W. D. Kelton，2002. *Simulation Modeling and Analysis*，3rd edn. New York：McGraw-Hill.

Rachev，S.，M. Hochstotter，F. J. Fabozzi，and S. M. Focardi，2010. *Probability and Statistics for Finance*. Hoboken，NJ：John Wiley & Sons.

Schöbucher，P. J.，2003. *Credit Derivatives Pricing Models*，Chichester，UK：John Wiley & Sons.

6

资产管理中的优化模型

学习目标

在阅读本章后,你将会理解:
- 什么是数学规划;
- 建立数学规划模型所需要的步骤;
- 主要类型的数学规划模型及它们之间的联系。
- 优化模型在债券和股票投资组合的构建和资产配置中的应用。

引言

优化模型规定了为达到某个目标而采取的最佳行动。我们在大多数资产管理应用中利用的优化模型都是数学规划模型。在本章中,我们将描述在资产管理领域的优化中利用的各种类型的数学规划模型并考察一些应用,而不深入讨论这些模型的细节或对数学规划问题求解的算法。资产经理所面临的任何实际问题的复杂程度都会要求我们使用商业软件对之进行求解。

我们在制定资产配置决策(即将资金配置给主要资产类别的决策)时使用优化模型。最知名的此类配置模型是马科维茨投资组合选择模型或均值—方差分析。从概念上来说,资产经理在某个预期回报率目标和其他约束条件的限制下,构建总风险最小的投资组合。在第15章和第16章中,我们将展示如何分别在股票和债券投资组合的构建和再平衡中使用多因子风险模型,并描述投资组合优化模型的应用。

除了资产配置问题之外,我们还在股票投资组合管理中利用优化问题。同样,目标是在某些约束条件的限制下建立风险最小的大型股票投资组合。由于我们可以用不同的方法衡量风险,因此这个一般问题有多种变型。在一些应用中,投资组合经理被要求跟踪一个股票基准。于是,股票投资组合的风险是对于相应的基准优化的。

我们在债券投资组合管理中通常使用优化模型,从 20 世纪 80 年代中期开始直至 90 年代末,出现了相当多的应用。例如,结构性投资组合策略不依赖于对利率变动或收益率差变化的预期。相反,目标是设计一个达到预定基准业绩表现的最优投资组合。目标可以是:(1)某个特定基准指数的回报率;(2)拥有足够的美元满足单项未来负债;(3)拥有足够的美元满足未来负债流中的每笔负债。当我们希望达到的目标是复制某个预定基准指数时,我们所利用的结构性债券投资组合策略被称为债券指数化策略。当我们的目标是生成足够的资金来偿还预定的未来负债时,这种策略被称为负债筹资策略。

我们可以将对优化问题求解视作一个工程问题。一般而言,我们将优化问题分类成组,每一组都有各自的求解技术。因此,为了在实践中对问题求解,我们需要将现实世界问题映射至某个特定类型的优化问题,然后使用相应的工具箱来对问题求解。在本章中,我们解释主要类别的优化问题,然后讨论最常见的资产配置问题。

数学规划

我们利用数学规划模型来解决涉及配置有限资源,从而优化某个量化目标的问题。配置问题假设我们有许多可取的解决方案能够满足决策制定者的约束条件或限制,但只有一个最佳解决方案能优化既定目标的数值。根据约束条件和目标的类型,我们对不同类别的优化模型进行区分。我们先来描述在设计数学规划模型时遵循的一般步骤。

建立数学规划模型

建立数学规划问题或优化问题有四个步骤。

步骤1:定义我们必须对之制定决策的变量。这些变量被称为决策变量。在资产配置问题中,决策变量是配置给每类主要资产的金额。在构建股票投资组合以满足在约束条件下特定的投资目标时,决策变量是配置给每种股票的金额。在结构性投资组合问题中,决策变量通常是应购买或出售的证券数量。

步骤2:用数学方式规定决策制定者寻求优化的目标。这个数学表达式被称为目标函数。目标函数的线性或非线性性质是用以区分不同类型的数学规划模型的特征。

步骤3:用数学方式规定优化目标函数必须满足的约束条件。例如,一个约束条件可能是投资组合的贝塔值等于1或债券投资组合的久期等于4。为了避免集中度风险,约束条件可能会规定配置给单个市场板块的金额不得超过投资组合的一定比例,或配置给低流动性资产的最高金额不得超过一定比例。与目标函数相同,约束条件的数学特征决定了数学规划问题的类型。

步骤4:求得最优解。

在实践中,我们可以在软件的帮助下对优化问题进行求解。尽管在某些情况下,最优解确实可以用具体的数学表达式来表示,但我们在现实生活中面临的实际问题十分复杂,无法用解析的方式求解。软件工具提供了一种定义目标函数和约束条件,并对问题进行数值求解的方法。

数学规划模型的类型

我们有不同类型的数学规划模型,它们取决于:(1)目标函数和约束条件的性质;(2)问题是涉及单个决策(亦称短视问题)还是涉及不同时间的多个决策(动态问题);(3)优化问题的输入变量是确定性的还是随机的。表 6.1 显示每个类别中最常见的数学规划模型。在本节的剩余部分,我们会描述其主要类别并提供简单的例子。

表 6.1　按类别划分的最常见的数学规划模型

1. 线性模型和非线性模型类别:
   - 线性优化模型;
   - 二次优化模型;
   - 凸优化模型;
   - 混合整数优化
2. 静态问题和动态问题:
   - 静态或短视的问题;
   - 动态优化模型
3. 参数类型:
   - 确定性的优化模型;
   - 随机优化模型;
   - 稳健优化模型

线性优化模型

线性规划模型中的目标函数和所有约束条件都是线性的。在债券投资组合管理中可以使用这一规划方法的一个例子是结构性投资组合策略。[①]假设可取的债券总体是由国债、联邦机构债券和所有投资级公司债券组成的 950 种债券。决策变量为投资组合在某种债券中的投资比例。于是,我们有 950 个决策变量,每个变量代表债券总体中每种可取的债券。令:

w_i ＝购买某种债券的票面金额($i=1, 2, \cdots, 950$);

p_i ＝债券 i 的价格(作为票面价值 P 的一定比例,如 0.90、1.00、1.05)。

于是,投资组合的总成本为:

---

① 本书配套册的第 8 章解释了这个策略。

$$w_1 p_1 + w_2 p_2 + \cdots + w_{950} p_{950} \tag{6.1}$$

这个表达式代表了目标函数。目标函数是线性的。因为每个决策变量是与一个等于相应债券价格的常数相乘的,投资组合经理寻求在施加的约束条件下将目标函数最小化。

线性约束条件的两个例子是:组合中必须投资于国债的最低金额 2 500 万美元,以及投资于 BBB 公司债券的金额不得高于 3 000 万美元。在数学方面,假如债券 1,2,…,150 为国债,那么第一个约束条件可以表达为:

$$w_1 p_1 + w_2 p_2 + \cdots + w_{150} p_{150} \geqslant 20\ 000\ 000 \tag{6.2}$$

假如债券 625—950 为 BBB 公司债券,那么第二个约束条件可以用数学公式表达为:

$$w_{625} p_{625} + w_{626} p_{626} + \cdots + w_{950} p_{950} \leqslant 30\ 000\ 000 \tag{6.3}$$

结构性投资组合策略中的一个常用线性约束条件是对投资组合久期的限制。例如,免疫策略①限定投资组合的久期必须与负债的久期相匹配。在无卖空的假设下,我们限定所有决策变量都大于或等于 0。

在实践中,线性规划模型是用线性规划求解器求解的。一旦我们用公式确切表达数学问题后,在求解器中会通过将系数与决策变量相乘来定义目标函数。所有约束条件的集合是由一个将所有系数与约束条件中的决策变量相乘的数字矩阵,以及一个包含约束条件右边数值(如本例中的 2 000 万美元和 3 000 万美元)的向量来描述的。

为了对问题进行数值求解,求解器运用专门算法。自 20 世纪 40 年代以来,线性规划已成为一个研究课题,现代的商业求解器能够处理数百万个决策变量和数百万项约束方程。线性模型背后的数学理论保证了当问题解存在时,这个解可以用有限数量的步骤找到。

二次规划模型

尽管线性规划在经济学中有广泛的应用,但其在资产配置领域的应用有限。原因是风险的概念对投资组合的构建至关重要,并且是非线性的。因此,出现的实际问题并不符合线性规划模型的条件。

二次规划模型通过允许目标函数含一个二次项,扩展了线性模型。由于线性函数可被视作不含二次项的二次函数,因此,根据构建方法,线性模型代表了二次规划模型的一个特例。二次模型的经典构造是目标函数在决策变量上是二次函数、而约束条件在决策变量上是线性函数的优化问题。

投资组合构建的经典例子是均值—方差框架。决策变量为投资组合的权重,它们定义了对既定股票的资本配置比例。目标函数是投资组合的风险,由投资组合回报率分布的方差来代表。投资组合的方差等于:

$$\sigma^2(R_p) = \sum_{k=1}^{K} \sum_{h=1}^{K} w_k w_h cov(R_k, R_h) \tag{6.4}$$

---

① 债券免疫策略将债券投资组合的久期设定为与投资者的投资期相匹配。其目标是降低债券投资组合的利率风险。

其中，w_k 表示股票 k 的权重，$cov(R_k, R_h)$ 表示股票 k 和股票 h 的协方差，K 表示股票数量。投资组合回报率的方差在本质上等于两个决策变量的所有可能乘积之和再乘以一个常数。因此，它是决策变量的二次函数。风险厌恶型投资者的目标是找到使投资组合风险最小化的投资组合或一组权重。常见做法是包含以下数个标准约束条件：

- 预算约束：预算约束表明对全部资本进行分配，或用数学公式表示，权重总和应等于 1，

$$w_1 + \cdots + w_k = 1 \tag{6.5}$$

- 期望业绩表现约束：最优投资组合的期望回报率必须等于一个既定目标值，

$$w_1 E(R_1) + \cdots + w_K E(R_K) = E(R_p) \tag{6.6}$$

其中，$E(R_1), \cdots, E(R_K)$ 表示股票的期望回报率，$E(R_p)$ 为一个代表投资组合目标期望回报率的数字。

- 纯做多约束：我们可以规定投资组合仅能做多，这意味着所有权重都是非负数：

$$w_i \geqslant 0, \ i = 1, \cdots, K \tag{6.7}$$

- 单一持仓约束：为了避免对既定资产的集中配置，我们可以规定对权重设置下界和上界：

$$L_i \leqslant w_i \leqslant U_i, \ i = 1, \cdots, K \tag{6.8}$$

其中，L_i 和 U_i 分别为下界和上界。边界可以是正数，也可以是负数。负权重被诠释为空头头寸。另外注意，纯做多约束可以表达为一种单一持仓约束。

- 板块约束：为了避免对特定板块的集中配置，我们可以用类似的方法约束配置给某个特定板块的权重。假设前 10 种股票属于一个既定板块。于是，我们就可以用与单一持仓约束类似的方法来约束前 10 个权重的总和：

$$L \leqslant w_1 + w_2 + \cdots + w_{10} \leqslant U \tag{6.9}$$

假如目标函数仅包含投资组合风险，那么它仅有一个二次部分，而没有线性部分。为了给出目标同时含两个部分的投资组合构建问题的例子，考虑以下风险厌恶型投资者：其希望选择将投资者效用函数最大化的投资组合，效用函数仅包含两个组成部分——投资组合的期望回报率和方差。由于投资者厌恶风险，较高的投资组合期望回报率会提高投资者的效用（假设其他因素不变），而较高的投资组合方差则会降低效用。用数学公式表示，投资者的目标是将以下项式最大化：

$$U(w) = w_1 E(R_1) + \cdots + w_K E(R_K) - \lambda \sum_{k=1}^{K} \sum_{h=1}^{K} w_k w_h cov(R_k, R_h) \tag{6.10}$$

其中，参数 λ 是正数，描述了风险厌恶程度。效用函数的期望回报率部分是目标中的线性成分，第二个成分计算了投资组合的方差，是二次部分。注意，如果我们使用的是此类目标函数，那么就不需要期望业绩表现约束。

我们可以利用二次求解器来对二次规划模型进行数值求解。在求解器中，优化问题是用以下方式定义的。目标函数（在本例中为投资组合风险）是通过一个包含所有成对协方差的矩阵定义的，这个矩阵亦称协方差矩阵。由于所有约束都是线性的，约束集的定义方式与线性规划情况下相同——通过一个包含系数与每项约束中决策变量的乘积的矩阵。

与线性规划相反,二次规划也许无法用二次求解器求解。假如定义目标函数的二次部分的矩阵具有某些特性——矩阵必须使得对于决策变量的任何值来说,二次部分应是一个非负数——那么可以保证解是存在的,并且是唯一的。在投资组合的构建中,这个特性是成立的,因为对于决策变量的任何值来说,二次目标计算了相应的投资组合回报率分布的方差,它是一个非负数。因此,协方差矩阵具有必需的特性,我们可以使用二次求解器来对问题进行求解。现代的二次求解器可以处理成千上万个决策变量。

凸规划模型

正如我们在第 8 章中解释的那样,在险价值(value-at-risk, VaR)和条件在险价值(conditional value-at-risk, CVaR)等关注下行风险的风险度量,具有与方差截然不同的特性。从投资组合构建的视角来看,我们可以用一个不同的风险度量来代替目标函数中的投资组合方差。然而,对应的优化问题不属于二次问题的类别,因此,我们不能使用二次求解器来对之进行求解。

一种更一般的模型是凸规划。重要的第一步是确保风险度量具有我们在第 8 章中描述的凸性特性。这个性质确保了问题的解是唯一的,假如解存在的话。[1]如果凸性特性不成立,那么我们就不能在凸规划的帮助下对投资组合构建问题进行求解。一些风险度量(如CVaR)已知是凸性的,而其他度量(如 VaR)则不具有这个特性。

最后,凸问题使我们能够使用类型更为一般的约束。除了线性约束之外,我们还可以纳入凸约束,如对通过 CVaR 计算的投资组合风险不得超过某个指定数值的要求。

对凸问题求解不如对线性问题或二次问题求解那样简单。第一个原因是,规划模型的建立相对更为困难。第二个原因是,凸规划的计算量远远更大。此外,尽管存在可以应用于任何凸问题的标准算法,但如果目标函数具有某些附加特性,那么也存在更高效的特有算法。与线性规划和二次规划相比,现代的凸求解器仅能处理几百个决策变量。

混合整数规划

在经典的线性规划、二次规划和凸规划模型中,我们假设决策变量是连续的。例如,从均值—方差例子中求得的最优投资组合解可能会建议购买 12.63 股股票 A 和出售 2.345 股股票B;而在实践中,投资者只能购买整数股数的股票。

尽管假设决策变量是连续的这一说法,可能是一个合理的近似,但在某些实际情况下,使用仅能取离散值的变量是更佳做法,如使用整数值变量或二元变量。假如所有决策变量都取整数值,那么我们就有一个整数规划模型。假如一些变量是连续的,而其他变量是离散的,那么我们就有一个混合整数规划。一般而言,我们可以有模型类型和变量类型的任何组合——我们可以区分线性、二次和凸的混合整数规划模型。

作为一个特别例子,我们考虑一名投资者,他希望通过使用均值—方差投资组合构建问题以仅投资 10 种股票,候选名单为标普指数中的 500 种股票。我们可以简单地采用最优解,

---

① 这项声明在附加的温和正则条件下成立,这些条件对实际问题不具有限制性。

按权重排序,选择前 10 种股票;并对权重进行重新归一化以使其总和等于 1。然而,这可能会导致一个次优解。这类问题可以通过纳入所谓的基数约束来求解,基数约束造成使用二元变量来扩展连续变量集:既定股票或在投资组合中,或不在投资组合中。由此得到的问题是一个二次混合整数问题。

混合整数模型比对应的连续变量模型远更难以求解。根据特定优化问题的结构,计算负担可能会增加几个数量级。

短视问题与动态问题

经典的投资组合构建框架亦是单期、短视或静态的,因为我们假设最优投资组合被持有至某个未知的未来时刻。从实践角度来看,显而易见的是,市场条件会不断发生变化;在某个时点,投资组合将需要更新或再平衡。我们需要重新估计优化问题的输入变量,再次对优化问题求解,并实施新的投资组合。

尽管实际的实施涉及定期的再平衡,但这个框架仍然是短视的,因为输入变量的未来动态未被提前认识。动态问题解决了这个局限。其特征是有一个明确的投资期及对股票价格动态的具体假设。

尽管动态规划似乎是一个远更切合实际的框架,但由于其高度的计算复杂性,它在实践中极少被采用。它在资产管理中的应用仍主要是一个学术问题,仅涉及少数变量。

随机模型与确定性模型

均值—方差问题的输入由所有成对协方差和对未来预期回报率的估计组成。从实践角度来看,输入代表来自实际数据的估计数量。由于实际数据含有噪声并且样本一般很小,因此估计的数量亦含有噪声。然而,在优化问题中未认识到噪声一定程度的存在;输入变量是在它们被无限精确地已知的假设下,根据其表面值确定的。从这个角度来看,经典框架使用了确定性的优化模型。

注意,输入变量的随机性质与动态无关。在原则上,变量可以在有或没有明显动态的情况下具有随机性。我们可以有随机动态规划问题,也可以有确定性动态规划问题。

稳健优化代表了一种相对较新的技术,它认识到优化问题的输入是含噪声的。为了描述主要概念,我们使用一个基于蒙特卡洛模拟的简单程序。[①]考虑均值—方差框架和具有既定风险厌恶参数的投资者。资产经理根据历史数据估计成对协方差和期望回报率,并对问题求解。然而,资产经理意识到存在着大量与期望回报率和成对协方差相关的不确定性。因此,为了模拟该参数中的不确定性,资产经理采用以下蒙特卡洛算法:

步骤 1:选择一个描述原始数据中不确定性的分布。标准的选择是多元正态分布,其均值等于估计的期望回报率,协方差矩阵等于估计的矩阵。

步骤 2:从该分布中抽取一个随机样本,观察值数量等于原始数据中的观察值数量。根据模拟数据估计一个新的期望回报率向量和新的协方差矩阵。

---

① 对蒙特卡洛模拟的描述见第 5 章。

步骤 3:计算一个新的投资组合并存储结果。

步骤 4:多次重复步骤 2 和步骤 3。

步骤 5:最优投资组合的平均值代表稳健最优解。

这种算法在本质上是在不同的实际参数集情况下生成多个最优解。我们还可以使用模拟的最优投资组合来考察最优权重对输入中噪声的敏感度。例如,我们可以查看每个权重的直方图,以考察它们是如何受到输入中噪声的影响的。[①]

这个方法有两个缺点。第一,尽管蒙特卡洛算法在这种背景下清晰说明了稳健性的主要概念,但它可能是不切实际的,因为需要对优化问题进行多次求解。这对于大型投资组合尤其如此。第二,由于平均的过程,平均的投资组合可能有许多很小的头寸,这可能是不可取的。尽管有一些特别的方法可以减轻这两个问题,但稳健投资组合优化提供了一种替代方法。

我们用期望回报率参数来说明总体思想,并假设它们的噪声比成对相关系数的噪声更为显著。这是一个实用的假设,因为众所周知,最优解对期望回报率输入的敏感度最高。[②]

稳健优化从规定所谓的不确定集开始,这是一个描述期望回报率参数不确定性的集合。为简化符号标记,我们用 $\hat{\mu}$ 表示估计的期望回报率,并用 μ 表示未知的真实值。[*] 对于这个集合,一个可能的选择是假设真实的期望回报率属于估计值周围的某个区间:

$$\hat{\mu}_i - \delta_i \leqslant \mu_i \leqslant \hat{\mu}_i + \delta_i \tag{6.11}$$

其中,δ_i 是为每种股票选择的一个正数。如果一种股票的期望回报率具有较高的不确定性,那么就应该为该股票选择较大的参数 δ_i。

然后,我们重新表述优化问题的目标,以使期望回报率不确定性相对较大的股票受到惩罚:

$$w_1\hat{\mu} + \cdots + w_K\hat{\mu} - |w_1|\delta_1 - \cdots - |w_K|\delta_K - \lambda \sum_{k=1}^{K} \sum_{h=1}^{K} w_k w_h cov(R_k, R_h) \tag{6.12}$$

除了对目标函数作出修改之外,约束条件保持不变。

尽管这个目标函数看上去比先前讨论的效用函数要复杂得多,但我们可以将其重新表述为一个二次规划问题。也就是说,计算复杂度与原始问题相差不大。

稳健优化是一个综合理论,它提供了一种方法来表述与特定的不确定集一致的投资组合构建问题。我们也可以纳入成对协方差的不确定性集。

应用

研究人员已利用数学规划为多种类型的固定收益投资组合问题提供了解决方案,[③]包括免疫、专用投资组合策略、指数化策略、优化再平衡和资产配置。

---

① 更多细节参见 Fabozzi、Kolm、Pachamanova 和 Focardi(2007),以及 Kim、Kim 和 Fabozzi(2016)。

② Best 和 Grauer(1991)考察了单项资产的小幅上升对投资组合权重的影响。Chopra 和 Ziemba(1993)发现,估计期望回报率的误差要比估计方差和协方差的误差至少重要 10 倍。

* 原书未写符号,已进行修改。——译者注

③ Beltratti、Consiglio 和 Zenios(1998)以及 Zenios(1995)。

免疫

免疫是一种旨在抵御利率变化风险的结构性投资组合策略。当目标是构建一个投资组合以将利率变化可能会导致不能满足目标的风险最小化时,单期免疫处理的是单项未来负债。人寿保险公司在投资组合的管理中利用单期免疫,以满足它们在由其提供保证的投资合同项下的义务。单期免疫的一个要求是:投资组合的久期等于负债期限。然而,久期仅局限于收益率曲线平行变化的情况。其他研究人员提出在更加一般的收益率曲线变化的情况下实施免疫策略的方法。[①]

我们在多项未来负债的情形下利用多期免疫。多期负债的例子有:待遇确定型养老金计划的负债、人寿保险公司发行的年金保险单的负债及州立彩票产生的负债。并且,我们的目标是在无论利率如何变化的情况下,以最低成本构建一个旨在满足所有负债的投资组合。多期免疫的两个要求是:(1)投资组合的久期必须等于负债的久期;(2)投资组合的凸性必须大于或等于负债的凸性。

Zenios 和 Kang(1993)将投资组合免疫策略应用于一个多期随机优化框架。

专用投资组合策略

专用投资组合策略涉及在没有久期或凸性要求的情况下,构建一个满足多项负债的投资组合。最低成本投资组合的构建使得投资组合的现金流尽可能与偿还负债的金额和时间相匹配。因此,专用投资组合策略亦称现金流匹配策略。

免疫策略和专用投资组合策略的一个广为普及的变型是组合匹配策略,亦称投资期匹配策略。在这里,投资组合的久期是匹配的,另一个增加的限定条件是:投资组合的现金流在前几年(通常为 5 年)中是匹配的。组合匹配策略相较于免疫策略的优势在于:在最初的现金流匹配时期,该策略满足了流动性的需要。由于收益率曲线的大多数上倾或倒置往往发生于最初的几年,在初始阶段,匹配现金流能够将与倾斜的收益率曲线发生非平行变化相关的风险最小化。

债券指数化策略

指数化策略涉及构建一个业绩表现与既定指数相匹配的投资组合。我们可以使用三种广为普及的方法来设计能够复制指数的投资组合:(1)单元方法;(2)优化方法;(3)方差最小化方法。[②]

单元方法将指数分割成单元,每个单元都代表指数的不同特征。用以区分债券指数的最常用的特征为:(1)久期;(2)息票;(3)期限;(4)市场板块(国债、公司债券、房产抵押贷款证券);(5)信用评级;(6)赎回权因素;(7)偿债基金特征。目标是在每个单元,从构成指数的所

---

① 参见 Heuson、Gosnell 和 Barrett(1995),以及 Barber 和 Cooper(1996)。

② 同时使用优化和模拟来跟踪指数的模型参见 Worzel、Vassiadou-Zeniou 和 Zeniou(1994)。

有债券中选出能被用于代表整个单元的一种或多种债券。这种方法不涉及任何优化技术。

优化方法要求投资组合经理构建一个既能与单元分类匹配并满足其他约束条件，又能优化某个目标的投资组合。这个目标可以将到期收益率或某个其他收益率度量最大化、将凸性最大化，或者将总回报率最大化。[①]单元分类匹配以外的其他约束条件可能还包括：对单个或单群发行人的投资不超过某个指定金额，以及为增强指数化策略而增加在某些板块中的投资权重。根据目标函数和约束条件的数学特征，我们可以利用线性规划或二次规划求得最优投资组合。

方差最小化方法是目前为止最复杂的方法。它要求使用历史数据来估计跟踪误差。这是通过对两组因素对指数中每种债券的价格函数进行统计估计实现的，这两组因素为：(1)以理论即期利率折现的债券的现金流；(2)如前文所述的其他特征。一旦估计了每种债券的价格函数后，我们就能计算跟踪误差。于是，目标便是在指数化投资组合的构建中将跟踪误差最小化。由于跟踪误差是一个二次表达式，因此我们使用二次规划，目标是将跟踪误差最小化。

投资组合的优化再平衡

我们在任何具体应用中求得最优方案或最优投资组合后，优化程序并未终止。在大多数策略中，随着投资组合特征的变化，我们必须对一个初始的最优投资组合进行定期再平衡。例如，在免疫投资组合中，随着各种债券逐渐接近到期日，以及市场收益率的变化，其久期也会随着时间变化。因此，投资组合的久期将发生变化或偏离其目标。

再平衡要求我们购买债券（购买原始最优投资组合中不包含的新债券或增加原始最优投资组合中债券的数量）并出售原始最优投资组合中部分或全部的债券。我们可以利用优化模型将与投资组合再平衡相关的交易成本最小化。

资产配置

资产配置模型的目标是将资金分配至各类主要资产中，从而在某个特定风险水平将期望回报率最大化，或在某个特定的期望回报率水平将风险最小化。这是在资产配置问题中两个等价的陈述。第三个等价的表述是将效用函数最大化，该函数是从投资组合的期望回报率中减去投资组合风险与一个风险厌恶系数的乘积。由于不存在如何选择风险厌恶参数的清晰准则，这种表述方法较为不常用。

基于均值—方差的经典资产配置问题的主要输入是各类资产的期望回报率、成对协方差，以及资产经理选择施加或被客户要求施加的约束条件。这个问题的结构与本章讨论的股票投资组合选择问题相同。唯一的区别在于所涉及变量的性质。

假如风险不是由方差代表的，那么问题将不再是二次的。金融实践中常用的替代风险度量包括 VaR 和 CVaR。均值—CVaR 问题是一个凸规划问题，但除非为投资组合考虑的风险资产数量有限，否则它很少使用凸求解器求解。对于大型投资组合，凸问题的计算成本十分

高昂。最常用的方法包括将数学规划问题与蒙特卡洛方法相结合。情景的使用使我们将原始的凸问题转换为线性规划问题,代价是决策变量的数量增加。因此,我们可以利用线性求解器的更高效率。相比之下,均值—VaR 问题通常不是凸问题,不能以同样的方式处理。[①]

尽管稳健投资组合构建问题提供了一个有用的框架,但在本书撰写时,它们却尚未得到广泛采用。然而,专业人士认识到参数估计中噪声的重要性。处理这个问题的一种可能方法是忽略噪声的输入。由此,全局最小方差(global minimum variance,GMV)投资组合就变得受欢迎。它们是通过简单忽略涉及期望回报率的约束条件而从均值—方差框架中导出的。GMV 投资组合的特征一般是高度集中于低波动性股票,或是资产配置问题中的低波动性资产类别。这个问题可以通过施加某些约束条件来减轻。

主要框架的其他变型包括风险平价投资组合。这个优化问题的目标是寻找一个使投资组合的每个成分都对投资组合风险具有相同贡献的投资者组合。想要高效地对这个问题求解需要专门的方法。尽管目标看似特别,但我们是有可能将风险平价投资组合与均值—方差框架联系起来的。

最后,与债券指数化策略类似,目标可以是在有基准的情况下构建最优资产配置。在这种情况下,投资组合经理是将投资组合相对于基准的风险(亦称跟踪误差)而非将投资组合的总风险最小化。尽管具体的应用不同,但问题的结构与经典的均值—方差问题相同。[②]

关键要点

- 数学规划模型涉及寻找将特定目标的数值最优化的最佳解,前提是这个最佳解必须满足决策制定者的约束或限定条件。
- 为了建立模型,我们必须指定决策变量、需要优化的目标函数,以及约束条件。
- 根据目标函数、约束条件的特性及附加参数的性质,我们将数学规划模型划分为不同组别。
- 每一组问题都有专门的算法。
- 根据目标函数的特性,我们来区分线性规划、二次规划和凸规划问题,决策变量假设是连续的。
- 在大多数投资组合构建的典型应用中,约束条件是线性的。
- 优化问题中的常见约束条件包括预算约束、期望业绩表现约束、单一持仓约束和板块约束。
- 如果一些决策变量可能是整数值,那么这是混合整数规划的情况。
- 一般而言,目标函数可以是线性函数、二次函数或凸函数。
- 如果进入优化问题的某些参数存在相关的不确定性,那么我们可以使用在计算最优解时考虑到这种不确定性的稳健优化模型。
- 免疫是一种旨在抵御利率变化风险的结构性投资组合策略。

---

① 更多细节参见 Rachev、Stoyanov 和 Fabozzi(2008)。
② 对风险预算的讨论参见 Dopfel(2005)。

- 单期免疫的一个要求是,投资组合的久期必须等于负债期限。
- 专用投资组合策略(或现金流匹配策略)涉及构建最低成本投资组合,以使投资组合的现金流尽可能与偿还未来负债的金额和时间相匹配。
- 指数化策略涉及构建业绩表现与某个特定指数相匹配的投资组合。
- 资产配置模型的目标是将资金配置给各类主要资产,以在某个期望回报率水平或(可能的)投资组合经理施加的其他约束条件下,将风险最小化。

参考文献

Barber, J. R. and M. L. Cooper, 1996. "Immunization using principal component analysis," *Journal of Portfolio Management*, 23(1):99—105.

Beltratti, A., A. Consiglio, and S. Zenios, 1999. "Scenario modeling for the management of international bond portfolios," *Annals of Operations Research*, 85:227—247.

Best, M. J. and R. R. Grauer, 1991. "On the sensitivity of mean-variance-efficient portfolios to changes in asset means: Some analytical and computational results," *Review of Financial Studies* 4(2):315—342.

Chopra, V. K. and W. T. Ziemba, 1993. "The effect of errors in means, variances, and covariances on optimal portfolio choice," *Journal of Portfolio Management* 19(2): 6—11.

Dopfel, F. W., 2005. "Risk budgeting for fixed income portfolios." In *Advanced Bond Portfolio Management: Practices in Modeling and Strategies*, F. J. Fabozzi, L. Martellini, and P. Priaulet(eds.), Hoboken, NJ: John Wiley & Sons.

Fabozzi, F. J., P. Kolm, D. Pachamanova, and S. Focardi, 2007. *Robust Portfolio Optimization and Management*. Hoboken, NJ: John Wiley & Sons.

Heuson, A. J., T. F. Gosnell, and W. B. Barrett, 1995. "Yield curve shifts and the selection of immunization strategies," *Journal of Fixed Income*, 5(2):53—64.

Kim, W. C., J. H. Kim, and F. J. Fabozzi, 2016. *Robust Equity Portfolio Management*. Hoboken, NJ: John Wiley & Sons.

Rachev, S., S. V. Stoyanov, and F. J. Fabozzi, 2008. *Advanced Stochastic Models, Risk Assessment and Portfolio Optimization*. Hoboken, NJ: John Wiley & Sons.

Seix, C. and R. Akoury, 1986. "Bond indexation: The optimal quantitative approach," *Journal of Portfolio Management*, 12(3):50—53.

Worzel, K. J., C. Vassiadou-Zeniou, and S. A. Zenios, 1994. "Integrated simulation and optimization models for tracking fixed-income indices," *Operations Research*, 42:223—233.

Zenios, S. A., 1995. "Asset/liability management under uncertainty for fixed-income securities," *Annals of Operations Research*, 59:77—97.

Zenios, S. A. and P. Kang, 1993. "Mean-absolute deviation and portfolio optimization for mortgage-backed securities," *Annals of Operations Research*, 45:433—450.

7

机器学习及其在资产管理中的应用

学习目标

在阅读本章后,你将会理解:
- 什么是机器学习(machine learning,ML);
- 为何金融问题需要非常独特的机器学习解决方案;
- 在金融计量经济学和机器学习中使用的术语;
- 机器学习相对于金融计量经济学的优势;
- 不同类型的数据结构;
- 机器学习在资产管理中的各种应用;
- 如何开发机器学习策略;
- 如何建立一个机器学习投资团队。

引言

在第4章中,我们描述了已应用于资产管理过程中各种活动的金融计量经济学模型。数十年来,资产经理一直依赖这些统计技术来识别数据中的模式。机器学习(本章的主题)有望通过使研究人员利用现代的非线性和高维技术来改变这种情况,这些技术与 DNA 分析和天体物理学等科学领域中利用的技术类似。与此同时,将这些机器学习算法应用于金融问题建模和制定机器学习策略非常重要,其滥用通常会导致令人失望的结果。金融问题需要非常独特的机器学习解决方案。在本章中,我们描述机器学习,提供机器学习工具的简要概观,并描述其在资产管理中的各种应用。我们以描述如何开发机器学习策略来结束本章。[1]

---

[1] 对机器学习如何能帮助资产经理发现经济和金融理论的进一步讨论参见 López de Prado(2020)。

资产经理寻求建立有关信息的预测模型，这些信息可用于识别具有吸引力的投资机会。这是通过分析数据（包括结构化和非结构化数据）以发现复杂的模式来实现的。数据科学学科提供了从类型广泛的数据集中提取见解的分析工具。数据科学是许多学科的组合，或者更确切地说，这是一门整合了许多学科工具的学科。这些学科包括应用统计学、概率建模、人工智能、大数据分析方法、计算机科学和信号处理。

资产经理利用的数据有两种类型：结构化的和非结构化的。从这些数据类型中，资产经理寻求为制定投资策略获得见解。人们已在统计学和计算机科学领域开发了先进的分析技术，这些技术使资产经理利用计算机的力量来帮助其从大型的独特数据集中获得投资见解。人工智能学科提供了使计算机能够执行由某个领域的人类专家执行任务的工具。在人工智能学科的分支中是机器学习领域。

机器学习是研究算法如何自动从经验中学习的学科。机器学习能够完成直至最近只有人类专家才能执行的任务。就金融而言，这是采用一种将改变几代人投资方式的颠覆性技术的最激动人心的时刻。事实上，一些市场观察者认为，就量化革命而言，机器学习是这场革命的第二次浪潮，均值—方差优化是第一次浪潮。作为一种将资产管理的基本哲学与量化技术整合起来的方法，机器学习将使资产管理公司更接近量子方法（即将量化分析与基本面分析相结合）。正如 López de Prado（2018：53）指出的那样，许多前自由裁量对冲基金正在机器学习的帮助下采用这种量子方法。

机器学习是一个通用的建模框架，不依赖任何具体领域的特定理论。因此，在应用于资产管理过程中的活动时，机器学习方法不利用金融理论，而是纯粹依赖对金融现象的统计分析。机器学习方法对模型的复杂度施加了约束，以确保它们保留一定的样本外预测能力。

在本章中，我们提供对应用于投资管理过程中各种活动的机器学习方法的非技术性描述。机器学习比我们在本章中描述的远远更为复杂。通常，资产管理公司不能把握机器学习在各种投资任务中应用的复杂度。对于转向量子领域的资产管理公司而言，情况似乎尤其如此。20 世纪 90 年代，机器学习在金融建模中的应用产生了许多夸张的说明和炒作，得到了资产管理公司及其客户，以及媒体的大量关注。在大多数情况下，这些预期未得到满足。然而，这并非是因为机器学习失败了，而是由于这些公司错误地使用了机器学习，我们将在本章的末尾描述其中的原因，并概述应该如何构建在资产管理公司内部寻求生成策略的机器学习团队。

什么是机器学习

机器学习的目标是在不提供特定的数据规则设定的情况下，发现数据中的模式。这是通过开发一系列可通过经验自动优化的行动实现的。[①]也就是说，行动系列使计算机有可能随着

---

① 人工智能研究的开创者阿瑟·塞缪尔（Arthur Samuel）于 1959 年创造了"机器学习"这一术语，并将其定义为"赋予计算机在无需明确编程的情况下进行学习的能力的研究领域……"（Samuel, 1959）。

经验的增加而提高在解决手头问题方面的性能。行动在学习过程中不涉及任何人工干预，或仅涉及有限的人工干预。

通常由计算机（即机器）为解决手头问题而执行的一系列行动，是由计算机必须遵循的一组步骤提供的。这些步骤或规则被称为算法。机器学习算法寻找输入信息中的模式，这些输入信息是变量和数据集。有时，它也利用输出，即与输入信息相关联的结果。在这种情况下，机器的学习涉及开发一个将输入和输出联接起来的规则。这个规则可以采取方程的形式（方程可用于对某个变量作出预测），或者也可以是寻找数据的结构以识别模式。在生成规则时，使用的仅是数据集中的某一部分数据。数据中用于生成规则的部分被称为训练数据。然后，我们用在开发规则时未使用的那部分数据对规则进行测试，这部分数据被称为测试数据。测试规则的目的是使用各种统计度量来评估该规则在未见数据上的表现。

机器学习对分析大型和复杂的数据尤其有用，研究人员对此类数据能够提供数据规则设定的可能性很小。由于机器学习能从数据中学习数据规则这一设定，因此机器学习尤其适合于分析复杂系统中所涉及的现象，如现代的经济体和金融市场。相比之下，传统的统计工具不能从数据中学习数据规则的设定，从而导致错误设定的模型和伪发现。

对使用机器学习开发投资策略的一个常见批评是，它们是"黑匣策略"。事实上，情况并非如此。机器学习算法包含评估各种输入的重要性的工具，无论绑定它们的函数形式如何。我们很难高估机器学习这项特性的重要性：尽管传统的统计模型很容易被错误设定，从而导致其接受无用的输入和/或拒绝有用的输入，但机器学习可以在理论形成之前为研究人员指明有用变量的方向。这是我们在所有现代科学领域中使用机器学习的原因。

金融机器学习与金融计量经济学有何不同

金融计量经济学（第 4 章的主题）是经典统计方法在金融数据集中的应用。计量经济学中必不可少的工具是多元线性回归。多元线性回归中的关键数学运算是对协方差矩阵求逆，以估计预测模型的参数。与金融机器学习相反，标准的金融计量经济学模型不会学习。期望像 21 世纪的金融这样复杂的领域可以通过对协方差矩阵求逆这样简单的操作来掌握，这是不现实的。

金融学理论建立在观察值的基础之上，因此采用实证方法作为理论的基础。假如用于为这些观察值建模的统计工具箱为多元线性回归，那么资产经理将不能认识到数据的复杂性，这会导致理论过于简单，从而毫无用处。一些市场观察者［如 Calkin 和 López de Prado（2014a，2014b）］认为，金融计量经济学是金融经济学在过去 70 年间未取得有意义进展的主要原因。

金融机器学习方法不会取代理论，而会引导理论。机器学习算法在没有特别指引的情况下，在高维空间中发现复杂的学习模式。一旦资产管理团队的成员识别可以预测某一现象的特征后，他们就可以建立一个理论解释，然后可以在一个独立的数据集上检验该理论。

影响人工智能和机器学习的使用的因素

英国数学家艾伦·图灵（Alan Turing）提出了一种数学上的可能性，即可以教机器学习如何解决问题和制定决策（即可以构建智能机器）。他在 1950 年发表的题为《计算机器和智能》（"Computing Machinery and Intelligence"）的开创性论文解释了构建智能机器的框架。[①] 尽管哲学框架是由图灵提供的，但人工智能领域的根源要归功于 1956 年在达特茅斯学院举办的达特茅斯夏季人工智能研究项目。

人工智能和机器学习在资产管理中的潜在应用绝非是新近才发现的。例如，罗伯特·特里皮（Robert Trippi）和埃弗瑞姆·特伯恩（Efraim Turban）于 1992 年出版了一本名为《金融和投资中的神经网络：利用人工智能提高现实世界中的业绩表现》（*Neural Networks in Finance and Investing：Using Artificial Intelligence to Improve Real-World Performance*）的书。该书包含了众多如何在财务状况分析、企业破产预测、债务风险评估和财务预测中使用神经网络的例子。此外，作者还解释了如何将神经网络用于预测股票价格。四年后，该书有了更新，新合著者为杰·李（Jae Lee），新书名为《金融和投资中的人工智能：证券选择和投资管理的最新技术》（*Artificial Intelligence in Finance & Investing：State-of-the-Art Technologies for Securities Selection and Portfolio Management*），书中包含了一章关于机器学习的章节。[②] 自特里皮的书第一版出版以来，距今已有 26 年。然而，尽管人工智能和机器学习取得了发展，但直至最近，资产管理公司才开始投资于这项技术。

资产管理公司花费了如此长的时间才接受机器学习的一个原因是，直至最近，数据集的规模仍相对较小，而且计算能力也十分稀缺。随着数据集变得更大、更复杂，计算机也获得了为数据建模的能力，资产管理公司开始意识到传统工具是不够的。尤其是一些最有趣的数据集是非结构化和非数字形式的，因此不适合采用计量经济学方法。

机器学习技术

所有领域都会发展自己的术语，机器学习亦不例外。将其术语与在经典统计学中使用的术语进行比较是有帮助的。在这里，我们开展这项比较，并解释经典统计学中常用的术语是如何经常与机器学习中的术语互换使用的。

在统计学中，"假设"是一种可以通过使用数据或实验的统计检验来支持或反驳的声明。统计检验要求使用"观察值"或"数据点"。在机器学习中，使用的术语为"例子"和"实例"。在

---

① Turing(1950)。关于图灵的第二部电影的片名为其论文开头部分的标题。

② 这本 1996 年出版的书的封底上有两则推荐。第一则是本章合著者之一撰写的，他表示这是"一本里程碑式的书；是第一本全面而清晰地阐述人工智能在现代投资组合管理中角色的书。"第二则推荐是由诺贝尔经济学奖得主哈里·马科维茨撰写的，他写道："此书描述了可能会成为 21 世纪的标准投资程序的创新。"

统计学中,观察值或数据点的集合被称为"样本"。在假设检验中,样本被用于统计分析。我们在预测模型或分类模型的统计检验中使用两种类型的样本:样本内和样本外。前者用于估计模型的参数,而后者用于在未用于估计模型的观察值上检验模型。在机器学习中,样本内是样本中用于训练算法的部分,被称为训练样本、训练数据、训练例子和训练实例。机器学习中样本的样本外部分被称为测试样本或测试集。

最常见的统计工具为多元线性回归,或简称回归。在后面的章节中,我们将讨论不同类型的机器学习算法,并解释什么是监督式机器学习。我们有两种类型的监督学习算法:回归和分类。

在统计学领域,我们在使用回归时提到以下术语:自变量(或解释变量、预测变量)、因变量、模型,以及模型的拟合或估计。自变量是我们假设可以解释因变量的变量(通常用 x 表示自变量,用 y 表示因变量)。因变量只有一个,但自变量有一个或多个。在机器学习中,自变量被称为属性(或输入特征、特征),而因变量被称为反应(或输出、目标)。当我们在机器学习中估计或拟合模型时,它被称为学习模型。

在资产管理中常用的另一种统计工具是 PCA,我们在第 4 章中描述了这种方法。在本质上,PCA 将一组具有相关性的变量转换为一组不相关的变量,以使每个不相关的变量成为相关变量的一个线性组合,并且每个不相关的变量将被解释的方差最大化。人们已使用这个方法来生成潜在因子,这些潜在因子可用于股票和债券投资组合管理中基于因子的投资策略。在机器学习中,这是一种被称为无监督学习的算法,我们将在下文进行描述。

数据类型的回顾

数据是用多种方法生成的:来自市场交易、来自企业被要求向政府机构提交备案的众多报告、来自个人的推文和博客,以及来自显示卫星图像的传感器等。我们在这里仅回顾两种类型的数据:结构化数据和非结构化数据,以及已标记数据和未标记数据。

结构化数据和非结构化数据

一般而言,结构化数据是指以高度的组织性为特征,并且具有客观的代表性(即其代表性不受诠释的影响)的信息。信息通常由数值组成。股票回报率数据、公司基本面数据和债券属性(息票、期限、价格和票面值)的列表序列是结构化数据的例子。

由于结构化数据很容易组织,因此可以将其存储在本地数据库或电子表格中,从而使用户可以很容易地开展搜索。结构化查询语言(SQL)是一种为管理和搜索数据创建的编程语言,通常用于结构化数据。

非结构化数据具有在根本上与结构化数据相反的属性。它没有可辨认的结构,因此这种信息难以分类。尽管它包括文本项和非文本项,但通常包含大量文本。例子包括停车中心的计算机卫星图像、新闻故事、卖方分析师的报告、推文和社交媒体发帖。

有一类数据介于结构化数据和非结构化数据之间:半结构化数据。这些信息没有严格的数据模型结构，从而不能被视作结构化数据。半结构化数据中的某些数据具有标记，但部分数据是非结构化的。一个例子是电子邮件。它与结构化数据类似，因为它有发件人的名字、收件人的名字，以及邮件的发送时间。然而，导致它非结构化的是电子邮件的内容。此外，假如存在附件，那么附件也是非结构化数据。

已标记数据和未标记数据

为了理解已标记数据与未标记数据的区别，让我们首先给出后者的例子。与金融相关的未标记数据的例子为：证券分析师或公司代表的网络广播录音、媒体或卖方证券分析师撰写的关于公司的印刷文章、推文，以及上市公司在美国证券交易委员会备案的文件。

对于未标记数据的数据库，我们可以通过由专家为其中一些数据设定有意义或有信息含量的标签来增强这些数据。对未标记数据进行标记的任务有时被称为对数据进行分类或标记。例如，考虑使用来自 StockTwits 和推特等社交媒体平台的推文来衡量用于实时量化投资情绪的推文。目标是提供一个代表总体推文情绪的标签。

对数据进行标记是在监督学习算法（将在下一节中描述）中的一项关键任务。标记可以由人工手动完成，或由另一个已经过执行该项任务训练的机器学习算法来自动完成。这不是一项多余的任务，因为标记中的任何错误或不准确之处都会对数据的信息含量产生不利影响。因此，这会对机器学习算法输出结果的表现产生不利影响。标记任务的重要性亦显示了从机器学习过程中移除人工判断为何是不可能的。为了使算法有效地工作，必须要求专家来处理非结构化数据。

这里有两个涉及一家公司的投资情绪分析的例子。假如我们在机器学习算法中为数值寻求预定义的目标，那么如果专家未映射这些数值，这些数值就不能成为目标值。第一，考虑卖方分析师建议形式的数据，分析师跟踪一种特定股票并在公司报告中表达他们的观点。卖方分析师也许会建议买入、卖出或持有股票。于是，对特定分析师的报告的标记将是三种建议之一。标记者必须能够提供标签。第二，考虑从社交媒体取得的关于一种股票的数据。对于此类数据，标签将表明中性、负面或正面的情绪。

我们还有其他方法对非结构化数据进行标记。这项任务可以外包给具有特定领域知识的公司。一个优点是完成标记过程的速度。成本可能会高于在内部完成这项任务的成本，也可能不会。外包公司有兴趣将任务尽可能地做到最好，以便未来有可能会获得聘请开展进一步的标记业务，以及在行业中保护/提高其声誉。然而，主要风险是，标记商可能会在未完全了解这些标记将如何使用的情况下执行其任务。假如由于标记任务与建模任务脱节而导致机器学习策略的业绩表现较差，那么机器学习团队的报酬将会受到负面影响。与其冒着由外部顾问提供的标记任务产生不准确的标记从而导致业绩表现较差的风险，机器学习团队可能会希望自己承担标记任务。

一般而言，与已标记数据相比，未标记数据的成本相对较低。由于需要使用专家，已标记数据可能代价高昂。

学习的概念和学习风格

在考虑机器学习中的"学习"这一术语时,考虑儿童在学习骑自行车时可能会经历的过程。在学会如何正确地骑自行车前,儿童可能会多次摔倒,但他会从失败中学习,直至能够更熟练地骑自行车。同样,机器在找到问题的最优解之前也会经历多次尝试。机器将继续通过试错学习,目标是为特定问题找到最佳模型。

与心理学家区分人类大脑中不同类型的学习过程相同,数据科学家也区分不同的计算机学习过程。机器学习有三个主要类别:无监督学习、监督学习和强化学习。

根据在训练期间向机器提供的信息,每种学习风格都会有所不同。例如,监督学习算法具有与每个训练例子有关的正确"标签"。标签是来自一个既定的训练例子的观察值输出。在本质上,这意味着计算机将基于过去的观察值得出正确答案,并利用这些信息基于新的(未见的)输入数据集作出推断。反之,对于给定的训练例子集,未标记的训练集没有正确的输出。当训练集未标记时,计算机的目标是识别数据中的结构,如具有类似特征的观察值。当算法推导出将一种将累积回报的概念最大化的行为规则时,强化学习就发生了。现在,重要的是理解学习风格之间的差异依赖训练阶段期间给予计算机的反馈。因此,每种学习风格都会对不同类型的问题产生不同的答案,并将被用于金融决策中的不同应用。

监督学习算法

在机器学习中,监督算法使计算机能够从已经对每个输入包含正确标签的训练数据中学习。在监督学习中,计算机会识别将输入变量(即解释变量)与反应变量联系起来的模式。例如,我们可以训练机器学习算法,基于指示存在疾病的某些特征或输入变量来识别患者是否患有某种疾病。这被视作监督学习,因为数据集将包含输入变量及正确的标签,以对应患者是否患有疾病(由专家诊断)。由于计算机对手头上的问题(即患病还是未患病)有正确答案,因此其可以在区分患病患者和非患病患者的特征空间中搜寻模式。

监督学习有两种类型:回归机器学习算法和分类机器学习算法。回归机器学习算法被用于预测一个数值作为输出结果。这意味着反应变量是连续的。回归机器学习算法的一个简单例子是,资产经理试图预测下一年的股票价格。由于资产经理试图识别的是价格(即一个数值),因此其必须使用回归算法。

第二种监督学习是分类机器学习算法。监督分类机器学习算法的目标是产生离散的变量输出。这意味着算法将接受输入变量,识别与训练例子相关的正确组别或标签,并制定一组规则来确定训练例子应属于哪一组别。这意味着每个训练例子的"标签"将对应一个类别或组别,以使算法可以学习识别模式,这些模式将使机器能够对区分不同组别或标签的特征进行分类。监督分类机器学习算法的一个例子是确定公司债券的评级将会上调、下调或保持不变。在这种情况下,算法可以产生三种反应。它不是试图确定一个与输入值相关联的数值,而是识别一个例子最有可能属于这三种类别中的哪一种。

将学习过程置于泛化和预测的背景下的方法是统计学习。在给定一个有效的学习过程后,统计学习处理的是如何确保学习过程具有良好的泛化和预测能力。统计学习试图在概率框架下回答这个问题。经典的学习理论为了提升学习模型的预测能力,对模型的复杂度设定了限制。这是通过添加一个约束模型复杂度的惩罚函数实现的,模型复杂度用模型包含的变量数量来衡量。Vapnik(1995,1998)通过展示不仅模型的复杂度很重要,而且所使用的函数的类型也很重要,引进一个重要的概念创新。他能够构建一个数学框架来预测一组给定的近似函数的泛化效果。

无监督学习

无监督学习比监督学习更难定义和理解。在无监督学习算法中,我们不为输入提供任何标签。算法的目标是基于统计特性确定数据的结构。聚类是无监督学习的典型离散例子,PCA 是典型的连续例子。我们从一组未标记的训练数据开始,然后发现具有类似统计特征的数据分组。

例如,考虑流动性差并且难以定价的逐日盯市证券的问题。我们可以开发一种无监督机器学习算法来识别特征与我们为之寻求价格的低流动性证券类似的证券。假如无监督学习算法能够为低流动性证券识别合适的聚类,那么我们可以使用聚类的特征来对该低流动性证券、并且可能会对投资组合中其他难以定价的低流动性证券进行逐日盯市。

在原则上,无监督学习方法适用于所有可以获得的数据。我们可以将无监督学习应用于一个样本,然后推广到整个总体。例如,金融应用程序对样本数据执行价格时间序列的聚类,然后对新数据应用相同的聚类。我们通常将无监督学习用于探索性分析,以识别隐藏的模式,尤其是在缺乏已标记训练数据的情况下。

半监督学习算法

在半监督学习算法中,一些训练数据同时包含已标记和未标记的数据。半监督学习的目标是通过结合已标记和未标记的数据来评估如何改变学习行为,然后创建获益于同时使用这两种数据类型的算法。半监督学习的吸引力在于,在已标记数据数量有限或者更多已标记数据的获取成本过于高昂的情况下,它可以利用未标记数据来改进监督学习算法。

半监督学习算法的另一个潜在优势是,它们可以从已标记和未标记的数据开始,但最终预测新的未标记数据的标签。

深度学习算法

从金融建模的角度来看,深度学习算法是一种通用函数逼近器。这意味着它是一个系统,在给定一组输入的情况下,这个系统提供了待预测变量的准确估计。执行深度学习算法的主要方法是通过人工神经网络(ANN),其中有大量的内层。该模型体系结构可用于解决监督问题、无监督问题和半监督问题。

人们已经从能够模仿大脑某些功能的连接性结构的一般观点研究了深度学习算法。将这两个领域分开是有用的。正如我们之前说明的那样，人工智能已被大量的炒作包围。这种炒作又造成大量失望，因为结果不如预期。很大部分的炒作源自以下事实：人们通常假设人工智能即构建具有类似人类的认知能力的人工大脑。尤其是，尽管深度学习算法作为非线性函数逼近器的特性已经是公认的，但大型神经网络表现出与人类大脑类似的认知能力的可能性还远未得到证实。

在本质上，深度学习算法可以在监督或无监督的模式下使用。在监督模式下，我们利用深度学习算法从样本中学习一个函数——例如，从过去的实现值中学习序列的数据生成过程。

深度学习算法是由节点和连接组成的。节点被放置在多个层中。层数和每层的节点数是由用户定义的。一层中的节点只能与紧接在其下方或上方的层中的节点连接。节点从先前层中的节点接收输入。输入是加权的，因为每个连接都有一个相关的权重。每个节点的输出取决于输入的加权总和。如果输入的总和低于既定阈值，那么输出为零；如果高于阈值，那么输出为一个给定的固定值。当网络运行时，输入被应用于最低层并传播至最高层。通常，输入代表一个或多个二进制数，输出代表一个二进制数。但是有许多配置是可能的。

待学习的参数是权重。在训练阶段——即在学习过程期间——输入和输出都是已知的。目标是确定权重。因此，设计一个深度学习网络是关于直觉、试错和测试的问题。

一旦节点的数量和它们的连接固定后——被称为网络的拓扑结构——我们就可以通过利用优化器或特定的学习程序（如反向传播）来估计权重。优化器是一种可以找到函数的最大值或最小值的计算机程序。它同时考虑所有的输入—输出样本数据。首先，我们根据权重的一个函数计算误差。优化器求得使误差最小化的权重。这个过程与回归分析中的最小二乘法估计相似。在反向传播中，输入数据被按顺序馈送至网络，权重被作为输出数据的一个函数加以更新。反向传播是一个自适应过程：我们从权重的一个初始猜测值开始，然后根据新数据的一个函数对猜测值进行逐步修改。

我们还可以在无监督模式下使用深度学习算法。典型的应用是向量量化——一种试图找到一组项目的原型的过程。例如，假设我们有一组根据财务比率定义的公司，目标是创建一组原型公司，使每家公司都与一个原型相关联。

强化学习算法

学习理论的基本原则是，学习是互动的。与上述其他算法相比，强化学习算法的关注点更侧重于从与某些实体（如人类）的互动中进行的目标导向型学习。强化学习算法的输入是未标记数据集。从这个数据集中，算法为每个数据点提供一个行动。在过程的这一时点，会从某个实体（如人类）收到反馈，这些反馈有助于计算机进行学习。算法的目标是将累积回报最大化。

问题求解、机器学习和优化

1960 年，赫伯特·西蒙（Herbert Simon）有力地论证了人类的决策过程可以通过计算过程实现自动化。当时，人们难以相信基于预编程指令运行的计算机能够表现出创造力这一想法。算法过程——即计算机一步一步的过程——与创造性问题求解之间的联系是搜索的概念。

自动问题求解是基于以下概念的：人类决策和问题求解最终是对一组预先确定可能性的有引导的探索。自动问题求解是通过搜索机会的"空间"（或"集合"）并根据某个标准进行选择执行的。

问题求解需要：(1)描述各种可能性集合的能力；(2)评价各种解的量化方法；(3)搜索和优化策略。因此，问题求解最终是优化的一个应用。

人们已从不同的视角处理在问题求解中使用的方法。在探索庞大的机会集合的过程中，人们倾向于使用概率方法。

人类在机器学习中的角色

资产管理公司采用机器学习是否意味着没有给人类投资者留下任何空间？没有人比计算机更擅长下象棋。而且没有计算机比具有计算机支持的人更擅长下象棋。在与机器学习算法对赌时，有自由裁量权的投资组合经理处于不利地位。然而，通过用机器学习算法武装有自由裁量权的投资组合经理来实现最佳结果是可能的。这就是所谓的"量子"方法。

尽管我们不在本章中描述类型广泛的机器学习算法，但重要的是理解存在将人类猜测（受基本面变量的启发）与数学预测结合起来的算法，这些算法可供量子团队使用。例如，一种被称为元标记的技术使投资组合经理能够在自由裁量层面上添加一个机器学习层。

尽管人类不会被排除在投资过程之外，但人类执行的某些任务可能会被大幅削减。例如，在 Kolanovic 和 Krishnamachari(2017)的观点中，高频率交易是一个人类作用已大幅降低的领域，因为计算机可以快速分析和处理盈利报表、推文和新闻推送。另一个例子是标记。正如本章之前解释的那样，我们需要专家来对数据进行标记。

认为人类在投资决策中的角色将被完全消除的极端观点，是建立在人类在制定决策过程中的偏差上的。这表示算法没有偏差，或者从本质上说，算法是中性的。事实上，情况并非如此，或者可能更糟。偏差（被称为算法偏差）是由机器学习方法的运作方式造成的，尤其是深度学习算法。深度学习算法的性能随着已标记数据的增多而改善。然而，假如在学习过程期间增加的数据继续未充分代表一个类别（即没有足够的多元化），那么这可能会导致严重的偏差。

荷兰银行的人工智能专家朱莉娅·克劳尔(Julia Krauwer)指出：

> 模型不能超越训练这些模型时所使用的数据，因此每当训练数据有偏度或过于狭隘时（情况通常如此），模型的输出亦会存在偏差……我们应当意识到无论模型的输出看上去有多么智能，模型都只是对现实的代表。模型可以帮助用户掌握现实中的某些元素（预测或分类），但不一定能够展示全貌。这就是为何人类参与其中是必不可少的原因：与机器不同，我们能够将具体背景考虑在内并利用一般知识来正确地看待人工智能得出的结论(Finextra, 2017:23)。

企隆投资管理公司的量化研究主管布莱恩·曹(Brian Cho)表达了人类的角色不会完全消除这一观点。这家资产管理公司同时拥有量化研究团队和基本面研究团队，并使用被称为量子方法的投资方法。他认为，在讨论人工智能和数据时，通常缺失的是人类判断的角色，在他的观点中人工干预是必须的。道富环球投资管理公司（第三大资产管理公司）的首席投资组合策略师高拉夫·马利克（Gaurav Mallik）同意这一观点。他认为，为了取得一个"听起来不错"的投资假设，我们需要将数据工具与人类才能结合起来。

应用

金融机器学习为资产经理提供了从数据获得以下见解的机会：

- 高维空间中的非线性关系的建模；
- 分析非结构化数据；
- 学习复杂的模式；
- 关注可预测性，而非方差裁定；
- 控制过度拟合。

与此同时，金融在关系到机器学习方面不是一个即插即用的学科。金融数据建模比驾驶汽车或识别人脸更具挑战性。机器学习算法总是会找到一个模式，即便这个模式并不存在！

在本节中，我们回顾以下九种重要的金融机器学习应用：

- 价格/利率或汇率/波动率的预测；
- 投资组合构建/风险分析；
- 结构突变/异象的检测；
- 确定下注的大小；
- 特征重要性；
- 控制影响；
- 信用评级/分析师的建议；
- 投资情绪分析/推荐系统；
- 伪投资策略的检测。

价格/利率或汇率/波动率的预测

机器学习技术的一个常见用途是预测价格、利率或波动率等数值。金融计量经济学是开展这些工作的传统技术。Mullainathan 和 Spiess（2017）讨论了机器学习与计量经济学方法之间的一些差异。监督机器学习的目标是在样本外数据上对 y 产生良好的预测。相比之下，计量经济学模型的目标是以样本内的方差裁定为目的，来取得参数的最佳线性无偏估计。

不幸的是，预测和无偏性不一定目标一致。用于预测的回归模型之参数的最佳线性无偏估计不一定会将样本外数据的平方误差最小化。例如，尽管最小二乘法在所有无偏估计中具有最小方差，但有一些估计量通过接受较小的偏差以换取更低的方差来实现更低的均方误差。此类估计量的线性例子为岭回归（Ridge）、LASSO 回归或弹性网络回归，非线性例子为 James-Stein 估计量。

金融计量经济学模型使用样本内的具体解释变量来对被解释变量进行方差裁定。模型旨在将组合效应分解为个体效应的总和。尽管这在假设所有其他因素保持不变的情况下有助于分析，但当目标是样本外预测而非样本内方差裁定时，机器学习是更合适的工具。当存在多重共线性解释变量或解释变量缺失时，情况尤其如此。

Mullainathan和Spiess(2017)提供了对为何有必要超越最小二乘法并转向机器学习来开展经济和金融分析的举例说明。他们的例子涉及住宅价格的预测。这些作者利用从美国住房调查的2011年大都市样本中随机选择的10 000个自住单位。因变量为每套住宅的价值。他们使用150个解释变量。为了比较不同的预测技术，Mullainathan和Spiess(2017)利用41 808个单位的测试集(保留集)评估了每种方法预测住宅价格的准确度。测试的预测方法为最小二乘法和四种机器学习方法。[①]这个例子产生了两个主要见解。第一个见解突出了用保留样本评估性能的必要性。具体而言，他们发现样本内的性能不能很好地推广至样本外。他们发现，对于某些已知具有强烈过度拟合倾向的机器学习算法，情况尤其如此，我们在本章后面讨论这个问题。第二个见解是关于样本外性能的。他们发现机器学习算法的性能可以显著超越最小二乘法。此外，即便在样本规模不大和协变量的数量有限的情况下，这种超越也会发生。

投资组合构建/风险分析

机器学习在投资组合优化中尤其有用。投资组合构建和优化的当前格局是由均值—方差优化方法主导的。这个范式可以基于哈里·马科维茨的研究追溯至20世纪50年代和60年代。不幸的是，均值—方差投资组合在样本内是最优的，但在样本外往往表现不佳。

执行此类优化的问题在于，资产管理团队必须生成描述每种证券如何与另一种证券相关的完整画面。为了做到这点，我们必须计算一个将每种证券与投资组合中所有其他证券关联起来的协方差矩阵。因此，如果投资组合经理寻求构建一个规模为 n 的投资组合，那么资产管理团队必须计算一个规模为 $n \times n$ 的协方差矩阵。这要求独立计算 $[n \times (n+1)]/2$ 个协方差，并且其在实践中不十分稳健。例如，如果一名投资组合经理希望创建一个由50种股票组成的投资组合，那么就要求资产管理团队的成员基于每日的观察值生成一个 50×50 的协方差矩阵。这个协方差矩阵将有1 275个元素，其中50个为方差估计，其余元素为协方差估计。除非投资组合经理能够取得五年的日回报率并且这段时间覆盖一个协方差稳定的时期，否则协方差矩阵在数值上肯定是病态的。在应用这些协方差对第6章中描述的凸优化模型求解时，所涉及的计算通常会放大估计误差。

对投资组合优化问题求解的一个更佳方法是通过使用机器学习。为了做到这点，需要计算一个最小生成树(minimum spanning tree, MST)，这是一种机器学习技术。我们不深入讨论该技术，MST本质上被用于识别与所有其他证券表现出关系的证券，而不必明确地计算每个变量之间的相关系数。例如，我们再次假设投资组合经理希望构建一个由50种证券组成的投资组合。MST将识别隐含地捕捉了整个系统结构的49个关系。通过利用这项机器学

---

① 四种机器学习方法为：(1)最小绝对收缩和选择算子(LASSO)；(2)按深度调整的回归树；(3)随机森林；(4)集成方法。

习技术,MST 将总结数据的结构,并使投资组合经理能够识别证券之间的层次关系。这会导致对变量之间的关系生成一个远更稳健的估计。而且,这项技术仅要求估计 $n-1$ 个关系,而不是计算 $[n \times (n+1)]/2$ 个独立的协方差。取得对市场特征的更稳健和更可靠的描述将需要远远更少的数据。

López de Prado(2016)引进了上面描述的构建投资组合的技术。他将这种利用机器学习和图论领域的数学方法的投资组合构建技术称为分层风险平价配置。基于蒙特卡洛实验,他发现这项技术的样本外性能超越了均值—方差方法。尤其是,实验显示,与均值—方差优化相比,在利用该新技术时样本外的夏普比率提高了 31%。

结构突变的识别

金融机器学习的第三项有益的应用是识别时间序列中的结构突变,或横截面数据中的异常值。一些资产经理对在投资决策中使用量化方法的好处持怀疑态度,因为模型是"为失败拟合"的。这是由于量化模型使用历史观察值来学习过去的市场行为,以预测在未来不太可能再次发生的事情。尽管这种说法有一定的正确性,但在机器学习的背景下,这种担忧通常被夸大了。所有模型(甚至是在我们的大脑中开发的模型)都是基于历史观察值的,这使我们能够对未来事件作出预测。仅就这一点而论,机器学习不一定处于劣势。

机器学习算法在识别结构突变或类泡沫行为方面尤其技能熟练。尽管这些算法在理解未来市场行为方面可能不如人类,但它们能够识别观察值是从一个与过去观察到的迥异的分布抽取的情况。这意味着机器学习算法能够识别何时出现与用于训练算法的先前观察值集合不相关的观察值。这是机器学习的一项极其有用的应用,因为人类通常不能确定何时会从一种市场行为过渡至另一种市场行为。

在机器学习中用于识别结构突变的一种技术是被称为上确界增广迪基-富勒检验(supremum augmented Dickey-Fuller, SADF)的检验程序。在本质上,SADF 是一种双嵌套增广迪基-富勒检验,用于确定证券或资产的价格是否正在呈现指数式增长或指数式衰减。这决定了是否存在与回报率时间序列相关联的类泡沫行为。SADF 在识别同一时间序列中的多次泡沫破裂行为方面尤其有用,尽管序列可能总体上看似平稳。机器学习算法将使用这些类型的统计量作为特征来识别出现泡沫的先决条件或泡沫是否有可能破裂。这并非表示机器学习会决定泡沫将在何时破裂,相反,算法寻求预测当前在时间序列中是否存在泡沫。当这些类型的结构突变识别出来时,投资组合经理将不希望执行回归均值的定价算法,或在任何一个方向上持有过度的风险。

确定下注的大小

投资组合经理在对证券作出决策时必须决定两件事情。第一,投资组合经理必须决定所采取的头寸立场。证券的头寸立场是指应该对证券做多还是做空。这被称为"立场对赌"。第二,投资组合经理必须决定投资于头寸的金额或规模。这被称为"规模对赌"。对赌规模为零意味着完全不存在对赌。投资组合经理可以利用机器学习算法来建议一项对赌的规模,立场是用另一个算法确定的。将规模决策和立场决策分离开来可能会导致比同时对两者建模更佳的性能。为了理解其中的原理，我们必须解释两个概念：召回率和精确率。

为了理解精确率和召回率，我们想象一个正被用于确定将会升值的证券（即投资组合经理应该买入的证券）的算法。在这个背景下，召回率为模型预测将会升值、并且实际确实升值的证券数量与在该段时期内升值的证券总数的比率。例如，如果有 50 种证券出现了升值，而模型仅识别了其中 30 种，那么召回率为 30/50 或 0.6。精确率是指升值证券相对于模型预测将会升值的证券的数量的比例。因此，它是正确识别的买入建议数量与预测的买入建议总数的比率。如果模型预测有 40 种证券将会升值而其中仅有 20 种实际确实出现升值，那么模型的精确率为 20/40 或 0.5。因此，我们可以将召回率视作模型避免假阴性的能力，并将精确率视作模型避免假阳性的能力。

让我们回到关于对赌的立场和规模的建议上来。理想算法是同时具有高召回率和高精确率的算法。尽管我们可以用单个机器学习算法来同时制定立场建议和规模建议，但它通常受困于高召回率和低精确率，或高精确率和低召回率。

由于我们难以开发具有高召回率和高精确率的单个机器学习算法，投资组合经理必须使用两个不同的机器学习算法对决策过程进行分离：一个算法决定对赌的立场，另一个算法决定对赌的规模。从直觉上看，第一个机器学习算法应具有高召回率，因为投资组合经理会希望能够识别大量的可能交易机会。反之，第二个机器学习算法应具有高精确率，因为经理会希望确保第一个模型的建议实际上准确。在实践中，资产管理团队的某个成员会开发具有低精确率和高召回率的第一个机器学习算法，然后代之以第二个机器学习算法，该算法将牺牲一些召回率以换取更高的精确率。总体目标是将精确率和召回率的调和平均值最大化。其优势在于，第二个机器学习算法并不是决定投资组合经理应买入还是卖出证券，而是决定对赌的规模（不是对赌的立场）。对赌的立场仍是由主要的机器学习算法决定的。

然而，在实践中，立场决策不需要涉及算法。它可以来自基本面投资者或有自由裁量权的投资组合经理，在这种情况下，第二个机器学习算法可以决定该自由裁量投资的规模。因此，第二个机器学习算法的功能是决定投资组合经理是否应该对该项对赌下注。在这里，我们看到了一个使用人工干预作为机器学习技术的一部分的例子，正如我们在本章前面所指出的那样，这个例子还说明了通过机器学习技术的应用，资产管理团队如何更接近量子方法。

特征重要性

监督学习算法识别了高维空间中的模式。这些模式将特征与结果联系起来。尽管这种关系的性质可能会极其复杂，但无论模型的设定如何，我们总是可以研究哪些特征更重要。因此，超出预测之外的机器学习应用被称为特征重要性。特征重要性的目的是识别看上去含有作出准确预测所需的信息的相关变量。

假设艾萨克·牛顿爵士在研究万有引力定律和万有引力方程时拥有使用计算机的能力（他当然有能力处理微积分）。在特征重要性分析的帮助下，牛顿将能够区分在万有引力方程中伸用的相关变量和对理解万有引力不相关的变量。在了解质量和距离为两个相关变量后，他就可以探索其他的模型设定方式。相反，计算工具的缺乏迫使牛顿创建了一个新的数学领域（微积分），只为了得到相同的结论。在实践中，我们不能期望研究人员为每项发现都创建新的数学领域。这是机器学习已成为科学工具库中一项关键工具的原因之一。

在金融领域,机器学习算法很少会给我们一个闭式解,因为在许多情况下这些是非参数方法。机器学习可以帮助资产经理的方法不是生成闭式解。相反,机器学习被用于帮助向资产经理提供与某个特定现象相关的变量。

在使用传统的统计分析时,由于模型的错误设定,资产经理通常会遗漏重要的变量。这是特征重要性为何在金融分析中尤其有用的原因。特征重要性分析通过仅识别最有用的变量,为资产经理提供了最佳的模型输入。一旦资产经理拥有这项信息后,他就能够利用这些信息更好地理解是哪些因子在发挥作用,以及利用这些信息开发一个解释为何这些变量具有重要性的理论模型。

控制影响

计量经济学的模型设定通常涉及两种类型的解释变量。第一种解释变量涉及因变量的假设预测变量。第二种解释变量涉及控制变量。通常,资产经理对控制变量没有特别兴趣。然而,由于控制变量与因变量相关,它们必须被纳入回归,以便从方程中消除它们的影响。

Mullainathan 和 Spiess(2017)认为,由于我们对"理解"与控制变量相关的参数不感兴趣,因此不应对它们进行参数化估计。相反,资产经理应当用基于控制变量特征的机器学习算法所产生的预测来替代对控制变量的影响。这种做法将使资产经理更好地估计预测变量的参数估计的显著性。

信用评级/分析师的建议

股票分析师应用多种模型和启发式方法来生成信用和投资评级。这些决策并非完全任意,它们对应于不能用一组简单的公式或一个定义良好的程序来表示的复杂逻辑。机器学习算法已成功地复制了银行分析师和信用评级机构提供的大部分建议。

穆迪分析公司的 Bacham 和 Zhao(2017)的一个例子展示了机器学习相对于传统统计分析的优势。他们基于两个解释变量来解释违约率,并证明它们之间的关系是非线性的、复杂的,同时非单调的。在使用 logit 和 probit 模型预测违约时,正如预期的那样,预测性能很差。使用机器学习算法——具体而言是随机森林模型——在预测将会违约的债券方面做得远远更为出色。

机器学习方法的性能更佳的原因是,它未被限定于预测线性或连续的关系。不受统计线性模型的基础假设的约束,使资产经理能够拥有远远更佳的洞察力,并有可能将专家人工执行的任务自动化。

投资情绪分析

已有数项研究使用机器学习来利用社交媒体数据提取市场投资情绪。[1]社交媒体数据已

---

[1] 本节中的部分讨论取自 Sun、Lachanski 和 Fabozzi(2016)。

成为广受欢迎的股票市场预测的来源,许多研究人员探索了其与金融市场的关系。Kalam-pokis、Tambouris 和 Tarabanis(2013)总结了表明社交媒体数据如何可被用于各种类型预测的研究。例如,亚马逊网站上的评价已被用于预测产品的销售量。

最早的实证研究之一是 Antweiler 和 Frank(2004),他们考察了社交媒体对股票市场的影响,重点研究了雅虎财经官网留言板上的文本在股票市场波动性预测中的应用。这些研究表明,预测指标可以从社交媒体内容得出。

最近,研究人员已探索将推特作为其社交媒体内容的来源。尽管每个帖子或推文被限定不能超过 140 个字符,但总体而言,人们认为这些信息可以准确地反映公众投资情绪。通过研究推文分析和首次公开发行(IPO)的业绩表现,Liew 和 Wang(2016)发现,IPO 的平均推文投资情绪与 IPO 的首日回报率(不仅在首个交易日,而且还在之前的两或三天)之间存在显著正相关。此外,通过研究推文与盈利公告之间的关系,Liew、Guo 和 Zhang(2017)报告指出,不仅众包信息的一致盈利预测更为准确(准确度超出 60%以上),而且盈利公告前的推文投资情绪亦能预测公告后的风险调整后超额回报率。

Azar 和 Lo(2016)表明,联邦公开市场委员会(FOMC)会议期间的推文包含了可被用于预测股票市场回报率的信息,并且这些信息可被用于构建业绩表现超越基准的投资组合。在一项关于 FOMC 会议的后续研究中,Agrawal、Azar、Lo 和 Singh(2018)发现,将社交媒体与新数据结合起来将比仅使用传统数据提供关于股票市场恐慌和狂热的更深入见解。他们发现,投资者情绪会影响流动性的供给和需求。

Liew 和 Budavri(2017)利用 StockTwits 的数据表明,社交媒体在解释回报率的时间序列变化方面具有很大的解释力。他们随后提出了在 Fama-French 五因子模型中增加第六个"社交媒体因子",这个因子既不同于先前的五个因子,又在预测回报率方面具有显著性。

Sun、Lachanski 和 Fabozzi(2016)发现,支持向量机的机器学习算法可被用于从 StockT-wits 信息流中创建市场指标来预测股票价格的走向。这些发现支持了 Wong、Liu 和 Chiang(2014)的主张,即支持向量机方法可与文本挖掘结合使用来预测股票市场。

伪投资策略的检测

机器学习在预测之外的另一项重要应用是伪投资策略的检测。假设研究人员获得随机数据以得出一项投资策略。在经过多次重复回测后,研究人员找到了一项回测夏普比率等于 3 的策略。这显然是假阳性,因为数据是随机的,不存在可发现的投资策略。研究人员找到假阳性的原因是,取得假阳性的概率会随着独立试验次数的增加而上升(假阳性亦称第一类错误,第 17 章在回测的背景下对其进行讨论)。为了得出策略属于伪策略的概率,我们必须考虑到发现该策略所涉及的试验次数。

并非每次回测都被视作独立的试验,因为有时两次回测之间的差异只是参数的微小变化。这是无监督机器学习算法发挥作用的地方,即确定低相关的回测块的聚类方法。一旦我们估计了回测的低相关聚类数量,我们就可以使用这些信息来缩小夏普比率,以减小多重检验下选择偏差的影响。

建立机器学习投资团队

我们如何建立机器学习投资团队以提高开发成功策略的可能性？在本章的最后一节，我们将提供一些实现这一目标的指导原则。所涉及的总体活动有三项。第一是以一种使得我们能够应用机器学习算法的方式构建数据。第二是开展研究，以便通过科学的过程来进行实际的发现，而不是漫无目的地进行搜索，直至发现某个意外的结果——这可能是伪发现。第三，在控制作出伪发现的可能性的同时，对投资策略或投资机会进行回测。

需要避免的两个陷阱

在组建机器学习投资团队时，有许多陷阱需要避免。我们在这里仅讨论其中两个[①]：避免各自为营的研究和避免通过回测进行研究。在描述这些陷阱后，我们将看到建立机器学习研究团队如何能避免这两个陷阱。

避免各自为营的研究

证券分析师分析原始新闻和分析，但在对个体证券作出决策时主要依赖他们的判断或直觉。同样，自由裁量投资组合经理在制定投资决策时也是如此行动。证券分析师和自由裁量投资组合经理都可能基于某个故事来对其关于某种股票、债券或另类资产的决策进行合理化解释。然而，分析师总是可以在事后编造一个故事，来证明任何投资决策的合理性。由于没有人可以完全理解他们下注背后的逻辑，一名分析师很难以客观的方式在另一名分析师的工作基础上进行分析。因此，投资公司通常要求其分析师彼此独立工作，即各自为营，它们认为这将对所分析的证券提供更佳的观点。参加资产管理团队的成员和其客户（或在经注册的投资公司的情况下，为受托管理委员会）举行的会议的任何人士，都会观察到这些会议是多么漫长和毫无目的。每个参与者似乎都沉迷于某一特定的轶事信息，在没有基于事实的实证证据的情况下，辩论就会发生巨大跳跃。这并不意味着证券分析和投资组合经理不可能取得成功。相反，其中一些人是成功的。关键是他们不能自然地作为一个团队工作。如果建立一个由 40 名分析师组成的投资组合团队，那么他们会互相影响，直至最终资产管理公司为一名分析师的工作支付 40 份薪水。因此，分析师各自为营工作，以尽可能减少他们之间的互动，看上去似乎是合理的。

不幸的是，在应用于量化项目或机器学习项目时，这种做法非常不成功。资产管理公司的心态是，让我们对量化分析师采用已对证券分析师和投资组合经理奏效的方法。让我们雇用 40 名博士并要求他们每个人在六个月内提交一项投资策略。这个方法往往会适得其反，因为每个博士都会疯狂地寻找投资机会，并最终满足于：（1）在过度拟合的回测中看似很棒的假阳性；（2）标准的因子投资，这可能是一个低夏普比率的过度拥挤的策略，但至少有学术支

---

① 对机器学习专家面临的陷阱和处理这些陷阱的解决方案的详尽解释参见 López de Prado(2018)。

持。两个结果都会使客户失望，这一努力将被叫停。即使其中的三名博士作出了真正的发现，利润也不足以覆盖支付 40 名博士的费用，因此这三名博士会转移到其他地方，寻求恰当的回报。

如果研究人员希望独立开发机器学习策略，那么这样做的机会将很渺茫。生成一项真正的投资策略所花费的努力与生成 100 项真正的策略所花费的努力几乎同样多，而且复杂性巨大无比：数据管理和处理、高性能的计算基础设施、软件开发、特征分析、执行模拟器、回测等。即使管理层为负责开发机器学习策略的人员提供这些领域的共享服务，这仍难以实现。

成功的量化公司遵循元策略模式（meta-strategy paradigm）组建其研究团队，正如 López de Prado（2014）指出的那样。任务被划分为子任务，这些子任务依次执行，从而产生一条流水线。每项子任务的质量是独立衡量和监测的。每一名量化分析师的角色是专注于某项特定的任务，成为该领域的佼佼者，同时对整个过程有一个整体的看法。这种组建方式使团队能够以可预测的速度作出发现，而不依赖幸运的光顾。这基本上与国家实验室遵循的组织原则相同。①没有任何个人对这些发现负责，因为它们是团队努力的结果，每个人都在其中作出了贡献。当然，建立这些金融实验室需要时间，也需要知道他们在做什么、并且已经做过这些事的工作人员。

避免通过回测进行研究

金融研究中最普遍的错误之一是：获取一些数据，通过机器学习算法运行数据，对预测进行回测，然后重复这个动作序列，直至出现一个漂亮的回测结果。学术期刊充斥着这样的伪发现，甚至大型对冲基金也常常落入这个陷阱。使用相同的数据不断地重复测试将生成一个伪发现。

正如我们在第 17 章中讨论回测时所解释的那样，这种方法上的错误在统计学家之间是如此臭名昭著，以至于他们认为这是科学欺诈；美国统计协会在其道德准则中对此提出了警告。②即便是在达到完全召回率的情况下，也通常需要大约 20 次这样的重复才能发现一项（伪）投资策略，标准的显著性水平（假阳性率）为 5%。

我们可以如何处理这个问题？假设我们有一个包含某项资产的特征和标签的数据集。资产管理团队可以利用机器学习技术在数据集上拟合一个分类器，并通过所谓的交叉验证来评估泛化误差。假设模型实现了良好的性能，下一步将是试图理解哪些特征对该性能作出了贡献。资产经理也许会添加一些特征，这些特征会增强导致分类器的预测能力的信号。资产经理也许会排除一些仅对系统添加噪声的特征。最关键的是，理解特征的重要性打开了谚语中的黑匣子，并可以引导研究人员寻求解释这些特征如何与某个特定结果相关的理论。

如果资产经理能够理解哪些信息来源不可或缺，那么他就可以理解对分类器所识别模式的见解的重要性。这是机器学习的怀疑论者为何夸大黑匣咒语的原因之一。尽管该算法确实在没有人工干预的情况下识别了模式，并在黑匣中指导过程（机器学习的全部意义），但这不意味着资产经理不能够（或不应该）查看算法发现的结果。一旦机器学习技术识别了哪些特征重要，资产经理就可以通过开展多次实验来了解更多。在这样做的过程中，与传统方法

---

① 隶属于美国能源部的 17 个国家实验室是全球最领先的科学研究机构之一。

② 见美国统计协会（2016）中的第四项讨论。

相比,机器学习工具对 x 和 y 之间的联系提供了更深入和更多的见解。更具体而言,资产经理可以评估:

- 所识别的特征是始终重要,还是仅在某些特定环境中是重要的;
- 随着时间的推移,是什么触发了特征重要性的变化(即区制的变化);
- 这些区制变化是否可预测;
- 这些重要特征是否还对其他相关的金融工具有意义;
- 在所有金融工具中最相关的特征是什么;
- 在整个投资领域是否存在具有最高秩相关性的特征子集。

这是远远比愚蠢的回测循环更佳的研究策略的方法。记住,特征重要性是一种研究工具,回测则不是。

组建机器学习生产链

我们有不同的方法来考虑如何建立一个机器学习投资策略团队。López de Prado(2018)建议的一个方法是用生产链上的站点表示的。这些站点包括数据管理员、特征分析师、策略师、回测人员、部署和投资组合监督。

数据管理员站点

在数据管理员站点中的团队成员负责数据的收集、清理(刷洗)、对异常值和缺失数据的修正、索引、存储、调整,以及将所有数据交付给生产链。他们是市场微结构和数据协议方面的专家,必须理解数据产生的背景。这不是一项简单的任务。例如,报价是被取消而被一个不同的价格水平替代,还是被取消且没有替代?委托单的执行是否是由匹配引擎任意拆分的,倘若如此,它们是否可以重新构建?每一资产类别、交易所和产品都有各自的细微差别。例如,在债券情况下,它们被经常性地赎回或交换;股票受到拆股、反向拆股和投票权等等的影响;期货和期权必须滚动;货币不是在一个集中的委托单账簿中交易的。

特征分析师的站点

正是在特征分析师的站点,团队成员将数据管理员站点提供的原始数据转换为含信息的信号。这些含信息的信号对金融变量具有一定的预测能力。这个站点由信息理论、信号提取和处理、可视化、标记、加权、分类器和特征重要性技术方面的专家组成。例如,特征分析师可能会发现,当以下情况发生时,股票市场抛售的可能性尤其高:(1)报价的要约被取消,取而代之的是市场卖单;(2)报价的买单被取消,取而代之的是账簿中更深处的限价买单。尽管这种发现就其本身而言不是一项投资策略,但它可以不同的方式使用:委托单的执行、流动性风险的监测、做市、建立头寸等。一个常见的错误是认为特征分析师会制定投资策略。情况并非如此。特征分析师收集可能对其他数个站点有用的调查结果库并对之进行编目。

策略师站点

正是在策略师的站点,含信息的特征被转换为实际的投资算法。策略师分析特征库,并寻找开发投资策略的创意。特征库是由不同的特征分析师发现的,这些分析师研究类型广泛的工具和资产类别。策略师的目标是厘清所有这些观察结果，并形成一个解释它们的一般理论。因此，所开发的策略不过是一个旨在检验这个理论的有效性的实验。这个站点的成员是对金融市场和经济有透彻了解的数据科学家。

策略师形成的理论需要能够解释一个庞大的重要特征集合。具体而言，理论必须识别导致另一个市场参与者系统性地发生亏损的经济机制。它可以归因于行为偏差、信息不对称、监管限制等。特征可以被视作由黑匣发现，但策略是在白匣中开发。将一个库中的多个特征拼凑在一起并不能构成理论。在最终确定策略后，一名策略师站点的成员将编写使用完整算法的代码，并将该代码原型提交给回测站点。

回测站点

在回测站点，团队成员评估一项投资策略在各种情景下的盈利能力。其中一个令他们感兴趣的情景是：假如历史重演，策略的业绩表现将会如何。他们充分认识到历史路径仅仅是一个随机过程的多种可能的结果之一，而不一定是未来最有可能发生的情形。他们必须评估与拟议策略的优缺点知识相一致的备选情景。团队成员是透彻理解实证技术和实验技术的数据科学家。

一名优秀的回测员会将关于策略如何产生的元信息整合到分析中。尤其是，其所执行的分析必须通过考虑到提取策略所需要的试验次数，来评估回测过度拟合的概率。由于我们将在第17章中所讨论的回测的危险，这项评估的结果不会被其他站点再使用。相反，回测结果会传达至管理层，而不与其他任何人分享。

部署站点

部署站点的成员负责将策略代码集成到流水线中。一些组件可被多个策略再使用，尤其是当其他策略拥有共同特征时。算法专家和核心数学程序员是这个站点的成员。他们的部分责任是确保所部署的解决方案与他们收到的代码原型在逻辑上完全相同。部署站点的责任还包括充分地优化执行，从而将流水线的延迟最小化。

投资组合监督站点

一旦策略得到部署，投资组合监督站点就会接手。这个站点首先对在回测结束日期之后观察到的数据运行策略。这个禁运期可能是由回测员刻意保留或者也可能是执行延迟的结果。

如果表现与回测结果一致，那么策略将进入由投资组合监督站点负责的下一个阶段。这是纸面交易阶段，其中策略是实时运行的。通过这种做法，策略表现将考虑数据解析延迟、计算延迟、执行延迟，以及观察与建立头寸之间的其他时间间隔。纸面交易阶段的时间长度不是任何固定的时间段。相反，纸面交易的时间长度必须足以使该站点收集到证明策略表现符合预期的足够证据。

一旦纸面交易策略完成并确认回测，在此阶段该站点管理真实的头寸，无论是单独管理还是作为整体的一部分管理的。站点对业绩表现进行精确评估，并识别回报率、归因的风险及成本。

这个站点的作用不止于此。基于流水线的性能，站点在多元化投资组合的背景下频繁地重新评估对策略的配置。对策略的初始配置较小。假如随着时间的推移,策略的业绩表现符合预期,那么配置将会增加。然而,假如随着时间的推移,策略的业绩表现出现恶化,那么配置将会逐渐减少。

我们不期望策略的业绩表现将会永远很好。最终,当策略的业绩表现在足够长的时间内低于预期,从而管理层得出支持性理论不再具有经验证据的支撑的结论时,所有这样的策略都必须终止。

关键要点

- 机器学习是一种通用的建模技术,不依赖任何具体领域的特定理论。
- 机器学习方法不利用金融理论,但它们可以帮助研究人员开发金融理论。
- 机器学习方法对模型的复杂度施加约束,以确保它们保留一定的样本外预测能力。
- 机器学习的目标是使计算机找到一系列可通过经验自动优化的行动,它在学习过程期间不涉及任何人工干预,或仅涉及有限的人工干预。
- 训练数据是数据中用于生成规则的部分。
- 接着,使用未用于训练模型的那部分数据对算法进行测试,这些数据被称为测试数据。
- 测试算法的目的是使用各种统计度量和未见数据来评估规则的表现。
- 由于机器学习能够从数据中学习数据规则的设定,因此尤其适合分析复杂系统中涉及的现象,如金融市场。
- 金融计量经济学统计工具不能从数据中学习数据规则的设定,从而导致错误设定的模型和伪发现。
- 假如用于为观察值建模的金融计量经济学工具为多元线性回归,那么资产经理将不能认识到数据的复杂性,因此会导致理论的价值有限。
- 资产管理公司花费了如此长的时间才接受机器学习的一个原因是,直至目前,数据集的规模和类型有限,而且计算能力也十分稀缺。
- 一些最有趣的数据集是非结构化和非数字形式的,从而不适合采用计量经济学方法。
- 统计检验要求使用"观察值"或"数据点",而在机器学习中,所用的术语为"例子"和"实例"。
- 我们在预测或分类模型的统计检验中使用的两种类型的样本为样本内和样本外,而在机器学习中,它们分别被称为训练样本和测试样本。
- 在机器学习中,多元回归通常与监督学习互换使用。
- 在统计学中,我们在使用回归时有自变量(或解释变量、预测变量),而在机器学习中,这被称为属性(或输入特征、特征)。
- 在统计学中,我们在使用回归时有一个因变量,它在机器学习中被称为反应(或输出、目标)。
- 当我们在机器学习中估计或拟合模型时,它被称为"学习模型"。
- 一般而言,我们可以想到两种类型的数据分类:结构化数据和非结构化数据,以及已标记数据和未标记数据。
- 结构化数据是指以高度的组织性为特征,并且具有客观的代表性(即其代表性不受诠释的影响)的信息,通常由数值组成。

- 非结构化数据没有可辨认的结构,因此该信息难以分类。
- 尽管非结构化数据包括文本和非文本项,但通常包含大量文本。
- 与金融相关的未标记数据的例子为:证券分析师或公司代表的网络广播录音、媒体或卖方证券分析师撰写的关于公司的印刷文章、推文,以及上市公司在美国证券交易委员会备案的文件。
- 对未标记数据进行标记的任务有时被称为对数据进行分类或标记。
- 数据科学家区分不同的计算机学习过程,三个主要类别的机器学习为监督学习、无监督学习和强化学习。
- 根据在训练期间向机器提供的信息,每种学习风格都会有所不同。
- 在机器学习中,监督算法使计算机能够从已经对每个输入包含正确标签的训练数据中学习,从而计算机可以识别将输入变量与反应变量联系起来的模式。
- 监督学习有两种类型:回归机器学习和分类机器学习算法。
- 在无监督学习算法中,我们不为输入提供任何标签,算法的目标是基于统计特性确定数据的结构。
- 聚类是无监督学习的典型离散例子,PCA 是典型的连续例子。
- 在半监督学习算法中,一些训练数据同时包含已标记和未标记的数据,目标是理解将已标记和未标记的数据结合起来如何可能会改变学习行为,然后创建算法以获益于同时使用这两种数据类型。
- 从金融建模的角度来看,深度学习算法是一种监督学习算法,在给定一组输入的情况下,能够提供待预测变量的准确估计。
- 执行深度学习算法的主要方法是通过人工神经网络。
- 强化学习算法的重点是以将累积回报最大化为目标进行学习。
- 量子投资方法将人类猜测(受基本面变量的启发)与数学预测相结合。
- 金融机器学习为资产经理提供了从数据中获得以下见解的机会:(1)高维空间中的非线性关系的建模;(2)分析非结构化数据;(3)学习复杂的模式;(4)关注可预测性,而非方差裁定;(5)控制过度拟合。
- 以下是机器学习在金融中的应用:(1)价格/利率或汇率/波动率的预测;(2)投资组合构建/风险分析;(3)结构突变/异象的检测;(4)确定下注的大小;(5)特征重要性;(6)控制影响;(7)信用评级/分析师的建议;(8)投资情绪分析/推荐系统;(9)伪投资策略的检测。
- 在组建机器学习投资团队时,有许多陷阱需要避免,其中两个陷阱是避免各自为营的研究和避免通过回测进行研究。

参考文献

Agrawal, S., P. Azar, A. Lo, and T. Singh, 2018. "Momentum, mean-reversion and social media: Evidence from StockTwits and Twitter," *Journal of Portfolio Management*, 44(7):85—95.

Antweiler, W. and M. Z. Frank, 2004. "Is all that talk just noise? The information content of internet stock message board," *Journal of Finance*, 59(3):1259—1294.

Azar, P. and A. W. Lo, 2016. "The wisdom of Twitter crowds: Predicting stock market reactions to FOMC meetings via Twitter feeds," *Journal of Portfolio Management*, 42(5):123—134.

Bacham, D. and J. Zhao, 2017. "Machine learning: Challenges, lessons, and opportunities in credit risk modeling," *Moody's Analytics*. Available at https://www.moodysanalytics.com/risk-perspectives-magazine/managing-disruption/spotlight/machine-learning-challenges-lessons-and-opportunities-in-credit-risk-modeling.

Calkin, N. and M. López de Prado, 2014a. "Stochastic flow diagrams," *Algorithmic Finance*, 3(1):21—42.

Calkin, N. and M. López de Prado, 2014b. "The topology of macro financial flows: An application of stochastic flow diagrams," *Algorithmic Finance*, 3(1):43—85.

Finextra, 2017. "The next big wave: How financial institutions can stay head of the AI revolution." Available at https://www.finextra.com/newsarticle/30590/banks-must-get-on-ai-bandwagon-now-new-finextra-research/retail.

Kalampokis, E., E. Tambouris, and K. Tarabanis, 2013. "Understanding the predictive power of social media," *Internet Research*, 23(5):544—559.

Kolanovic, M. and R. Krishnamachari, 2017. "Big data and AI strategies: Machine learning and alternative data approach to investing," JP Morgan.

Karpp, T. and K. Crawford, 2015. "Social Media, financial algorithms and the hack crash," *Theory Culture & Society*, 33(1):73—92.

Liew, J. K.-S. and T. Budavri, 2017. "The sixth factor—Social media factor derived directly from tweet sentiments," *Journal of Portfolio Management*, 43(3):102—111.

Liew, J. K.-S., S. Guo, and T. Zhang, 2017. "Tweet sentiments and crowd-sourced earnings estimates as valuable sources of information around earnings releases," *Journal of Alternative Investments*, 19(3):7—26.

Liew, J. K.-S. and G. Z. Wang, 2016. "Twitter sentiment and IPO performance: A cross-sectional examination," *Journal of Portfolio Management*, 42(4):129—135.

López de Prado, M., 2016. "Building diversified portfolios that outperform out-of-sample," *Journal of Portfolio Management*, 42(4):59—69.

López de Prado, M., 2018. *Advances in Financial Machine Learning*. Hoboken, NJ: John Wiley & Sons.

López de Prado, M., 2020. *Machine Learning for Asset Managers*. Cambridge, UK: University Press.

Mullainathan, S. and J. Spiess, 2017. "Machine learning: An applied econometric approach," *Journal of Economic Perspectives*, 31(2):87—106.

Samuel, A., 1959. "Some studies in machine learning using the game of checkers," *IBM Journal of Research and Development*, 44(1, 2):221—229.

Sun，A.，M. Lachanski，and F. J. Fabozzi，2016. "Trade the tweet：Social media text mining and sparse matrix factorization for stock market prediction," *International Review of Financial Analysis*，48：272—281.

Trippi，R. and J. Lee，1996. *Artificial Intelligence in Finance & Investing：State-of-the-Art Technologies for Securities Selection and Portfolio Management*. Chicago，IL：Probus Publishing.

Trippi，R. and E. Turban，1992. *Neural Networks in Finance and Investing：Using Artificial Intelligence to Improve Real-World Performance*. Chicago，IL：Probus Publishing.

Turing，A. M.，1950. "Computing machinery and intelligence," *Mind*，49：433—460.

Vapnik，V. N.，1995. *The Nature of Statistical Learning Theory*. New York：Springer.

Vapnik，V. N.，1998. *Statistical Learning Theory*. New York：Springer.

Wong，F. M. F.，Z. Liu and M. Chiang，2014. "Stock market prediction from WSJ：Text mining via sparse matrix factorization," *IEEE International Conference on Data Mining*，arXiv：1406.7330v1.

8

风险度量和资产配置问题

学习目标

在阅读本章后,你将会理解:

- 在资产管理中使用的回报率分布的类型;
- 风险与不确定性的差异;
- 不对称的散度度量,如半标准差;
- 行业标准在险价值(VaR)和条件在险价值(CVaR);
- 如何诠释和计算 VaR 和 CVaR;
- 如何在经典的均值—方差分析之外解决资产配置问题;
- 经典夏普比率的扩展。

引言

在经典的资产配置问题中,我们使用方差来表示风险,尽管它对称地同时惩罚利润和损失。这本章中,我们通过一个风险度量或不对称的散度度量来描述均值—方差分析的扩展,这些扩展捕捉了风险的不对称性。我们重点关注对资产配置决策最为相关的特征。它们包括捕捉在观察到的资产回报率中存在的偏度和峰度的能力、对极端损失最为相关的相依性,以及(最重要的)与多元化投资原则的一致性。

由于我们通常将不同的替代风险度量与资产回报率的分布假设结合使用,因此我们回顾最常用的分布假设,并关注是什么使扩展后的框架不同于均值—方差分析。

最后,均值—方差分析的每种扩展都与一个风险/回报比率一致,与夏普比率相同,我们可以将这个比率用作风险调整后的业绩表现度量。我们与在金融实践中采用的一些替代风险/回报比率建立联系，并评论它们在资产配置问题中的应用。

风险和不确定性的度量

从概念上说，资产配置问题是在平衡风险和回报的同时建立一个投资组合。在经典的均值—方差框架中，投资组合风险是用投资组合回报率分布的标准差代表的。标准差的平方亦称方差，等于回报率结果与投资组合期望回报率之差的平方的期望值。由于对差值进行平方，我们称标准差对称地惩罚了利润和损失。确实，如果我们翻转投资组合回报率结果的正负号并将损失转为利润，或反之，那么标准差将不会受到影响。因此，两个不同的投资组合可能具有相等的方差，但与此同时，其中一个投资组合可能有更显著的损失，从而使其较不具有吸引力。

这些特性表明，标准差是投资组合结果在投资组合期望回报率周围的分散度的度量，捕捉了未来实现值的不确定性，而非投资组合风险。标准差为零，表示未来结果没有不确定性。

一般而言，正如 Holton(2004)论证的那样，风险同时涉及不确定性和敞口。因此，管理投资组合风险是指管理由某些特定风险因子的未来实现值的不确定性导致的敞口（或损失）。因此，风险度量应该是不对称的，其在更大程度上关注投资组合回报率分布的左边（它描述了损失）。与方差不同，风险度量应能够区分正偏和负偏的回报率分布。

在本章中，我们提供了为扩展均值—方差框架所使用的替代风险度量的例子。尽管这些扩展更符合实际并且在概念上更具吸引力，但相应的资产配置问题在分析上较不透明并且较难解决，因此严重依赖数值算法。当我们需要向高级管理层、受托管理委员会和客户解释结果时，缺乏透明度可能会导致困难的出现。

散度的替代度量

投资组合回报率分布的平均绝对离差(mean absolute deviation，MAD)等于回报率结果与投资组合期望回报率之差的绝对值的期望值。与方差相比，MAD 不对差值进行平方，而是使用它们的绝对值。与方差相同，MAD 是一个对称的散度度量。对于某些回报率分布，有一些简单的公式可以表明如何通过方差来表示 MAD。例如，假如回报率分布为正态分布，那么，

$$\text{MAD} = \sigma\sqrt{\frac{2}{\pi}} \tag{8.1}$$

其中，σ 表示标准差。因此，在此情况下，使用 MAD 与使用标准差是等价的。Konno 和 Yamazaki (1991)提出了 MAD 在投资组合理论中的应用。

一个不对称的散度度量的例子是半方差。投资组合回报率分布的半方差被定义为在回报率结果低于投资组合均值的情况下，结果与均值的离差平方的期望值。显然，半方差关注的是下行风险，忽略了高于投资组合期望回报率的回报率结果。然而，假如回报率分布没有显著的不对称性，那么半方差就接近于方差的一半。例如，假如回报率分布在均值周围是对称的，那么半方差等于方差的一半。Markowitz(1952，1959)提出了半方差在投资组合理论中的应用。

半方差背后的概念的某些特定扩展包括下偏矩。它不对回报率结果与期望回报率的差距进行平方,在 n 阶下偏矩中,差距被提高至 n 次幂,其中幂的指数是一个正整数,代表了投资者选择的一个参数。下偏矩是不对称的,根据参数的数值,它对极端损失呈现出不同的敏感度。

风险度量

对恰当衡量风险方法的系统性研究始自 20 世纪 90 年代,它在很大程度上是由银行业监管的发展驱动的。从监管的视角来看,投资组合风险的度量表明为在某些特定风险实现的情况下弥补投资组合的损失而在准备金中保留的资本金额。监管法规区分了市场风险、信用风险和操作风险,并规定了衡量它们的特定方法,这些方法在巴塞尔银行监管委员会协议中阐述,该协议于 1988 年、2004 年和 2010 年作为三个标准发布,亦称巴塞尔协议Ⅰ、Ⅱ和Ⅲ。

VaR

自 20 世纪 90 年代早期以来广为接受的一个风险度量是 VaR。它是由 JP 摩根公司及其提供的 RiskMetrics 服务推广的,后者后来被剥离为一家独立的公司。20 世纪 90 年代中期,监管机构批准将 VaR 作为一种计算为弥补市场风险所需要的资本准备金的有效方法。根据监管法规,资本准备金等于 VaR 与一个因子的乘积,这个因子基于所采用的风险模型的历史准确度考虑了 VaR 预测的准确度。

VaR 被定义为在一个预先确定的时期内,在一个既定的足够高的置信水平下的最高损失水平*。例如,假设我们持有一个在 99% 的置信水平下一周 VaR 等于 100 万美元的投资组合。这意味着在一周内,投资组合损失超过 100 万美元的概率等于 1%。

我们可以对百分比回报率构建类似的例子。假设投资组合的当前价值为 1 亿美元。假如回报率分布的一周 99% VaR 为 2%,那么在一周的时期内,投资组合损失超过投资组合当前价值的 2%(200 万美元)的概率为 1%。

尽管根据监管法规,VaR 是用其置信水平表示的,但将置信水平转换为一个概率更为便利,它被称为尾部概率。尾部概率等于 1 减去置信水平;如果置信水平为 99%(如前文所述的例子中那样),那么尾部概率等于 1%。在做出这项小修改后,我们可以将 VaR 定义为,在尾部概率下评估的投资组合回报率分布的逆分布函数的相反数。

与方差或其他任何散度度量不同,由于 VaR 仅是一个分位数,它可以是正数、负数或 0。例如,假如投资组合经理在投资组合中添加现金,那么利润分布将会右移(损失分布左移),因为现在所有可能的损失结果都会减少相当于所添加的现金的金额。这自动减少了投资组合的 VaR,减少金额等于在投资组合中添加的现金的金额。例如,假如在前述第一个例子中,投资组合经理在投资组合中添加了 80 万美元,那么在 1% 尾部概率下的 VaR 将从 100 万美元下降至 20 万美元。根据同样的论证,假如投资组合经理添加了 100 万美元,那么在 1% 尾部概率下的 VaR 将下降至 0。然而,这并不意味着投资组合已变得没有风险——在较小的尾部概率下,投资组合仍有可能损失正数的金额。这个特性有时被称为平移不变性,对于使用 VaR 作为监管资本要求的基础至关重要。

---

* 原书为最低损失水平,有误,已修改。——译者注

在实践中，使用历史数据计算 VaR 是按以下方式完成的。假设投资者拥有一个 30％投资于美国大型股资产类别、70％投资于长期国债资产类别的投资组合。表 8.1 的第 2 列和第 3 列提供了这两类资产的历史回报率。[①]投资组合的回报率是通过将美国大型股的回报率乘以 0.3，然后在结果中加上 0.7 与对应的长期国债回报率观察值的乘积计算的。例如，2013 年 1 月观察到的 −0.74％的投资组合回报率等于 0.3×5.18＋0.7×(−3.27)。

表 8.1　美国大型股、长期国债，以及 30％投资于美国大型股、70％投资于长期国债的投资组合的月回报率

月　份	美国大型股	长期国债	投资组合	月　份	美国大型股	长期国债	投资组合
2013 年 1 月	5.18％	−3.27％	−0.74％	2016 年 4 月	0.37％	−0.63％	−0.33％
2013 年 2 月	1.34％	1.26％	1.28％	2016 年 5 月	1.78％	0.69％	1.02％
2013 年 3 月	3.74％	0.03％	1.14％	2016 年 6 月	0.25％	6.57％	4.67％
2013 年 4 月	1.91％	3.87％	3.28％	2016 年 7 月	3.68％	2.01％	2.51％
2013 年 5 月	2.33％	−6.23％	−3.66％	2016 年 8 月	0.13％	−1.00％	−0.66％
2013 年 6 月	−1.35％	−3.26％	−2.69％	2016 年 9 月	0.01％	−1.32％	−0.92％
2013 年 7 月	5.07％	−1.93％	0.17％	2016 年 10 月	−1.83％	−4.23％	−3.51％
2013 年 8 月	−2.91％	−1.28％	−1.77％	2016 年 11 月	3.70％	−7.86％	−4.39％
2013 年 9 月	3.12％	0.88％	1.55％	2016 年 12 月	1.96％	−0.35％	0.34％
2013 年 10 月	4.59％	1.32％	2.30％	2017 年 1 月	1.88％	0.65％	1.02％
2013 年 11 月	3.03％	−2.49％	−0.83％	2017 年 2 月	3.96％	1.57％	2.29％
2013 年 12 月	2.51％	−2.37％	−0.91％	2017 年 3 月	0.10％	−0.59％	−0.38％
2014 年 1 月	−3.47％	6.26％	3.34％	2017 年 4 月	1.02％	1.59％	1.42％
2014 年 2 月	4.56％	0.60％	1.79％	2017 年 5 月	1.39％	1.73％	1.63％
2014 年 3 月	0.82％	0.63％	0.69％	2017 年 6 月	0.61％	0.63％	0.62％
2014 年 4 月	0.72％	1.82％	1.49％	2017 年 7 月	2.04％	−0.59％	0.20％
2014 年 5 月	2.33％	2.73％	2.61％	2017 年 8 月	0.29％	3.27％	2.38％
2014 年 6 月	2.05％	−0.16％	0.50％	2017 年 9 月	2.06％	−2.27％	−0.97％
2014 年 7 月	−1.39％	0.59％	0.00％	2017 年 10 月	2.32％	−0.02％	0.68％
2014 年 8 月	3.98％	4.23％	4.16％	2017 年 11 月	3.06％	0.63％	1.36％
2014 年 9 月	−1.41％	−1.99％	−1.82％	2017 年 12 月	1.10％	1.78％	1.58％
2014 年 10 月	2.42％	2.61％	2.55％	2018 年 1 月	5.71％	−3.40％	−0.67％
2014 年 11 月	2.68％	2.86％	2.81％	2018 年 2 月	−3.70％	−2.89％	−3.13％
2014 年 12 月	−0.26％	2.82％	1.90％	2018 年 3 月	−2.56％	2.75％	1.16％
2015 年 1 月	−3.02％	8.97％	5.37％	2018 年 4 月	0.37％	−2.04％	−1.32％
2015 年 2 月	5.74％	−5.66％	−2.24％	2018 年 5 月	2.39％	1.79％	1.97％
2015 年 3 月	−1.59％	1.13％	0.31％	2018 年 6 月	0.61％	0.66％	0.65％
2015 年 4 月	0.95％	−3.07％	−1.86％	2018 年 7 月	3.71％	−1.28％	0.22％
2015 年 5 月	1.27％	−2.16％	−1.13％	2018 年 8 月	3.25％	1.18％	1.80％
2015 年 6 月	−1.93％	−3.73％	−3.19％	2018 年 9 月	0.55％	−2.74％	−1.75％
2015 年 7 月	2.08％	4.21％	3.57％	2018 年 10 月	−6.85％	−2.82％	−4.03％
2015 年 8 月	−6.04％	−0.71％	−2.31％	2018 年 11 月	2.03％	1.78％	1.86％
2015 年 9 月	−2.49％	1.91％	0.59％	2018 年 12 月	−9.04％	5.50％	1.14％
2015 年 10 月	8.42％	−0.48％	2.19％	2019 年 1 月	8.00％	0.49％	2.74％
2015 年 11 月	0.29％	−0.81％	−0.48％	2019 年 2 月	3.20％	−1.31％	0.04％
2015 年 12 月	−1.59％	−0.34％	−0.72％	2019 年 3 月	1.94％	5.47％	4.41％
2016 年 1 月	−4.98％	5.23％	2.17％	2019 年 4 月	4.04％	−1.88％	−0.10％
2016 年 2 月	−0.15％	2.86％	1.96％	2019 年 5 月	−6.36％	6.65％	2.75％
2016 年 3 月	6.78％	0.05％	2.07％	2019 年 6 月	7.03％	1.01％	2.82％

注：月回报率数据来源为 Portfolio Visualizer(https://www.portfoliovisualizer.com/)。

---

① 本章例子中的所有数据都取自 Portfolio Visualizer，所有计算都是用 Portfolio Visualizer 软件执行的。

为了计算5%尾部概率下的VaR,我们按照大小递增顺序对投资组合回报率的观察值进行排序,并寻找行号等于"观察值数量"与"尾部概率"乘积的观察值。在本例中,行号等于$78 \times 0.05 = 3.9$(见表8.2)。由于结果不是整数,我们有不同的方法来计算分位数——它们涉及对数字向上取整、向下取整、取最近的整数,或计算对应于两个最近整数(在本例中为3和4)的VaR的加权平均。最简单的方法是向上取整至最近的整数:行号变为4。第四行的观察值为-3.51%,因此在翻转正负号后5%尾部概率下的投资组合VaR等于3.51%。

表 8.2　表 8.1 中的投资组合按大小递增顺序排序的月回报率

月　份	已排序回报率	月　份	已排序回报率
2016 年 11 月	-4.39%	2014 年 3 月	0.69%
2018 年 10 月	-4.03%	2016 年 5 月	1.02%
2013 年 5 月	-3.66%	2017 年 1 月	1.02%
2016 年 10 月	**-3.51%**	2018 年 12 月	1.14%
2015 年 6 月	-3.19%	2013 年 3 月	1.14%
2018 年 2 月	-3.13%	2018 年 3 月	1.16%
2013 年 6 月	-2.69%	2013 年 2 月	1.28%
2015 年 8 月	-2.31%	2017 年 11 月	1.36%
2015 年 2 月	-2.24%	2017 年 4 月	1.42%
2015 年 4 月	-1.86%	2014 年 4 月	1.49%
2014 年 9 月	-1.82%	2013 年 9 月	1.55%
2013 年 8 月	-1.77%	2017 年 12 月	1.58%
2018 年 9 月	-1.75%	2017 年 5 月	1.63%
2018 年 4 月	-1.32%	2014 年 2 月	1.79%
2015 年 5 月	-1.13%	2018 年 8 月	1.80%
2017 年 9 月	-0.97%	2018 年 11 月	1.86%
2016 年 9 月	-0.92%	2014 年 12 月	1.90%
2013 年 12 月	-0.91%	2016 年 2 月	1.96%
2013 年 11 月	-0.83%	2018 年 5 月	1.97%
2013 年 1 月	-0.74%	2016 年 3 月	2.07%
2015 年 12 月	-0.72%	2016 年 1 月	2.17%
2018 年 1 月	-0.67%	2015 年 10 月	2.19%
2016 年 8 月	-0.66%	2017 年 2 月	2.29%
2015 年 11 月	-0.48%	2013 年 10 月	2.30%
2017 年 3 月	-0.38%	2017 年 8 月	2.38%
2016 年 4 月	-0.33%	2016 年 7 月	2.51%
2019 年 4 月	-0.10%	2014 年 10 月	2.55%
2014 年 7 月	0.00%	2014 年 5 月	2.61%
2019 年 2 月	0.04%	2019 年 1 月	2.74%
2013 年 7 月	0.17%	2019 年 5 月	2.75%
2017 年 7 月	0.20%	2014 年 11 月	2.81%
2018 年 7 月	0.22%	2019 年 6 月	2.82%
2015 年 3 月	0.31%	2013 年 4 月	3.28%
2016 年 12 月	0.34%	2014 年 1 月	3.34%
2014 年 6 月	0.50%	2015 年 7 月	3.57%
2015 年 9 月	0.59%	2014 年 8 月	4.16%
2017 年 6 月	0.62%	2019 年 3 月	4.41%
2018 年 6 月	0.65%	2016 年 6 月	4.67%
2017 年 10 月	0.68%	2015 年 1 月	5.37%

注:"月份"这一列表示对应观察值发生的时间。表中粗体数字表示在5%尾部概率下的投资组合VaR。

在一般情况下,VaR 与投资组合回报率分布的期望回报率和标准差的关系并不清晰。然而,在直觉上清晰的是,假如分布的散度很小,那么投资组合的 VaR 将接近于期望回报率。对于一些具体的分布,我们可以得出显而易见的联系。假如投资组合回报率的分布是均值等于 μ、标准差等于 σ 的正态分布,那么:

$$5\% \text{ 尾部概率下的 VaR} = 1.645\sigma - \mu$$
$$1\% \text{ 尾部概率下的 VaR} = 2.326\sigma - \mu \tag{8.2}$$

其中,与标准差相乘的数字分别为标准正态分布的 5% 和 1% 分位数的相反数。对于任何在均值周围对称的分布,$p\%$ 尾部概率下的 VaR 采取以下一般形式:

$$p\% \text{ 尾部概率下的 VaR} = q(p)\sigma - \mu \tag{8.3}$$

其中,$q(p)$ 为相应标准化分布(标准差等于 1,均值等于 0)的 $p\%$ 分位数。因此,对于任何固定的尾部概率,$q(p)$ 是一个可以预先计算的数字,不依赖于 μ 和 σ。我们后面在讨论使用替代风险度量进行资产配置时,会回到这个观察上来。

使用表 8.1 中的数据,我们发现投资组合回报率的标准差为 2.1%,均值为 0.6%。将这些数值代入 5% 尾部概率下的 VaR 公式,我们得到 2.86%。因此,正态的 VaR 看上去显著低于 5% 尾部概率下的历史 VaR,这个结果在意料之中,因为正态分布会低估发生极端损失的频率。

CVaR

我们考虑在投资组合构建应用中使用的任何风险度量都应与多元化的概念一致:投资组合的风险不应高于投资组合中包含的单项资产独立风险的加权平均。假如这一点不成立,那么投资者就没有动机去建立投资组合;持有单项资产会更好。也就是说,无论数据集或对所有资产回报率的联合分布所假设的模型如何,我们预期以下不等式始终成立:

$$\text{风险}(w_1 R_1 + w_2 R_2 + \cdots + w_n R_n) \leqslant w_1 \text{ 风险}(R_1)$$
$$+ w_2 \text{ 风险}(R_2) + \cdots + w_n \text{ 风险}(R_n) \tag{8.4}$$

例如,标准差满足这个不等式。VaR 的一个主要缺陷是,它并非总是与多元化一致的。我们可以构造投资组合的 VaR 高于单项资产的 VaR 的加权平均值的例子。这个特性亦称凸性;也就是说,使上述不等式对任何投资组合都成立的风险度量被称为凸风险度量。一般而言,VaR 不是一种凸风险度量。

为了解决这个问题,Artzner、Delbaen、Eber 和 Heath(1999)提出了将 CVaR 作为 VaR 的替代风险度量。CVaR 被定义为大于在既定尾部概率下 VaR 的 VaR 的平均值。根据设计,CVaR 含有更多信息,因为它计算了在损失高于某个 VaR 阈值的条件下的期望损失。例如,假设投资组合在 1% 尾部概率下的一周 CVaR 为 200 万美元,在 1% 尾部概率下的一周 VaR 为 100 万美元。VaR 数字表明了投资组合在一周内损失超过 100 万美元的概率为 1%。然而,它丝毫未表明假如这种事件发生,那么超过 100 万美元的损失幅度将会如何。CVaR 的数字提供了附加信息——假如投资组合的损失超过 100 万美元,那么平均而言,其极端损失为 200 万美元。

CVaR 除了提供附加信息之外，Artzner、Delbaen、Eber 和 Heath(1999)还证明它始终是与多元化一致的；也就是说，假如数据中存在多元化机会，那么 CVaR 将会认识到它们。因此，CVaR 在资产配置和投资组合构建问题中是风险度量的良好候选对象。

由于 CVaR 是 VaR 的平均值，它继承了平移不变性这一特性，这使其能够在金融监管中发挥作用。此外，与 VaR 相似，在某些特殊情况下，CVaR 与回报率分布的均值 μ 和标准差 σ 之间存在直接联系。例如，假如投资组合回报率的分布为正态分布，那么与 VaR 情形类似的一则公式成立：

$$5\% \text{ 尾部概率下的 CVaR} = 2.063\sigma - \mu$$
$$1\% \text{ 尾部概率下的 CVaR} = 2.665\sigma - \mu \tag{8.5}$$

同样，对于任何在均值周围对称的回报率分布，以下更一般的公式成立：

$$p\% \text{ 尾部概率下的 CVaR} = C(p)\sigma - \mu \tag{8.6}$$

其中，$C(p)$ 仅依赖于尾部概率。[1]我们将在下一节中提供对应的表达式。

在给定一个观察值样本的情况下，我们可以使用从定义直接产生的公式来计算 CVaR。我们用 $R_{(1)} \leqslant R_{(2)} \leqslant \cdots \leqslant R_{(n)}$ 表示已排序的投资组合回报率样本。因此，$R_{(1)}$ 等于在样本期间观察到的最大损失，$R_{(n)}$ 表示最大的收益。在 $p\%$ 尾部概率下的投资组合 CVaR 等于：

$$\text{CVaR}_p(R) = -\frac{1}{pn}[R_{(1)} + R_{(2)} + \cdots + R_{(k)}] - \frac{1}{p}\left(p - \frac{k}{n}\right)R_{(k+1)} \tag{8.7}$$

其中，k 等于小于 pn 的最大整数。第一项等于在损失超过 $p\%$ 分位数（或相应的 VaR）的条件下的平均损失；第二项是一个修正项，它出现的原因是 pn 可能并非恰好为整数。例如，假设一年的日数据相当于 252 个数据点。于是，样本中的 1% 分位数恰好介于已排序样本中的第二个和第三个观察值之间，因为 $pn = 2.52$。在这种情况下，公式中的第二项将添加一个修正。

我们使用表 8.1 和表 8.2 中的数据来说明这则公式在实践中是如何应用的。假设除了在 5% 尾部概率下的 VaR 之外，投资组合经理还希望看到同一尾部概率下的 CVaR。第一步是计算 $pn = 0.05 \times 79 = 3.9$。小于 3.9 的最大整数为 $k = 3$。代入来自表 8.2 的相应数据点，我们得到：

$$\text{CVaR}_{5\%}(R) = -\frac{1}{3.9}(-4.39 - 4.03 - 3.66) - \frac{1}{0.05}\left(0.05 - \frac{3}{79}\right)(-3.51) = 3.94 \tag{8.8}$$

回想一下，5% 尾部概率下的 VaR 等于 3.51%。对 CVaR 数字的诠释为：假如投资组合的损失超过 3.51%（这种情况发生的概率为 5%），那么平均而言，投资组合的损失为 3.94%。

我们还可以在正态分布的假设下根据公式计算 CVaR。我们先前计算得出投资组合回报率的标准差为 2.1%，均值为 0.6%。根据这些数值，5% 尾部概率下的正态 CVaR 等于 $2.063 \times 2.1\% - 0.6\% = 3.73\%$。

---

[1]　更多细节参见 Rachev、Stoyanov 和 Fabozzi(2008，2011)。

风险度量在实践中的使用

我们可以用两种方法为制定决策采用一个替代风险度量。第一个方法是直接根据历史样本估计风险度量。这种方法为非参数方法，因为我们不对数据的生成过程作出任何假设。然而，它有一个重要的缺点。如果我们对关注投资组合回报率分布左尾（它描述了极端损失）的风险度量感兴趣，那么根据样本计算的风险将仅依赖于数个数据点，这可能是不可靠的。例如，假如我们使用一年的日数据来估计1％尾部概率下的一日CVaR，那么风险数字本质上是建立在已排序样本中前三个数字的基础上的。我们难以相信三个数据点能够产生一个可靠的风险统计数值。

由此，我们总是将诸如低尾部概率下的 VaR 和 CVaR 等风险度量与投资组合回报率分布的某个参数模型结合使用。参数模型应能使风险统计数值更为可靠。参数模型的一个重要特征应该是，它切合实际地描述了极端收益和极端损失的频率。

资产回报率分布的常用参数模型

在本节中，我们描述在资产配置和风险管理中一些最常用的参数模型。在可以取得的情况下，我们为 VaR 和 CVaR 提供闭式表达式。由于我们的关注点是资产配置问题，我们使用多元模型，这些模型描述了所有资产的联合概率。通过这种方式，风险度量就变成了投资组合权重和分布参数的函数。这种视角在最优配置的讨论中十分重要。

我们的目标是建立与均值—方差分析的联系。我们说明对均值—方差分析仅与多元正态分布一致的批评是不正确的。它在远更一般的假设下同样有效——我们可以证明无论选择哪种风险度量，均值—方差分析在这些假设下都仍是正确的。只有在不同资产的回报率呈现出显著的偏度或峰度的情况下，它才是不切实际的。

我们假设有 K 种资产，投资于这些资产的投资组合是用投资组合的权重 w_1，w_2，$\cdots$，w_K 定义的。为了简化讨论，我们仅对在资产配置决策中具有重要性的特性提供评述；为了使符号标记保持简单，我们未纳入概率密度函数。

多元正态分布

尽管我们已知正态分布在极端事件的频率方面过于乐观，但这是一种常见的分布假设。假如回报率遵循多元正态分布，那么任何投资组合回报率的分布都是标准差为 $\sigma(R_p)$、均值为 $E(R_p)$ 的一元正态分布，其中，

$$\sigma^2(R_p) = \sum_{k=1}^{K} \sum_{h=1}^{K} w_k w_h \operatorname{cov}(R_k, R_h)$$

$$E(R_p) = w_1 E(R_1) + w_2 E(R_2) + \cdots + w_K E(R_K)$$

(8.9)

1％尾部概率下的投资组合 VaR 和 CVaR 由以下公式给出：

$$1\% \text{ 尾部概率下的 VaR} = 2.326\sigma(R_p) - E(R_p)$$
$$1\% \text{ 尾部概率下的 CVaR} = 2.665\sigma(R_p) - E(R_p) \tag{8.10}$$

与先前提供的公式的不同之处仅在于,投资组合的标准差和期望回报率对权重和多元正态分布的参数——资产回报率的所有成对协方差和资产的期望回报率——的明确依赖性。

更一般而言,对于任何尾部概率,与 VaR 的表达式中投资组合标准差相乘的常数等于标准正态分布的相应分位数 $q(p)$ 的相反数,CVaR 表达式中相应的常数 $C(p)$ 由以下公式给出:

$$C(p) = \frac{1}{p\sqrt{2\pi}}\exp\left[-\frac{q^2(p)}{2}\right] \tag{8.11}$$

因此,随着我们改变投资组合配置,发生变化的两个基本数量是投资组合的标准差和期望回报率;VaR 和 CVaR 的特征是完全通过这两个数量描述的。这不是 VaR 和 CVaR 独有的。在正态分布的假设下,MAD 和其他任何散度度量都可以用一个按比例缩放的标准差来表示。

多元位置尺度学生 t 分布

一个更灵活的分布族是多元位置尺度学生 t 分布,它能够更好地描述极端事件的频率。这个分布有一个由 $\nu > 0$ 表示的附加参数,它被称为自由度。这个参数描述了所有资产回报率的尾部的厚度:ν 越低,分布的两个尾部就越厚。

当 $\nu > 2$ 时,这个分布具有一个与多元正态分布类似的特性;也就是说,如果联合回报率分布是多元位置尺度学生 t 分布,那么任何投资组合的回报率都是一元位置尺度学生 t 分布,可以用下面的公式表示:

$$R_p = X\sigma(R_p)\frac{\sqrt{v-2}}{\sqrt{\nu}} + E(R_p) \tag{8.12}$$

其中,X 为一个随机变量,它具有自由度参数等于 ν 的经典学生 t 分布。条件 $\nu > 2$ 确保了分布的方差是有限的。由于学生 t 分布有一个众所周知的特性,即随着自由度参数的无限上升,学生 t 分布将成为标准正态分布,因此正态分布模型是学生 t 分布的一个特例。

在 $p\%$ 尾部概率下的投资组合 VaR 和 CVaR 由以下公式给出:

$$p\% \text{ 尾部概率下的 VaR} = q(p, \nu)\frac{\sqrt{v-2}}{\sqrt{v}}\sigma(R_p) - E(R_p) \tag{8.13}$$

$$p\% \text{ 尾部概率下的 CVaR} = C(p, \nu)\sigma(R_p) - E(R_p)$$

其中,常数 $q(p, \nu)$ 和 $C(p, \nu)$ 同时依赖于尾部概率和自由度参数。系数 $q(p, \nu)$ 等于自由度为 ν 的学生 t 分布的 $p\%$ 分位数的相反数,$C(p, \nu)$ 可以用以下公式计算:

$$C(p, \nu) = \frac{\Gamma\left(\frac{\nu+1}{2}\right)}{\Gamma\left(\frac{\nu}{2}\right)}\frac{\sqrt{\nu-2}}{(\nu-1)p\sqrt{\pi}}\left(1+\frac{q^2(p, \nu)}{\nu}\right)^{\frac{1-\nu}{2}} \tag{8.14}$$

其中,$\Gamma(x)$ 表示伽马函数,可以从微软 Excel 和其他任何用于量化分析的软件取得。

重要的是，记住 $q(p, \nu)$ 和 $C(p, \nu)$ 都不依赖于投资组合的权重。因此，从资产配置的视角来看，基本数量为投资组合的方差和均值，就像在多元正态分布的假设中那样。

在下面的例子中，我们说明在多元正态分布和多元位置尺度学生 t 分布的假设下，投资组合的 VaR 和 CVaR 是如何计算的。假设投资组合均等投资于美国大型股、新兴市场和长期国债。与前文例子相同，既定月份的投资组合回报率是通过将三类资产的回报率观察值与 33% 的乘积相加起来计算的。表 8.3 包含了 2007 年 1 月至 2019 年 6 月期间这个等权重投资组合的回报率。

表 8.3　投资于美国大型股、新兴市场和长期国债的等权重投资组合的月回报率

月　份	回报率	月　份	回报率	月　份	回报率	月　份	回报率
2007 年 1 月	0.02%	2010 年 3 月	4.22%	2013 年 5 月	−2.54%	2016 年 7 月	3.45%
2007 年 2 月	−0.11%	2010 年 4 月	1.53%	2013 年 6 月	−3.58%	2016 年 8 月	0.27%
2007 年 3 月	1.36%	2010 年 5 月	−4.37%	2013 年 7 月	1.37%	2016 年 9 月	−0.01%
2007 年 4 月	3.17%	2010 年 6 月	−0.20%	2013 年 8 月	−2.46%	2016 年 10 月	−1.81%
2007 年 5 月	2.50%	2010 年 7 月	5.36%	2013 年 9 月	3.72%	2016 年 11 月	−2.84%
2007 年 6 月	0.64%	2010 年 8 月	0.10%	2013 年 10 月	3.52%	2016 年 12 月	0.48%
2007 年 7 月	1.20%	2010 年 9 月	6.09%	2013 年 11 月	−0.49%	2017 年 1 月	2.49%
2007 年 8 月	0.84%	2010 年 10 月	1.16%	2013 年 12 月	−0.27%	2017 年 2 月	2.94%
2007 年 9 月	4.89%	2010 年 11 月	−1.44%	2014 年 1 月	−1.49%	2017 年 3 月	0.59%
2007 年 10 月	5.10%	2010 年 12 月	3.46%	2014 年 2 月	2.86%	2017 年 4 月	1.33%
2007 年 11 月	−2.53%	2011 年 1 月	−0.93%	2014 年 3 月	1.77%	2017 年 5 月	1.45%
2007 年 12 月	−0.52%	2011 年 2 月	1.27%	2014 年 4 月	1.02%	2017 年 6 月	0.67%
2008 年 1 月	−4.82%	2011 年 3 月	1.87%	2014 年 5 月	2.93%	2017 年 7 月	2.27%
2008 年 2 月	0.58%	2011 年 4 月	2.82%	2014 年 6 月	1.63%	2017 年 8 月	2.20%
2008 年 3 月	−1.07%	2011 年 5 月	−0.23%	2014 年 7 月	0.22%	2017 年 9 月	−0.33%
2008 年 4 月	3.70%	2011 年 6 月	−1.73%	2014 年 8 月	3.93%	2017 年 10 月	1.58%
2008 年 5 月	0.33%	2011 年 7 月	0.44%	2014 年 9 月	−3.52%	2017 年 11 月	1.30%
2008 年 6 月	−5.68%	2011 年 8 月	−1.77%	2014 年 10 月	2.45%	2017 年 12 月	2.12%
2008 年 7 月	−1.56%	2011 年 9 月	−4.36%	2014 年 11 月	1.51%	2018 年 1 月	3.57%
2008 年 8 月	−1.52%	2011 年 10 月	7.03%	2014 年 12 月	−0.80%	2018 年 2 月	−3.77%
2008 年 9 月	−8.29%	2011 年 11 月	−0.61%	2015 年 1 月	2.21%	2018 年 3 月	−0.34%
2008 年 10 月	−16.03%	2011 年 12 月	0.28%	2015 年 2 月	1.20%	2018 年 4 月	−1.23%
2008 年 11 月	−0.98%	2012 年 1 月	5.22%	2015 年 3 月	−0.85%	2018 年 5 月	0.44%
2008 年 12 月	6.08%	2012 年 2 月	2.59%	2015 年 4 月	1.89%	2018 年 6 月	−1.08%
2009 年 1 月	−8.36%	2012 年 3 月	−1.12%	2015 年 5 月	−1.42%	2018 年 7 月	1.87%
2009 年 2 月	−5.91%	2012 年 4 月	0.66%	2015 年 6 月	−2.68%	2018 年 8 月	0.29%
2009 年 3 月	10.02%	2012 年 5 月	−3.10%	2015 年 7 月	−0.17%	2018 年 9 月	−1.17%
2009 年 4 月	6.87%	2012 年 6 月	2.50%	2015 年 8 月	−5.36%	2018 年 10 月	−5.75%
2009 年 5 月	7.07%	2012 年 7 月	1.78%	2015 年 9 月	−1.28%	2018 年 11 月	2.75%
2009 年 6 月	−0.44%	2012 年 8 月	0.54%	2015 年 10 月	4.50%	2018 年 12 月	−2.17%
2009 年 7 月	6.64%	2012 年 9 月	1.93%	2015 年 11 月	−1.26%	2019 年 1 月	5.67%
2009 年 8 月	1.55%	2012 年 10 月	−0.90%	2015 年 12 月	−1.46%	2019 年 2 月	0.85%
2009 年 9 月	5.00%	2012 年 11 月	1.08%	2016 年 1 月	−1.93%	2019 年 3 月	3.10%
2009 年 10 月	−1.56%	2012 年 12 月	1.58%	2016 年 2 月	0.61%	2019 年 4 月	1.41%
2009 年 11 月	4.60%	2013 年 1 月	0.84%	2016 年 3 月	6.62%	2019 年 5 月	−2.05%
2009 年 12 月	−0.04%	2013 年 2 月	0.29%	2016 年 4 月	0.17%	2019 年 6 月	4.49%
2010 年 1 月	2.40%	2013 年 3 月	0.74%	2016 年 5 月	−0.31%		
2010 年 2 月	1.32%	2013 年 4 月	2.37%	2016 年 6 月	3.95%		

注：月回报率数据来源为 Portfolio Visualizer(https://www.portfoliovisualizer.com/)。

对于 1‰尾部概率下的多元正态 VaR 和 CVaR,我们需要计算投资组合回报率的标准差和期望回报率。使用表 8.3 中的数据,我们得出 $\sigma(R_p)=3.29\%$,$E(R_p)=0.6\%$。 月风险统计数值是用以下方式计算的:

$$1\% \text{ 尾部概率下的正态 VaR} = 2.326 \times 3.29\% - 0.6\% = 7.05\%$$
$$1\% \text{ 尾部概率下的正态 CVaR} = 2.665 \times 3.29\% - 0.6\% = 8.17\%$$

(8.15)

为了求得 1‰尾部概率下的学生 t 分布的 VaR 和 CVaR,我们还需要估计自由度参数 ν。我们使用最大似然法,得出对于这个样本的估计值为 $\nu=4.03$。 将该数值代入 $C(p,\nu)$ 的公式,我们先计算得出 $q(0.01,4.03)=3.73$。

$$C(0.01,4.03)=\frac{\Gamma\left(\frac{4.03+1}{2}\right)}{\Gamma\left(\frac{4.03}{2}\right)}\frac{\sqrt{4.03-2}}{(4.03-1)0.01\sqrt{\pi}}\left(1+\frac{3.73^2}{4.03}\right)^{\frac{1-4.03}{2}}=3.68 \quad (8.16)$$

学生 t 分布的月风险统计数值等于,

$$1\% \text{ 尾部概率下的学生 } t \text{ 分布的 VaR} = 3.73 \times \frac{\sqrt{4.03-2}}{\sqrt{4.03}} \times 3.29\% - 0.6\% = 8.11\%$$
$$1\% \text{ 尾部概率下的学生 } t \text{ 分布的 CVaR} = 3.68 \times 3.29\% - 0.6\% = 11.5\%$$

(8.17)

学生 t 分布的 VaR 和 CVaR 都高于对应的正态分布风险值,因为自由度参数 ν 的拟合值意味着发生极端损失的频率远高于正态分布所隐含的数值。

多元椭圆分布

多元椭圆分布是一个更大的分布族,多元位置尺度学生 t 分布和多元正态分布都嵌套在其中。Owen 和 Rabinovitch(1983)提出了这种分布在资产管理中的应用。其名称来源于联合密度轮廓线的形状——轮廓线为椭圆。这种分布包含可描述极端事件发生频率的具有厚尾的分布,以及轻尾分布(如正态分布)。

图 8.1 提供了在二元情况下椭圆分布轮廓线的图示。我们可以用以下方式诠释该图形。

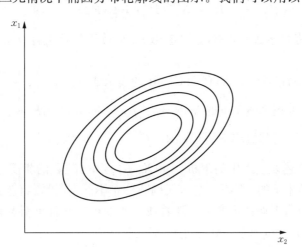

图 8.1 二元椭圆分布的密度轮廓线呈同心椭圆形

注:这种分布的观察值散点图有类似的椭圆形状。

如果我们有两个变量观察值的一个样本并绘制散点图,那么观察值的形状将遵循图 8.1 中轮廓线的形状,是近似为椭圆形的。

假如多元椭圆分布的方差是有限的,那么投资组合的回报率可以用下面的公式表示:

$$R_p = X\sigma(R_p) + E(R_p) \tag{8.18}$$

其中,X 为一个随机变量,遵循一个在均值周围对称、方差等于 1 并且均值等于 0 的一元分布;也就是说,任何投资组合回报率的分布都是在均值周围对称的分布。多元椭圆分布的厚尾程度由 X 项捕捉,这种表示方式显示它对所有资产回报率和所有投资组合都是相同的。

$p\%$ 尾部概率下的投资组合 VaR 和 CVaR 的表示如下:

$$p\% \ 尾部概率下的\ \mathrm{VaR} = q_e(p)\sigma(R_p) - E(R_p)$$
$$p\% \ 尾部概率下的\ \mathrm{CVaR} = C_e(p)\sigma(R_p) - E(R_p) \tag{8.19}$$

其中,$q_e(p)$ 为上式中的随机变量 X 的 $p\%$ 分位数的相反数,$C_e(p)$ 为同一随机变量 $p\%$ 尾部概率下的 CVaR。不幸的是,与在正态分布和学生 t 分布的情况中不同,我们不可能写出一个简单的参数表达式,但重要特性是这些系数不依赖于投资组合的权重。

多元有偏学生 t 分布

多元椭圆分布全部成员的一个共同特征是,任何投资组合的回报率都具有一个在均值周围对称的分布。有一些类别的分布可以捕捉不对称性。多元有偏学生 t 分布是其中一个例子。

事实上,我们有许多不同的有偏学生 t 分布,这个名称是一般名称,不标识一个特定的类别。在本章中,我们称多元双曲线学生 t 分布为多元有偏学生 t 分布。[1]这类分布对每种资产都有一个偏度参数 b_1,b_2,$\cdots$,b_K,参数 λ 控制了所有资产都共有的厚尾。

如果资产回报率的联合分布为具有有限方差的多元有偏学生 t 分布,那么任何投资组合回报率的分布都是一元有偏 t 分布,以下表达式将会成立:

$$R_p = X_p\sigma(R_p) + E(R_p) \tag{8.20}$$

其中,X_p 具有一元有偏学生 t 分布,偏度参数 b_p 依赖于投资组合权重,方差等于 1,均值等于 0。

$p\%$ 尾部概率下的投资组合 VaR 和 CVaR 的表示如下:

$$p\% \ 尾部概率下的\ \mathrm{VaR} = q_h(p, b_p)\sigma(R_p) - E(R_p)$$
$$p\% \ 尾部概率下的\ \mathrm{CVaR} = C_h(p, b_p)\sigma(R_p) - E(R_p) \tag{8.21}$$

其中,$q_h(p, b_p)$ 为上述表达式中的随机变量 X_p 的 $p\%$ 分位数的相反数,$C_h(p, b_p)$ 为同一随机变量 $p\%$ 尾部概率下的 CVaR。与多元椭圆分布不同,与投资组合方差相乘的系数不再是在不同投资组合权重下保持不变的。 随着我们改变权重并且重新调整投资组合从较负偏的资产转向较正偏的资产,两个系数将会下降,这反映以下事实:在所有其他参数保持不变的

---

[1] 参见 Banchi、Stoyanov、Tassinari、Fabozzi 和 Focardi(2019)。

情况下,正偏的投资组合将比负偏的投资组合具有更低的风险。

其他分布

其他更一般的分布类别包括多元双曲线分布,它包含作为一个特例的多元有偏学生 t 分布,以及正态逆高斯分布和方差伽马分布(见 Bianchi et al., 2019)。

我们还有其他类别的分布使尾部的厚度能够随着资产的改变而变化。[1]对于这些类别的分布,相应的 VaR 和 CVaR 表达式甚至将更为复杂,因为与投资组合方差相乘的系数将同时依赖于投资组合回报率分布的偏度和尾部厚度。

存在如此多分布的事实引出以下问题:是否有一种方法可以选择一个能最佳描述数据的分布。对不同多元分布表现的比较是一个具有挑战性的统计学问题。然而,检验既定投资组合的 VaR 或 CVaR 模型的历史表现是有可能的,这亦称风险回测。然而,这不与资产配置问题直接相关。[2]

风险度量和资产配置问题

用一个更一般的下行风险度量来代替标准差将改变有效投资组合的集合,因为优化问题认识到数据中存在偏度和超额峰度。尽管如此,它们与均值—方差分析有许多相似之处,尤其是就有效前沿的几何形状而言。我们将在本节讨论这些相似之处。

与均值—方差分析的联系

在缺乏无风险资产的情况下,根据均值—方差框架,风险厌恶型投资者通过在一个期望回报率目标的约束下,将以方差表示的风险最小化来建立有效投资组合。正如本书配套册第 8 章解释的那样,在某些特定假设下,投资者求解的问题为:

$$\text{Min}\,\sigma^2(R_p)$$
$$\text{s.t.}\quad E(R_p)=\mu \tag{8.22}$$

其中,μ 为目标期望回报率。我们可以通过绘制标准差和期望回报率的散点图,用图形描述可行投资组合的集合和有效投资组合的集合,读者可参见本书配套册第 8 章中的图 8.2。在均值—方差分析的假设下,投资者仅对期望回报率和方差感兴趣,并从有效集合中选择这两个参数之间的权衡能够提供最优效用的投资组合。[3]

注意,我们可以在最优配置问题中用标准差代替方差,而无需修改最优解。均值—方差问题的一个等价表达式为,

---

① 参见 Näf、Paolella 和 Polak(2019)。
② 更多信息参见 Rachev、Stoyanov 和 Fabozzi(2008)。
③ 参见本书配套册第 8 章中的相应分析。

$$\text{Max } E(R_p) - \lambda \sigma(R_p) \tag{8.23}$$

其中，λ 是一个正值的参数，可诠释为风险厌恶程度。通过改变期望回报率目标 μ 取得的有效投资组合的集合，与通过改变风险厌恶参数取得的有效投资组合的集合是一致的。对于每个投资者，这个参数的数值决定了风险与回报之间的最优权衡，并确定了有效前沿上的特定最优配置。

假如投资者不用标准差来衡量风险，而是使用一个关注下行风险的风险度量，那么相应的配置问题采取以下形式：

$$\text{Max } E(R_p) - \lambda_R \text{ 风险}(R_p) \tag{8.24}$$

其中，λ_R 是一个非负数，有相同的诠释。标记 R 表示这个参数不同于与标准差相关的参数。风险度量可以是如 CVaR 或下偏矩，或与多元化概念一致的任何其他度量。回想一下，VaR 可能不是一个好的选择。

即便投资者对风险的态度是不对称的，但在某些特定假设下，均值—方差问题仍是正确的。例如，假设我们选择用 1% 尾部概率下的 CVaR 来衡量风险，并假设资产回报率的联合分布为多元正态分布。接着，我们将 CVaR 的相应表达式代入上面的优化问题，并得出：

$$\text{Max}(1+\lambda_R)\left[E(R_p) - 2.665 \frac{\lambda_R}{1+\lambda_R}\sigma(R_p)\right] \tag{8.25}$$

由于系数 $1+\lambda_R$ 为正数，它不会改变最优解，因而可以忽略。因此，如果我们选择用 $\lambda = 2.665\lambda_R/(1+\lambda_R)$ 表示风险厌恶参数，那么就会得到一个与均值—方差问题完全相同的资产配置问题。也就是说，无论 λ_R 的选择如何，在正态分布的假设下，投资者实际上是在对一个均值—方差问题求解。

这可能不出乎意料，因为在正态分布假设下的投资组合回报率分布的特征是用方差和期望回报率——正态分布的两个参数——描述的。然而，在多元椭圆分布假设下，在任何尾部概率水平下的 CVaR 最优配置都可以用类似方式表示为：

$$\text{Max}(1+\lambda_R)\left[E(R_p) - C_e(p) \frac{\lambda_R}{1+\lambda_R}\sigma(R_p)\right] \tag{8.26}$$

如果我们设定 $\lambda = C_e(p)\lambda_R/(1+\lambda_R)$，那么这个问题亦等价于均值—方差问题。回想一下，多元正态分布和多元位置尺度学生 t 分布是特例。

替代风险度量看上去似乎是多余的。有两种论点反对这个过早的结论。首先，出于监管目的，风险度量值被用作建立资本储备的指导原则。由于金融资产回报率不是正态分布，正态 VaR 和 CVaR 可能会显著低估资本储备。在这些应用中，在 VaR 和 CVaR 表达式中出现在方差前面的因子[如 $q_e(p)$ 和 $C_e(p)$]至关重要，因为它们捕捉了尾部厚度对投资组合风险的影响。显然，就监管目的而言，风险的替代度量扮演着重要角色。

其次，在资产配置应用中，在某些假设下这些比例缩放因子不依赖于投资组合的权重，因此对最优解没有影响。例如，假如单项资产的回报率没有可察觉的不对称、不同资产的尾部行为没有差异，或者在市场下行和市场上行中的相关性没有不对称，那么这种情况就会发生。多元椭圆分布满足这些条件，出于这个原因，最优配置是由均值—方差分析确定的。

我们提到过一个可能不满足这些条件之一的分布假设。例如，如果多元有偏学生 t 分布中的单项资产的偏度参数不等于0,那么相应的系数将依赖于投资组合的偏度,而偏度是投资组合权重的一个函数。在这种情况下,使用CVaR等替代风险度量不会导致均值—方差最优配置问题。

最后,如果我们在不假设一个具体参数的情况下仅使用历史数据,那么均值—CVaR问题的解与均值—方差问题的解只会偶尔一致。

有效前沿的形状

我们可以将所有可行投资组合在视觉上表现为一个平面上的集合,纵轴表示投资组合的期望回报率,横轴表示投资组合的标准差。通过改变预期回报率目标(或等价而言,通过改变风险厌恶参数)得出的最优配置(均值—方差问题的解)形成一个被称为有效投资组合的子集。在图形表示中,这个集合被称为有效前沿。

假如投资者担忧下行风险并用一个替代风险度量代替标准差,那么这些集合会如何变化? 我们可以通过使用相应的风险度量代替标准差,来得出另一种视觉图。有效投资组合便是以类似方式,通过在所有可能的风险厌恶水平对相应的均值—风险问题求解取得的。我们可以证明,有效前沿的一般形状保持不变。[①]

图8.2提供了一个图例。可行投资组合的集合用灰色表示,有效投资组合的集合为可行集合边界上的黑色部分。有效前沿的一般形状遵循均值—方差有效前沿的形状,尽管最优投资组合是不同的。[②]原因在于,图8.2中黑色曲线的凹形是由凸性特性——也就是说,是由定义了风险度量与多元化一致性的不均等性——决定的。

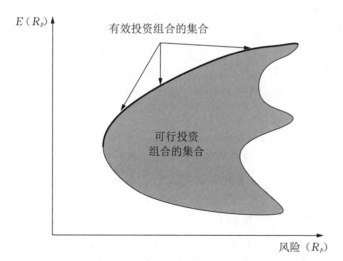

**图8.2 使用与多元化一致的替代风险度量取得的可行投资组合的集合(用浅色表示)
和有效投资组合的集合(用深色表示)**

注:有效前沿的一般形状与均值—方差问题中的有效前沿形状十分相似。

---

① 参见 Rachev、Stoyanov 和 Fabozzi(2008)。
② 将此图与本书配套册第8章中的图8.2进行比较。

表 8.4　2007 年美国大型股、新兴市场和长期国债，以及一个 30％投资于美国大型股、50％投资于新兴市场、20％投资于长期国债的投资组合的月回报率观察值

月　份	美国大型股	新兴市场	长期国债	随机投资组合
2007 年 1 月	5.18％	−3.27％	−0.74％	−0.01％
2007 年 2 月	1.34％	1.26％	1.28％	−0.65％
2007 年 3 月	3.74％	0.03％	1.14％	2.16％
2007 年 4 月	1.91％	3.87％	3.28％	3.61％
2007 年 5 月	2.33％	−6.23％	−3.66％	3.64％
2007 年 6 月	−1.35％	−3.26％	−2.69％	1.57％
2007 年 7 月	5.07％	−1.93％	0.17％	1.70％
2007 年 8 月	−2.91％	−1.28％	−1.77％	0.37％
2007 年 9 月	3.12％	0.88％	1.55％	6.53％
2007 年 10 月	4.59％	1.32％	2.30％	6.91％
2007 年 11 月	3.03％	−2.49％	−0.83％	−4.33％
2007 年 12 月	2.51％	−2.37％	−0.91％	−0.50％

注：配置是随机选择的。月回报率数据来源参见 Portfolio Visualizer(https://www.portfoliovisualizer.com/)。

　　一般而言，我们难以说明可行投资组合集合的形状，因为我们不可能计算所有可能的投资组合的风险和回报率，它们的数量实在太多了。然而，我们可以抽取一个随机的投资组合，计算其风险和回报率，然后在图中绘制与其对应的点。如果我们重复这个过程多次，那么所绘制的点将开始近似于可行投资组合的集合形状。

　　在这个例子中，我们选择了三个资产类别——美国大型股、新兴市场和长期国债——并选择了从 2007 年 1 月—2019 年 6 月这一时期。我们选择了一个随机的投资组合，并计算投资组合在该时期内每月的回报率。例如，我们随机选择了在三类资产中的配置比例分别为 30％、50％和 20％。接着，我们将 2007 年 1 月的投资组合回报率计算为权重与当月三类资产回报率观察值的乘积的总和。表 8.4 提供了 2007 年的回报率观察值和对应的投资组合回报率。2007 年 1 月的观察值是用以下方法计算的：$0.3 \times 5.18\％ + 0.5 \times (−3.27\％) + 0.2 \times (−0.74\％) = −0.01\％$。*

　　在计算所选投资组合的月回报率后，我们使用本章描述的方法计算 5％尾部概率下的历史 VaR 和 CVaR。接着，我们在均值—风险平面上绘制一个对应于所计算的均值和风险数字的点。下一步，我们随机选择一个新的投资组合并重复这个过程，这就生成了第二个点，以此类推。

　　图 8.3 显示了两张图。左图显示了在使用 5％尾部概率下的 CVaR 作为风险度量的情况下投资于三类资产的可行投资组合的集合，右图显示了在使用 5％尾部概率下的 VaR 作为风险度量情况下的可行投资组合的集合。为生成这些图，我们使用了 100 万个随机投资组合。由于一般而言，VaR 与多元化原则是不一致的，因此该集合具有不规则的形状，而与 CVaR 对应的集合刚与图 8.2 中类似。这对投资组合优化有一定的意义。例如，求得全局最小 VaR 投资组合比求得全局最小 CVaR 投资组合远更困难。

---

　　*　此处原书有误，已进行相应改动。——译者注

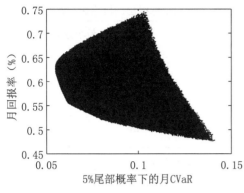 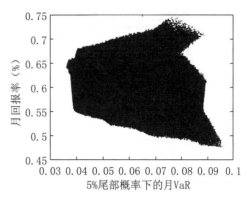

图 8.3 使用 5% 尾部概率下的 CVaR(左图)和 5% 尾部概率下的 VaR(右图)得出的可行投资组合的集合，来源于在美国大型股、新兴市场和长期国债中的 100 万种随机配置

注：计算是用 Portfolio Visualizer 软件执行的（https://www.portfoliovisualizer.com/）。

在实践中求解均值—风险问题

我们可以论证，均值—方差框架之所以变得如此广泛使用，是因为其解析上的透明度。我们不仅可以在数值上对最优配置问题进行求解，而且还可以理解是哪些参数驱动了最优解。在一些情况下，我们可以写出最优解的公式并进一步对其进行分析。例如，在决定投资组合风险（由方差代表）的参数中，对最优解最重要的参数是描述资产回报率如何相互协变的联合相关系数。同时已知，最优解对期望回报率的估计值十分敏感，正如我们在第 6 章中所解释的那样。

当我们使用替代风险度量时，这些优点大多数会消失。例如，假设我们使用 1% 尾部概率下的 CVaR。我们不可能对一般情况下的最优配置问题写出一个闭式解，这导致我们难以像在均值—方差情况下那样开展敏感性分析。数值研究表明，投资组合的期望回报率和投资组合标准差（资产回报率的协方差和期望回报率）对最优配置具有显著影响。[①]同时在直观上清晰的是，资产回报率在市场下行期间的依赖性、个体资产回报率的偏度和尾部厚度也会产生影响，因为风险度量关注的是下行风险。然而，比较这些实证特征的相对重要性十分困难。

从业者运用数值方法来对均值—风险问题求解。在不讨论不必要细节的情况下，最常利用的特性是凸性。回想一下，这个特性代表了与多元化原则的一致性。我们可以使用凸规划的工具来优化凸风险度量，这些度量具有良好的最优性特性。在一些情况下，我们可以采取更简单的表述，从而更容易对问题进行求解。例如，均值—方差问题是作为二次问题求解的，这代表了一个特例。均值—CVaR 问题可表述为一个线性规划问题。

作为一个特例，假设投资者在考虑一个投资于四类美国股票资产（美国大型股、美国中型股、美国小型股和美国微型股）和两类固定收益资产（长期国债和长期公司债券）的资产配置问题。投资者考虑对每类股票资产的配置设定 25% 的上限，并对每类固定收益资产的配置设定 30% 的上限。此外，投资者还对美国微型股的配置权重设定 0 的下限，并对剩余资产类别设定 5% 的下限。

---

① 参见 Stoyanov、Rachev 和 Fabozzi(2013a，2013b)。

表 8.5　使用方差和 5% 尾部概率下的 CVaR 作为最优配置问题目标得出的最优资产类别配置

资产类别	5% 尾部概率下的最小 CVaR	最小方差
美国大型股	25.00%	24.87%
美国中型股	10.00%	5.00%
美国小型股	5.00%	5.00%
美国微型股	0.00%	5.13%
长期国债	30.00%	30.00%
长期公司债券	30.00%	30.00%

注：股票类别的资产权重上限为 25%，固定收益类别的资产权重上限为 30%。美国微型股的下限为 0%，其余类别为 5%。为了求得最优解，我们使用 2007 年 1 月至 2019 年 5 月的月数据。计算是用 Portfolio Visualizer 软件执行的（https://www.portfoliovisualizer.com/）。

表 8.5 的第 2 列和第 3 列分别包含了在 5% 尾部概率下的 CVaR 被最小化，以及在方差被最小化的情况下的最优配置。最优解是通过使用 2007 年 1 月至 2019 年 5 月的月回报率取得的。CVaR 仅使用历史回报率计算，而未作出任何分布假设。回报率分布的实证特性包括偏度和超额峰度，由此，我们预期这两个最优解会互相偏离。尽管如此，固定收益类资产的风险较低，两个风险度量都应认识到这点。通过比较最优配置，我们发现最显著的差异在于对美国微型股和美国中型股的配置。

风险—回报比率

在无风险资产存在的情况下，经典的均值—方差分析得出结论：对于任何风险厌恶型投资者，最优解的特征都可以用两个不同的投资组合（亦称"基金"）来描述。最优投资组合的这个特性被称为两基金分离。根据风险厌恶程度，投资者应建立一个由无风险资产和风险资产构成的投资组合（被称为相切投资组合或市场组合）。在平衡状态下，当市场出清时，市场组合即变为市值加权组合。相切投资组合是具有最大夏普比率的风险资产投资组合。夏普比率被定义为预期超额回报率除以投资组合标准差的比率。

我们可以对一个具有凸特性的一般风险度量执行类似的分析。图 8.4 显示了相切投资组

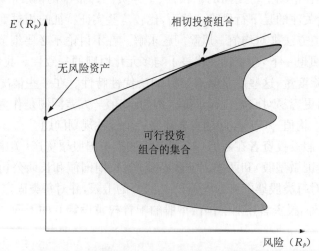

图 8.4　可行投资组合的集合（用灰色表示）、风险资产的有效投资组合的集合（用黑色表示）、相切投资组合，以及从无风险资产开始并通过相切投资组合的切线

合，它是预期超额回报率与风险的比率具有最大值的风险资产投资组合，其中，风险是用相应的风险度量衡量的。如果我们选择用标准差来代表风险，那么将取得夏普比率。切线代表了用无风险资产与相切投资组合构建的所有投资组合。预期超额回报率与风险的比率采取以下一般形式：

$$\frac{E(R_p) - R_f}{风险(R_p)} \tag{8.27}$$

与夏普比率相同，这种比率可用于衡量风险调整后业绩表现。例如，如果我们使用 $p\%$ 尾部概率下的 CVaR 作为风险度量，那么相应的比率为预期超额回报率与 CVaR 的比率，

$$\frac{E(R_p) - R_f}{\mathrm{CVaR}_{p\%}(R_p)} \tag{8.28}$$

其中，R_f 表示无风险利率。在这个比率中，预期超额业绩根据回报率分布左尾中的风险进行了调整。

在金融实践中使用的一些替代业绩比率可以与这个更一般的框架相关。例如，本书配套册第 7 章中讨论的索提诺比率使用低于某个最低可接受水平的回报率实现值的标准差。如果我们选择该水平作为投资组合的预期回报率，那么分母就变为半方差的平方根，这个比率可被视作在使用半方差的平方根衡量风险框架下的回报/风险比率。[①]

我们提供了一个说明如何对数个资产类别计算 VaR 和 CVaR 比率的数值例子。我们使用 2007 年 1 月—2019 年 6 月的月回报率数据。每类资产的平均超额回报率出现在比率的分子中，被计算为资产类别的平均超额回报率与长期国债回报率之间的差额。

表 8.6 提供了平均超额回报率、标准差、VaR、CVaR，以及基于这些风险度量的三个相应的比率。VaR 和 CVaR 是在 5% 的尾部概率下计算的。我们未对任何数字进行年化，因此所有统计数值都是直接根据月数据计算而来的。例如，VaR 比率是通过将既定资产类别的平均超额回报率除以表中的 VaR 数字计算的：0.17/7.17＝0.024。

表 8.6 使用 2007 年 1 月—2019 年 6 月期间的月历史数据得出的美国大型股、美国中型股、美国小型股和长期公司债券的平均超额回报率、标准差、VaR、CVaR 和对应的比率

	美国大型股	美国中型股	美国小型股	长期公司债券
平均超额回报率	0.17%	0.21%	0.24%	0.03%
标准差	4.28%	4.95%	5.51%	2.70%
VaR	7.17%	7.61%	9.41%	3.23%
CVaR	9.68%	11.17%	12.11%	5.24%
夏普比率	0.039	0.043	0.044	0.011
VaR 比率	0.024	0.028	0.026	0.009
CVaR 比率	0.017	0.019	0.020	0.006

注：VaR 和 CVaR 是在 5% 的尾部概率下计算的。计算是用 Portfolio Visualizer 软件执行的（https://www.portfoliovisualizer.com/）。

[①] 我们可以用索提诺-赛切尔（Sortino-Satchell）比率构建一个类似的例子；其中，分子为预期超额回报率，分母可以与一般的下偏矩相关。相关讨论亦参见 Rachev、Stoyanov 和 Fabozzi（2008）的第 10 章。

除了资产类别之外,我们还使用风险调整后回报率来比较主动管理或被动管理的基金,或评估并(有可能)证明在现有投资组合中添加新基金或资产类别的合理性。

使用比率来比较风险调整后业绩的合理性不需要由投资组合选择的整个替代框架来证明。然而,假如投资者希望找到一个具有最优风险调整后业绩的投资组合,那么这种联系是非常可取的。当然,根据任何标准对基金进行排名都有一个隐含的最大化目标,因为投资者的愿望是在一个给定的基金集合中找到最佳者。然而,这个问题比资产配置决策简单,因为集合是离散的;也就是说,我们通常使用既定数量的基金,并可以对每个基金计算标准(如表8.6中的例子那样)。当目标是制定配置决策时,我们不可能对所有可能的投资组合计算比率(或目标),然后再对它们进行排名并选择最佳者。我们必须依赖有效前沿的某些几何特性,这些特性在本质上是由与多元化原则的一致性决定的(即凸特性),这确保了计算得出的最优解是合理的,并且确实是全局最优的。在本质上,有效前沿的形状必须与图8.4中的形状类似。

这些论证表明,根据使用如 VaR 作为分母的业绩度量来对基金进行排名并无不妥。然而,寻找将该比率最大化的资产配置是一个远远更为复杂的问题,只有在我们使用一组保证 VaR 具有凸性的假设的情况下,才具有实际意义。尽管我们对全局优化有数值方法,如进化算法、模拟退火算法等,它们不依赖于目标是投资组合权重的一个凸函数,但我们难以在概念上接受使用与多元化原则不一致的风险度量将会有实际意义的论述。[①]

关键要点

- 人们已提出在资产配置问题的应用中使用散度的替代对称度量,如 MAD。在概念上,它们与方差相似,因为它们对称地惩罚了利润和损失。
- 不对称的散度度量(如半方差)关注回报率分布的下行风险的可变性,能够更好地反映风险的不对称性质。
- 金融监管是发展 VaR 和 CVaR 等替代风险度量背后的主要推动力。
- 就监管目的而言,重要的是风险度量可被用于计算资本储备;而对资产配置应用而言,更重要的特性是与多元化原则的一致性。与 CVaR 相比,VaR 并非总是满足这个条件。
- 当我们使用风险度量来评估发生尤其极端的损失的风险时,通常对资产回报率分布使用分布假设。如果资产回报率分布是对称的并且不在实证数据中反映出偏度、峰度和尾部依赖性,那么均值—方差分析在本质上是一个等价的框架。
- 风险度量与多元化原则的一致性对有效前沿的几何形状至关重要。对于此类风险度量,有效前沿的形状与均值—方差分析中的形状相似。然而,有效投资组合可能会不同。
- 每个均值—风险框架都与一个风险/回报比率一致,该比率被定义为预期超额回报率除以风险度量,并可用作一种业绩度量。它是夏普比率的替代选择。索提诺比率和索提诺-塞切尔比率可被视作特例。

---

① 更多信息参见 Stoyanov、Rachev 和 Fabozzi(2007)。

● 风险调整后回报率比率可被用于业绩评估,而无需与均值—风险框架一致。然而,对于最优配置决策,这种一致性是可取的,因为有效前沿的几何形状保证了这个比率具有良好的最优性特性。

参考文献

Artzner, P., F. Delbaen, J. M. Eber, and D. Heath, 1999. "Coherent measures of risk," *Mathematical Finance*, 9(3):203—228.

Bianchi, M.L., S. V. Stoyanov, G. L. Tassinari, F. J. Fabozzi, and S. M. Focardi, 2019. *Handbook of Heavy-Tailed Distributions in Asset Management and Risk Management*. Singapore: World Scientific Press.

Holton, G. A., 2004. "Defining risk," *Financial Analyst Journal*, 60(6):19—25.

Konno, H. and H. Yamazaki, 1991. "Mean-absolute deviation portfolio optimization model and its applications to Tokyo Stock Market," *Management Science*, 37(5):519—531.

Markowitz, H. M., 1952. "Portfolio Selection," *Journal of Finance*, 7(1):77—91.

Markowitz, H. M., 1959. *Portfolio Selection: Efficient Diversification of Investments*. New York: John Wiley & Sons.

Näf, J., M. S. Paolella, and P. Polak, 2019. "Heterogeneous tail generalized COMFORT modeling via Cholesky decomposition," *Journal of Multivariate Analysis*, 172: 84—106.

Owen, J. and R. Rabinovitch, 1983. "On the class of elliptical distributions and their applications to the theory of portfolio choice," *Journal of Finance*, 38(3):745—752.

Rachev, S. T., S. V. Stoyanov, and F. J. Fabozzi, 2008. *Advanced Stochastic Models, Risk Assessment, and Portfolio Optimization*. Hoboken, NJ: John Wiley & Sons.

Rachev, S. T., S. V. Stoyanov, and F. J. Fabozzi, 2011. *A Probability Metrics Approach to Financial Risk Measures*. Hoboken, NJ: Wiley-Blackwell.

Stoyanov, S. V., S. T. Rachev, and F. J. Fabozzi, 2007. "Optimal financial portfolios," *Applied Mathematical Finance*, 14(5):403—436.

Stoyanov, S. V., S. T. Rachev, and F. J. Fabozzi, 2013a. "Sensitivity of portfolio VaR and CVaR to portfolio return characteristics," *Annals of Operations Research*, 205(1): 169—187.

Stoyanov, S. V., R. T. Svetlozar, and F. J. Fabozzi, 2013b. "CVaR sensitivity with respect to tail thickness," *Journal of Banking & Finance*, 37(3):977—988.

9

证券借贷及其在股票市场中的替代工具 *

学习目标

在阅读本章后，你将会理解：

- 什么是证券融资，以及其在市场中扮演的重要角色；
- 什么是证券借贷，以及受益所有人为何使用证券借贷；
- 证券借贷计划的机制；
- 与证券借贷相关的风险；
- 第三方在证券借贷中扮演的角色；
- 证券借贷的替代工具：差价合约、单一股票期货、股票互换和股票回购。

引言

在证券二级市场中，机构投资者采用种类繁多的交易策略。一些策略要求市场参与者借入资金购买证券或借入证券。由于一些投资者需要借入证券，拥有证券的其他投资者可能会愿意出借它们。为了使市场为这些类型的交易提供便利，市场中必须有一种机制，使证券头寸的融资能够以合理的成本迅速完成，并且投资者可以借入证券从而使卖空可以发生。证券头寸的融资和证券的借入属于一个鲜为人知但却重要的金融领域，它被称为证券融资。证券融资涉及两种活动：证券借贷（本章的主题）和回购协议（下一章的主题）。机构投资者可以聘请一家银行或非银行实体来运营证券借贷计划以提供这些服务。大型资产管理公司可以使用自己的证券借贷计划，而不是使用第三方提供的计划。这些实体因参与这些活动而产生费

---

* 本章是与南卡罗来纳大学的荣誉退休教授史蒂文·曼（Steven Mann）合作撰写的。

用收入和利息收入。

在传统的证券借贷计划之外还有其他的替代工具。[①]在本章的第二部分,我们将回顾证券借贷的替代工具:差价合约、单一股票期货、股票互换和股票回购。

证券借贷

投资者在做空证券时,会从证券价格随后的下跌中获益。然而,需要有一种为做空提供便利的机制。当卖空者向买方出售证券时,卖空者如何取得证券并将之交付给经纪商,然后经纪商再将证券交付给买方?这里简短的回答是:卖空者从经纪商那里借入证券。然而,这个简短的回答掩盖了一种金融市场中被称为证券借贷的主要活动的角色,以及证券借贷交易各参与方的动机。尽管证券借贷交易的动机是需要借入已被卖空的证券,但受益所有人也可以利用证券借贷来筹集现金。回购协议的动机通常是由交易方借入和借出现金的需求驱动的。对于资产管理公司,证券的出借可以产生收入,从而提升业绩。

证券借贷交易的机制

在证券借贷交易中,证券的所有人(即受益所有人)在一段有限的时期内赋予另一方对一种证券或一篮子证券的合法所有权。证券借贷协议要求证券借方应要求随时或在指定日期前向证券贷方返还所借入的证券。赋予这项权利的一方被称为证券贷方。接受所借出的证券的一方被称为证券借方。作为暂时转让所有权的交换,证券贷方会获得某种形式的抵押品,可以是现金或另一种证券。最常见的抵押品形式是现金。[②]

当暂时拥有证券所有权的抵押品为现金时,证券贷方向证券借方支付一个叫做回扣利息(rebate rate)的协定金额。证券贷方为证券借方借入证券的权利向其支付代价可能看上去十分奇怪。然而,证券贷方可以对现金进行投资并赚取回报。证券贷方(或管理证券借贷计划的实体)会将现金投资于短期债券的投资组合。预期是,证券贷方或管理证券借贷计划的实体能够在从证券借方获取的现金抵押品上赚取高于回扣利息的回报。假如证券贷方赚取的回报高于回扣利息,那么差额将会使证券贷方受益。实质上,证券借贷交易不过是证券借方向证券贷方发放的贷款。贷款抵押品为所借入的证券。证券贷方向证券借方支付的利息为回扣利息。证券贷方寻求赚取高于其必须向证券借方支付的回扣利息[*]的回报。然而,风险是存在的,这被称为再投资风险,即所投资资金赚取的回报低于回扣利息。

在证券贷方向证券借方出借证券期间,证券贷方将面临证券借方不能向证券贷方返还所借出的证券的风险。显然,这个担忧是所借出证券的市场价值将会上升,如果证券借方未能返还已升值的证券,那么证券贷方将会实现损失。为了保护自身防范这种风险,证券贷方将

---

① 对证券借贷的重要性和全球证券借贷市场的发展的讨论参见 Dive、Hodge、Jones 和 Purchase(2011)。

② Baklanova、Caglio、Cipriani 和 Copeland(2019)提供了关于证券借贷市场(以及回购协议市场)的典型化事实。

* 原书为必须由证券借方支付的回扣利息,似有误,已修改。——译者注

要求证券借方提供某种类型的抵押品,这可以是现金或其他证券。

假如证券借方不使用现金抵押品,而使用证券作为抵押品,那么就没有现金可以进行再投资。在这种情况下,证券贷方将协商一笔证券借贷费用。这笔费用是基于所借出证券的市场价值确定的。证券借贷费用由证券贷方和管理证券借贷计划的实体分享。

证券借贷计划

机构投资者可以利用各种证券借贷群体帮助客户协商回扣利息、识别可接受的交易对手,并对现金抵押品进行投资以产生高于回扣利息的利差。一些机构投资者会利用第三方证券借贷计划管理人的服务。[①]于是,这些第三方实体变为出借证券的代理人,代表受益所有人出借证券。一些资产管理公司设有自己的证券借贷计划,而不使用第三方的服务。证券借贷计划的目的是通过其管理计划优化交易业绩。这涉及确定交易对手应该是谁(即交易对手信用分析)、监测交易对手并避免集中度风险、避免市场中潜在的空头逼仓,以及潜在地对市场中的多头和空头资金流进行评估(资产管理人可以利用该信息来支持其在投资组合中建立的头寸)。[②]

客户愿意参与一个证券借贷计划与否,关键在于出借代理人所使用的投资计划(即现金抵押品投资的投资策略)的业绩表现。客户可以自行计算或聘请独立的第三方来计算各种业绩表现度量,以评估现金抵押品的投资有效性。客户应完全理解投资策略及其风险。激进的投资策略可能会导致损失,因为所赚取的回报低于回扣利息。

当资产管理人使用自己的证券借贷计划,并且由于证券借方未能返还证券而导致损失时,这种损失是由资产管理人管理的投资组合吸收的。这种情况在 2008 年全球金融危机期间确有发生。当存在出借代理人时,有多种处理损失的方式。在一些第三方借贷计划中,一些出借代理人可能会对证券借贷计划提供赔偿条款,而其他出借代理人则不提供此类赔偿。

证券借贷的股票融资替代工具

希望建立普通股空头头寸的资产管理人可以通过证券借贷交易借入股票。那些希望实施普通股的杠杆多头头寸的投资者可以简单地以保证金购买股票。然而,我们可以利用差价合约(contract for differences,CFD)、单一股票期货、股票互换及股票回购等衍生工具合约来复制这些头寸。在本节中,我们描述这些股票融资方法。

---

① Duffie、Gârleanu 和 Pederson(2002)提出了一个在卖空要求寻找证券贷方时以及在商议回扣利息时使用的资产估值模型。

② 除了为管理上述计划提供服务的第三方供应商之外,有一个正在成长的金融科技(Fintech)公司板块也在为帮助公司管理证券融资业务提供服务。国际资本市场协会(the International Capital Market Association,ICMA)提供了此类服务的目录,包括抵押品管理、公司行为、风险敞口协议、日内流动性(监测和报告)、匹配、确认和配置,以及对账。

差价合约

差价合约是可用于复制标的资产的多头和空头头寸的衍生产品,但不拥有任何所有权。股票差价合约的标的的资产可以是单种普通股或股票指数。

股票差价合约的多头头寸创建了一个合成的杠杆多头头寸。相应地,股票差价合约的空头头寸创建了一个合成的空头头寸。资产管理人创建了杠杆,因为当股票差价合约的头寸开立时,多头和空头都仅需要以保证金的形式提供头寸价值的一个比例(一般为 10%—20%)。经纪商出借合同价值的剩余部分,持有股票差价合约多头头寸的资产管理人根据合约的全部价值支付利息。反之,持有股票差价合约空头头寸的资产管理人根据合约的全部价值获取利息。保证金要求因股票而异,依赖于股票的市值和价格波动性等因素。在每个交易日结束时,经纪商用股票收盘价对差价合约进行逐日盯市。只要保证金要求持续被满足,头寸就可以无限期地保持未平仓状态。

举例说明

让我们用一个虚拟例子说明股票差价合约的多头头寸是如何运作的。假设资产管理人以每股 48.65 美元的价格用差价合约购买了 1 000 股 XYZ 公司的股票。头寸的总市值为48 650 美元。交易的经纪佣金假设为 0.25%,或大约为 122 美元。保证金要求为 10%,因此,资产管理人必须在经纪商的账户中存入至少 4 865 美元才能开立头寸。资产管理人实际上以借入资金建立股票的多头头寸,必须为这项融资(即合约的全部价值)支付利息。假设利率为3 个月期 LIBOR+200 个基点。因此,利息在每个交易日从投资者的保证金账户中收取,它是用以下表达式确定的:

$$1\,000 \times \text{XYZ 股票的收盘价} \times (3 \text{ 个月期 LIBOR} + 20 \text{ 个基点}) \times (1/360) \qquad (9.1)$$

现在,假设一个月后,XYZ 股票的价格为每股 51 美元,资产管理人希望出售差价合约以进行平仓。这个头寸的利润为 2 350 美元(=51 000 美元-48 650 美元)加上头寸未平仓期间支付的全部现金股息,再减去为该头寸的融资支付的利息及为差价合约的开立和平仓支付的佣金。因此,该股票差价合约的多头头寸创建了一个 1 000 股 XYZ 股票的虚拟杠杆多头头寸。

股票差价合约的空头头寸在股价下跌时获利。股票差价合约空头头寸的机制在本质上与股票差价合约多头头寸相同,但有两个重要的例外。第一,投资者被要求提供相当于头寸总价值(譬如)10%的保证金,而不是根据合约的全部价值支付利息。第二,持有差价合约空头头寸的投资者在头寸未平仓期间每日获取利息。这个特征相当于投资者利用证券借贷协议借入证券,因提供现金抵押品获取的回扣利息。

差价合约的有利和不利之处

差价合约可能会为资产管理人提供以下有利之处:

● 差价合约使资产管理人能够避免某些与交易相关的成本(如托管、清算和结算),并且由于差价合约是按头寸开立时的现行市场价格估值的,因此不存在买卖价差。

- 与建立标的普通股的实物头寸相比,使用差价合约可以实现更大的杠杆。

- 在空头头寸建立后,差价合约消除了召回风险,即股票贷方在资产管理人希望在空头头寸平仓前召回股票的风险。

为了理解更大杠杆的有利之处,假设资产管理人对某种股票持负面看法,并希望建立空头头寸。为了做到这点,资产管理人必须借入股票并基于所借入股票的基础价值提供抵押品。反之,利用差价合约建立空头头寸不需要对证券有任何实际的所有权,因此在证券借贷协议中所需一定金额的抵押品在此处是不必要的。差价合约仅要求 10%—20% 的保证金。因此,差价合约允许远远更大的杠杆。在美国,法规 T 要求做空股票的资产管理人不能获得做空的收益,此外,其还必须提供至少 50% 的保证金来保障头寸的安全性。

使用差价合约而非建立标的资产的多头头寸具有一些互相抵消的不利之处:

- 单种普通股的股票差价合约没有任何表决权,因此对于使用差价合约建立普通股多头头寸的大型机构投资者而言,差价合约不能提供任何参与股东积极活动的机会。

- 如果差价合约的标的公司被完成收购,那么股票差价合约的头寸将被平仓。假如这种情况发生,最终收盘价是在股票以现有形式报价最后一日的前一日的现行市场价格。

- 一些机构投资者(尤其是共同基金)在它们可获准投资于哪些类型的衍生产品方面受到限制,此类基金管理人也许不能使用差价合约。

- 单种普通股的股票差价合约是不可交割的。

差价合约交易策略

差价合约可用于多种不同的交易策略。例如,对于一名对某种普通股的前景持有看法的资产经理来说,差价合约是一种对预期的价格变化进行投机的低成本工具。此外,差价合约还可用于应对冲投资组合价值的短期波动。举一个例子,假设资产经理在普通股投资组合中持有多头头寸,他认为大幅抛售的风险高得令人不安。有数种方法可以对冲这种风险。一个明显但成本相对过高的方法是将投资组合变现,然后在风险消退后重新购买股票。建立差价合约的空头头寸提供了一种远远更具有成本效益的方法来对冲这种风险敞口,并且避免了投资组合变现可能引致的税收责任。

差价合约亦可用于锁定普通股实物头寸的利润。为捕获因股价上升产生的利润,我们仅需以现行市场价格卖空同等金额的差价合约。因此,我们可以利用差价合约进行税务管理。最后,假设资产管理人需要流动性,但希望维持一个风险敞口,这可以很容易通过以现行市场价格将普通股头寸转换为差价合约来完成。在这个过程中,投资者在保持对普通股前景的完全风险敞口的同时,释放了头寸中 90% 的现金(假设保证金为 10%)。

单一股票期货

单一股票期货是标的为单家公司的普通股而非股票指数的股票期货。并非所有股票都是单一股票期货的标的,因此对于利用这些衍生工具建立空头头寸感兴趣的资产管理人,仅仅局限于那些在交易所交易的股票。

假如寻求做空股票的资产管理人可以选择的话,那么利用单一股票期货而非(通过股票借贷交易)在现货市场借入股票有三个优势。第一个优势是,期货合约所允许的交易效率。

在股票借贷计划中,卖空者可能会发现,出于各种各样的原因,他很难(如果不是不可能的话)借入相关股票。此外,当股票借贷部门试图寻找需要借入的股票时,机会可能会被错过。第二个优势是,与差价合约相同,召回风险被消除了。第三个潜在的优势是,通过单一股票期货而非股票借贷交易实施卖空可以节省成本。股票借贷交易中的空头头寸的融资是由经纪商通过一家银行安排的。银行收取的利率被称为经纪人通知放款利率(broker call loan rate)或短期拆息率(call money rate)。资产管理人承担经纪人通知放款利率加上一个加成。然而,假如卖空者获取收入并进行投资,那么这会降低借入股票的成本。

有数个因素决定了建立单一股票期货合约的空头头寸是否能够节省成本。为了理解这些因素,我们从单一股票期货合约的价格与标的股票的价格之间的关系开始讨论。为了不存在套利机会,以下关系必须成立①:

$$期货价格 = 股票价格[1 + r(d_1/360)] + 预期股息[1 + r(d_2/360)] \tag{9.2}$$

其中,r 为短期利率,d_1 为距期货合约交割日的天数,d_2 为预期股息支付日与交割日之间的天数。

在本书撰写之时,上述定价关系中的短期利率通常反映了伦敦银行间同业拆放利率(LIBOR)。

期货价格与股票价格之间的差额被称为基差。基差实际上是按预期股息调整后的回购利率(在直至交割日前的时期内)。基差亦称净利息成本或持有成本。期货合约的买方支付净利息成本以维持多头头寸;期货合约的卖方对买方的多头头寸提供融资以赚取净利息成本。注意单一股票期货与股票差价合约的相似性。回想一下,股票差价合约的多头头寸根据合约价值支付利息,而空头头寸获取利息。

因此,对卖空单一股票期货合约而非利用股票借贷交易的成本优势的比较,即归结为在实证上确定哪种交易具有更低的净利息成本。

股票互换

另一种复制股票杠杆多头头寸或卖空的方法是股票互换。股票互换是两个交易对手方之间的合约协议,规定了双方在指定时期内定期交换一组现金流,其中至少一方的付款与股票指数、一篮子股票或单种股票的业绩表现相挂钩。因此,资产管理人可以在无须直接进入现货市场的情况下获得股票敞口。

在股票互换最基本的形式中,一方同意向另一方支付一个股票指数的总回报率,以换取另一种资产的总回报率或一个固定或浮动的利率。所有付款都基于固定的名义金额,款项是在一个固定时期内支付的。股票互换有种类繁多的应用,包括资产配置、进入国际市场、增强回报、对冲股票风险敞口和合成地卖空股票。

利用股票互换的好处是没有交易成本、没有销售税或股息预扣税,以及没有相对于指数的跟踪误差/基差风险。

股票互换的结构十分灵活,期限从数个月至 10 年不等。几乎任何资产的回报率都可与

---

① 这项关系的推导可参见大多数涵盖期货合约的书籍。

另一种资产交换，而无须产生与现货市场交易相关的成本。付款计划可以任何货币为单位，无论选择的是哪种股票资产；并且付款可以每月、每季、每年或在到期时交换。股票资产可以是任何股票指数或以任何货币计价的股票投资组合——有对冲或无对冲的。

基本结构的变型包括：国际股票互换；其中股票回报率与一个国际股票指数挂钩。经货币对冲的互换；其中互换的构建使得货币风险得以消除。看涨期权互换；只有在股票指数上升的情况下，股票付款才予以支付（由于看涨期权保护，股指下降不会导致获取股票回报率的一方向另一方付款）。

无论股票互换的结构如何，基本机制都是相同的。然而，付款交换的适用规则可能有所不同。例如，假如投资目标是减少美国股票的敞口并增加日本股票的敞口，那么我们可以构建互换，用标普 500 指数的总回报率换取日经 225 指数的总回报率。然而，假如投资目标是进入日本股票市场，那么我们可以构建互换，用 LIBOR 加一个利差换取日经指数的总回报率。这是国际多元化的一个例子，现金流可以日元或美元为单位。参与股票互换以取得国际多元化的好处在于，投资者的敞口没有跟踪误差，投资者无需支付销售税、托管费、预扣费用或与进入和退出市场相关的市场影响成本。这种互换在经济上等价于用固定的汇率以 LIBOR 加一个利差融资的日经 225 指数多头。

股票互换有众多应用，但几乎每种应用都采用前述的基本结构。资产管理人几乎可以将任何金融资产与股票指数、股票投资组合或单种股票的总回报率进行互换。做市商准备好创建使投资者能够交换任意两种资产的回报率结构。所交换的现金流计划取决于资产。例如，一名主动型资产管理人试图超越一个股票基准，他也许能够通过购买一种特定债券，并将现金流与标普 500 指数的总回报率减去一个利差进行互换来实现这一目标。

股票回购

股票回购协议是指卖方出售证券，并承诺在指定的未来日期或按通知随时以指定价格从买方回购相同的股票证券（或同等证券）。与债券市场中的回购（将在下一章中进行讨论）相同，股票回购协议是一种抵押贷款，抵押品为所出售并随后回购的股票证券。股票回购被用于为股票多头头寸融资，以及借入证券以弥补空头头寸。

让我们举例说明股票回购交易，其中假设一种虚拟的普通股 ABC 为贷款的抵押品。假设资产管理人希望利用股票回购协议为 100 万股 ABC 普通股融资，当前的股票交易价格为每股 22 美元。协议的期限假设为一个月。假设相关的回购利率为 5%，这是协议中指定的利率（即借款利率）。接着，正如我们将在后文解释的那样，资产管理人同意以 20 000 000 美元的价格交付 1 000 000 股 ABC 普通股，并同意以 20 083 333.33 美元的价格回购股票。20 000 000 美元的"出售"价格与 20 083 333.33 美元的回购价格之间的 83 333.33 美元的差额是融资的美元利息金额。

为了给现金出借人提供一定的缓冲以防范 ABC 普通股的市场价值在 1 个月的协议期内出现下跌的情况，所出借的金额应低于 ABC 普通股的当前市场价值。用作抵押品的股票的市场价值超出贷款价值的金额被称为初始保证金或"垫头"（haircut）。尽管初始保证金是因交易而异的，但我们此处假设初始保证金为 10%。由于用作抵押品的普通股的市场价值总额为 22 000 000 美元，因此本例中的购买价格（即借款金额）为 20 000 000 美元（22 000 000 美元/1.10)。回购价格总额为出售价格与回购利息之和。使用 5% 的回购利率和 30 天的回购期限,美元利息为 83 333.33 美元,如下式所示:

$$20\ 000\ 000\ 美元 \times 0.05 \times (30/360) = 83\ 333.33\ 美元 \tag{9.3}$$

回购价格总额为 20 083 333.33 美元。

在股票回购协议中谈判的条款之一是对股票抵押品进行逐日盯市所采用的程序。此外,还需确定通过发出追加保证金通知恢复初始保证金的条件。通常在股票回购协议中,被通知追加保证金的一方有权以追加证券或现金的形式交付所需金额。此外,如果在股票回购的期限内包含除息日,那么一般按合同规定,现金出借人(证券借方)必须在除息日向现金借款人(证券贷方)支付金额等于股息的款项。最后,协议还可能包含替代权,这意味着现金借款人有权在股票回购协议的有效期内替代同等的抵押品。这种付款被称为人为式付款(manufactured payment)。

上文所述是由现金驱动的回购交易的一个例子。参与现金驱动型回购的动机是将之作为一种融资来源。相比之下,股票驱动型回购交易的动机是借入普通股以弥补空头头寸。股票回购与其他形式的股票融资之间还存在套利机会。例如,资产管理人可以使用证券借贷协议借入普通股,然后通过股票回购来出借股票。

在证券借贷市场中需求量较大的普通股(通常被称为特殊股票,正如将在第 10 章中描述的固定收益回购市场中那样)可被出借并作为一种低成本的融资来源。不被视作特殊股票的普通股将导致较高的回购利率。股票回购与传统回购市场的区别之一在于,"一般抵押品"这一术语在股票回购市场中几乎没有意义。由于普通股比(譬如)美国国债更具特异性,交易双方谈判的回购利率将因特定的交易而异。因此,尽管当然有一些股票是特殊股票,但剩余部分的普通股在股票回购交易中不**应**被视作抵押品的相近替代品。因此,这些股票回购交易将导致各种各样的回购利率。

我们需要提及的最后一个要素是抵押品的托管。在传统回购协议中,使用的三种方法亦在股票回购协议中被采用。最简单直接的方法是向现金出借人、其清算代理人或指定的第三方实际交出证券。尽管这个方法符合逻辑并且对现金提供者的信用风险最小,但在时间和行政成本方面代价最为昂贵。第二个方法被称为托管持有(hold-in-custody)。在这个方法中,抵押品仍由现金借款人拥有。尽管这个方法成本最低,但只应在对现金借款人的信用风险开展仔细检查后才予以考虑。第三个方法涉及使用由银行运营的抵押品管理系统(collateral management facility),该银行履行持有股票抵押品、对抵押品进行逐日盯市、通知追加保证金等职责,并收取费用。这个安排与第 10 章中描述的债券市场三方回购类似。

关键要点

- 证券融资是金融市场格局中的一个重要部分,因为它涉及证券头寸的融资和借入证券。
- 债券融资涉及两种活动:证券借贷和回购协议。
- 机构投资者可以聘请一家银行或非银行实体来运营证券借贷计划以提供这些服务。

- 在证券借贷交易中,证券的受益所有人在一段有限时期内暂时将所有权转让给证券借方。

- 证券借贷协议要求证券借方应要求随时或在指定日期前向证券贷方返还所借入的证券。

- 作为暂时转让所有权的交换,证券贷方会获得某种形式的抵押品,它可以是现金或另一种证券,前者是最常见的抵押品形式。

- 当抵押品为现金时,证券贷方向证券借方支付一个被称为回扣利息的协定金额,证券贷方对抵押品进行投资。

- 预期是,证券贷方或管理证券借贷计划的实体能够在从证券借方获取的现金抵押品上赚取高于回扣利息的回报。

- 证券贷方面临的风险之一是,在投资现金时实现的回报低于回扣利息。

- 证券贷方应理解现金的投资策略,以便能评估投资风险。

- 证券贷方面临的另一种风险是证券借方将不能向证券贷方返还所借出的证券;更具体而言,即在所借出的证券的市场价值上升的情况下,如果证券借方未能返还已升值的证券,那么证券贷方将会出现损失的风险。

- 为了保护自身防范对手信用风险,证券贷方会要求证券借方提供某种类型的抵押品,可以是现金或其他证券。

- 假如证券被用作抵押品,那么就会协商一笔基于所出借的证券的市场价值确定的证券借贷费用。这笔费用由证券贷方和出借代理人(如使用代理人的话)分享。

- 机构投资者可以利用一个证券借贷群体帮助协商回扣利息、识别可接受的交易对手,并对现金抵押品进行投资以产生高于回扣利息的利差。

- 出借代理人优化交易的业绩表现,这涉及(1)确定交易对手应该是谁;(2)监测证券借方并避免集中度风险;(3)避免市场中潜在的空头逼仓;(4)对市场中的多头和空头资金流进行评估(资产管理人可以利用该信息来支持其在投资组合中建立的头寸)。

- 证券借贷计划中的客户暴露于投资策略产生的回报将会低于回扣利息的风险敞口中。

- 证券贷方在管理自己的证券借贷计划时,暴露于对手风险敞口中(即如果证券升值,证券借方未能返还证券)。

- 在一些第三方借贷计划中,出借代理人可能会对证券借贷计划提供赔偿条款,而其他出借代理人则不提供此类赔偿。

- 资产管理人可以利用的替代证券借贷和头寸融资的安排包括差价合约(CFD)、单一股票期货、股票互换以及股票回购。

- 差价合约是可用于复制标的普通股或股票指数的多头和空头头寸的衍生产品,但不拥有任何所有权。

- 股票差价合约的多头头寸创建了一个合成的杠杆多头头寸,而股票差价合约的空头头寸则创建了一个合成的空头头寸。

- 使用差价合约的潜在有利之处是:(1)避免某些与交易相关的成本;(2)与建立标的证券的实物头寸相比,可以实现更大的杠杆;(3)避免召回风险。

- 使用差价合约的潜在不利之处是:(1)单种普通股的股票差价合约没有任何表决权,而这对股东的积极活动十分重要;(2)如果差价合约的标的公司被完成收购,那么股票差价合约的头寸将被平仓;(3)一些机构投资者也许不能获准使用差价合约;(4)单种普通股的股票差价合约是不可交割的。

- 在可以取得的情况下,单一股票期货是标的为单家公司的普通股而非股票指数的股票期货。

- 使用单一股票期货卖空股票而非在股票借贷交易中借入股票有三个优势:(1)期货合约所允许的交易效率更高;(2)消除了召回风险;(3)通过单一股票期货而非股票借贷交易实施卖空可能会节省成本。

- 股票互换是两个交易对手方之间的合约协议,规定了双方在指定时期内定期交换一组现金流,其中至少一方的付款与股票指数、一篮子股票或单种股票的业绩表现相挂钩。

- 股票互换使资产管理人能够在无需直接进入现货市场的情况下获得股票敞口。

- 在股票互换中,一方同意向另一方支付一个股票指数的总回报率,以换取另一种资产的总回报率或一个固定或浮动的利率。

- 除了用于合成地卖空股票之外,股票互换还可用于资产配置、进入国际市场、增强回报,以及对冲股票风险敞口。

- 使用股票互换的好处在于没有交易成本、没有销售税或股息预扣税,以及没有相对于指数的跟踪误差/基差风险。

- 股票回购协议是指卖方出售证券,并承诺在指定的未来日期或按通知随时以指定价格从买方回购相同的股票证券(或同等证券)。

- 股票回购被用于为股票多头头寸融资,以及借入证券以弥补空头头寸。

参考文献

Baklanova, V., C. Caglio, M. Cipriani, and A. Copeland, 2019. "The use of collateral in bilateral repurchase and securities lending agreements." *Review of Economic Dynamics*, 33:228—249.

Dive, M., R. Hodge, C. Jones, and J. Purchase, 2011. "Developments in the global securities lending market." *Bank of England Quarterly Bulletin*, September.

Duffie, D., N. Gârleanu, and L.H. Pedersen, 2002. "Securities lending, shorting, and pricing." *Journal of Financial Economics*, 66(2—3):307—339.

10

用于债券市场中的头寸融资和做空的回购协议 [*]

学习目标

在阅读本章后,你将会理解:

- 债券回购协议的机制;
- 与回购协议相关的信用风险,以及如何减轻信用风险;
- 回购价差的目的;
- 影响回购利率的因素;
- 特殊抵押品和一般抵押品的含义;
- 什么是交叉货币回购、可赎回回购和完整贷款回购交易;
- 为债券头寸的融资和/或建立杠杆使用的非回购工具/安排:信用违约互换(CDS)、总收益互换(TRS)和买回/卖回安排。

引言

许多债券策略都要求资产管理人能够取得短期融资,并能够借入债券以弥补空头头寸。因此,为债券头寸融资和弥补债券空头头寸的能力是具有高流动性、运作良好的债券市场的一个基本要素。尽管债券投资组合经理可以使用证券借贷计划,但回购协议和逆回购协议是资产管理人为满足这些需求最常用的机制。回购协议在货币市场中占据核心地位,为愿意出借给资产管理人的短期投资者提供相对安全的投资机会。回购市场是全球货币市场中最大的板块之一。在本章中,我们讨论回购协议,以及资产管理人为头寸融资和/或建立空头头寸

---

[*] 本章是与南卡罗来纳大学的荣誉退休教授史蒂文·曼(Steven Mann)合作撰写的。

可以使用的替代工具。①

回购协议

回购协议是指卖方出售债券,并承诺在一个指定的未来日期以指定价格从买方买回相同的债券。例如,资产管理人可能需要资金以实施一项投资策略。资产管理人可以将投资组合中的持仓作为抵押品来取得资金。例如,拥有投资级公司债券的资产管理人("卖方")也许会同意向另一方("买方")出售这种债券以换取今天的现金,并同时同意在某个未来日期(或在一些情况下为应要求随时)以预定价格买回相同的公司债券。债券的出售为资产管理人带来现金。卖方随后必须回购证券所支付的价格被称为回购价格,必须回购证券的日期被称为回购日。

因此,回购不过是一种抵押贷款,抵押品为所出售并随后回购的证券(在本例中为投资级公司债券)。一方("卖方")在借入资金并为贷款提供抵押品;另一方("买方")在出借资金并接受证券作为贷款的抵押品。正如后文解释,从借款人(即"卖方")的视角来看,回购的好处在于,短期借款利率低于银行融资的成本,这点我们很快将看到。从贷款人("买方")的视角来看,回购在一种高流动性的短期有担保交易中提供具有吸引力的收益率。

就抵押品的类型而言,回购交易可使用资金出借人可接受的任何形式的抵押品。

回购的基础知识

为了理解回购的基础知识,假设在 3 月 16 日,资产管理人购买了 ABC 公司发行的某种在 10 年后到期的债券。该头寸的面额为 1 000 万美元,债券的全价(即平价加应计利息)为 10 200 000 美元。此外,假设资产管理人希望持有该头寸至下一个营业日,即 3 月 17 日。资产管理人从何处获得资金为该头寸融资?

当然,资产管理人可以用所管理的投资组合中的现金或银行借款来购买 ABC 公司债券的头寸。然而,资产管理人通常会使用回购来获得融资。在回购市场中,资产管理人可以使用 ABC 公司债券作为抵押品来获得贷款。贷款期限和资产管理人同意支付的利率是明文指定的。这个利率被称为回购利率。当回购期限为 1 天时,它被称为隔夜回购。当贷款期限大于 1 天时,它被称为定期回购。这种交易被称为回购协议的原因是,它要求卖方出售证券并随后在一个指定的未来日期进行回购。协议中指定了出售价格和购买价格。购买(回购)价格与出售价格的差额为贷款的美元利息成本。

让我们回到希望为 ABC 公司债券的多头头寸提供为期一天融资的资产管理人上。结算日为卖方必须交付抵押品,并且买方必须出借资金以发起交易的日期,在本例中为次日。同

---

① 对回购交易在 2007—2009 年全球金融危机中的角色的讨论参见 Gorton 和 Metrick(2012)。对欧洲回购市场及其作为主权债务危机放大通道的角色的讨论参见 Armakola、Douady、Laurent 和 Molten(2020)。

样，回购的终止日也是次日（即隔夜回购）。假设资产管理人为购买债券需要借入的贷款金额为 10 200 000 美元。谁可能会在这笔交易中担任资产管理人的对手方（即资金的出借方）？假设一家市政府的财务主管拥有 10 200 000 美元的闲置资金并且可进行一天的投资。回购为这位市政府财务主管提供风险极低的短期投资机会。因此，在次日，资产管理人将同意交付（"出售"）票面值为 1 000 万美元的 ABC 公司债券，并在下一个营业日（3 月 17 日）以回购利率确定的金额回购相同的公司债券。注意，在我们的举例说明中，我们假设借款人将提供价值等于贷款金额的抵押品。在实践中，贷款人通常会要求借款人提供价值超过贷款金额的抵押品。我们将在讨论回购价差时说明这是如何实现的。

假设本次交易中的回购利率为 2.9%。于是，正如后文解释的那样，资产管理人将同意在下一日以 10 200 821.67 美元的价格交割 ABC 公司债券。10 200 000 美元的"出售"价格与 10 200 821.67 亿美元的回购价格之间的差额为 821.67 美元，它是资产管理人必须支付的美元融资成本。

回购利率和美元利息

我们使用以下公式计算回购交易的美元利息：

$$美元利息 ＝ 美元本金 × （回购利率） × （回购期限/360） \qquad (10.1)$$

在我们的例子中，回购利率为 2.9%，回购期限为 1 天，因此美元利息为 821.67 美元，如下式所示：

$$10\ 200\ 000\ 美元 × 0.029 × (1/360) ＝ 821.67\ 美元$$

将 821.67 美元的美元利息与 10 200 000 美元的借款金额相加，可以得出 10 200 821.67 美元的回购价格。

逆回购

在我们的例子中，资产管理人利用回购市场为多头头寸取得融资。我们可相应地利用回购市场借入证券。市场参与者出于多种原因经常借入证券，原因包括建立空头头寸、需要交付证券以应对信用衍生工具合约的执行，以及需要弥补证券结算系统中的失败交易。许多套利策略都涉及借入证券（如可转换债券套利）。

假设资产管理人在一周前建立了 30 年期国债的空头头寸，现在必须弥补这个头寸——即交付证券。资产管理人可以通过参与一笔逆回购完成这项任务。在逆回购中，资产管理人同意以一个指定价格购买证券，并承诺在日后以另一个指定价格回售这些证券（当然，资产管理人最终必须在市场中购买 30 年期国债以弥补其空头头寸）。在这种情况下，资产管理人向协议的对手方发放了一笔抵押贷款。对手方出借了证券，并借入了从抵押贷款获得的资金以创建杠杆。

信用风险

与在任何借款/贷款协议中相同,回购交易的双方都暴露于信用风险中。即便回购交易具有高品质的抵押品,情况也是如此。让我们考察每个对手方在何种情形下暴露于信用风险中。

假设资产管理人是回购交易中的借款人(即出售并回购抵押品),并且我们进一步假设资产管理人发生违约;也就是说,资产管理人未能从对手方回购证券。在这种情形下,对手方取得对抵押品的控制权,并保留证券产生的任何收入。对手方的风险在于,债券的收益率可能会在回购交易后上升,这导致抵押品的市场价值将低于未支付的回购价格。反之,假设对手方在回购日发生违约(即对手方未能将证券交付给资产管理人)。其风险在于,债券的收益率可能会在协议的有效期内下降,这导致对手方所欠资产管理人的证券的市场价值超过资产管理人用作借入资金的抵押品的金额。

回购价差

尽管在回购交易中,双方都暴露于信用风险中,但资金出借方通常处于更弱势的地位。因此,回购的设计方式使得贷款人的信用风险得到降低。具体而言,出借金额应低于被用作抵押品的证券的市场价值,这在一旦抵押品的市场价值下降的情况下为贷款人提供一些缓冲。被用作抵押品的证券的市场价值超出贷款价值的金额被称为回购价差(repo margin)或垫头。

不同交易的回购价差有所不同。双方基于以下因素对之进行协商:回购协议的期限、抵押品的品质、对手方的信用资质及获取抵押品的难易程度。不同对手公司设定的最低回购价差各有差异,并且该价差是以其信贷部门创建的模型和/或准则为基础的。回购价差一般为1%—3%。当借款人的信用资质较差和/或用作抵押品的证券流动性较低时,回购价差可能会在10%以上。

为了说明垫头在回购协议中的角色,让我们再次回到购买ABC公司债券并需要隔夜融资的资产管理人上。头寸的面额为1 000万美元,含应计利息在内的债券价格为10 200 000美元。

当垫头被包含在内时,对手方愿意出借的金额就依据债券市场价值下降一定比例。假设抵押品被设定为出借金额的103%。为了确定出借金额,我们将10 200 000美元的债券全价除以1.03以取得9 902 912.62美元,这是对手方将会出借的金额。假设回购利率为2.9%;于是,交易的设计如下:资产管理人同意以9 902 912.62美元的价格交付ABC公司债券,并在次日以9 903 710.36美元的价格回购相同的债券。9 902 912.62美元的出售价格与9 903 710.36美元的回购价格之间797.73美元的差额是融资的美元利息。利用2.9%的回购利率和1天的回购期限,美元利息的计算如下式所示:

$$9\ 902\ 912.62\ \text{美元} \times 0.029 \times (1/360) = 797.73\ \text{美元}$$

抵押品的逐日盯市

限制信用风险的另一种做法是定期对抵押品进行逐日盯市。逐日盯市不过是指按市场价值记录头寸的价值。当市场价值变化一定比例时,回购头寸也被相应地加以调整。对于交易不频繁的复杂证券,取得对头寸进行逐日盯市的价格相当困难。

抵押品的交付和信用风险

在回购设计中,需要考虑的一个问题是抵押品向贷款人的交付。最显而易见的程序是由借款人向贷款人或现金出借方的清算代理机构实际交付抵押品。假如他们采用这个程序,那么我们就称抵押品被交出了。在回购期限结束时,贷款人将抵押品返还给借款人,以换取回购价格(即借款金额加利息)。

这个程序的缺点在于,由于与交付抵押品相关的成本代价过于高昂,尤其是对短期回购(如隔夜)而言,交付成本被纳入交易的回购利率中,即假如交付是必需的,那么这意味着借款人支付的回购利率将会降低。假如抵押品的交付不是必需的,那么借款人将支付更高的回购利率。贷款人没有实际取得抵押品所有权的风险是,借款人可能会出售证券,或者将相同的证券用作与另一个对手方开展回购交易的抵押品。

作为交出抵押品以外的另一个选择,贷款人可以同意允许借款人在一个独立的客户账户中持有证券。贷款人必须承担借款人可能会欺诈性地使用抵押品作为另一笔回购交易的抵押品的风险。假如现金借取人不交出抵押品,而是持有它,那么交易被称为托管持有回购(hold-in-custody repo,又称 HIC 回购)。尽管 HIC 回购具有信用风险,但它可以在一些难以交付抵押品(如房产抵押贷款),或者交易金额相对较小并且资金出借方对借款人的声誉较为放心的交易中使用。

参与 HIC 回购交易的资产管理人必须确保:(1)他们仅与信用品质良好的对手方交易,因为 HIC 回购可被视作无担保的交易;(2)投资者(即现金的出借方)获取更高的利率以补偿交易涉及的更高信用风险。在美国市场中,人们已在一些案例中发现存在处于破产境地并对贷款违约的交易商公司为多笔 HIC 回购交易抵押了相同的抵押品的情况。

处理抵押品的另一个方法是由借款人将抵押品交付至贷款人在借款人清算银行开立的托管账户中。于是,托管人拥有了抵押品,并代表贷款人持有抵押品。这个方法降低了交付成本,因为它仅在借款人的清算银行内部进行转移。例如,假如交易商公司与客户 A 进行一笔隔夜回购,抵押品在次日被重新转移给交易商。接着,交易商可以与客户 B 进行一笔(例如)为期 5 天的回购交易,而不必重新交付抵押品。清算银行只需为客户 B 建立一个托管账户,并在该账户中持有抵押品。在这种回购交易中,清算银行同时是双方的代理人。这种特殊类型的回购安排被称为三方回购。对于一些受监管的金融机构而言,这是它们获准开展的唯一回购安排。

回购利率的决定因素

就像金融市场中没有单一利率那样,回购利率也不是独一无二的。不同交易的回购利率各有不同,它们取决于以下数个因素:

- **抵押品的品质**：在所有其他因素相等的情况下，抵押品的信用品质越低，回购利率就越高。
- **回购期限**：通常回购期限越长，回购利率就越高。
- **交付要求**：假如向贷款人交付抵押品是必需的，那么回购利率将会降低。
- **获取抵押品的难易程度**：获取抵押品的难度越大，回购利率就越低。
- **现行的联邦基金利率**：尽管上述因素决定了某笔特定交易的回购利率，但联邦基金利率决定了回购利率的总体水平。回购利率一般低于联邦基金利率，因为回购交易涉及抵押借款，而联邦基金交易则是无担保借款。

为了理解获取抵押物的难易程度为何重要，让我们记住借款人（或等价而言，抵押品的卖方）拥有现金出借者希望得到的证券，无论他出于何种原因（也许该证券的需求量很大，以满足借贷需求）。这种抵押品被称为"特殊的"抵押品。不具有这种特征的抵押品被称为一般抵押品。需要"特殊的"抵押品的一方为了取得该抵押品，将愿意以较低的回购利率出借资金。

特殊抵押品和套利

资产管理人可以采取多种投资策略为购买证券借取资金。资产管理人的预期是，投资于用借入资金购买的证券所赚取的回报将高于借款成本。使用借入资金以取得比在仅使用现金的情况下更大的特定债券敞口投资行为产生了杠杆。在某些情形下，通过回购交易借入资金的借款人可以创造套利机会。当借款人借入资金的利率低于通过这些资金再投资赚取的利率时，这种情况就会发生。

当资产管理人的投资组合包含"特殊的"证券并且资产管理人可以通过高于回购利率的利率进行再投资时，这种机会就会出现。例如，假设资产管理人在投资组合中拥有一种"特殊的"债券，如债券 X。资金出借方愿意接受债券 X 作为抵押品，为期两周，并收取 2% 的回购利率。进一步假设资产管理人可以将资金投资于期限为两周的短期国债（期满日与回购期限相同），并且回报率为 3%。假设回购的设计恰当从而不存在信用风险，那么资产管理人就锁定为期两周的 100 个基点的利差。这是一种纯粹的套利，而且资产管理人没有任何风险。当然，资产管理人也暴露于债券 X 的价值可能会下降的风险中，但只要资产管理人打算持有债券 X，那么他无论如何都会面临这一风险。

结构化回购

结构化回购在基本协议的基础上引进了各种变型，旨在迎合专门的客户或用户。它们包括交叉货币回购、可赎回回购和完整贷款回购。

在交叉货币回购协议中，所出借的现金和用作抵押品的证券是以不同货币计价的，如借入美元现金并用英镑证券作为抵押品。当然，外汇汇率的波动意味着交易有可能需要频繁的逐日盯市，以确保现金或证券拥有充分的抵押担保。

在可赎回回购中，定期固定利率回购中的现金出借方拥有提前终止回购的选择权。换言之，回购交易含有内嵌的利率期权，假如利率在回购期限内上升，这个期权将使现金出借方获益。如果利率上升，那么出借方就可以执行其选择权，召回现金并以更高的利率进行再投资。由此，可赎回回购的回购利率低于在其他方面类似的传统回购。

完整贷款回购是在美国市场中为应对投资者在利率下降的环境中对更高收益率的需求开发出来的。完整贷款回购的回购利率高于传统回购，因为交易中使用的抵押品的品质不如后者。完整贷款一般有两种类型：房产抵押完整贷款和消费完整贷款。两者都是未经证券化的贷款或应收利息。贷款也可以是信用卡付款和其他类型的消费贷款。完整贷款回购中的出借方不仅暴露于信用风险中，而且还有提前还款风险敞口，后者是指打包贷款在到期日前清偿的风险，消费贷款通常会发生这种情况。由于这些原因，完整贷款回购的收益率高于由美国国债抵押担保的传统回购。

用于债券头寸的融资和/或建立杠杆的非回购工具

我们还有其他工具可用于债券头寸的融资和/或建立杠杆。这些包括信用违约互换（credit default swap，CDS）、总收益互换（total return swap，TDS）和买回/卖回协议。

信用违约互换

我们可以利用信用衍生工具有效地创建杠杆头寸或做空单种债券、债券板块或债券指数。两个例子是我们在本节中讨论的 CDS 和在下一节中讨论的 TRS。最常用的一种信用衍生工具是 CDS。

仅涉及单个主体的 CDS 被称为单一名称 CDS。合约的标的主体被称为参考主体或参考债务。参考主体是债券的发行人，因此亦称参考发行人。单一名称 CDS 的标的可以是特定的债券。在这种情况下，标的被称为参考债务。通常，涉及公司主体的单一名称 CDS 的标的是参考主体。

单一名称 CDS 的运作机制如下。合约涉及两个交易方：CDS 的买方和卖方。CDS 的买方是寻求针对参考主体的信用保护的一方。CDS 的卖方是向 CDS 买方提供针对参考主体的保护的一方。信用保护所针对的是信用事件的发生。也就是说，如果有关参考主体的信用事件发生，保护出售方（即 CDS 的卖方）必须向保护购买方（即 CDS 的买方）支付补偿。为了理解合约的机制，我们需要理解：(1)什么是信用事件；(2)合约双方可能发生的现金流将会如何。

CDS 交易的法律文件中定义了信用事件的构成。这份文件是国际互换与衍生工具协会（ISDA）制定的 CDS 交易的标准合约，它定义了八种信用事件，这些事件试图捕捉可能会导致参考主体的信用品质恶化，或引起参考主体的债券价值下跌的所有类型的情形。[1]

---

[1] 这八种信用事件包括：(1)破产；(2)无力偿债；(3)拒绝履行/延期偿付；(4)信用评级下调；(5)重组；(6)兼并时的信用事件；(7)交叉加速；(8)交叉违约。《1999 年 ISDA 信用衍生工具定义》更详尽地规定了每种信用事件的定义，《1999 年 ISDA 信用衍生工具定义的重组补充》对这份文件进行了修正，而《2003 年 ISDA 信用衍生工具定义》再次对其进行了修正。

如何利用 CDS 创建杠杆头寸和做空公司债券

信用保护购买方向信用保护出售方定期支付(通常为每季支付)保费,以换取在参考主体信用事件发生时获得款项支付的权利。保费被称为互换付款(swap payment)。如果在合约期限内无信用事件发生,那么信用保护购买方支付款项至合约的到期日,在这个时点,合约终止。如果信用事件发生,那么信用保护的购买方有责任支付应计保费直至信用事件发生日,信用保护出售方则必须根据法律文件规定的结算程序履行合约义务。在信用事件发生后,合约即告终止。

资产管理人使用单一名称 CDS 的最显而易见的方式是为其在投资组合中持有的公司债券购买信用保护。例如,假设资产管理人希望购买一家公司主体的债务(即取得多头敞口),那么最显而易见的方式是在现货市场中购买债券。出售一家公司主体的信用保护提供了对该主体的多头信用敞口。为了理解其原因,我们考虑在资产管理人出售对参考主体的信用保护时会发生什么。资产管理人会获取互换保费,假如无信用事件发生,他将在CDS 合约的整个期限内获取互换保费。然而,这与购买该公司主体的债券等价。资产管理人获取的不是息票利息付款,而是互换保费付款。假如信用事件发生,那么根据 CDS 的条款,资产管理人必须向信用保护购买方支付一笔款项。然而,这与在购买债券的情形下所实现的损失是等价的。因此,通过单一名称 CDS 出售信用保护在经济上等价于持有参考主体的多头头寸。

假设资产管理人认为一家公司将经历信用事件从而引起债券价值的下跌,他希望做空该公司的债券。在没有 CDS 的情形下,资产管理人将不得不在现货市场中卖空债券。但是,卖空公司债券极度困难。如果使用流动性较强的单一名称 CDS,那么资产管理人可以很容易地有效卖空公司主体的债券。记住,卖空债券涉及向另一方支付款项,并在资产管理人的预期是正确的及债券价格下跌的情况下,以更高的价格出售债券(即实现收益)。这完全是在购买单一名称 CDS 的情形下发生的事情:资产管理人支付款项(互换保费付款),并在信用事件发生时实现收益。因此,通过单一名称 CDS 购买信用保护等价于卖空债券。

对于希望建立公司债券的杠杆化头寸的资产管理人而言,可以通过出售信用保护实现这点。正如前文指出的那样,出售信用保护与参考主体的多头头寸是等价的。此外,与其他衍生工具相同,CDS 使其能够以杠杆化的方式实现这点。

CDS 指数

资产管理人不限于使用 CDS 来对单一参考名称建立杠杆或卖空。一些 CDS 的标的为公司债券指数(CDX),该指数包含标准化的一篮子参考主体。

CDX 的运作机制与单一名称 CDS 有所不同。两种类型的 CDS 都有定期支付的互换保费。如果信用事件发生,在单一名称 CDS 的情形下,互换保费将会停止支付,合约将会终止。相比之下,在 CDX 中,信用保护购买方将继续支付互换付款。但是,每季支付的互换保费金额将会降低。这是因为参考主体的信用事件导致名义金额的减少。

我们先前描述的资产管理人可以如何运用单一名称 CDS 的方式同样适用于 CDX。但是,CDX 并非管理对单一参考主体的敞口,而是使投资组合经理能够减少对一个多元化投资级公司债券投资组合的敞口。

总收益互换

一种在经济上与回购完全相同的衍生工具叫作总收益互换（TRS）。在 TRS 中，一方向对手方定期支付浮动利率款项，以换取参考资产（或标的资产）实现的总回报率。对于债券投资组合经理而言，参考资产可以是下列资产之一：有信用风险的债券、银行贷款、由债券或贷款组成的参考投资组合或代表某个债券市场板块的指数。回购受回购协议的管辖，TRS 则受 ISDA 协议的管辖。

参考资产的总回报率包含其产生的所有现金流及参考资产的资本增值或贬值。浮动利率等于参考利率（在历史上为 LIBOR）加上或减去一个利差。同意支付浮动利率款项并获取总回报率的一方被称为总收益获取方；同意获取浮动利率款项并支付总回报率的一方被称为总收益支付方。

资产管理人通常利用 TRS 增加信用敞口。TRS 将参考资产的全部经济敞口都转移给总收益获取方。作为对接受这个敞口的交换，总收益获取方向总收益支付方支付浮动利率款项。TRS 的应用分为两类：（1）资产管理人利用 TRS 实现杠杆；（2）资产管理人利用 TRS 作为一种在交易上更高效的实施投资组合管理策略的方法。

利用 TRS 创建合成回购

资产管理人希望利用 TRS 是有原因的。正如前文指出的那样，其中一个原因是降低或消除信用风险。通过利用 TRS 作为信用衍生工具，一方可以在无需出售资产的情况下消除对资产的敞口。在基本的 TRS 中，总收益支付方保留了对参考资产的权利。这假设了参考资产是资产管理人持仓的一个组成部分。总收益获取方则在无需支付购买资产所需的现金价款的情况下，获得对参考资产的敞口。由于互换的期限很少与参考资产的期限匹配，在收益率曲线上倾的环境中，互换获取方可能会获益于因能够滚动长期资产的短期融资而产生的正数的资金费率或持有收益。相比之下，总收益支付方则获益于在指定时期内获得的利率风险和信用风险保护，而无需将资产本身变现。在互换到期时，假如总收益支付方继续拥有资产，那么可以对资产进行再投资，或者也可以在公开市场上出售资产。在这方面来讲，TRS 在本质上是合成回购。

买回/卖回协议

另一种在功能上等价于回购的证券借贷安排是买回/卖回协议。买回/卖回协议将一笔证券借贷交易分离成同时加入的单独的买入和卖出交易。证券借入者购买相关证券，并同意在某个未来日期以协定的远期价格返还所借取的证券（即卖回）。远期价格通常是用一个回购利率得出的。买回/卖回协议与回购协议的区别在于，证券借入方在协议期限内获有对证券的法定所有权和受益所有权。此外，证券借入方将保留一切应计利息和息票付款，直至证券被返还给出借方。尽管如此，终止日的价格反映了息票利息的经济利益被转回给出售方的事实。

关键要点

- 回购协议是指卖方出售债券,并承诺在一个指定的未来日期以指定价格从买方买回相同的债券。

- 回购价格是卖方随后必须回购证券所支付的价格,回购日是必须回购证券的日期。

- 回购不过是一种抵押贷款,抵押品为所出售并随后回购的证券。

- 回购中的"卖方"在借入资金并为贷款提供抵押品;买方在出借资金并接受证券作为贷款的抵押品。

- 使用回购对资产管理人的好处在于短期借款利率低于银行融资的成本;从贷款人(买方)的视角来看,回购在一种高流动性的短期有担保交易中提供具有吸引力的收益率。

- 回购利率是卖方支付的利率。

- 购买(回购)价格与出售价格之间的差额为贷款的美元利息成本。

- 隔夜回购是协议期限为 1 天的回购;定期回购的期限大于 1 天。

- 通过逆回购的使用,回购可用于借入证券来建立空头头寸。

- 回购交易的双方都暴露在信用风险中。

- 回购的设计方式使得贷款人在抵押品市场价值下降时的信用风险得到降低,这是通过指定一个回购价差或垫头实现的。

- 回购价差是抵押品的市场价值超出贷款价值的金额。

- 不同交易的回购价差有所不同,双方基于以下因素对之进行协商:回购协议的期限、抵押品的品质、对手方的信用资质及获取抵押品的难易程度。

- 在回购设计中需要考虑的一个问题是抵押品向贷款人的交付。

- 作为向贷款人交付抵押品以外的另一个选择,贷款人可以同意允许借款人在一个独立的客户账户中持有证券。

- 假如现金借取人不交出抵押品,而是持有它,那么交易被称为 HIC 回购,贷款人必须确保:(1)他们仅与信用品质良好的对手方交易,因为 HIC 回购可被视作无担保的交易;(2)他们能够获取更高的利率以补偿交易所涉及的更高的信用风险。

- 处理抵押品的另一个方法是利用三方回购安排,由借款人将抵押品交付至贷款人在借款人清算银行开立的托管账户中。

- 回购利率取决于以下因素:(1)抵押品的品质;(2)回购的期限;(3)交付要求;(4)获取抵押品的难易程度;(5)现行的联邦基金利率。

- 其他类型的回购包括交叉货币回购、可赎回回购和完整贷款回购。

- CDS、TRS 和买回/卖回协议是可被用于债券头寸的融资和/或建立杠杆的其他工具。

- 我们可以利用信用衍生工具有效地创建杠杆头寸或做空单种债券、债券板块或债券指数,最常见的是 CDS。

- 在 CDS 中,信用保护购买方向信用保护出售方定期支付保费(互换付款),以换取在参考主体信用事件发生时获得款项支付的权利。如果没有信用事件发生,那么信用保护购买方支付款项至合约的到期日。

- 通过单一名称 CDS 出售信用保护在经济上等价于持有参考主体的多头头寸。
- 通过单一名称 CDS 购买信用保护等价于卖空。
- 对于希望建立公司债券的杠杆化头寸的资产管理人而言，可以通过出售信用保护来实现这点。
- TRS 是一种在经济上与回购完全相同的衍生工具。
- TRS 的一方向对手方定期支付浮动利率款项，以换取参考资产（或标的资产）实现的总回报率。
- 总收益获取方同意支付浮动利率款项并获取总回报率；总收益支付方同意获取浮动利率款项并支付总回报率。
- 对于债券投资组合经理而言，参考资产可以是有信用风险的债券、银行贷款、由债券或贷款组成的参考投资组合、或代表某个债券市场板块的指数。
- TRS 的应用分为两类：(1)资产管理人利用 TRS 实现杠杆；(2)资产管理人利用 TRS 作为一种在交易上更高效的实施投资组合管理策略的方法。
- 一种在功能上等价于回购的证券借贷安排是买回/卖回协议。
- 买回/卖回协议将一笔证券借贷交易分离成同时加入的单独的买入和卖出交易。

参考文献

Armakola，A.，R. Douady，J.-P. Laurent，and F. Molten，2020. "Repurchase agreements and systemic risk in the European sovereign debt crises：The role of European clearing houses." Available at http://hal-parisl.archives-ouvertes.fr/hal-01479252/fr/.

Gorton，Gary B. and A. Metrick，2012. "Securitized banking and the run on repo," *Journal of Financial Economics*，104(3)：425—451.

11

可实施的量化研究 *

学习目标

在阅读本章后,你将会理解:

- 开展量化研究的过程;
- 如何将研究转化为可实施的交易策略;
- 在物理科学中的发现过程与在用于实施交易策略的金融经济分析中的发现过程的差异;
- 与资产管理的量化方法相关的问题;
- 什么是经济物理学;
- 金融分析的两个基本原则:(1)模型的简单性,(2)样本外验证;
- 什么是数据窥探;
- 量化研究过程的共同目标;
- 在选择没有幸存者偏差的样本时的相关问题;
- 在选择模型的估计方法时的相关问题;
- 在更佳的估计与预测误差之间的权衡;
- 风险控制中的问题。

* 本章是与塞吉欧・M.福卡迪(Sergio M. Focardi)和 K.C.马(K.C. Ma)合作撰写的,前者是巴黎的法国达芬奇大学金融系的教授和研究员及英泰克集团(The Intertek Group)的创始合伙人,后者是西佛罗里达大学金融系的 Mary Ball Washington/Switzer Bros. 赞助的讲席教授。本章主要内容来自发表于 2005 年《另类投资期刊》(*The Journal of Alternative Investments*)秋季刊的一篇论文。

引言

更强的计算能力、大型数据集和数学软件的可获得性及机构交易的主导角色,已形成实施量化研究和投资策略的必然趋势。用机器计算逐渐取代传统的人工判断,是基于金融系统按照规则运行这一假设的,这些规则可被发现并应用于制定客观的系统性决策。由于量化过程能够系统性地、迅速且一致地处理大量信息,因此,可以将通常与决策过程中的主观选择相关的模糊性和不可预测性保持在最低限度。此外,与自由裁量的决策不同,系统性的决策制定可以随着时间的推移得到改进。不管是事实还是幻想,大多数投资组合经理都在其整体投资过程中纳入某种形式的量化方法。

然而,量化方法也有其问题。首先,金融领域中的低信噪比使人们很容易将偶然现象误以为是真正的模式。快速的计算能力通常会提高做出伪发现的概率。其次,研究人员使用在某个统计水平上的显著性这一传统标准,通常会很快得出错误结论。他们有时未能意识到,统计显著性既非可实现异常回报的必要条件,也非充分条件。最后,人类仅倾向于注意不寻常的现象。是分析师因为一个事件有趣而注意到了它,还是因为分析师注意到了这个事件所以它才有趣? 由此导致的偏见是,在非常事件上建立理论或开展检验更加容易,相关性很容易被误认为因果关系。高速计算进一步加剧这个偏见,因为量化工具可以非常高效地找到异常值和发现相关性。

在本章中,我们解释开展量化研究,并将量化研究转化为可实施的交易策略的过程。我们先对物理科学中的发现过程与资产经理运用的金融经济分析中的发现过程进行比较。

经济物理学的兴起

在概述量化研究的一般框架前,让我们先简要地比较物理科学与金融经济学中的发现过程。对科学发现的经典观点(尽管是严重过于简单化的)是经验观察加上人的天赋。科学家收集大量的数据,然后进行理论综合。最终结果是一个能够解释数据和得出准确预测的数学模型,这可以在独立的测试中复制。在现代科学中,这个过程迫使我们即便在预测与观察出现极小差异的情况下,也必须对模型进行修正。

有几个要点已成为现代科学方法的关键,它们对金融经济学也十分重要:

(1)"观察"远不是一个显而易见的术语。任何观察都预先假设了某种理论。[①]因此,我们看到了科学的分层,先进的理论建立在较简单的理论基础上。例如,所谓的"典型化事实"是第一层理论的例子。它们是预先假设了大量理论的实证观察。

---

① 在现代科学哲学的术语中,我们称观察具有"理论负载性"。

（2）人们一直在争论科学是实际"描述"了客观现实，还是在没有任何描述性矫饰的情况下仅仅提供预测观察结果的方法。[①]

（3）一般而言，不同的（无限数量的）模型可以解释相同的数据。在数学的简单性和优雅性的意义上，选择不同理论的标准通常是"美学"。我们总是可以修正理论以适应新的事实：最终它们都被代之以更简单、更优雅的理论。

（4）对于发现的过程是人类天赋的无法解释的产物，还是有某种令人信服的逻辑会不可避免地导致发现这一问题，还存在疑问。

我们不希望在此处讨论这些要点，而是仅指出在物理科学中，人们构建理论并用实证数据以高度的准确性验证理论。科学家构建实验并测试不同的实证条件设置。然而，在物理科学中，理论的统计显著性水平是极高的。

在金融经济学[②]中使用的方法在五个关键方面不同于在物理科学中使用的方法：

（1）金融经济学中的"定律"从未以高水平的精确度得到验证：存在很大的模糊空间。

（2）金融市场是人造产物，也是智能的信息处理器：投资者不能将金融市场视为一个永久的物理对象。在当今的术语中，金融市场是一个不断发展、自我反思和复杂的系统。

（3）大多数模型都依赖于历史数据，很容易过度拟合。

（4）在金融经济学中，开展实验是有限的或不可能的。资产经理不能重复过去的事件并控制环境变量，以确定某个现象所涉及的精确因果关系。因此，实验不能被独立地复制。

（5）随着计算机的出现，基于统计学和数据挖掘的学习方法补充甚至取代了人类的创造力。

相对较新的"经济物理学"[③]领域已试图弥合这两个世界之间的差距，使人们注意到需要对定律和结果进行严格的科学验证。尽管如此，我们仍必须认识到真正的差别是存在的。为了避免对经济学强加一个不可能的科学范式，我们必须提出问题，即可实施的策略是建立在哪种真正的知识之上。

经济理论的显著性水平很低：没有任何金融经济模型能以非常高的显著性水平拟合数据。许多不同的模型被用来拟合数据，人们通常不可能区分真阳性和假阳性。金融文献中充斥着对相互矛盾的事实的真诚辩护。因此，在金融经济学中，理论的推广和整合十分困难。这是因为每个理论或模型在某种程度上都是错误设定的，并且只能在给定的近似水平和显著性水平下通过检验。当不同的模型被加以整合和推广时，近似就不再成立。

出于这些原因，金融分析有两个基本原则：（1）模型的简单性；（2）样本外验证。分析师可以给予一个经过数据验证（这些数据不同于建立模型所使用的数据）的简单模型更高的置信度。这些原则尤其适用于部署"学习"方法的情形。学习方法建立在具有无限复杂度且能够完美拟合任何数据集合的模型之上。例如，自回归模型可以有任意数量的时滞，神经网络可以有任意数量的节点，等等。这类模型可以任意的精确度描述任何数据集合。例如，只要允许包含足够数量的时滞，自回归模型可以零误差地描述任何时间序列。

---

① 在经济学中，Friedman（1953）强有力地提出了后一种观点。

② 同样的考虑适用于其他科学领域，包括生物学、医学、生态研究等。

③ 参见 Mantegna 和 Stanley（2000）。

一般框架

　　量化研究过程的共同目标是识别数据中的任何持久模式,并在金融领域将之转化为可实施且可盈利的投资策略。为了理解量化程序的一般研究过程,我们有必要识别一些在这个过程中普遍产生的偏差。具体而言,图 11.1 提供一个流程图,展示如何开展量化研究并将之转化为可实施交易策略的过程。一般而言,它包含发展基础的经济和金融理论、解释实际回报率、估计预期回报率及确定相应的投资组合。在下文中,我们将讨论每个步骤。

发展一个真正事前的经济学合理性理由

　　健全的经济假设是产生可实施、可复制的投资策略的一个必要条件。然而,真正的经济学只能以创造性的直觉为动力,并且受到严格的逻辑推理的审视,但它并非来自后见之明或先前的经验。这个要求十分关键,因为科学结论会很容易被数据窥探过程玷污,尤其是在事先未建立一个真正独立的经济理论的情况下。

　　数据窥探(或数据挖掘)是指识别数据中看似显著但实际上是虚假的模式。[1]所有实证检

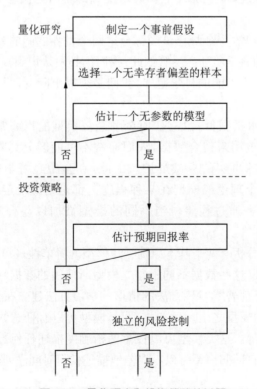

图 11.1　量化研究和投资策略的过程

---

①　参见 Ross(1994)和 Lo(1994)。

验都面临来自这个问题的风险,尤其是在人们已对相同数据集开展了大量研究的情况下。只要有足够的时间和试验,相信某种模式存在的研究人员最终将会设法找到该模式,无论是真实的还是想象的。此外,在数据窥探中存在相同的经验生命周期。研究人员通常面临经验生命周期完全相同的问题,并不得不在此过程中作出相同类型的选择。

数据窥探的过程有数种形式。在某个基本但微妙的层面上,经济假设是根据对数据中的历史模式的了解建立起来的。研究人员可能会从他们的知识、学习、经验或仅仅是从他人的讲述中建立他们的"先验"(只要这些知识或经验不是来自用于评估该假设的相同或类似的数据集)。一个经典但错误的超额回报率建模方法的例子是:"应该在模型中包含市值,因为有证据表明存在规模效应。"

自此之后,只要存在更多的选择空间,问题只会变得更糟。研究人员可能会因其他人使用相同数据所作的研究而选择设计相同的统计检验。这些检验的选择包括但不限于解释变量的选择、衡量它们的方法、模型的函数形式、时间段的长度、异常值的任意保留或去除、非稳健估计方法的使用、基础的概率分布及检验统计量。这些人为选择就其本身而言可能差异很小,但由此产生的其对投资业绩的影响通常是显著的。

在理想情况下,我们无需作出人为选择,因为所有检验都应该由基础的经济理论决定。然而,即便是最佳的经济概念(由于它们是抽象和简化的),也不一定能充分说明其在现实中的应用。决策者有大量机会不得不寻找代理变量和工具来完成这一过程。

控制数据窥探

然而,一个常见的谬误是,研究人员在结果不符合预期时,往往会回到前一个步骤来寻找解决方案。当然,这个态度反映了人类在决策过程中,更偏重依赖于新近时期信息这种一般倾向,这很容易导致对众多替代方案进行盲目的试验,而这些方案很有可能是没有合理性理由的。

因此,在所有层面控制数据窥探的一个直接方法是,只要任何步骤的输出不能通过质量检验,就必须重新构建整个过程。假如估计的模型不能在某个令人满意的程度上解释超额回报率的变化,那么就需要停止并放弃这个过程。我们需要回到第一步并发展一个新理论。假如预测的模型不能产生可接受的超额回报率,那么就回到第一步。最后,假如遵循策略得出的风险调整后实际的超额回报率水平"不合格"——回到第一步。这个"试错"过程可能会纠正大部分(但非所有)数据窥探问题。随着我们通过检验抛弃明显的"坏"模型,我们从试错的经验中学习。这种经验本身会不可避免地影响看似"独立"的下一代经济直觉的创建。

当然,我们中的大多数人都会同意,我们几乎没有任何办法来完全消除某种形式的数据窥探,因为即便是最严格的科学过程也只不过是一系列主观或非主观的选择。正如 Lo(1993)提出的那样,与在大多数形式的药物滥用中相同,恢复的第一个迹象是认识到这个问题。而下一步是促进建立一个避免作出选择的诱惑的研究环境(这种抵触可能是第 7 章中描述的新近开发的机器学习技术的一个首要原因)。这个结论还意味着,在制定投资策略时,投资组合经理在过程中的每一步都应极其自律地作出选择,并对问题和由数据窥探引起的偏差有明确的理解。

选择一个无幸存者偏差的样本

由于所有回测研究(在第 17 章和第 18 章中有更详尽的讨论)都是使用回顾过去的数据集开展的,假如观察结果不能存续至今天,那么我们就不能得到其全部历史。研究人员可以使用的样本是一组观察结果,这些观察结果是根据某些共同特点随着时间的推移预先选择的。假如子集是随机选择的,那么一个样本中的样本应该不会造成问题。但对于大多数存在幸存者偏差的样本来说,情况并非如此。这种偏差是一种选择偏差,其中,某个特定结果的幸存者被过分地评估。未幸存的观察结果甚至可能被忽视。研究人员对幸存的观察结果的集中关注可能会导致错误或不正确的概率估计。假如幸存的观察结果的共同联系与我们正在寻找的模式相关,那么幸存者偏差就会变得有意义。具有统计显著性的模式的发现仅仅反映了用于构建测试样本的基础共同联系。

受幸存者偏差严重影响的一个典型的兴趣点是投资业绩的比较。显而易见的是,通过只考察当前存续的投资组合,业绩不佳而导致的无法存续下来的投资组合被排除在样本之外。根据设计,样本仅包含业绩良好的投资组合。我们究竟如何才能识别造成业绩不佳的真正因素?

商业数据供应商在这个问题上没有提供帮助。出于成本考虑,大部分数据集仅是实时提供的。也就是说,对于当前不存在的样本观察结果,常见做法是从数据集中删除其全部历史。为了模拟真实的历史情况,研究人员有责任将这些观察结果重新带回到样本中。样本收集程序应在时间上逆转,在样本时期开始时存在的观察结果应包含在内,并随着时间变化进行跟踪。

选择估计模型的方法

特定方法的选择应与金融经济理论的发展和样本的选择一样,通过相同的质量检验。在缺少强烈直觉的情况下,研究人员应选择需要最少人力投入的方法。一个很好的例子是机器学习方法,它使用计算机化的算法发现数据固有的知识(模式或规则)。人工智能、神经网络和遗传算法等建模技术的进步都属于这个类别。这个方法的美妙之处在于其庞大的自由度。它没有任何通常在传统、线性、平稳的模型中明确规定的限制。

当然,研究人员不应过度依赖方法本身的力量。如果没有知识,就不可能学习。即使你只想简单地将数据扔入算法并期望它能给出答案,你也需要提供一些背景知识,如输入变量的合理性理由和类型。仍有许多情形要求研究人员作出具有合理根据的决定。例如,股票回报率建模的 个典型方法是利用以下线性形式,

$$E(R_{it}) = a + b_{1t}(F1_{it-1}) + b_{2t}(F2_{it-1}) + \cdots + b_{nt}(Fn_{it-1}) \tag{11.1}$$

其中,$E(R_{it})$ 为证券 i 在时期 t 的超额回报率,Fj_{it-1} 为证券 i 的第 j 个因子在时期 t 期初的

数值,b_{kt} 为因子 k 在时期 t 的市场整体回报。

使用多少解释变量

毋庸置疑的是,在检验和估计方程(11.1)时,第一项任务是决定应包含哪些解释变量,以及应包含多少解释变量。假如检验被一个真正事前的金融经济假设证明是合理的,那么这个决定应该不存在问题。然而,金融经济理论通常是用抽象概念发展的,这些抽象概念需要用替代的代理变量来衡量。选择恰当的代理变量十分接近于数据窥探,使确定解释变量的类型和数量成为一门艺术,而不是科学。基于"因为它奏效!"的理由选择某个代理变量是不够的,除非它事先具有理论的支持。

更佳估计与预测误差之间的权衡

一条经验法则是力求简约。模型不一定是越大越好,尤其是在可预测的风险调整后超额回报率的背景下。尽管整体解释力会随着模型中变量的数量(规模)的增加而增长,但在达到一定阈值后,解释力的边际增长会迅速下降。每当引入一个新变量时,随着更佳描述力的好处而来的是一个额外参数估计误差的上升。在表 11.1 中,我们通过每次添加一个额外变量,展示了一个典型的多因子股票回报率模型的解释力。表中第 2 列和第 3 列清晰地显示,尽管根据设计,R^2 随着变量数量的增加而上升,但调整后的 R^2(它还反映了额外估计误差的影响)趋于平稳并在某一点后开始下降。这个例子表明了在估计过程中,每个模型都有其最优的解释变量的数量。

当新的预测进一步延伸至预测期时,估计误差的代价甚至更大。在表 11.1 中,我们还基于在每个阶段估计的多因子模型开展样本外预测。表中第 4 列和第 5 列显示了一个更引人注目的模式,其中,以信息比率形式显示的风险调整后超额回报率在模型变大时甚至恶化得更快。

表 11.1 额外解释变量的边际贡献

额外的随机变量	样本内		样本外		
	解释力 (R^2)	解释力 (调整后的 R^2)	年化超额回报率(%)	年化标准差(%)	信息比率
第 1 个	0.091	0.078	2.66	7.24	0.367
第 2 个	0.145	0.088	3.08	7.03	0.438
第 3 个	0.185	0.127	3.72	6.91	0.538
第 4 个	0.206	0.176	3.94	6.67	0.591
第 5 个	0.211	0.187	4.11	6.01	0.684
第 6 个	0.274	0.221	4.03	6.10	0.661
第 7 个	0.289	0.233	3.89	6.12	0.636
第 8 个	0.295	0.227	3.81	6.17	0.618
第 9 个	0.299	0.215	3.72	6.23	0.597
第 10 个	0.303	0.189	3.61	6.47	0.558

资料来源:Ma(2005c)。

动物精神

正是以同样的客观性，量化分析师对他们的程序感到自豪，这些程序通常导致以下问题："假如每个人都有这个算法，他们难道不会得出相同的答案吗?"使用简单的线性模型对同一数据集进行"过度挖掘"几乎完全消除了获取经济利润的可能性。

因量化研究的竞争导致的悲观情绪亦证明，需要在决策过程中纳入某种形式的"动物精神"的合理性。能够做到这点也可能是传统证券分析相对于量化方法的一个最重要的优势。随意的观察提供了大量例子，其表明投资者行为决定市场定价既不遵循对称模式，亦不遵循线性模式：投资者对坏消息的反应往往与对好消息的反应大不相同[1]；投资者在决策过程中更偏重依赖新近时期的信息[2]；投资者会忽略事件发生的可能性，但强调事件的重大程度[3]；购买股票是因为其魅力而非内在价值[4]；低市盈率股票支付高回报不意味着高市盈率股票支付低回报。[5]这并不意味着一个量化模型应包含所有这些现象，但建模方法应足够灵活，以便在有理论根据的情况下考虑这些可能性。

统计显著性不保证超额回报率

作为结果，量化研究的坚定捍卫者论证，可盈利的策略不能通过量化分析来商业化[6]；超额回报率的产生将保持特异性和专有性。超额回报率将源自那些表现优于商业标准化数据分析软件包的专有算法。换言之，研究人员将不得不学会在即便不存在统计显著性的情况下也要获得信心，而统计显著性不保证可以获得经济利润。

由于量化投资策略通常从识别一个模式（它是由统计标准定义的）开始，我们很容易根据传统的统计显著性来假设超额回报率。为了说明不一定存在联系，我们执行一种典型的动量交易策略，它完全基于根据过往回报率预测未来回报率的预测能力。这个框架下的回报生成过程的简化版本如下：

$$E_{t-1}(R_t) = a + b_{t-1}(R_{t-1}) \qquad (11.2)$$

其中，$E_{t-1}(R_t)$ 为在时点 $t-1$ 估计的时期 t 的期望回报率，a 为不随时间变化的常数回报率，b_{t-1} 为在时间 $t-1$ 观察到的动量系数。当 b_{t-1} 为具有（统计）显著性的正数时，我们称回报率时间序列呈现持久性和正动量。为了利用相关性信息实施交易策略，我们在每个月的月初将至少具有一定程度相关性的股票纳入投资组合，并跟踪它们的回报率。这些投资组合的业绩表现显然反映了相继回报率之间的相关性的统计显著性（或缺乏统计显著性）。在表 11.2 中，我们汇总了一些具有代表性的投资组合的业绩表现。

---

① 参见 Brown、Harlow 和 Tinic(1988)。
② 参见 DeBondt 和 Thaler(1985)。
③ 参见 Ma(2005a)。
④ 参见 Lakonishok、Shleifer 和 Vishny(1994)。
⑤ 参见 Ma(2005c)。
⑥ 一个例子，参见 Fogler(1995)。

表 11.2 统计显著性和经济利润

相关系数[a]	t 值[b]	年超额回报率(%)	年标准差(%)	信息比率
0.10	2.21[b]	0.48	4.07	0.118
0.25	4.22[b]	1.88	3.10	0.606
0.50	6.75[b]	3.27	2.15	1.521
0.15	1.34	0.61	4.10	0.149
0.35	2.86[b]	2.07	3.80	0.545
0.60	1.12	4.50	4.05	1.111

注:[a] 在 1% 的显著性水平。[b] t 值是相关系数显著性的统计量值。
资料来源:Ma(2005a)。

意料之中的是,较高的超额回报率一般与相继回报率之间的较高相关系数存在相关。更重要的是,较高的风险似乎与该关系(相关性)的较低统计显著性相关。最终结论是,可接受的风险调整后超额回报率水平(以信息比率的形式表示,如 1)不一定总是能仅通过统计显著性实现。然而,一个更引人注目的观察是,有时,在不存在传统的统计显著性的情况下,投资组合也能提供优异的经风险调整后的经济利润。尽管驱动力可能仍是未知的,但有证据表明,统计显著性与经济利润之间存在脱节。

估计预期回报率的模型

步骤 3 中对模型进行估计以解释过往回报率,就其本身而言是不够的,因为量化研究过程的目标是预测未来的回报率。由于我们根本没有足够的数据,因此更难以取得一个好的预期回报率模型。正如 Black(1993)指出的那样,人们通常会混淆解释平均回报率的模型和预测预期回报率的模型。尽管前者可以使用大量的历史数据点检验,但后者需要很长的时期(有时是数十年)来涵盖各种环境条件以预测预期回报率。由于在实践中,研究人员没有那么多的时间等待,一个常用的捷径是简单假设解释平均回报率的模型将是预测预期回报率的模型。当然,鉴于给定的恒定预期回报率的假设,这种预测非常不准确。

我们可以很容易地找到证据证明这是一个糟糕的假设。例如,假如研究人员查看解释短期股票横截面回报率的实际模型,那么即便是最天真的研究人员也会很容易得出结论:从一个时期到下一个时期的模型之间几乎没有相似之处。这进而表明,至少短期而言,解释过往回报率的模型不能被用来预测预期回报率。

这就要求我们开展全新的努力来建立一个事前的预期回报率模型。这个过程必须通过任何良好的建模所要求的相同的严格质量检验,正如我们先前讨论的那样。这些检验将包含独立地制定预期回报率的假设,以及不存在数据窥探和幸存者偏差的方法和样本期。尽管它们不一定相关,但为条件预期回报率模型制定假设的过程,可以在很大程度上从一段长时期内估计的众多过往回报率模型中获得有益见解。

最大增加值

显然,策略产生的最终风险调整后回报率可以归因于对图 11.1 所描述的每个步骤的恰当执行。整个过程一般可用一个三步走的程序描述——经济假设、模型估计和预测。自然而然地,研究人员会询问如何在三个步骤之间分配他们的努力,以最大限度地提高回报贡献。

为了回答这个问题,让我们考察来自模型估计和预测的回报贡献。出于这个目的,我们利用一个典型的多因子模型来解释标准普尔 500 指数中所有股票的回报率。假设在每个时期期初,投资组合经理知道实际描述该时期内的回报率的最佳模型。利用这些信息,他建立了一个由预测的前四分位数组成的投资组合。这个在完全信息条件下生成的投资组合的超额回报率表明了来自模型估计的回报贡献的程度。因此,在表 11.3 中,根据投资期的长度,预测的前四分位数投资组合的年平均超额回报率在 13%—28%。

表 11.3 完美估计和预测的潜在回报率(标普 500 股票:1975—2004 年)

	在完美远见下的年化超额回报率			
	标普 500 的最佳模型[a]		实际[b] 的标普 500 分位数	
	前四分位数	末四分位数	前四分位数	末四分位数
月周期[c]	21.7%	−18.4%	132.4%	−92.3%
季周期	28.4	−24.1	100.7	−79.5
年周期	13.7	−10.6	50.5	−23.4

注:[a] 解释标普 500 业绩表现的实际模型的参数是事先已知的。[b] 每种股票的实际表现(以实际的四分位数表示)是事先已知的。[c] 在信息完全的基础上对每个投资组合进行再平衡所采用的投资期长度。
资料来源:Ma(2005b)。

相比之下,标普 500 指数中实际的前四分位数投资组合的年平均超额回报率在 50%—132%。实际的前四分位数投资组合与预测的前四分位数投资组合的超额回报率之差在 36%—110%,表明来自模型预测的回报贡献的程度。显然,对于所有投资期来说,来自模型预测的回报贡献平均为来自模型估计的超额回报率的 2 至 5 倍。

因此,就所有的实用目的而言,识别可预测模型这一步骤在生成可预测的超额回报率中贡献了最大的潜在增值。这意味着分配给研究的资源应不均衡地更多用于样本外预测的努力。

重新检验预测

防止数据窥探的另一项保护措施是随着时间的推移再次仔细检查模型。也就是说,估计预期回报率的条件模型需要在"新鲜的"数据期内再次检验。由于观察预期回报率的条件模型需要多个时期,因此在单一条件下推导出的预测模型必须被再次确认。

在预测期内对预测模型进行的顺次检验将会确认,将实际回报率模型转化为预期回报率模型的条件仍能够产生可接受的业绩水平。随着条件因子在不同时期内发生变化,由三个时期组成的过程的稳定表现说明,它不是由数据窥探所引入的一组恒定的人为规则驱动的。

风险控制

即便预期回报率在个体股票层面被恰当地建模,但可实施的投资策略最终结果是用一个可接受的风险调整后投资组合超额回报率的水平评估的。由于大多数机构投资组合都是基准化的,目标是在给定的某个投资组合超额回报率水平下,将跟踪误差(超额回报率的标准差)最小化。因此,风险控制在技术上变得比传统的有效投资组合概念更复杂。正如 Roll (1992)证明的那样,在一定的超额回报率水平下,将跟踪误差最小化的最优投资组合不是均值—方差有效投资组合。我们应该指出,由于强形式的量化方法的目标和竞争性质,大多数模型都会在预期回报率方面产生类似排名。不同量化投资组合之间的业绩差异主要归因于优异的风险控制技术。

在风险管理中,一个常用但不被偏好的做法通常是恰好在识别预期回报率模型阶段执行的。它涉及修正模型的估计以解释实际回报率,目的是试图通过降低预期回报率模型的估计误差来控制风险。这种方法有数个缺陷。首先,在大多数情况下,修正参数估计值(它来自实际回报率模型)以使其能够用于预期回报率模型的程序,通常是在特别基础上执行的,并且容易受到数据窥探的影响。其次,在修正参数估计值时,建立一个具有低预测误差的相关预期模型的任务被误认为是对投资组合回报的风险控制。最后,自由度较低,因为估计是基于先前步骤的估计作出的。"风险控制"程序变得依赖估计预期回报率的过程。因此,一个独立的风险控制程序(通常是通过一个优化过程)应作为股票选择(它最初是由预测的预期回报率决定的)的上层附加措施来执行。

为了提高计算效率,如果同时施加数个其他条件,那么迭代次数可以显著减少。例如,Ma(2005b)证明,跟踪误差的最大来源是投资组合的板块权重与其基准板块权重的偏差。因此,大多数最优的基准化投资组合都是"板块中性的",也就是说,投资组合不对基准进行板块押注。这一考虑表明,需要纳入一个约束条件,对投资组合板块权重与基准板块权重的可接受偏差设定最大值。

同样,当我们约束个股权重以使之符合其在基准中的相应权重时,跟踪误差可以得到进一步控制。对投资组合中的股票权重与基准权重的可允许偏差设定最大值也能实现这点。

我们还可以考虑其他切合实际的投资组合约束。例子将包括规定:(1)个股的最低市场流动性水平;(2)允许投资于任何股票的最大绝对权重;(3)持有的最低股票总数;(4)在每个板块中持有的最低股票数量;(5)允许的最大投资组合周转率。

关键要点

● 资产经理能够获得更强的计算能力、大型数据集和数学软件,这已推动实施量化研究和投资策略的必然趋势。

- 量化方法有数个相关问题。
- 快速的计算能力通常会提高做出伪发现的概率。
- 研究人员使用在某个统计水平上的显著性这一传统标准，通常会很快得出错误的结论。
- 在评估量化策略时，人类倾向于仅注意不寻常的现象。
- 在物理科学中，人们构建理论并以高度的准确性用实证数据验证理论。
- 在金融经济学中使用的方法与在物理科学中使用的方法之间的区别是：(1)金融经济学中的"定律"从未以高水平的精确度得到验证；(2)金融市场是人造产物，也是智能的信息处理器；(3)大多数模型都依赖于历史数据，很容易过度拟合；(4)在金融经济学中，开展实验是有限或不可能的；(5)随着计算机的出现，基于统计学和数据挖掘的学习方法补充甚至取代了人类的创造力。
- "经济物理学"领域已使人们注意到需要对定律和金融经济学实证检验的结果进行严格的科学验证。
- 许多不同的模型被用来拟合数据，人们通常不可能区分真阳性和假阳性。
- 由于金融文献对相互矛盾的事实提供辩护，在金融经济学中，理论的推广和整合十分困难。
- 金融分析的两个基本原则是模型的简单性和样本外验证。
- 资产经理可以对一个经过数据验证（这些数据不同于建立模型 * 所使用的数据）的简单模型给予更高的置信度。
- 量化研究过程的共同目标是识别数据中的任何持久模式，并将其转化为可实施且可盈利的投资策略。
- 为了理解量化程序的一般研究过程，我们必须识别在该过程中通常产生的一些偏差。
- 在量化研究过程中为将研究转化为可实施的交易策略所需要的步骤一般包括：发展基础的经济和金融理论、解释实际回报率、估计预期回报率，以及确定相应的投资组合。
- 所有回测研究都应使用回顾过去并且没有幸存者偏差的数据集来开展。
- 投资策略检验方法的选择应与金融经济理论的发展和样本的选择一样，通过相同的质量检验。
- 对投资策略进行回测所选择的方法应该是需要最少人力投入的方法。
- 在更佳估计与预测误差之间存在权衡，经验法则力求简约。
- 模型不一定是越大越好，尤其是在可预测的风险调整后超额回报率的背景下。
- 统计显著性不保证超额回报率。
- 防止数据窥探的一项保护措施是在数个时间点仔细检查模型；也就是说，估计预期回报率的条件模型需要在"新鲜的"数据期内再次检验。

参考文献

Black, F,, 1993, "Estimating expected return," *Financial Analysts Journal*, 49(5), 36—38.

---

* 原书为"建立金融分析的两个原则"，有误，已修改。——译者注

Brown, K. C., W. V. Harlow, and S. M. Tinic, 1988. "Risk aversion, uncertain information, and market efficiency," *Journal of Financial Economics*, 22(2):355—386.

DeBondt, W. F. and R. Thaler, 1985. "Does the stock market overreact?" *Journal of Finance*, 40(3):793—805.

Fogler, H. R., 1995. "Investment analysis and new quantitative tools," *Journal of Portfolio Management*, 21(4):39—47.

Friedman, M., 1953. *Essays in Positive Economics*. Chicago, IL: University of Chicago Press.

Lakonishok, J., A. Shleifer, and R. W, Vishny, 1994. "Contrarian investment, extrapolation, and risk," *Journal of Finance*, 49(5):1541—1578.

Lo, A., 1994. "Data-snooping biases in financial analysis," in *Proceedings of Blending Quantitative and Traditional Equity Analysis*. Charlottesville, VA: Association for Investment Management and Research.

Ma, K. C., 2005a. "Preference reversal in futures markets," Working paper, Stetson University.

Ma, K. C., 2005b. "Nonlinear factor payoffs?" Research Paper ♯97-5, KCM Asset Management, Inc.

Ma, K. C., 2005c. "How many factors do you need?" Research Paper ♯96-4, KCM Asset Management, Inc.

Mantegna, R. N. and H. E. Stanley, 2000. *An Introduction to Econophysics: Correlations and Complexity in Finance*. Cambridge, UK: Cambridge University Press.

Roll, R. R., 1992. "A mean-variance analysis of tracking error," *Journal of Portfolio Management*, 18:13—22.

Ross, S. A., 1994. "Survivorship bias in performance studies," in *Proceedings of Blending Quantitative and Traditional Equity Analysis*. Charlottesville, VA: Association for Investment Management and Research.

12

量化股票策略 *

学习目标

在阅读本章后,你将会理解:

- 量化股票管理/系统性资产管理的含义;
- 系统性资产管理与自由裁量资产管理的差异;
- 不同类型的量化股票策略(多因子策略、因子策略、基于事件的策略、统计套利策略、文本策略和另类数据策略);
- 量化建模的科学方法;
- 如何制定量化策略;
- 什么是信号,以及如何开发和分析信号;
- 在实证研究中使用的计算方法;
- 量化策略的关键方面;
- 高质量数据的特征;
- 资产经理为提高产生成功量化策略的可能性而必须遵循的数据最佳实践;
- 良好的量化投资模型和策略的关键特性:简约性、易驾驭性、概念性见解、可预测性和适应性。

引言

在第 11 章中,我们讨论了可实施的量化股票研究。在本章中,我们描述创建可用于量化

---

* 本章是与约瑟夫·塞尼格利亚(Joseph Cerniglia)和彼特·N.科姆(Peter N. Kolm)合作撰写的,前者是纽约大学柯朗数学研究所合聘教授和宾夕法尼亚大学访问学者,后者是纽约大学柯朗研究所数学系的实践教学教授和金融数学理学硕士计划的主任。

股票策略的成功模型所需要的研究过程和原则。为了建立成功的策略,资产经理需要将判断与科学方法结合起来,以识别和验证在不断变化的市场中的新机会。资产经理必须理解为取得实证证据以支持其投资创意所需要的数据和计算技术(我们在本书的其他章节中描述了这些技术)。毋庸置疑的是,成功量化模型的研究和开发是科学与艺术的结合。资产经理在建模中必须采取的努力需不断创新和严谨分析才能获得成功。

当资产经理将系统性的、由模型驱动的投资方法应用于投资时,他们被描述为量化资产经理。量化资产经理遵循的投资管理过程是系统性的,包括如何从全体证券中选择证券,以及如何用这些证券构建投资组合。这个方法亦称系统性资产管理。此外,它们不仅可以应用于股票市场,还可以应用于数个资产类别。①

基本面股票投资风格的投资方法强调分析师和投资组合经理的人为判断。基本面过程从形成对一家公司的了解开始,然后利用这种了解制定公司的估值预测。这个过程同时利用定性和定量信息。通常,这种方法利用来自定性信息的深入见解。这种方法亦称自由裁量资产管理。

制定成功量化策略的核心是研究过程。其成功要素是获得更多更好的数据(如大数据和另类数据)、先进的计算方法、先进的分析技术(如计量经济学、机器学习和稳健优化方法),以及更好地理解如何在研究过程中增强判断。我们不提供供资产经理采用的规则,而是识别和考察量化策略的特征。我们还强调了量化建模中的一些最佳实践。②我们描述的特征可能不是严格具备统计学或数学性质的,而是强调了市场动态、数据、研究设计、建模技术,以及经济和金融判断的整合。我们所描述的建立量化预测模型的框架适用于所有资产类别。尽管我们关注的是量化研究方法,但我们认为,本章提出的一些观点对于基本面研究过程来说也是有价值的。

量化投资策略与基本面投资策略

让我们从描述量化股票投资与基本面股票投资的区别开始。Bukowski(2011)通过考察资产经理选择股票的方式描述了这些差异。

基本面资产经理通过筛选一个待纳入投资组合的候选股票名单来开始投资过程。例如,资产经理也许仅希望纳入构成标普 500 指数的股票。然后,资产经理选择过滤候选股票的特征,以创建一个更短的可接受股票名单。例如,资产经理可能会制定以下标准:公司在过去 5年内的盈利增长率等于或约为 9%,并且同一时期内的利润率超过 18%。这些特征建立在基本面资产经理选择的指标之上,他认为,这些指标将有助于识别具有卓越公司价值和潜在定价错误的股票。这种观点认为,这些特征将会创造长期价值。

满足标准的公司名单是资产管理团队随后将关注的内容。假设名单中有来自 7 个行业的 100 家公司。接着,资产经理将名单中的股票分配给每个行业分析师团队。分析师将开展

---

① 对系统性固定收益投资的讨论参见 Tucker(2018)。
② 对量化股票投资的现状和历史的出色综述参见 Becker 和 Reinganum(2018)。

传统的股票分析，以确定将哪些股票推荐给资深投资组合经理。

传统的股票分析提供了对公司的运营、管理和竞争实力的定性见解。分析师与公司管理层会面以了解公司的这些特征。这些会面使分析师了解管理层对公司财务运营的认知，并讨论公司策略和竞争环境。分析师可以通过咨询其他人士（如卖方分析师和行业专家）进一步加深其对公司的了解，这些人士提供了关于公司这些特征的外部观点。

股票分析还涉及使用定量信息。分析师从研究财务报表中的数字信息开始。这一理解提供了关于公司财务状况的输入信息，有助于预测公司的销售额、费用、盈利和现金流，这些预测随后被用于为公司估值。同行分析有助于更广泛地了解公司相对于财务比率等各种定量指标的排名。

根据分析师对每种股票的前景的建议，投资组合经理基于对未来经济状况和其他宏观因素的进一步研究来构建投资组合（即分配给每种股票的金额）。在基本面资产管理的情况下，团队的大部分时间都投入了传统的股票分析。

量化资产经理亦从基于一些特征筛选候选股票名单来开始投资过程，根据团队的研究或学术研究，这些特征被认为将会实现投资组合的投资目标。量化资产经理认为，这些特征为基于公司价值和投资者在市场中表现出的偏差来选择公司提供了足够的信息。团队的大部分时间都花费在决定使用哪些特征过滤候选公司名单上。假设筛选产生了 250 种股票，那么资产经理将购买所有 250 种股票。

两种方法在筛选候选股票时都使用特征。在量化管理方法中，特征是以系统性和自动化的方式使用的。在基本面管理方法中，特征使用更定性的标准。

基本面股票方法与量化股票方法的差异

在描述量化资产管理时，全球第三大对冲基金的联合创始人克利福德·阿斯尼斯（Clifford Asness）提到了他无意中听到的一段对话，他认为这段对话体现了基本面资产经理——他将其称为"定性资产经理"——与量化资产经理之间的差异：

> ……有一天我们的定性资产经理找到量化资产经理，带着明显的兴奋说道："我们刚刚把菲利普·莫里斯公司（Philip Morris）加到了最大权重。我们从未以最大权重持有过任何股票，但我们做了所有的分析，并且我们非常热情。我们认为菲利普·莫里斯公司受到了打击，并将卷土重来。你们怎么认为？"量化资产经理看着他说道："说实话，我不确定我们是做多还是做空。"Asness（2008；47）。

为何量化资产经理不知道用量化方法构建的投资组合中的头寸（如果有的话）？为何基本面资产经理知道自己的持仓情况，而量化资产经理可能不熟悉自己的持仓情况？为何基本面资产经理对其投资组合中的公司非常熟悉，而量化资产经理却不一定对其投资组合中的公司有详细了解？

为了理解其原因，我们需要理解量化投资管理与基本面投资管理之间的五个差异。Bukowski（2011）提供了两种管理方法之间的以下五个差异：(1)公司关注与特征关注；(2)狭隘关注与广泛关注；(3)头寸集中度/押注规模；(4)风险视角；(5)历史关注与未来关注。在本质上，两种方法的差异在于资产经理是如何看待信息的。我们在下面描述每个差异。

公司关注与特征关注

基本面资产经理的主要关注点是那些根据特征进行过滤后已被识别为潜在可接受的投资的公司。作为资产管理团队一部分的分析师团队将应用基本面分析来筛选分配给该团队的公司，以确定每家公司是否应得到投资组合管理团队的考虑。相比之下，在量化资产管理中，管理团队不再对过滤后的名单中的公司进行进一步的筛选，因为用于筛选的特征被认为足以使投资组合经理有正当理由对股票配置资金。

狭隘关注与广泛关注

基本面资产经理使用过滤后的名单进一步缩小待纳入投资组合中的潜在股票的范围。股票分析师不仅搜索公司当前向监管机构提交的备案文件，而且还寻找其他有助于他们在潜在回报方面区分公司的信息来源。在量化资产管理中，资产经理认为特征包含了将会导致优异回报的所有信息。

头寸集中度/押注规模

在基本面资产管理中，股票的头寸往往规模较大。基本面投资组合经理和分析师开展的详尽定性研究导致更高的信心水平，这会影响投资组合经理对头寸规模的判断。因此，从根本上说，基本面资产经理在对股票进行更大的押注。对量化资产经理而言，投资组合优化算法驱动了头寸的规模。这个过程在配置程序中优先考虑多元化，从而使投资组合分散到更大数量的股票上。因此，每种股票的押注金额都较低。

风险视角

基于两种方法所创建的投资组合的性质，我们可以看到两种方法采取的风险视角不同。基本面资产经理关注投资组合中个体公司的风险。而投资组合的风险是量化资产经理采取的视角。正如阿斯尼斯指出的那样：

> 优秀的量化资产经理开展的是统计游戏。他们做一些基于平均趋势将会奏效的事情。因此，量化管理的优势在于，资产经理不必在任何一个头寸上押很大的赌注。其劣势在于，量化经理对任何既定情况了解的信息都比定性经理更少。然而，这个劣势的另一面是，假如定性经理希望留在这个行业中，那么他们就需要作出正确的选择，因为在任何既定情况下，他们都倾向于承担大量风险。（Asness，2008：47）

历史关注与未来关注

在选择潜在股票并随后开展更多的分析时，基本面资产管理团队中的分析师不仅使用过往信息来推荐股票的选择，而且还使用公司未来前景的信息。也就是说，这种方法更多地依赖定性、前瞻性的研究，而不仅仅只有历史信息。量化资产管理在选择过程中能查看大量当前和过往的信息，对公司的定性未来前景考虑较少。量化资产经理的论点是，"历史不会重演，但它通常惊人的相似"。

量化策略的定义

量化策略是对资产管理过程中的各种活动作出决策的一种系统性的并且基于数据和模型的方法。我们可以通过评估处于投资过程中心的模型的基础核心特征，进一步理解量化策略。通过仔细考察这些核心特征，我们评估模型是如何产生回报的，以及为实现这些回报需要承担哪些类型的风险。我们还可以了解在构建模型时所作的判断和假设，因为每个判断和假设都会为策略的结果作出贡献。

量化建模方法的首要特征是，它是具有以下要素的科学方法：（1）制定有意义的假设或待评估的命题；（2）利用实证研究试图提高投资决策和经济推理的精确度；（3）发展高标准的分析严谨性；（4）使用敏感性分析来挑战开发策略的假设和背景；（5）基于判断对策略进行调整；（6）衡量结果；（7）随着新信息的取得，对模型进行修正或更新。

量化股票策略的分类系统

量化策略跨越不同的市场而存在。这些策略的基础特征有很大差异。策略可以沿多个维度进行分类，如资产类别、证券类型、投资期、交易风格和投资理念。每个类别都会影响量化建模过程，通常从研究设计、数据、建模技术和评估方法开始。

这些特征的共性使我们能够对策略进行分类。本章前文描述的公司名单试图创建一个简单的量化策略分类。由于量化策略具有共同的特征，这种分类存在一些重叠。

量化投资策略在它们的交易动机、交易频率、交易使用的信息及交易所在的市场方面各有不同。策略采用不同的持有期和交易频率——后者可以在数毫秒内发生，也可能延至数月或数年。另外，每笔交易的持有期也在类似的期限范围内变化。交易频率和持有期都依赖策略的基础投资理论及在研究中发现的实证结果。

在股票资产管理中，存在数量繁多的量化策略。后文描述了六种主要策略。

多因子策略

多因子策略是量化投资者最常用的一种投资策略。如前文所述，量化研究人员从寻找预测回报的共同特征（因子）开始。个体因子在各种投资期和整个市场周期内具有不同的风险和回报特征。下一步是将这些因子组合起来，以通过提高预测准确性和产生更加持续稳定的业绩表现来优化风险调整后的业绩。

在开发多因子策略时的关键考虑包括如何体现基础的投资原理和选择计算方法。投资原理为我们提供了这些策略为何会取得成功的因果关系。计算方法提供了实施这一投资原理的数学算法。

投资原理对多因子策略为何成功的常见解释包括:(1)通过在不受人类行为影响的情况下持续稳定地应用成功方法,来赚取超额回报的优异能力;(2)算法比基于人力的投资整合了更庞大、种类更多样化的信息;(3)算法可以在人力所不及的范围以外识别更复杂的模式和关系。

组合因子和对因子设定权重的计算方法将对因子的实证研究转化为一个工作模型。我们将这些方法分为四类:(1)数据驱动型方法;(2)因子模型方法;(3)启发式方法;(4)优化方法。

数据驱动型方法使用统计方法选择预测模型中的因子并计算它们的权重。我们有多种多样的估计程序,如神经网络、分类树和主成分,它们都可用来估计这些模型。统计方法的算法对数据进行评估,并将结果与标准进行比较。因子模型是广为公认的统计方法,如多元回归。我们可以评估模型的拟合度、预测能力和经济意义。启发式方法建立在常识、直觉和市场见解上,而不是为满足一组既定要求设计的正式统计技术或数学技术。优化方法使用各种计算方法拟合目标函数和参数,以寻找选择个体因子和计算因子权重的最优解。

因子策略

因子策略是基于规则的策略,通过交易众所周知的股票风险溢价来获取回报。因子策略涉及两项主要任务:(1)识别因子;(2)如何使用已识别的因子来构建投资组合。因子的识别是金融理论和实证研究联合产生的结果,以确定投资的哪些特征可以获得相对于基准的回报溢价。重要的是,并非所有因子都能产生回报溢价;一些因子解释了证券的风险。第二个任务是如何利用该因子建立一个可投资的因子模拟投资组合(factor mimicking portfolio, FMP)。FMP 应跟踪因子的回报表现和风险特征。在策略实施挑战中的其他考虑因素包括投资组合中头寸的流动性和交易成本。此外,随着约束条件和其他期望得到的参数被添加到投资组合构建过程中,通常会出现其他固有风险。

基于事件的策略

试图利用在某种类型的事件发生前或发生后可能出现的定价错误的策略被称为基于事件的策略。量化模型旨在识别在事件发生前或发生后通常出现的价格模式。事件包括盈利发布、经济数据公告、公司行为、分拆、收购和监管变化。

市场微结构策略

利用由股票市场的交易流量和动态带来的盈利机会的策略被称为市场微结构策略。在 20 世纪 80 年代晚期和 90 年代早期,市场放弃了公开叫价交易场所系统,而更偏好电子交易。自那时起,不断发展的技术进步、监管的放松及市场结构的变化为高频率交易的普及创造了理想条件。

高频率交易公司采用全自动化的交易策略来识别日内价格模式并从中盈利。这些策略依赖计算机算法来决定各种交易的时间、价格和委托单数量。这些策略试图在每笔交易中赚取小额收益，并通过高交易量将其放大。这些策略的一个关键方面是交易的执行速度，大多数策略的交易都在以毫秒计的时间内完成。

统计套利策略

统计套利策略专注于以数学或统计算法为中心的证券投资（包括多头和空头），这些算法识别证券之间的共同变动关系。这些策略奏效的原因是，它们利用具有类似特征的股票证券之间的系统性关系。通常，一元统计配对交易策略的构建方式如下：在形成期内，识别两种在历史上价格共同变动的证券。我们称这些证券之间存在一种均衡关系，这是由统计模型识别的。接着，在随后的交易期内，监测证券价格变动的价差。假如价格出现分歧并且两种证券之间的价差变大，那么就进行一笔卖空表现较好的股票，同时买入表现较差的股票的交易。由于证券之间的这种均衡关系，我们预期价差将会回归至其历史均值水平，从而产生利润。

一元统计配对交易的简单概念通常被扩展至更复杂的策略中。我们可以在一个准多元框架中实施这样一种策略，将一种证券与一个由与之共同变动的证券组成的加权投资组合进行交易。另一种策略是将股票组合与其他由与之共同变动的股票组成的组合进行交易。

统计套利策略严重依赖复杂的统计模型。资产经理使用计量经济学技术（如协整）揭示证券之间的平稳价格序列，以识别交易的候选对象。来自统计学习的技术（如非参数距离度量）被用于识别配对交易机会。资产经理应用时间序列模型来寻找对回归均值的价差最优的交易规则。

此外，统计套利与其他多空异象密切相关，如违反一价定律、领先滞后异象和回报反转异象。与金融学术文献中讨论的纯无风险套利相比，统计套利是一种有风险的策略。

文本策略

文本策略涉及基于定性的文本信号开展交易，如新闻报道、公司文件或社交媒体。

计算语言学领域在从不同的文本来源提取意义方面已有相当大的进展。在金融领域中，最常见的内容分析方法专注于识别市场情绪。文本分析的量化方法从简单的字典方法跨至涉及机器学习算法（如深度学习）的更复杂的算法。字典方法根据一组预定的单词对文本进行评分，这组单词被认为与投资者假设将能预测回报率的某个主题之间具有相关性。更复杂的算法可以通过利用文件中的单词和句子识别潜在的模式来识别主题或衡量情绪。

文本问题既带来了挑战，也带来了丰富的机遇。文本分析是一个高维度问题，因为我们需要根据复杂的语法结构和单词之间的丰富互动来解释文字。大量的数据带来整合和解释巨量信息的量化机会，从而带来更准确的预测。这是一个未来将继续呈现爆发式增长的领域。

另类数据策略

随着公司、个人和政府的流程和活动越来越受数据的驱动，数据量呈现指数式增长。正如 Fortado、Wigglesworth 和 Scanell（2007）指出的那样，这些数据的例子包括网站抓取、信用卡跟踪数据、智能手机地理定位数据和卫星数据。其中一些数据如今被打包并出售给投资公司,作为"另类"数据进行营销。投资公司(尤其是量化公司)正在开始分析这些数据,以判断它们是否能预测公司的盈利或经济活动,这些预测可能无法从更传统的数据来源得到。涉及"另类"数据的研究使用了各种机器学习算法和传统的统计技术。

如何制定量化策略

正如刚才指出的那样,量化建模方法的首要特征是科学性。这种方法为资产经理提供了一种考察和理解现象、开发新理论、基于所呈现的实证和可衡量证据修改或整合现有理论(受特定推理原则的约束)的方法。通常,基于科学方法开展研究涉及六个步骤:(1)确定问题;(2)收集信息和资源;(3)形成解释性假设;(4)通过以可复制的方式开展实验和收集数据来检验假设;(5)分析数据;(6)解释数据并得出结论。在得出这些结论后,资产经理可以回过头来重新制定解释性假设并重复步骤(3)至(6),他可以根据需要对这个过程重复任意次数以加强结论。

在资产管理的背景下,实证分析利用数据和工具来设计、研究和评估假设/模型。实证研究的主要目的是创造(某项)证据来支持或拒绝交易模型。实证分析的一个主要方面是研究设计。一个经过深思熟虑的研究设计为验证交易模型的基础投资见解提供了支持和可信度。

在开发量化策略时,通常遵循以下步骤:(1)形成交易创意和制定策略;(2)开发信号;(3)获取和处理数据;(4)分析信号;(5)建立策略;(6)评估策略;(7)回测策略;(8)实施策略。我们将在后文讨论每个步骤。

形成投资创意和制定策略

通常,成功量化策略的制定是从一个基于经济直觉、市场见解或异象的创意开始的。背景研究可以有助于理解其他人过去已尝试或实施的策略。

交易创意和量化策略的区分涉及查看它们各自的经济动机。通常,交易创意具有一个与特定事件或定价错误相关的短期期限。相比之下,量化策略具有更长的时间跨度,并利用机会来更好地处理信息、获取与异象相关的溢价,或识别定价错误。

开发信号

一旦策略的创意建立后,资产经理就从经济概念转向构建信号,这些信号也许能够捕捉到形成策略的直觉。信号是资产经理用以创建投资策略模型的基础构建单元。信号是从数据构建而来的量化度量。它们代表一个投资创意。构建信号的方法因投资命题和代表命题的数据而异。例如,量化信号可以基于股票的基础特征,如股东权益报酬率或估值比率。情绪信号可以从公司发布的各种报告或关于公司的新闻的非结构化文本开发而来。

获取和处理数据

数据对策略的成功至关重要。为了构建信号，策略依赖准确和清晰的数据。数据需要谨慎地存储在可扩展和灵活的基础设施中。在获取新的数据来源后，资产经理就能够扩展为构建新见解所需要的信息集。

分析信号

资产管理团队必须对数据开展各种统计检测，以评估所构建的信号的实证特性。这项实证研究被用于理解信号的风险—回报潜力。例如，资产经理可能有兴趣在统计上检验信号的夏普比率是否高于 1。这项分析可以形成构建一个更完整的交易策略的基础。

建立策略

模型代表了交易策略的数学或系统性的设定表达。这一设定表达的两个关键考虑是：具体信号的选择，以及这些信号是如何组合在一起的。两个考虑可能都是由推动交易策略的经济直觉驱动的。

评估、测试和实施策略

最后的步骤涉及评估模型的估计、设定和预测质量。这项分析包括检查拟合优度（通常在样本内执行）、预测能力（通常在样本外执行），以及模型的敏感性和风险特征。

实证验证和检验是制定量化交易策略的关键驱动因素。它们弥合了程式化金融模型与市场所代表的现实世界之间的鸿沟。金融模型不过是对现实的粗略近似——在某些体系环境下，它们可以令人满意地发挥作用，但在其他一些体系环境下，它们完全不起作用或充其量只能很差地发挥作用。细致系统的实证研究可以帮助资产经理识别这些体系环境。资产管理团队的判断和经验成为这一步骤中的关键因素。

模型和判断

在解释什么是量化资产管理时，克利福德提到了判断在这种资金管理方法中的以下角色：

> 大多数人都认为量化资产管理是关于数字的，判断和直觉在量化投资组合中确实没有发挥很大的作用，尤其是在日常基础上。但在模型构建、流程和风险控制建设中，基于多年经验的健全判断和直觉在量化资产管理中扮演着出乎意料的重要角色。（Asness，2008：47）

决定如何清理数据、如何选择具体模型、如何聚合信号，以及依赖哪些风险度量都是需要作出判断的例子。当然，资产管理团队基于其经验和偏好作出这些判断。除了研究过程本身之外，判断也普遍存在于策略的回测和运行的反馈机制中。

大多数量化模型都基于两种思维方式——基于假设的（演绎）方式和基于模式的（归纳）方式。两种思维方式都需要不同的模型构建研究过程。基于假设的方法的出发点是对交易机会为何存在的某个见解。它依赖一个关于市场如何运作或机会为何存在的经济学命题或假设。通常,在实证研究之前有一个"故事"。

第二种方法——归纳或基于模式的方法——在本质上是探索性的,见解的发现产生于实证研究。学习贯穿整个过程。

在这个方法中,能够区分相关性和因果关系十分关键。我们必须确定所衡量的统计相关性是伪相关还是因果关系。理解基础的经济机制和理论可以为确定该关系提供见解。最佳实践涉及理解如何在研究设计过程中作出更好的决策。通常,在实验环境中,借鉴研究制定决策的其他学科中的科学方法是有用的;这些学科包括心理学、哲学和组织行为学。

利用量化模型的好处不仅限于纯粹的量化交易。这些模型在传统的基本面投资决策过程中也提供了有价值的分析工具。区分纯量化资产经理如何利用模型预测和基本面资产经理如何利用它们十分重要。对于量化经理而言,模型预测产生了一种证券或一组证券的预期回报率预测。对于基本面资产经理而言,模型预测创造了新的见解,可以与为制定投资决策获取的其他定性信息(如管理层会议和行业策略)合成起来。基本面资产经理必须应用量化模型来理解复杂的关系、验证投资命题和发现新机会。

在同时设有量化管理团队和基本面管理团队的资产管理公司中,存在可以创造"投资优势"的社交体验。建立量化模型的过程连带产生了独特的投资见解。大量的研究和轶事提供了证明将基于计算机的预测与人为判断结合起来会产生更佳结果的证据。

实证研究的技术

除了对市场的见解之外,量化计算方法对取得成功也至关重要。在第 4 章中描述的许多传统金融计量经济学技术仍继续在资产管理中广泛运用。它们的成功来自其易驾驭性——可以很好地理解并且实施相当简单。

资产经理仍继续在传统的计算方法上进行扩展和创新。新的计算方法不断涌现并蓬勃发展。一个越来越受到量化研究人员欢迎的计算领域是第 7 章中描述的统计学习/机器学习。这些工具——可被分类为监督方法和无监督方法——对建立模型十分有价值,因为他们揭示了数据的结构、将非线性纳入模型,并提供了稳健预测。这些方法不应被视作或用作"黑匣",而是应作为分析工具。

金融领域的研究人员正在应用这些更新的方法,以催生对股票市场动态的深入见解。例如,Moritz 和 Zimmermann(2016)提出了关于哪些变量能够对股票横截面回报率提供独立信息的研究问题。他们的计算方法叫做深度条件投资组合排序(deep conditional portfolio sort),旨在处理大量的变量以及潜在的非线性和相互作用。在估计模型时,Moritz 和 Zimmermann(2016)纳入了来自统计学习文献的概念,并效仿了用于估计决策树的方法和集成方法。

非结构化数据在开发股票的量化信号方面已变得更有价值。对诸如财务报表、盈利发布和电话会议记录等公司信息披露的文本分析是非结构化、定性数据的来源。Li(2010)综述了从文本数据提取信号的各种技术,并表明管理层的沟通模式可以揭示某些管理层特征,这些特征会对理解公司决策和预测股票回报率产生影响。以下是一些新近的例子：

- Heston 和 Sinha(2017)通过利用来自道琼斯的新闻报道预测股票横截面回报率，比较了不同的文本分析方法。他们分析了使用不同计算方法生成的情绪信号实现回报率的时间长度。一些信号提供了长达一个季度的预测期，而其他信号则在较短的期限内预测了回报率，如一天。

- Klevak、Livnat 和 Suslava(2019)记录了在盈利发布电话会议中最常使用的陈词滥调，并构建了一个这些词语表达的词典。他们使用自然语言处理(natural language processing，NLP)——在金融数据科学中一个迅速发展的领域，它涉及人类语言与计算机之间的相互作用——侦测出陈词滥调，并利用这些发现表示可能存在负面语气的信号。在控制其他特征及盈利发布电话会议中传达的与过度使用陈词滥调最具相关性的信号后，这些作者使用 NLP 发现，公司管理层的过度使用陈词滥调与超额股票回报率呈负相关。作者们发现，过度使用陈词滥调与负盈利增长和负数的先前股票回报率有关。公司管理层似乎利用陈词滥调来"缓和"与坏消息相关的打击。他们的证据为资产管理的决策制定提供了指导，因为它表明：(1)在控制盈利意外和电话会议本身的语气后，在盈利发布电话会议时间左右的市场回报率逐渐并且明显变得越来越负面；(2)在持有所有未在盈利发布电话会议中使用陈词滥调的公司的多头头寸，并且持有至少使用四次陈词滥调的公司的空头头寸的对冲投资组合中，实现了在经济上和统计上都具有显著性的回报。

- Rapach、Strauss、Tu 和 Zhou(2019)使用最小绝对值收敛和选择算子(least shrinkage and selection operator，lasso)——机器学习中的一种强大且受欢迎的技术——基于滞后的行业回报率所含的信息分析了 30 个美国行业的回报率可预测性。他们报告称，在行业回报率可预测性方面存在显著的样本内证据。在金融板块、大宗商品和材料生产行业中，滞后回报率呈现广泛的预测能力。这一发现与信息在经济关联行业间逐渐扩散的现象一致。结合滞后行业回报率中信息的样本外行业回报率预测，在经济上更加具有价值：在使用领先多因子模型控制系统性风险后，一个做多(做空)具有最高(最低)预测回报率的行业轮换投资组合实现了超过 8％的年化阿尔法。行业轮换投资组合还在经济低迷时期产生了可观的收益。他们的发现提供了反对弱式市场有效性的基于机器学习的证据。

- Das、Seoyoung 和 Kothari(2019)展示了如何将 NLP 应用于开发识别公司倒闭的预警系统。他们探索了员工发送的电子邮件内容和发件人/收件人网络中的潜在指标，以确定它们是否有效预测了公司风险及随后的财务业绩的变化。他们还探索了邮件消息正文中基于情绪的指标和非文本结构特征(如发送的邮件数量、平均邮件长度，以及随着时间的推移，公司内部的发件人/收件人网络的变化)，并发现它们是有用的指标。

越来越多的信息来自推特、互联网搜索和其他基于文本的社交媒体来源。这些数据来源也可能有助于建立投资者情绪，以及投资者情绪如何会影响各种类型的投资决策的量化度量。Dredze、Kambadur、Kazantsev、Mann 和 Osborne(2016)综述了社交媒体和新闻对资产价格的影响。以下是一些例子：

- Curtis、Richardson 和 Schmardebeck(2016)发现，较高的回报率敏感性与大量的社交媒体消息有关。

- Karagozoglu 和 Fabozzi(2017)利用社交媒体情绪开发了一种交易 VIX 期货的策略，并表明这种策略的业绩表现超越了基准，即便是在考虑了交易成本之后。

- Agrawal、Pablo、Lo 和 Taranjit(2018)分析了股票市场中日内流动性与情绪度量之间的关系,后者是从社交媒体平台 StockTwits 和推特估计而来的。他们发现,极端情绪与流动性的需求旺盛和供应不足有关。负面情绪对需求和供应的影响往往比正面情绪更大。

资产经理对计算方法的直觉、假设和优缺点的理解是至关重要的。分析方法的选择需要权衡利弊。计算方法应与数据结构、研究设计方法和所评估的基础投资策略相一致。例如,使用基于假设的(演绎)方法进行建模的研究,通常依赖更传统的计算方法,如回归和信息系数。基于模型的方法被应用于非结构化数据来源和/或包含非线性或其他不寻常特征的数据。

量化策略的一些关键方面

在资产管理中使用量化模型有很多优点。科学的模型开发方法带来诸如严谨性、创造性、避免偏差和过程等优点。

严谨的方法是科学方法的基本原则,使资产管理团队能够通过一个框架来验证想法,这个框架通过使用回测、样本内/样本外比较和蒙特卡洛分析来研究策略对既定参数选择的稳健性和敏感性,纳入了统计严谨性。这项验证还应结合新的市场和理论的发展。新的假设范式/理论需要重新构建先前的假设和重新评估先前的事实。

众多计算工具——从统计学习到传统的统计方法——以及不断扩展的数据来源为探索新的交易创意提供工具和原材料。资产管理团队获益于创造性——它来自勤奋、自省和灵感。这种创造性是新投资创意的驱动力。有了合适的工具后,研究人员就能够开发投资策略的创意和创建模型。

所有决策都受到偏差的影响。在投资中,行为偏差有完善的记录,第 17 章在讨论回测时描述了它们。量化模型可以为客户提供更客观的基准,这些基准需要用于衡量客户聘请的资产经理所作出的决策,并为资产经理提供(部分)消除投资偏差的方法。

资产经理为建立量化策略所作的决策也受到偏差的影响。基于他们所看到的数据,资产管理团队有时会构建一个故事,通过回看并创造一个符合事件的故事来解释发生了什么。资产经理认识到潜在的偏差并理解在建模过程中假设是如何驱动选择的,这是建立成功策略的关键所在。

量化策略是系统性的;也就是说,基础策略在一个结构化框架中被持续稳定地应用于识别和实施交易机会。框架为识别市场机会的无序和复杂的活动带来了结构和逻辑。这个框架提供了一个过程——一个共同的方向和行动计划,用于通过量化模型开发、评估和实施投资创意。在充斥着几乎不间断的信息流的市场中,并非所有信息都会影响资产价格。拥有系统性模型的好处在于有一个一致的过程来集中精力关注影响价格的信息——并避免对噪声(无用的信息)作出反应。

实证研究通常是基于历史数据的,资产经理能够从过去推断出的关于未来的信息是有限的。有时,量化资产经理面临着其方法过于系统性的风险。发生将会挑战基础假设的低概率事件的风险总是存在的。由于市场会发生变化,当前的环境看上去与过去不同,资产经理需要评估这些变化是结构性的还是暂时的。资产经理必须理解两种类型的变化会如何影响量化模型的表现。他们需要持续评估他们的模型和所处的市场,并在他们的判断和经验表明模型不再有效或出现一组不同的阿尔法机会时修正模型。

数据是量化模型的核心

任何量化模型的核心都是用于建立和检验模型的数据。量化分析依赖非实验性的推断。数据的来源和使用方式至关重要。也就是说,量化过程的质量取决于所使用的数据。

在量化过程使用的任何数据集中,有一些我们理解的数据特征,也有一些是我们不理解的。对研究人员而言,探索数据特征并揭示数据的意外特征十分关键。数据可用多种不同的方法分类。一种常见方法是将其划分为结构化和非结构化数据。结构化数据被组织成表格,表格中含有被清晰地识别和组织的信息。非结构化数据(如包含自然语言的文本)没有正式结构。对于非结构化数据,需要专门的流程来提取可被用于各种计算技术的重要属性。因此,非结构化数据为量化策略的制定和检验带来了新的机遇和挑战。存储和访问这些信息的基础设施仍在不断发展,在建模中利用这些信息需要付出很大的努力。

包含误差、缺失值和其他缺陷的数据会影响分析的有效性。例如,Kothari、Sabino 和 Zach(2005)发现,未生存下来的公司通常是业绩表现极好或极差的。幸存者偏差意味着此类极端观察值的截断。他们表明,即便是此类微小程度的非随机截断也会对股票回报率的样本矩产生重大影响。

通常,数据可以从多个来源获得,可获得数据来源的数量一直在增长。不同的数据来源维护详尽水平不同的信息。这些差异可能会对策略开发产生显著影响。资产经理认识到数据库的比较特征十分重要。尤其是,在分析一项投资策略时,资产经理必须能够解释数据库之间的差异会如何影响结果,并确定某个特定数据来源的使用是否影响结果。

好数据的特征包括以下几点:

- 数据所表示的内容有清晰和一致的定义;
- 数据含有合理的细节程度;
- 适当的数据可获得性:长度、频率、及时性;
- 一致的历史观;
- 不存在幸存者偏差;
- 不存在前视偏差。

以下是资产经理必须遵循的七个数据最佳实践,以提高使用数据将会产生成功量化策略的可能性:

最佳实践一: 资产经理必须理解数据来源的细微差别。

最佳实践二: 资产经理必须理解数据库会如何随时间发展。

最佳实践三: 资产经理必须理解数据库的标准程序是如何运作的,以及它们如何因不同的数据来源而异。

最佳实践四: 资产经理必须认识到数据中的潜在偏差。

最佳实践五: 如有可能,资产经理应选择一个数据来源建立模型,并使用第二个数据来源证实模型。

最佳实践六: 资产经理必须纳入描述和比较与金融领域中的标准实证应用相关的数据项可用性的统计信息。

最佳实践七: 资产经理必须为任何异常值寻求经济解释。

上面的最佳实践名单绝不是详尽无遗的,但确实涵盖了资产经理应遵循的主要方面。

资产经理应遵循最佳实践二,因为大多数数据库都会随着时间发生变化,这些变化包括收集了哪些数据、数据是如何收集的,以及它们的覆盖范围。由于为了确保可比性,大多数数据库都有在其系统中报告某些数据项的标准化程序,因此应遵循最佳实践三。Brown、Lajb-cygier 和 Li(2008)提供了资产经理为何应遵循最佳实践七的一个很好的例子。通过考察其数据集中的异常值的经济意义,他们说明了这些异常值是由财务状况存在实质性差异的公司产生的。与因不良数据导致的异常值相反,这组异常值对其结果中的结论具有重大意义。

资产经理也许有机会使用有瑕疵的数据来源或历史较短的数据。这种类型的数据可能会提供其他数据来源忽略的阿尔法来源,因为使数据对研究过程具有可用性需要花费很大的努力和耐心。

为了理解高频率数据对成功的至关重要性(因为结果的有效性和效力依赖于准备完善的数据集),我们考虑 Ljungqvist、Malloy 和 Marston(2009)的研究。他们记录了历史的机构经纪人估测系统(I/B/E/S)分析师股票建议的收集和记录的变化。接着,他们展示这些变化是非随机的,这些变化的后果影响了使用这些数据的交易信号生成的回报。

"良好"的量化投资模型和策略的五个关键特性

一个"良好"的量化投资模型有五个关键特性。Gabaix 和 Laibson(2008)描述了建立经济模型的关键特性。这些特性旨在成为宽泛的指导原则,我们将它们应用于量化投资模型和投资策略。它们是简约性、可驾驭性、概念性见解、可预测性和适应性。

简约性

简约性意味着模型的假设很少。所有模型都只是对现实世界的近似,在量化模型的开发中总是会忽略一些特征。资产经理所作的假设建立在实证研究的结果(参数估计)、经济直觉,以及判断和理论(如先验、结构假设)之上。过度拟合通常是使用了太多假设的结果。当过度拟合确实发生时,模型将不能提供准确的样本外预测。

可驾驭性

可驾驭的模型易于分析,为使用者提供了透明度。资产经理应该对数据、研究设计和计算选择有明确的描述。可驾驭性使资产经理能够质疑模型的假设,并在适当时机进行更改。

概念性见解

模型应与市场动态、投资者行为和投资理论一致。实证分析与资产经理对策略为何奏效的假设应该相辅相成。

可预测性

可预测性与资产经理对模型提供稳健预测的希冀相关。资产经理主要关注策略的盈利能力和风险，以及模型的动机与经济理论和市场行为的契合程度。

适应性

金融市场在不断发展，可能会发生突然、不可预测的变化。市场变化对构建量化模型时所作的假设提出了挑战。资产经理理解并预测市场变化的潜在影响至关重要。例如，变化可能是由金融产品的创新、市场参与者偏好的变化，以及/或对外生金融和经济冲击的反应导致的。资产管理团队的思维方式和模型的灵活性对于适应不断变化的市场环境是必需的，这就是我们所指的模型的适应性。

关键要点

- 为了建立量化投资策略，资产经理需要将判断与科学方法结合起来，以识别和验证在不断变化的市场中的新机会。
- 资产经理必须理解为取得实证证据以支持其投资创意所需要的数据和计算技术。
- 资产经理在建模中必须采取的努力需要不断的创新和严谨的分析才能获得成功。
- 资产经理的系统性方法与基本面方法之间的差异可以从其选择股票和构建投资组合的不同方式看出。
- 基本面资产经理通过筛选一个待纳入投资组合的候选股票名单开始投资过程，然后资产管理团队集中关注该名单中满足标准的公司。
- 基本面资产经理基于传统的股票分析（即对公司和公司经营所处行业的分析）选择公司。
- 投资组合经理利用分析师对公司前景的建议，在考虑未来经济状况和其他宏观因素后构建投资组合。
- 在基本面资产管理中，投资组合管理团队的大部分时间都投入到传统的股票分析上。
- 量化资产经理基于一些特征筛选候选股票名单来开始投资过程，这些特征被认为将会实现投资组合的投资目标。
- 量化资产经理认为，所识别的特征为选择公司提供了足够的信息。
- 在系统性投资的情况下，投资组合管理团队的大部分时间都花费在决定使用哪些特征过滤候选公司名单上。
- 在采用系统性投资时，所有选定的股票都被纳入投资组合，而无需进一步的分析。
- 基本面资产管理与量化资产管理的使用方法之间的差异为：(1)公司关注与特征关注；(2)狭隘关注与广泛关注；(3)头寸集中度/押注规模；(4)风险视角；(5)历史关注与未来关注。

- 量化策略是对资产管理过程中的各种活动作出决策的一种系统性的、基于数据和模型的方法。

- 量化建模方法的首要特征是，它是一种科学方法。

- 这种科学方法涉及：(1)制定有意义的假设或待评估的命题；(2)利用实证研究来评估投资策略；(3)发展高标准的分析严谨性；(4)挑战策略的假设；(5)基于判断对策略进行调整；(6)衡量结果；(7)随着新信息的取得，对模型进行修正或更新。

- 主要的量化股票策略为多因子策略、因子策略、基于事件的策略、统计套利策略、文本策略和另类数据策略。

- 多因子策略从寻找预测回报的共同特征(因子)开始，并基于这些因子以某种方式构建投资组合，从而优化风险调整后业绩。

- 在开发多因子策略时的关键考虑包括如何体现基础的投资原理和选择计算方法。

- 四种组合因子和对因子设定权重的计算方法为：(1)数据驱动型方法；(2)因子模型方法；(3)启发式方法；(4)优化方法。

- 因子策略是基于规则的策略，通过交易众所周知的股票风险溢价来获取回报，它涉及两个主要任务：(1)识别因子；(2)如何使用已识别的因子来构建投资组合。

- 基于事件的策略通过识别在事件发生前或发生后通常出现的价格模式，寻求利用在某种类型的事件发生前或发生后可能出现的定价错误。

- 市场微结构策略试图利用由股票市场的交易流量和动态带来的盈利机会。

- 统计套利策略利用复杂的统计方法，专注于以数学或统计算法为基础的证券投资(包括多头和空头)，这些算法识别了证券之间的共同变动关系。

- 文本策略涉及基于定性的文本信号开展交易，如新闻报道、公司文件或社交媒体。

- 另类数据策略通过使用"另类数据"(网站抓取、信用卡跟踪数据、智能手机地理定位数据和卫星数据)、各种机器学习算法及传统的统计技术来作出投资决策。

- 通常，基于科学方法的研究涉及六个步骤：(1)确定问题；(2)收集信息和资源；(3)形成一个解释性假设；(4)通过以可复制的方式开展实验和收集数据来检验假设；(5)分析数据；(6)解释数据并得出结论。

- 在资产管理的背景下，实证分析利用数据和工具来设计、研究和评估假设/模型。

- 在开发量化策略时通常遵循的步骤为：(1)形成交易创意和制定策略；(2)开发信号；(3)获取和处理数据；(4)分析信号；(5)建立策略(6)评估策略；(7)回测策略；(8)实施策略。

- 交易创意和量化策略的区分涉及查看它们各自的经济动机。

- 交易创意具有一个与特定事件或定价错误相关的短期期限，而量化策略具有更长的时间跨度，并利用机会更好地处理信息、获取与异象相关的溢价，或识别定价错误。

- 信号是资产经理用以创建投资策略的量化模型的基础构建单元，其中，信号是从数据构建而来的量化度量。

- 资产管理团队必须对数据开展各种统计检测，以评估所构建信号的实证特性。

- 模型代表了交易策略的数学或系统性的设定表达，涉及两个关键考虑：具体信号的选择，以及这些信号是如何组合在一起的。

- 制定量化策略的最后步骤涉及评估模型的估计、设定和预测质量。

- 资产经理在制定量化策略时需要作出的判断包括决定如何清理数据、如何选择具体模型、如何聚合信号，以及采用哪些风险度量。

- 大多数量化模型都基于两种思维方式——基于假设的（演绎）方式和基于模式的（归纳）方式。
- 除了对市场的见解之外，量化计算方法对取得成功至关重要。
- 理解计算方法的直觉、假设和优缺点对资产经理至关重要。
- 众多计算工具——从统计学习到传统统计方法——及不断扩展的数据来源为探索新的交易创意提供了工具。
- 任何量化模型的核心都是用于建立和检验模型的数据。
- 量化过程的质量取决于所使用的数据。
- 一种常见的数据分类方法是将其划分为结构化和非结构化数据。
- 结构化数据被组织成表格，表格中含有被清晰地识别和组织的信息；而非结构化数据（如包含自然语言的文本）则没有正式结构。
- 非结构化数据需要专门的流程来提取可被用于各种计算技术的重要属性，因此为量化策略的制定和检验带来了新的机遇和挑战。
- 好数据的特征为：(1)数据所表示的内容有清晰和一致的定义；(2)数据含有合理的细节程度；(3)适当的数据可获得性（即长度、频率、及时性）；(4)一致的历史观；(5)不存在幸存者偏差；(6)不存在前视偏差。
- 资产经理必须遵循一些数据最佳实践，以提高使用数据将会产生成功量化策略的可能性。
- "良好"的量化投资模型的五个关键特性为：简约性、可驾驭性、概念性见解、可预测性和适应性。
- 简约性意味着模型的假设很少。
- 可驾驭性使资产经理能够质疑模型的假设，并在适当的时候进行更改。
- 可预测性与资产经理对模型提供稳健预测的希冀相关。
- 模型的适应性涉及资产管理团队思维方式的灵活性，以及适应不断变化的市场环境的能力。

参考文献

Agrawal, S., P. D. Azar, A. W. Lo, and T. Singh, 2018. "Momentum, mean-reversion, and social media: Evidence from StockTwits and Twitter," *Journal of Portfolio Management*, 44(7):85—95.

Asness, C. S., 2008. "The past and future of quantitative asset management," *CFA Institute Conference Proceedings Quarterly*, December:47—53.

Brinson, G. P., R. Hood, and G. L. Beebower, 1986. "Determinants of portfolio performance," *Financial Analysts Journal*, 42(4):39—48.

Becker, Y. L. and M. R. Reinganum, 2018. *The Current State of Quantitative Equity Investing*. Charlottesville, VA: CFA Institute Research Foundation.

Brown, S., P. Lajbcygier, and B. Li, 2008. "Going negative: What to do with negative book equity stocks," *Journal of Portfolio Management*, 35(1):95—102.

Bukowski, P., 2011. "An introduction to quantitative equity investing," in *Equity Valuation and Portfolio Management*, edited by F. J. Fabozzi and H. M. Markowitz (pp.1—24). Hoboken, NJ: John Wiley & Sons.

Curtis, A., V. J. Richardson, and R. Schmardebeck, 2016. "Investor attention and pricing of earnings news," Chapter in *Handbook of Sentiment Analysis in Finance*, G. Mitra and X. Yu(eds), Amazon.com Services.

Da, Z., J. Engelberg, and P. Gao, 2011. "In search of attention," *Journal of Finance*, 66 (5):1461—1499.

Da, Z., J. Engelberg, and P. Gao, 2015. "The sum of all FEARS investor sentiment and asset prices," *Review of Financial Studies*, 28(1):1—32.

Das, S. R., K. Seoyoung, and B. Kothari, 2019. "Zero-revelation RegTech: Detecting risk through linguistic analysis of corporate emails and news," *Journal of Financial Data Science*, 1(2):8—34.

Dredze, M., P. Kambadur, G. Kazantsev, G. Mann, and M. Osborne, 2016. "How Twitter is changing the nature of financial news discovery," in *Proceedings of the Second International Workshop on Data Science for Macro-Modeling*. New York: ACM.

Fortado, L., R. Wigglesworth, and K. Scannell, 2017. "Hedge funds see a gold rush in data mining," *Financial Times*, August 28.

Gabaix, X. and D. Laibson, 2008. "The seven properties of good models," in *The Foundations of Positive and Normative Economics: A Handbook*, edited by A. Caplin and A. Schotter(pp.292—299). New York, NY: Oxford University Press.

Heston, S. and N. Sinha, 2017. "News versus sentiment: Predicting stock returns from news stories," *Financial Analysts Journal*, 73(3):67—83.

Klevak, J., J. Livnat, and K. Suslava, 2019. "When more or less is less: Managers' clichés," *Journal of Financial Data Science*, 1(3):57—67.

Kothari, S., J. Sabino, and T. Zach, 2005. "Implications of survival and data trimming for tests of market efficiency," *Journal of Accounting and Economics*, 39(1):129—161.

Li, F., 2010. "Textual analysis of corporate disclosures: A survey of the literature," *Journal of Accounting Literature*, 29:143—165.

Ljungqvist, A., C. Malloy, and F. Marston, 2009. "Rewriting history," *Journal of Finance*, 64(1):1935—1960.

Moritz, B. and T. Zimmermann, 2016. "Tree-based conditional portfolio sorts: The relation between past and future stock returns." Available at http://dx. doi. org/10. 2139/ ssrn.2740751.

Rapach, D. E., J. K. Strauss, J. Tu, and G. Zhou, 2019. "Industry return predictability: A machine learning approach," *Journal of Financial Data Science*, 1(3):9—28.

Tucker, M., 2008. "The time for systematic fixed income investing is now," *Black-Rock Research from Systematic Fixed Income*. July. Available at https://www.blackrock.com/ institutions/en-us/literature/whitepaper/by-the-numbers-july-2018.pdf.

13

股票因子投资策略实施中的挑战[*]

学习目标

在阅读本章后,你将会理解:

- 因子策略如何能为资产所有者带来创新的投资选择;
- 诸如机构投资者和散户投资者等资产所有者可以获得因子策略的途径;
- 因子研究的现状;
- 因子研究中的关键问题;
- 与从因子研究转向因子策略的制定相关的关键问题和实际的实施考虑;
- 以下因素对资产经理实施因子策略的影响:(1)资金流入因子投资组合的影响的增强,(2)因子的时机选择,(3)区分主动型管理人增加的价值和因子投资策略,(4)创新的好处;
- 资产所有者在将资金配置给股票因子策略时面临的投资风险。

引言

正如第 12 章解释的那样,最常见的量化股票策略是专注于因子的策略。因子投资是一种量化投资策略,使用一组规则来选择应纳入股票投资组合的股票。因子是将股票分成具有类似属性的股票组。资产管理公司或是向资产所有者提供一个专注于作为数种投资策略之一的因子投资的专门团队,或者其仅提供因子投资策略。

因子策略为资产所有者带来创新的投资选择。它们使资产所有者能够获得特定投资风

---

　　* 本章是与约瑟夫·塞尼格利亚和彼特·N.科姆合作撰写的,前者是纽约大学柯朗数学研究所合聘教授和宾夕法尼亚大学访问学者,后者是纽约大学柯朗研究所数学系的实践教学教授和金融数学理学硕士计划的主任。

格的回报和风险特征,这种投资风格是用一种具有成本效益和高效的标准化投资产品实现的。资产所有者可以利用交易所的日间交易取得对多种风格的敞口。先前,资产管理人不得不支付更高的费用才能取得该敞口(假如取得这种敞口是可能的话)。

诸如机构投资者和散户投资者等资产所有者可以通过数种方式获得因子策略。通常,养老基金等机构投资者可以通过聘请一家资产管理公司来做到这点。一些机构投资者和散户投资者能够通过投资于交易所交易基金(ETF)来取得对因子的敞口。ETF 正在变得越来越受欢迎,正如可交易的因子 ETF 的数量、营销 ETF 的公司的数量,以及这些因子 ETF 管理的资产规模表明的那样。《经济学人》(*The Economist*,2018)估计,因子 ETF 的规模为 6 580 亿美元。散户投资者可以通过经注册的投资公司[即共同基金(开放式基金)和封闭式基金]取得因子敞口。根据它们的方法,因子投资产品在不同程度上将主动型投资产品和被动型投资产品的特征混合起来。因子投资产品可被视作被动型投资,因为其构建是根据应用于一个算法过程的静态且希望是透明的规则而来的。例如,这些产品具有主动型管理投资组合的特征,最突出的是它们相对于市值加权股票市场指数的跟踪误差(有时是很大的跟踪误差)。

在本章中,我们提供了对因子研究现状的总结。然后,我们讨论与从因子研究转向因子投资策略的实施相关的挑战,以及资产所有者面临的风险。

因子研究的现状

股票领域的因子投资策略建立在学术界学者和从业者开展的大量研究得出的发现结果上。因子从股票的横截面特征构建而来,如规模、价值、动量和质量。在股票方面,因子的数量十分庞大,已发表的研究涵盖了 400 多种特征。因子可以从广泛的经济指标中得出,如利率、通货膨胀率和经济增长率。

对因子的研究可以追溯至 20 世纪 30 年代,当时 Graham 和 Dodd(1934)撰写了关于"价值溢价"的文章。两个经济模型表述了资产回报率与因子的关系:CAPM 和 APT。CAPM 于 1964 年引进,提供了现代金融学的一个重要基本原则,表明股票回报率完全是市场因子的一个函数。Ross(1976)发展了 APT,表明除了市场因子之外,股票回报率还可以用一个许多因子的函数来建模。他的理论提供了一个基于实证的框架,从使用多个因子作为研究工具的传统开始,提供了一个理解不同股票的风险和回报特征的方法。在 20 世纪 70 年代后期,学术界学者开始识别业绩表现超越市场组合(以股票市场指数衡量)的股票类别。自 20 世纪 80 年代起,学者对因子的研究加速了。有数篇论文综述了关于股票因子的大量文献。

因子研究的现状主要集中在 Cochrane(2011)在其 2011 年美国金融协会主席演讲的基础上提出的数个研究问题。他称研究现状为"因子动物园",并强调在过去三十年间有许多研究论文识别了提供超过经风险调整的模型(如 CAPM 或 Fama-French 三因子模型)回报率的不同因子。经济学理论被用于解释为何一个特定因子应产生优异的业绩表现,并且大量的实证研究报称,这些回报率在统计上是显著且持久的。然而,这些因子的庞大数量引起了人们的担忧。

具体而言,约翰·科克伦(John Cochrane)识别了以下三个关键问题:

1. 哪些因子是独立的？

2. 哪些因子是重要的？

3. 为何因子会影响价格？

学术界研究人员已开始考察这些问题。自 2010 年以来，有大量论文论述了这些关键问题。

一个方法是设置更高的统计标准，以确定因子是否能可靠地预测回报。Harvey、Liu 和 Zhu（2014）回顾了三十年来在各种期刊上发表的论文中的 300 个变量。为了解决 Cochrane（2011）提出的问题，他们提出了一个框架来解决与考察预期回报率相关的多重检验问题，并建议使用远远更高的统计显著性水平作为基准。[①]他们还强调，从理论得出的因子应比从纯实证研究得出的因子具有更低的统计基准。

Green、Hand 和 Zhang（2016）试图从 1980—2014 年的 94 个因子中找到独立且显著的股票横截面因子。他们的研究表明，在根据微型股的影响和关于数据窥探的担忧进行调整后，有 12 个因子是显著的。他们得出结论，资产回报率的独立决定因子数量很少，这些回报率的大小自 2003 年以来一直在下降。

另一个担忧是，随着更多的投资者了解因子，这些因子的回报是否会消失。McLean 和 Pontiff（2016）根据在因子发表前和后的样本考察了 97 个因子的表现。他们表示，发表后的因子回报率降低了 50%。通过在两个样本外时期——发布前时期和发布后时期——考察 38 个因子的表现，Linnainmaa 和 Roberts（2016）报告称，其中，只有 12 个因子在两个样本外时期都获得了显著的正回报率。他们得出结论，数据窥探偏差可能扭曲了他们研究中对其他因子的研究。

金融研究人员正在使用机器学习技术理解因子的高维性。Feng、Giglio 和 Xiu（2017）使用最小绝对值收敛和选择算子（LASSO）统计技术，检验了因子对资产定价的边际重要性。他们的方法从庞大的现有因子集合中选择最佳的简约模型。与其他人员的研究类似，他们识别了一个似乎能显著且稳定地解释回报率的较小因子集合。

将因子或信号结合起来是另一个极其重要的研究领域，已受到越来越多的关注。如何将因子结合起来与在模型中使用哪些因子同等重要。寻找结合因子的最优方法既是一门科学，也是一门艺术。技术范围从对人为判断采取自举法、线性回归跨至机器学习方法。学术界中众所周知的模型包括 Piotroski（2000）发展的皮尔托斯基分数（Piotroski's F-Score）和莫汉拉姆分数（Mohanram's G-score），后者将传统的基本面因子组合成一个综合评分，对股票进行排名。Asness、Frazzini 和 Pedersen（2019）利用 21 个不同因子创建了质量评分。

Novy-Marx（2015）提出了与这些因子策略相关的数个重要问题。他论证，由于这些策略的业绩表现通常受到因过度拟合导致的偏差及选择偏差的负面影响，因此需要小心地设计回测。尽管承认将信号结合起来可以带来更佳的表现，但他建议应对每个因子的边际贡献进行单独的评估。模型的变量选择和变量的结合是一个存在许多悬而未决的研究问题的领域。

交易成本（我们将在第 14 章中讨论它们）也是影响我们对因子理解的重要方面。许多关于异象的研究忽略了与交易相关的成本，而夸大了这些策略实现的回报。一些研究对交易成本提供了更好的理解。Novy-Marx 和 Velikov（2015）在均值—方差有效投资组合框架内，评估了与大量众所周知的因子相关的交易成本。此外，他们还提出使用二种策略（将交易限制于低

---

① 对这个问题的讨论和建议的解决方案参见 Fabozzi 和 López de Prado（2018）。

交易成本的股票、降低再平衡的频率及更严格的交易价差标准)来降低实施策略的交易成本。

在过去三十年间,我们已看到导致资产价格发生大幅震荡的市场事件——互联网泡沫破裂(2000—2001 年)、亚洲金融危机(1997 年)、全球金融危机(2007—2008 年)、大稳健时期(1999—2000 年)、欧洲债务危机(2010 年),以及冠状病毒大流行。在这些时期,我们观察到因子回报与宏观经济结果之间存在复杂的联系。Claessens 和 Kose(2017)综述了关于资产价格和宏观经济环境的文献,并提供了一些对驱动这些关系的理论机制的见解。我们需要开展更多的研究来更好地理解因子回报与宏观经济环境的联系。

表 13.1 是一些众所周知的因子及它们的基础经济原理的列表。

表 13.1 一些众所周知的因子和它们的基础经济原理

因 子	经济原理
市场	以贝塔衡量的市场敏感度越高,回报率也越高
规模(市值)	小公司的表现往往优于大公司
价值	投资者偏好估值低的股票
动量	投资者偏好具有良好过往表现的股票
盈利能力	公司当前的盈利能力(用毛利润/资产比率衡量)是一个很好的预测未来盈利能力的指标
投资	企业的投资与预期回报率之间存在逆相关
股息收益率	投资者偏好立即收到其投资回报
特质风险	在当前月份具有高特质风险的股票往往在次月有较低的回报率
波动性风险	投资者偏好波动性较低的股票
资产周转率	这个度量评估了公司所使用资产的生产能力。投资者认为较高的周转率与较高的未来回报率相关
盈利预测调整	分析师的正盈利预测调整表明公司的商业前景和盈利更为强劲
回报反转	股票对信息反应过度,也就是说,在当前月份具有最高回报率的股票往往在次月获得较低的回报率
盈利意外	投资者喜欢正盈利意外,不喜欢负盈利意外
第一个会计年度和第二个会计年度的盈利估计的增长率	盈利呈现增长的公司会吸引投资者
会计应计项目	盈利有很大现金成分的公司往往有较高的未来回报率
会计风险因子	具有较低会计风险的公司往往有较高的未来回报率
高管报酬因子	将报酬与股东利益保持一致的公司往往表现优异

研究结果实施中的实际考虑

在从因子研究转向因子策略制定的过程中,存在一些关键问题和实际实施方面的考虑。

从业者将他们的投资策略与某些类型的股票保持一致,如 Graham 和 Dodd(1932)提出的价值股、Fisher(1958)提出的成长股,或具有其他特征(如收入)的股票。在历史上,这些因子被视为投资风格,以背后的投资理念和经济原理为基础。

对于主动型资产经理而言，四十年来，因子一直是主动型管理的投资工具箱的一部分。作为一种研究工具，因子对设计投资策略、管理风险和构建投资组合至关重要。

基本面股票投资组合经理和量化股票投资组合经理都在投资策略的设计中使用因子。基本面经理通常基于具有共同特征的股票来描述他们的投资风格。对于量化经理而言，因子是他们通常在多因子模型中使用的工具，以识别预期表现优异的股票。

因子模型提供了如何识别、衡量和管理投资组合风险的见解。风险模型中的因子衡量了投资组合的风险是如何归因于个体证券对这些因子的风险敞口的。

因子敞口是在构建投资组合时的关键考虑。投资组合的构建反映了风险与回报之间的权衡。投资组合经理承担的任何额外风险都应得到额外回报的补偿。因子被用于衡量和定位风险是如何在投资组合中表现出来的，风险模型成为投资组合构建过程中的重要输入。投资组合优化等其他工具也被用于投资组合的构建。

从业者面临的一项关键挑战是如何将关于因子回报潜力的实证研究成果反映在实际可投资的投资组合中。这里有多个关键的考虑因素，如实施成本、再平衡方法、交易成本、流动性和风险管理。所有这些考虑因素都会影响在研究论文所提出的因子回报中有多少是可实现的。此外，尽管大多数研究都强调回报潜力，但这些研究不一定详尽地探索了这些策略所涉及的风险。

随着因子从学术界的研究工具转变为聚集资产的投资产品，对市场的影响可能十分重大。尽管因子投资会在许多方面影响从业者，但我们在讨论中重点关注以下四个方面：(1)资金流入因子投资组合的影响的增强；(2)因子的时机选择；(3)区分主动型管理人增加的价值和因子策略；(4)创新的好处。

资金流入因子投资组合的影响的增强

当资产管理人持有投资理念类似的头寸时，就会发生拥挤。当资产管理人持有重叠的头寸并且投资者同时对与投资理念相关的信息作出反应时，就会产生传染效应。因子策略基于规则的方法可能会进一步加剧拥挤产生的负面影响。

因子策略的回报衰减可能是由流入 ETF 因子策略的资金拥挤导致的，主动型管理人的竞争导致股票市场中超额回报机会的消失。拥挤可能会导致估值过高，这可能会使估值超出合理水平，从而降低潜在的未来回报。

拥挤会影响采用因子策略的资产经理在投资组合中持有的个体股票的流动性。在大量资金流入后，又产生大量撤资创造了一个可能会导致迅速平仓的环境。这些交易不是由股票基本面的变化驱动的。Khandani 和 Lo(2011)记录了 2007 年 8 月的这一效应，当时数只高度成功的量化多空策略对冲基金发生了巨额损失。多位量化经理平仓了类似的头寸，造成了巨大的抛售压力，从而引发了更大的价格变动。采用因子策略的资产经理开展的交易可能会导致不加区分地买入股票，从而增加了拥挤的可能性。流动性事件是发生频率相对较低的事件，这使拥挤成为一个难以建模的概念。

因子的时机选择

因子的时机选择是行业中一个活跃的研究课题。在从业者之间有以下辩论：是否有可能在因子的预期回报较高时增加对因子的配置,并在预期回报较低时减少配置。一项成功策略的潜在回报可能十分可观,会使客户受益。它还为主动型投资者提供了将他们的回报与因子回报区分开来的机会。

因子的时机选择是一项具有挑战性的努力。Asness(2016:2)论证:"好的因子和多元化⋯⋯胜过因子时机选择的潜力。"他针对时机选择策略的风险提出了数个强有力的观点。然而,随着资产数量的不断增加,因子越来越多地从研究工具转变为投资工具,配置给各种因子的机会集合可能会扩大。

投资的创新为挑战传统思维方式提供了机会。为何改变因子的配置是一项可行策略这一问题具有强大的经济原理。如果我们知道股票的基本面受到经济环境的影响,那么总体的横截面特征可能会对宏观经济风险或其他类型的市场风险有敏感性。研究人员和资产经理将金融计量经济学技术和机器学习算法的发展视作分析工具,以帮助发现更主动地管理投资组合因子敞口的方法。[①]Cerniglia、Fabozzi 和 Kolm(2020)展示了机器学习如何在不同的经济环境中帮助预测因子回报。

区分主动型管理人增加的价值和因子策略

在主动型资产管理行业中,一个日益严峻的挑战是如何将资产经理的业绩表现与因子的业绩表现区分开来。这是许多资产经理都必须与客户和顾问讨论的问题。Bender、Hammond 和 Mok(2014)表明,股票投资经理获取的主动超额回报中高达 80% 都可以用其投资组合中的因子敞口来解释。

因子可能与主动型资产经理高度相关,但不相同。尽管 80% 是一个很大的数字,但 20% 的差异可能是业绩差异的一个重要决定因素,值得支付额外的成本。相对于更加基于规则的因子策略,主动型资产经理有机会开展创新。随着投资环境的变化,相对于更加基于规则的方法,主动型资产经理可以灵活且快速地进行调整。

创新的好处

创新是主动型管理取得成功的关键。开发新的因子是有助于提升主动型资产经理业绩表现的一种方法。Tetlock 和 Gardner(2015)展示了决策科学领域的研究如何能帮助制定更准确的预测。

新的因子将继续得到开发。随着投资专业人士逐渐接受新的数据来源作为竞争优势,其中一些因子将从"大数据"来源创建。新数据有多大用处将是一个存在争议的问题。资产管理人在因子研究中使用的大部分数据是为了投资研究创建的。相比之下,"大数据"通常是在企业、政府和电子设备在提供它们的服务时或因其商业活动而产生的。随着这些新数据被重新用于开发新因子,将会产生新的挑战,需要必要的经验、领域知识和技术专长。

---

① 第 4 章和第 7 章分别描述了在资产管理中使用的金融计量经济学工具和机器学习工具。

资产所有者面临的风险

资产所有者在将资金配置给股票因子策略（无论是独立管理的资金还是集合投资工具）时，面临着数种投资风险敞口。这些风险超出了与在创建因子投资组合时的规则（这些规则被应用于证券）所使用的因子相关的风险。例如，MSCI价值指数是从三个因子（市净率、未来12个月的远期市盈率和股息收益率）构建而来的，投资组合的周转率有限。一般而言，价值策略对其他因子（如利率、经济增长率、价格动量、贝塔以及其他特征）的风险敞口会随着时间变化。如果不仔细控制这些其他风险，那么许多资产所有者都有可能导致自身暴露于他们未意识到的风险中。最重要的是，这些未受到控制的风险也会随着时间变化。

资产所有者还面临着两种其他投资风险。第一，存在因子策略的业绩表现不如市场回报的风险。第二，基于特定因子的策略在过去表现良好，但在未来可能表现不佳的风险。

关于因子回报的大多数实证证据反映了回测结果的长期平均值。在这段时间内，股票市场已发生了重大变化。许多资产所有者都意识到了这些回报"异象"。极有可能的是，在投资组合能够实现溢价之前，溢价就已经被交易消除了。

大多数因子回报都随着时间发生变化。因子会经历表现不佳的时期，有时这种表现不佳可能十分严重。有一个问题是，资产所有者是否有耐心在整个市场周期内投资于因子策略。Cerniglia、Fabozzi和Kolm(2021)讨论了因子表现、风险和相关性是如何容易受金融市场的经济状况和流动性状况的影响的。

Daniel和Moskowitz(2016)对动量因子考察了这些问题。他们发现在1929—2015年，动量因子在平均回报率和夏普比率方面呈现出十分强劲的业绩表现。然而，他们指出，"在一些相对较长的时期内，动量因子经历了严重的损失或崩溃"。除了这些要点之外，Daniel和Moskowitz(2016)还强调了数个其他有趣的特征，如动量投资组合的多头部分与空头部分之间的回报不对称，以及回报率序列中频繁出现的类期权特征。投资者应该意识到，其他因子（如价值、收入和质量）亦有其独特的风险和回报特性。

Arnott、Harvey、Kalesnik和Linnainmaa(2019)深入讨论了资产所有者的因子投资所面临的数个挑战。总体而言，他们得出结论，因子投资未达到这些投资产品的营销人员所承诺的大肆宣传的水平。他们尤其强调了关于因子未来表现的夸大预期。对未来业绩表现的潜在拖累可能来自实证因子研究中的数据挖掘，以及实施这些策略的交易成本。此外，他们还讨论了在某些市场和经济条件下，多元化的好处是如何消失的。

关键要点

- 最常见的量化股票策略是专注于因子的策略，它使用一组规则来选择应纳入股票投资组合的股票。

● 因子策略为资产所有者带来了创新的投资选择，因为它们使资产所有者能够获得特定投资风格的回报和风险特征，这种投资风格是用一种具有成本效益和高效的标准化投资产品实现的。

● 诸如机构投资者和散户投资者等资产所有者可以通过数种方式获得因子策略。

● 通常，机构投资者可以聘请一家资产管理公司来做到这点，而一些机构投资者和散户投资者能够通过投资 ETF 来取得对因子的敞口。

● 根据它们的方法，因子投资产品在不同程度上将主动型投资产品和被动型投资产品的特征混合起来。

● 股票因子投资策略建立在大量研究得出的发现结果上，这些研究从横截面数据中识别了过往影响股票回报率的特征。

● 因子研究的现状被称为"因子动物园"，有许多研究论文识别了提供超过经风险调整的模型的回报率的不同因子。

● 经济学理论被用于解释为何一个特定因子应产生优异的业绩表现。

● 学术界学者和从业者在因子研究中已开始考察的三个关键问题是：(1)哪些因子是独立的？(2)哪些因子是重要的？(3)为何因子会影响价格？

● 在开展因子研究时识别因子的一个方法是设置更高的统计标准，以确定因子是否能可靠地预测回报。

● 金融研究人员正在使用机器学习技术理解因子的高维性。

● 交易成本对理解因子是十分重要的。

● 有四个关键问题和实际实施方面的考虑与从因子研究转向因子策略的制定有关：(1)资金流入因子投资组合的影响的增强；(2)因子的时机选择；(3)区分主动型管理人增加的价值和因子策略；(4)创新的好处。

● 当资产管理人持有投资理念类似的头寸时，就会发生拥挤。

● 因子策略基于规则的方法可能会进一步加剧拥挤产生的负面影响。

● 因子策略的回报衰减可能是由拥挤导致的。

● 拥挤会影响采用因子策略的资产经理在投资组合中持有的个体股票的流动性。

● 因子的时机选择是一项具有挑战性的努力，从业者辩论是否有可能在因子的预期回报较高时增加对因子的配置，并在预期回报较低时减少配置。

● 在主动型资产管理行业中，如何将资产经理的业绩表现与因子的业绩表现区分开来是具有挑战性的，它是资产经理必须与客户和顾问讨论的问题。

● 通过创新开发新的因子是一种有助于提升主动型资产经理的业绩表现的方法。

● 资产所有者在将资金配置给股票因子策略时，面临的投资风险敞口超出了与在创建因子投资组合时所使用的因子相关的风险。

● 资产所有者面临着因子策略的业绩表现不如市场回报的风险，以及基于特定因子的策略过去在表现良好，但在未来可能表现不佳的风险。

参考文献

Arnott, R. D., C. R. Harvey, V. Kalesnik, and J. T. Linnainmaa, 2019. "Alice's adventures in factorland: Three blunders that plague factor investing," *Journal of Portfolio Management*, 45(4):180—36.

Asness, C. S., 2016. "The siren song of factor timing," *Journal of Portfolio Management*, 42(5):1—6.

Asness, C. S., A. Frazzini, and L. H. Pedersen, 2019. "Quality minus junk," *Review of Accounting Studies*, 24:34—112.

Bender, J., P. B. Hammond, and W. Mok, 2014. "Can alpha be captured by risk premia?" *Journal of Portfolio Management*, 40(2):18—29.

Bernard, V. L. and J. K. Thomas, 1989. "Post-earnings-announcement drift: Delayed price response or risk premium?" *Journal of Accounting Research*, 27:1—36.

Cerniglia, J. A., F. J. Fabozzi, and P. N. Kolm, 2021. "Factor vulnerability," *Journal of Portfolio Management*, 47(2).

Cerniglia, J. A., F. J. Fabozzi, and P. N. Kolm, 2020. "Statistical vs. machine learning approaches in buy-side research," *Journal of Portfolio Management*, 47(1).

Claessens, S. and M. A. Kose, 2018. "Frontiers of macrofinancial linkages," Bank for International Settlement, Paper No.95. Available at https://www.bis.org/publ/bppdf/bispap95.htm.

Cochrane, J. H., 2011. "Presidential address: Discount rates," *Journal of Finance*, 66(4):1047—1108.

Daniel, K. and T. J. Moskowitz, 2016. "Momentum crashes," *Journal of Financial Economics*, 122(2):221—247.

Fabozzi, F. J. and M. López de Prado, 2018. "Being honest in backtest reporting: A Template for disclosing multiple tests," *Journal of Portfolio Management*, 45(1):141—147.

Feng, G., S. Giglio, and D. Xiu, 2017. "Taming the factor zoo," Chicago Booth Research Paper No.17-04. Available at SSRN: https://ssrn.com/abstract=2934020.

Fisher, P. A., 1958. *Common Stocks and Uncommon Profits and Other Writings*. New York: John Wiley & Sons.

Graham, B. and D. Dodd, 1934. *Security Analysis*. New York: McGraw-Hill.

Green, J., J. R. M. Hand, and X. F. Zhang, 2013. "The supraview of return predictive signals," *Review of Accounting Studies*, 18(3):692—730.

Harvey, C. R., Y. Liu, and H. Zhu, 2016. "… and the Cross-Section of Expected Returns," *Review of Financial Studies*, 29(1):5—68.

Linnainmaa, J. T. and M. R. Roberts, 2016. "The history of the cross section of stock returns," National Bureau of Economic Research, Working Paper No.22894.

Khandani, A. E. and A. W. Lo, 2011. "What happened to the quants in August 2007? Evi-

dence from factors and transactions data," *Journal of Financial Markets*, 14(1):
1—46.

McLean, R. D. and J. Pontiff, 2016. "Does academic research destroy stock return predicta-
bility?" *Journal of Finance*, 71(1):5—32.

Mohanram, P. S., 2005. "Separating winners from losers among low-book-to-market stocks
using financial statement analysis," *Review of Accounting Studies*, 10(2—3):
133—170.

Novy-Marx, R. and M. Velikov, 2015. "A taxonomy of anomalies and their trading costs,"
Review of Financial Studies, 29(1):104—147.

Novy-Marx, R., 2016. "Testing strategies based on multiple signals," Simon Graduate
School of Business, Working Paper. Available at http://rnm.simon.rochester.edu/re-
search/MSES.pdf.

Piotroski, J. D., 2000. "Value investing: The use of historical financial statement informa-
tion to separate winners from losers," *Journal of Accounting Research*, 38(Supple-
ment):1—41.

Ross, S., 1976. "The arbitrage theory of capital asset pricing," *Journal of Economic Theory*,
13:341—360.

Tetlock, P. E. and D. Gardner, 2015. *Superforecasting: The Art and Science of Predic-
tion*. New York: Crown Publishers.

The Economist, 2018. "Maxing the Factors." February 1.

14

交易成本[*]

学习目标

在阅读本章后,你将会理解:

- 如何对交易成本进行分类;
- 固定交易成本与可变交易成本的差异;
- 显性交易成本与隐性交易成本的差异;
- 什么是买卖价差,以及它代表了什么;
- 买卖价差与流动性的关系;
- 不同类型的隐性交易成本:投资延迟、市场影响成本、价格变动风险、市场时机成本和机会成本;
- 两种类型的市场影响成本:暂时性的和永久性的;
- 为何流动性与交易成本是互相关联的;
- 用于量化市场影响成本的度量;
- 衡量市场影响成本中的困难;
- 实证研究已对市场影响成本发现了什么;
- 交易成本可以如何衡量:交易前度量、交易后度量和当日度量;
- 什么是执行差损方法;
- 在预测市场影响成本时考虑的因素;
- 如何将交易成本纳入资产配置模型;
- 最优交易的含义,以及在最优交易中需要考虑的因素;
- 如何将交易成本整合到投资组合管理中。

---

* 本章是与约瑟夫·塞尼格利亚、彼特·N.科姆和塞吉欧·M.福卡迪(Sergio M. Focardi)合作撰写的。塞尼格利亚是纽约大学柯朗数学研究所合聘教授和宾夕法尼亚大学访问学者;科姆是纽约大学柯朗研究所数学系的实践教学教授和金融数学理学硕士计划的主任;福卡迪是巴黎的法国达芬奇大学高等工程师学院和高等管理学院金融系教授和研究员。

引言

交易成本是资产管理过程中不可或缺的组成部分。执行不当的交易可能会显著降低投资组合的回报，从而影响投资业绩。这是因为金融市场不是无摩擦的，交易是有其相关成本的。在本章中，我们首先介绍交易成本的简单分类、交易成本与流动性之间的联系，以及这些数量的度量。资产经理和交易员需要能够有效地建立交易成本对其投资组合和交易的影响的模型。如有可能，他们希望将交易的总成本最小化。为了解决这些问题，人们已提出了数种交易成本的建模方法，我们将对其进行识别。然后，我们将简要介绍最优的执行策略。①

交易成本的分类

描述交易成本最容易的方法也许是将它们分类为固定交易成本和可变交易成本，以及显性交易成本和隐性交易成本。固定交易成本独立于交易规模和市场条件等因素。相比之下，可变交易成本依赖其中一些或所有这些因素。换言之，尽管固定交易成本是"表里如一"的，但资产经理和交易员可能会寻求降低、优化和有效地管理可变交易成本。显性交易成本是可观察到并且预先已知的成本，如佣金、费用和税收。相比之下，隐性交易成本是不可观察到并且不是预先已知的。属于这一类别的交易成本的例子为市场影响成本和机会成本。一般而言，隐性成本在总交易成本中占主导地位。

显性交易成本

交易佣金和费用、税收和买卖价差是显性交易成本。显性交易成本亦称可观察到的交易成本。

佣金和费用

执行交易需要向经纪人支付佣金。通常，交易的佣金是可协商的。为投资者保管证券而持有它们的机构所收取的费用被称为托管费。当股票的所有权转移时，投资者需要支付过户费。

税收

最常见的税收是资本利得税和股息税。税法区分了两种类型的资本利得税：短期的和长

---

① 在本书配套册的第 3 章中，提供了对机构投资者使用的交易机制和交易安排的描述。

期的。在美国，截至本书撰写之时，税法要求资产必须被持有一年以上才能符合适用较低的长期资本利得税率的条件。尽管税收规划是许多投资策略的一种重要组成部分，但是这个主题超出了本书的范围。

买卖价差

卖出委托单与买入委托单的报价之间的差额被称为买卖价差。买卖价差是市场为交易特权向所有人收取的即时交易成本。较高的即时流动性等同于较小的价差。我们可以将买卖价差视为在出现短期委托单不平衡的情况下，交易商为提供即时性和短期价格稳定性而收取的价格。交易商充当了希望买入与希望卖出的投资者之间的缓冲，从而通过确保维持一定的秩序在市场中提供了稳定性。在如纽约证券交易所等议价市场中，做市商和交易商在其账簿中维持一定数量的最低库存。假如交易商不能将买方与卖方匹配起来（反之亦然），那么他拥有在其账簿中承担风险敞口的能力。

然而，买卖价差不一定代表可以获得的最佳价格，因此"半价差"并不一定总是立即执行买入或卖出交易的最低成本。某些价格改善是有可能的，并且确实发生了，如由以下原因导致的价格改善：

 • 纽约政券交易所的专业会员以更好的价格完成收到的市价委托单［例如，见（Harris and Panchapagesan，2005）］。
 • 在将委托单发送至交易场所的时间内，市场可能朝有利于投资者的方向发生了变动（即所谓的"幸运的节省"）。
 • 隐性流动性的存在。[1]
 • 买单和卖单可以"配对"。[2]

买卖价差作为一个真实的流动性度量是具有误导性的，因为它仅反映了小额交易的价格。对于大宗交易，本章后文讨论了由于价格影响，流动性、交易成本和市场影响成本之间的联系。

隐性交易成本

投资延迟成本、市场影响成本、价格变动风险、市场时机成本和机会成本是隐性交易成本。隐性交易成本亦称不可观察到的交易成本。

投资延迟成本

通常，在资产经理做出买入/卖出证券的决策与交易员将实际交易带入市场的间隔期内会有一个延迟。假如证券价格在这段时间内发生变化，那么价格变化（可能根据市场总体变

---

[1]　例如，在电子通信网络和纳斯达克，尽管查看限价委托单账簿是可能的，但账簿的很大部分是不能看到的。这被称为隐性委托单或自由裁量委托单。

[2]　配对委托单是指对一个投资者的买单与另一个投资者的卖单进行非竞争性的匹配。只有在交易的执行符合《商品交易法》、美国商品期货交易委员会的法规及特定市场规则的情况下，这种做法才是被允许的。

动进行了调整）代表了投资延迟成本，或不能立即执行交易的成本，这种成本取决于投资策略。例如，在生成交易决策后自动提交电子委托单的现代量化交易系统面临较低的延迟成本。投资决策必须先获得批准（如投资委员会的批准）的更传统的方法则表现出较高的延迟成本。一些从业者将投资延迟成本视为我们稍后将讨论的机会成本的一部分。

市场影响成本

交易的市场影响成本亦称价格影响成本，是交易价格与在假如交易未发生的情况下主导的市场（中间）价格①的偏差。这个价格变动是流动性的成本或市场影响成本。假如交易员是以低于无交易价格（即在假如交易未发生的情况下主导的价格）的价格买入证券的，那么交易的价格影响成本可以是负数。

我们区分两种类型的市场影响成本：暂时性的和永久性的。总的市场影响成本计算为两者的总和。图 14.1 显示了一笔卖单的市场影响成本的不同组成部分。暂时性市场影响成本具有短暂性质，可被视为使流动性提供方（如做市商）接受委托单所必需的额外流动性让步、库存效应（因经纪人/交易商库存不平衡导致的价格效应）或不完全替代（例如，为诱导市场参与者吸收额外股票所需要的价格激励）。

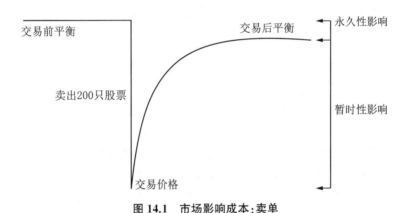

图 14.1　市场影响成本：卖单

资料来源：Kolm 和 Machlin(2008)。

永久性市场影响成本反映了市场根据交易的信息内容作出调整所导致的持久性价格变化。从直观上说，卖出交易向市场表明证券价值可能被高估了，而买入交易则表示证券价值被低估了。当市场参与者基于所观察到的新闻和交易日内的新交易包含的信息，调整他们的观点和看法时，证券价格就会发生变化。

交易员可以通过延长委托单的交易期限来降低暂时性市场影响。例如，执行一笔不太紧急的委托单的交易员可以在一段时间内买入/卖出一小部分头寸，并确保每一部分仅占平均交易量的很小比例。然而，这样做的代价是机会成本、投资延迟成本和价格变动风险的上升。我们将在本章后面涵盖最优执行的模型时更详尽地讨论这个问题。

数项研究已发现市场影响成本通常是不对称的；也就是说，买单和卖单的市场影响成

---

① 　由于买方以"卖出价"买入并且卖方以"买入价"卖出，市场影响成本的这一定义忽略了买卖价差（它是显性成本）。

本不同。① 更具体而言,实证研究表明买单的市场影响成本一般更高。②

尽管全球股票市场的规模十分庞大,但交易的影响十分重要,即便是对规模相对较小的基金而言。事实上,构成指数的股票中有很大一部分都可能必须被排除在外,否则它们的交易将受到严重限制。例如,如 Kolm 和 Fabozzi(2011:427)所述,RAS 资产管理公司(大型意大利保险公司 RAS 的资产管理子公司)确定,单笔交易超过股票日交易量的 10% 将会导致过度的价格影响,而介于 5%—10% 之间的交易需要分散在数天内的执行策略。

市场影响成本有两种其他类型:拥挤成本和跨市场影响成本。而对容量的基本观点是,随着某个既定投资策略的资产管理规模的上升,实施该策略的代价将变得更加高昂。③ 由于数个因素(包括交易成本的上升),这会对业绩表现造成不利影响。这不仅适用于单家资产管理公司,而且还包括使用相同投资策略的其他资产管理公司。由于许多资产管理公司可能会采用相同的主动型管理策略并使用相同的模型来选择股票,它们可能会全体同时进入市场执行对同一股票的交易。这对那些所交易的股票价格造成不利影响,被称为因拥挤或挤出导致的影响成本。

另一种市场影响成本是由一种股票的交易对同一板块或行业中其他公司的股票价格影响导致的。这种成本被称为跨市场影响成本。例如,假如资产管理公司进行某种银行股的交易,如美国银行的股票,交易可能不仅会影响该银行的股票价格,而且还会影响其他银行的股票价格。这是因为银行板块的投资者可能会基于美国银行的股票价值来判断其他银行的股票。

价格变动风险

一般而言,股票市场会呈现正向漂移,从而导致价格变动风险或趋势风险。同样,个股也有上升或下降趋势,至少是暂时性的。与总体市场或个体证券走势相同的交易面临着价格风险敞口。例如,当资产经理在上涨的市场中买入证券时,他可能需要支付比初始预期更高的价格来完全满足委托单。在实践中,我们可能难以将价格变动风险与市场影响成本分离开来。通常,买单的价格变动风险被定义为在交易期间归因于证券总体趋势的价格上升,而其余部分是市场影响成本。

市场时机成本

市场时机成本是因在交易时可归因于其他市场参与者或总体市场波动的证券价格变动

---

① 例如,Bikker、Spierdijk 和 van der Sluis(2007)估计了市场影响成本,他们使用的数据样本由 2002 年一季度期间荷兰养老基金 Algemeen Burgerlijk Pensioenfonds(ABP)执行的 3 728 笔全球股票交易组成。这些交易中有 1 963 笔买入交易和 1 765 笔卖出交易,交易价值总额为 57 亿欧元。他们得出结论,买单的暂时性价格效应和持久性价格效应分别为 7.2 个基点和 12.4 个基点。另一方面,卖单的这些价格效应为 −14.5 个基点和 −16.5 个基点。

② 例如,Hu(2003)的研究表明,买入与卖出的市场影响成本之间的差异是交易基准的产物(我们在本章后面讨论交易基准)。当使用交易前度量时,买入(卖出)交易在市场上涨(下跌)期间具有更高的隐性交易成本。反之,如果使用交易后度量,那么卖出(买入)交易在市场上涨(下跌)期间具有更高的隐性交易成本。事实上,交易前度量和交易后度量都受到市场变动的很大影响,而交易期间或平均交易的度量对市场变动是中性的。

③ Vangelisti(2006)解释了容量的含义,并提出了采用主动型策略的资产管理人如何能处理容量的方法。

引起的。交易的规模越大,市场时机成本也越高,尤其是在它们被切分成较小单位并在一段时间内交易的情况下。从业者通常将市场时机成本定义为证券回报率的标准差与为完成交易预期所需时间的平方根的乘积的一个比例。

机会成本

不交易的成本代表了机会成本。例如,当某笔交易未能执行时,资产经理错过了一个机会。通常,这一成本被定义为在扣除交易成本后,资产经理所期望的投资与实际投资之间的业绩差异。机会成本一般由价格风险或市场波动性驱动。因此,交易期越长,对机会成本的风险敞口就越大。

识别交易成本:一个例子

我们使用一个例子来突出股票交易的主要成本组成部分。[①]继一笔机构交易完成后,XYZ 股票的交易收报机表明 6 000 股 XYZ 股票被以 82 美元的价格买入。尽管 6 000 股 XYZ 股票被买入,但以下内容显示了可能在幕后发生的事情——从资产经理最初的证券选择决策开始(投资创意),到股票交易员发送买单,再到经纪人随后执行交易(交易实施中的基本要素):

- 股票投资经理希望以 80 美元的现行价格买入 10 000 股 XYZ 股票。
- 交易部门在价格为 81 美元时向经纪人发送了 8 000 股股票的委托单。
- 经纪人以 82 美元加 0.045 美元佣金(每股)的成本购买了 6 000 股股票。
- XYZ 股票的价格跃升至 85 美元,剩余的委托单被取消了。
- 15 天后,XYZ 股票的价格为 88 美元。

我们对 XYZ 股票交易成本的评估如下。佣金收费最容易识别——即每股 0.045 美元,或对于购买 6 000 股 XYZ 股票为 270 美元。

由于交易部门直至售价达到 81 美元时才发送买入 XYZ 股票的委托单,评估得出的交易员时机成本为每股 1 美元。此外,交易的每股 XYZ 股票的市场影响成本为 1 美元,因为当经纪人收到委托单时股票售价为 81 美元——恰好在以 82 美元的价格执行 6 000 股 XYZ 股票的交易之前。

股票交易的机会成本——由未执行的股票交易产生——较难以估计。假设 XYZ 股票从80—88 美元的价格变动可以在很大程度上归因于股票投资经理在其证券选择决策中使用的信息,那么在 15 天的交易时段内,购买 XYZ 股票的资产投资创意的价值似乎为 10%(88 美元/80 美元－1)。由于 XYZ 股票的初始买单中有 40% 还"留在桌面上",未购买 4 000 股 XYZ 股票的机会成本为 4%(10%×40%)。

这个基本的交易成本例子表明,在不对股票交易过程进行有效管理的情况下,投资经理的投资创意可能会受到除了佣金收费之外的可观交易成本的负面影响,这些成本包括交易员时机成本、市场影响成本和机会成本。此外,在一个主动型股票投资经理处于难以超越简单

---

① 这个例子与 Wagner 和 Edwards(1998)提供的例子相似。此处使用的例子取自 Fabozzi 和 Grant(1999)。

的买入并持有的强大压力下的环境中，交易成本的管理尤其重要。

流动性和交易成本

流动性是由金融市场中的代理人在买卖证券时创造的。做市商、经纪人和交易商不创造流动性，它们是促进交易执行和维持有序市场的中介。

流动性和交易成本是相互关联的。在高流动性的市场中，大宗交易可以立即执行，而不会产生高额的交易成本。在一个无限流动的市场中，交易员能够以买卖报价直接开展规模十分庞大的交易。在现实世界中，尤其是对大额委托单而言，市场要求交易员在买入时支付高于要价的金额，并在卖出时获得低于出价的金额。正如我们在前文中讨论的那样，在执行交易时经历的买卖价格的百分比恶化是市场影响成本。

市场影响成本随交易规模而变化：交易规模越大，影响成本也越大。影响成本在时间上不是恒定不变的，而是随着交易员改变其限价委托单账簿中的限价委托单，在交易日全天内发生变化。限价委托单是一种有条件的委托单；它仅在可以取得限价或更好的价格时才能执行。因此，限价委托单与市价委托单有很大差异，后者是无条件的委托单，以市场中可以获得的当前最佳价格执行（可以保证执行，但不保证价格）。在限价委托单中，交易员可以相对于市价委托单的价格改善执行价格，但执行既非确定、亦非即时的（可以保证价格，但不保证执行）。

在任何给定的时刻，限价委托单账簿中的委托单列表体现了在特定时点存在的流动性。通过观察整个限价委托单账簿，我们可以对不同的交易规模计算影响成本。限价委托单账簿揭示了市场中现行的供求状况。[1]因此，在纯限价委托单市场中，我们可以通过汇总限价买单（代表需求）和限价卖单（代表供应）来取得一个流动性的度量。[2]

然而，很少有委托单账簿公开可以获得，而且并非所有市场都是纯限价委托单市场。2004 年，NYSE 开始通过其被称为 NYSE OpenBook® 的新系统出售关于限价委托单账簿的信息。该系统综合、实时地反映了在 NYSE 交易的所有证券的限价委托单账簿。

在缺乏完全透明的限价委托单账簿的情况下，预期的市场影响成本是市场流动性的最实用、最现实的度量。与其他度量（如基于买卖价差的度量）相比，它更接近于市场参与者面临的真实交易成本。

市场影响的衡量和实证研究结果

衡量隐性交易成本的问题在于，真实的度量（即在没有资产经理交易的情况下的股票价

---

[1]　即便查看整个限价委托单账簿是可能的，它也不能完整地反映市场中的流动性。这是因为它未包含隐性委托单或自由裁量委托单。对这个主题的讨论参见 Tuttle(2002)。

[2]　参见 Domowitz 和 Wang(2002)，以及 Foucault、Kadan 和 Kandel(2005)。

格与执行价格的差额)是不可观察到的。此外,执行价格还取决于边际的供求状况。因此,执行价格可能会受到要求立即执行交易的相互竞争的交易员或具有类似交易动机的其他投资者的影响。这意味着投资者实现的执行价格是市场机制的结构、边际投资者对流动性的需求,以及具有类似交易动机的投资者的竞争力量产生的后果。

我们有多种衡量交易成本的方法。但一般而言,这一成本是执行价格与某个合适的基准之间的差额,这个基准就是所谓的公允市场基准。证券的公允市场基准是在假如交易未发生的情况下主导的价格,它被称为无交易价格。由于无交易价格是不可观察到的,它必须由估计得出。从业者已识别了衡量市场影响的三种不同的基本方法[1]:

- **交易前度量**使用在交易决策时或交易决策前发生的价格作为基准,如当日开盘价或前一日的收盘价。
- **交易后度量**使用在交易决策后发生的价格作为基准,如交易日的收盘价或次日的开盘价。
- **当日度量**或**平均度量**使用在交易决策日日间的大量交易的平均价格,如对证券在交易日的所有交易计算的交易量加权平均价格(volume-weighted average price,VWAP)。[2]

交易量加权平均价格的计算方式如下。假设交易员的目标是购买 10 000 股 XYZ 股票。在完成交易后,交易表显示以 80 美元的价格购买 4 000 股,以 81 美元的价格购买 4 000 股,并最终以 82 美元的价格购买 2 000 股。在这种情况下,产生的 VWAP 为 $(4\,000 \times 80 + 4\,000 \times 81 + 2\,000 \times 82)/10\,000 = 80.80$(美元)。

我们用 χ 表示在委托单为买单或卖单的情况下,取值分别为 1 或 -1 的指示函数。我们现在正式地将三种类型的**市场影响**(market impact,MI)度量表述如下:

$$\mathrm{MI}_{\mathrm{pre}} = [(p^{\mathrm{ex}}/p^{\mathrm{pre}}) - 1]\chi$$

$$\mathrm{MI}_{\mathrm{post}} = [(p^{\mathrm{ex}}/p^{\mathrm{post}}) - 1]\chi$$

$$\mathrm{MI}_{\mathrm{VWAP}} = \left[\frac{\sum_{i=1}^{k} V_i p^{\mathrm{ex}}}{\sum_{i=1}^{k} V_i} / p^{\mathrm{pre}} - 1\right]\chi \tag{14.1}$$

其中,p^{ex}、p^{pre} 和 p^{post} 表示股票的执行价格、交易前价格和交易后价格,k 表示交易当日某一证券的交易数量。利用这个定义,对于具有市场影响 MI 的股票,交易规模为 V 的交易的市场影响成本 MIC 由 $\mathrm{MIC} = \mathrm{MI} \times V$ 给出。

根据总体市场变动来调整市场影响亦十分常见。例如,经市场调整的交易前市场影响将采取以下形式:

$$\mathrm{MI}_{\mathrm{pre}} = [(p^{\mathrm{ex}}/p^{\mathrm{pre}}) - [(p_{\mathrm{M}}^{\mathrm{ex}}/p_{\mathrm{M}}^{\mathrm{pre}})]\chi \tag{14.2}$$

其中,$p_{\mathrm{M}}^{\mathrm{ex}}$ 表示在执行时的指数值,$p_{\mathrm{M}}^{\mathrm{pre}}$ 表示在交易前的指数值。对于交易后基准和当日交易基准,经市场调整的市场影响是以类似方式计算的。

以上三种衡量市场影响的方法是基于衡量股票在某个时点的公允市场基准之上的。显然,对市场影响的不同定义会导致不同的结果。应该使用哪种方法与偏好相关,并且取决于

---

① 参见 Collins 和 Fabozzi(1991),以及 Chan 和 Lakonishok(1993a,1993b)。

② 严格来说,VWAP 在此处并非基准,而是交易类型。

手头的应用问题。例如，Elkins/McSherry——一家提供定制化交易成本和执行分析的金融咨询公司——通过取当日的开盘价、收盘价、最高价和最低价的平均值，来计算每种股票的当日基准价格。接着，市场影响被计算为交易价格与这个基准的百分比差额。然而，在大多数情况下，VWAP 和 Elkins/McSherry 方法导致了类似的衡量结果。[1]

我们在分析随着时间的推移投资组合的回报率时，需要提出的一个重要问题是，我们应该将好/差的业绩表现归因于投资利润/损失还是交易利润/损失？换言之，为了更好地理解投资组合的业绩表现，将投资决策从委托单执行中分解出来可能是有用的。这是 Perold（1988）提出的执行差损方法（implementation shortfall approach）背后的基本思想。

在执行差损方法中，我们假设投资决策与交易决策是分开的。资产经理对投资策略（即应该买入、卖出和持有哪些证券）作出决策。然后，这些决策由交易员实施。

通过比较实际投资组合的利润/损失与一个虚拟"纸面"投资组合（其中，所有交易都是以虚拟的市场价格完成的）的业绩表现，我们可以得出对执行差损的估计。例如，如果纸面投资组合的回报率为 6%，实际投资组合的回报率为 5%，那么执行差损为 1%。

市场影响的预测和建模

正如上一节讨论的那样，显性交易成本的估计和预测相对简单。在市场影响成本方面，在实践中有数种模型被用于这种成本的预测和建模。这些成本在预测特定交易策略产生的交易成本及设计最优交易方法方面十分有用。

我们强调，在交易成本的建模中，将交易员或资产经理的目标考虑在内十分重要。例如，一个市场参与者的交易目的可能仅是为了利用价格变动，因此只会在有利的时期内进行交易。这里的交易成本不同于一名必须在固定时期内对投资者组合进行再平衡，从而只能部分利用机会主义策略或流动性搜寻策略的资产经理的交易成本。尤其是，这位资产经理必须考虑不能在指定时期内完成交易的风险。因此，即使市场情况不利，资产经理也可能会决定开展部分交易。上面描述的市场影响模型假设委托单将全部完成，忽略了这一点。

尽管对这些统计模型的完整描述超出了本章的范围，但我们应讨论在这些模型中考虑的变量。[2]在市场影响成本建模中使用的变量或预测因子被分类为基于交易的变量和基于资产的变量。我们对它们分别讨论如下。

基于交易的因素

基于交易的因素的一些例子为：
- 交易规模；
- 交易的相对规模；

---

[1] 参见 Willoughby（1998）和 McSherry（1998）。
[2] 构建市场影响的预测模型的一般方法参见 Kolm 和 Fabozzi（2011）。

- 市场流动性的价格；
- 交易类型（信息交易或非信息交易）；
- 交易员的效率和交易风格；
- 市场或交易所的具体特征；
- 提交交易的时间和交易时机；
- 委托单的类型。

最重要的市场影响预测变量可能是基于交易的绝对或相对规模上的。绝对交易规模通常以所交易的股数或交易的美元价值来衡量。此外，交易的相对规模可以计算为交易股数除以日均交易量，或交易股数除以发行在外的总股数。前者可被视作暂时性市场影响的解释变量，后者可被视作永久性市场影响的解释变量。尤其是，我们预期随着交易规模与日均交易量的比率的上升，暂时性市场影响将会增加，因为交易规模越大，所需要的流动性也越高。

正如 Keim 和 Madhavan（1997）所讨论的那样，每种类型的投资风格都需要不同水平的即时性。技术交易通常必须以更快的速度交易，以便利用某个短期信号，因此表现出更高的市场影响成本。相比之下，更传统的长期价值策略可以用更慢的速度交易。在许多情况下，这些类型的交易甚至能够提供流动性，这可能会导致负数的市场影响成本。

数项研究显示，不同国家的股票交易成本有很大差异。[1]每个国家的市场和交易所都各不相同，由此导致的市场微结构也不同。预测变量可用于捕捉特定的市场特征，如流动性、效率和机构特征。

交易的特定时机可能会影响市场影响成本。例如，与月末相比，市场影响成本似乎一般在月初较高。[2]这种现象的一个原因是，许多机构投资者倾向于在月初对投资组合进行再平衡。由于其中许多交易可能是对相同的股票执行的，这种再平衡模式将会导致市场影响成本的上升。交易在日内发生的特定时间也会产生影响。许多消息灵通的机构交易员倾向于在市场开盘时交易，因为他们希望利用前一日市场收盘后出现的新信息来获利。

正如我们在本章前面讨论的那样，市场影响成本是不对称的。换言之，买单和卖单具有显著不同的市场影响成本。因此，我们可以为买单和卖单估计单独的模型。

基于资产的因素

基于资产的因素的一些例子为：
- 价格动量；
- 价格波动性；
- 市值；
- 成长型与价值型；
- 特定的行业或板块特征。

对于呈现正价格动量的股票，买单需要流动性，因此它可能会比卖单具有更高的价格影

---

[1] 例如，参见 Domowitz、Glen 和 Madhavan（1999），以及 Chiyachantana、Jain、Jain 和 Wood（2004）。

[2] 参见 Foster 和 Viswanathan（1990）。

响成本。

一般而言,高波动性股票的交易会导致更大的永久性价格效应。Chan 和 Lakonishok (1993a),以及 Smith、Alasdair、Turnbull 和 White(2001)提出,这是因为在波动性较高时,交易有包含更多信息的倾向。另一种可能性是,较高的波动性提高了达到流动性提供方的价格并能够以这个价格执行交易的概率。因此,流动性供应方在最佳价格水平展示较少的股数,以降低逆向选择成本。

与小型股相比,大型股的交易更为活跃,因此流动性也更高。因此,大型股的市场影响成本通常较低。[①]然而,如果我们衡量交易的相对规模(例如,按平均日交易量归一化)方面的市场影响成本,它们一般较高。同样,成长股和价值股也有不同的市场影响成本。其中一个原因与交易风格相关。成长股通常呈现出动量和高波动性。这吸引了对利用短期价格动荡获利感兴趣的技术交易员。价值股以较慢的速度交易,持有期往往稍长。

不同的市场板块表现出不同的交易行为。例如,Bikker、Spierdijk 和 van der Sluis (2007)表明,能源板块的股票交易比非能源板块的其他可比股票表现出更高的市场影响成本。

将交易成本纳入资产配置模型

标准的资产配置模型一般忽略了交易成本,以及与投资组合和配置的修正相关的其他成本。然而,交易成本的影响不是无足轻重的。相反,假如交易成本未被考虑在内,那么它们可能会侵蚀很大一部分回报。因此,资产经理是否有效地处理了交易成本可能会在试图超越同行或某个特定基准的努力中关系重大。

典型的资产配置模型由预期回报率和风险的一个或数个预测模型组成。这些预测的微小变化可能会导致重新配置,而如果交易成本被考虑在内,就不会发生重新配置。因此,我们预期在资产配置模型中纳入交易成本将会导致交易量和再平衡量的减少。

由于已提出的将交易成本纳入资产配置模型(如马科维茨的均值—方差模型)的数学模型的复杂性,我们不在这里讨论它们。相反,我们提供一些对这些模型的一般性评论。

Pogue(1970)给出了包含交易成本的均值—方差框架扩展的最早描述之一。Chen、Jen 和 Zionts(1971)最先在均值—方差框架内提出了更复杂的含交易成本的投资组合再平衡的建模表述。他们的模型假设交易成本是交易的美元价值的一个固定比例。随后人们又提出了数个其他模型。例如:

- Adcock 和 Meade(1994)在均值—方差风险项上添加了一个交易成本的线性项,并将这个数值最小化。

- Yoshimoto(1996)提出了非线性规划算法,以对含交易成本的投资组合修正问题求解。

- Best 和 Hlouskova(2005)给出了在成比例的过户费情况下的有效求解程序,其中过户费在期末支付,会同时影响风险和回报。

---

① 参见 Keim 和 Madhavan(1997),以及 Spierdijk、Njman 和 van Soest(2003)。

- Lobo、Fazel 和 Boyd(2007)提供了在线性和固定的交易成本情况下的模型,它在方差约束条件下将预期回报率最大化。
- Chen、Fabozzi 和 Huang(2009)展示了如何将交易成本的影响整合到均值—方差框架中,并表明甚至可以在温和的假设下通过优化技术取得一些解析解。

交易成本模型可能会涉及复杂的非线性函数。尽管存在解决一般非线性优化问题的软件,但对于实际的投资管理应用而言,对此类问题求解所需的计算时间通常过长,而且解的质量往往得不到保证。然而,对于线性和二次优化问题,我们可以取得十分高效和可靠的软件。[①]因此在实践中,通过用一个能迅速求解的较简单的问题来近似一个复杂的非线性优化问题十分常见。尤其是,资产经理通常采用对某个函数的近似,这个函数代表了在均值—方差框架中因交易成本产生的惩罚。

最优交易

资产经理和交易员的决策基于不同的目标。资产经理构建最优投资组合以在给定对现行交易成本的评估的情况下,反映预期回报与风险之间的最佳权衡。交易员基于机会成本与市场影响成本之间的权衡,决定执行交易的时机选择。

降低市场影响成本的一种方法是延迟交易,直至价格合适为止。然而,这个过程也会导致投资机会的错失。图 14.2 显示了市场影响成本与机会成本之间的这个权衡。纵轴代表单

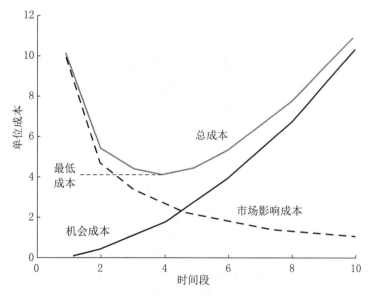

图 14.2 成本权衡:市场影响成本与机会成本

资料来源:Fabozzi 和 Grant(1999)中的图 2。

---

① 优化模型见第 6 章。

位成本，单位可以是每股美分、基点或美元。横轴代表时间段，可以是秒、分钟、小时、天等。首先，我们观察到市场影响成本随着时间的推移逐渐下降，因为它与执行的即时性呈正相关。换言之，假如交易员可以在一段时间内执行委托单，那么由此产生的交易成本预计将会较低。其次，机会成本会随着时间的推移逐步上升，因为它与执行的延迟呈正相关。这意味着假如交易员等待的时间过长，那么投资机会的部分超额回报可能会消失。综合而论，这两个基本机制给出了呈抛物线状的总成本。正如图14.2显示的那样，总成本可以通过适当地权衡市场影响成本和机会成本得到最小化。

我们可以示意性地将这个想法表述为一个优化问题，其中我们试图将预期的总交易成本最小化。一般而言，这个问题是复杂的随机动态优化问题。例如，Bertsimas、Hummel和Lo(1999)、Almgren和Chriss(2000/2001)及Almgren(2003)开发了用于最优执行的连续时间模型，它将一段特定时间范围内的平均交易成本最小化。尤其是，Almgren和Chriss(2000/2001)假设证券价格根据一个随机行走过程变化。他们的模型是一个重要贡献，因为它是第一个考虑市场影响成本的动态模型，其中交易随着时间的推移发生。

由于这些技术在数学上相当复杂，我们仅描述它们背后的基本思想。实际交易成本可能与预期或平均的交易成本有很大差异。因此，使用一个考虑到这种风险的目标函数十分便利。与给投资策略的实际回报率带来不确定性相同，价格波动性也给实际交易成本带来了不确定性。因此，我们可以将机会成本视作由总交易成本的方差来代表。

人们已提出的最优执行的模型旨在取得单笔交易，或有时是一系列交易的最佳执行，它们通过优化风险与平均执行成本的权衡来实现这个目标。注意，此处考虑的风险是执行成本的方差。从直观上说，我们可以将其视为未以某个成本完成交易执行的风险。

根据交易的规模，完全执行一笔委托单可能需要几分钟、几小时或甚至是几天的时间。交易成本是一个随机变量，因为部分交易会在价格变动后执行。重要的是，交易的延迟引入了因价格变动导致的价格风险，这些价格变动超出了人们预期的作为对交易本身的自然反应的变动程度。现在，假如我们将交易视作一个更大投资组合的一部分，那么这种因交易导致的价格风险显然会影响投资组合的总体风险。然而，文献中讨论的模型通常忽略了投资组合中其他股票的影响，包括在交易期间头寸未发生变化的股票。

相比之下，Engle和Ferstenberg(2007)开发了一个在单一框架中将投资组合风险与执行风险结合起来的模型。此外，他们还研究了在股票价格过程和交易的市场影响的不同假设下，头寸和交易的联合优化的特征。尽管他们的结果是相当技术性的，我们在这里不作详尽介绍，但他们提供了数个重要的见解。首先，Engle和Ferstenberg(2007)表明了在哪些条件下交易的最优执行不依赖于投资组合的持仓。这意味着在这些条件下的广义问题简化为两个我们更熟悉的独立问题：最优配置问题和最优执行问题。其次，他们表明，为了对冲交易风险，执行可能本来不在交易委托单中的股票的交易有时可能是最优的。最后，他们指出，将交易执行风险考虑在内会产生一个流动性风险的自然度量。也就是说，投资组合的价值通常是逐日盯市的。相反，他们建议考察投资组合的清盘价值，因为它正确反映了投资组合中的股票不一定能以其现行市场价格变现的事实。投资组合的流动性风险可以通过计算投资组合清盘价值的可能分布的一个百分位数来估计。事实上，未来的投资组合清盘价值有大幅偏离预期或平均交易成本的多种可能分布。

集成的资产管理:超越预期回报率和投资组合风险

正如本章开头提到的那样,股票交易不应与股票资产管理分开看待。相反,股票交易成本的管理是任何成功投资管理策略的不可或缺的组成部分。在此背景下,MSCI Barra 公司指出,优异的投资业绩表现是基于对四个关键要素的仔细考虑①:

- 形成现实的回报预期;
- 控制投资组合风险;
- 有效地控制交易成本;
- 监测总体投资业绩。

不幸的是,大多数关于股票资产管理的讨论仅关注预期回报率与投资组合风险的关系——对是否能以具有成本效益的方式取得在"最优"或目标投资组合中的选定股票则几乎没有强调。

为了说明次优投资组合决策可能引起的问题的严重性,图14.3突出了(股票)资产管理的"典型"方法与"理想"方法的比较。在典型方法(图14.3中的上图)中,资产经理开展基本面研究和/或量化研究来识别投资机会——尽管同时考虑到投资审慎性(风险控制)的衡量标准。在完成这项工作后,资产经理向资深交易员提交构成目标投资组合基础的股票名单。在此时,资深交易员告知资产经理某些不可交易的头寸——这导致资产经理通过手工或其他某个特别程序来调整股票名单,这进而又导致投资组合是次优的。

图14.3还显示,当交易员开始将现在已是次优的一组股票装入投资组合时,随着市场影响成本导致某些股票的价格在交易实施期间"逃离"可交易区间,可能会出现更大的投资组合失衡。我们应该清楚的是,在此时点交易员作出的任何特别调整都会导致投资组合的系统性失衡——从而使资产经理的实际投资组合永久性地偏离从风险—回报和交易成本的视角来看有效的投资组合。

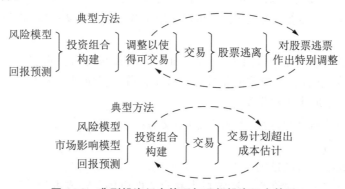

图14.3 典型投资组合管理与理想投资组合管理

资料来源:Torre(1998,Figure 4)。

① 本节描述的交易成本因子模型基于 MSCI Barra 的市场影响模型™。一组由三个部分组成的简讯系列涵盖了对这个模型的基本描述。参见 Torre(1998)。

一个更佳的股票资产管理方法(图14.3中的下图)要求将资产管理过程与交易过程系统性地集成起来。在这一背景下,回报预测、风险估计和交易成本计划被联合起来以确定最优投资组合。通过这种方法,如果(完整的)投资组合实施是不可行的或者在考虑交易成本后代价过于高昂,那么资产经理可以预先知道这点。

因此,资产经理可在投资组合构建和风险控制过程中纳入适当的交易成本信息——在交易计划开始前。接着,资产经理可以建立一个证券投资组合,其中实际的证券头寸与那些在集成投资组合背景下被认为是最优的头寸一致。

关键要点

- 股票交易不应与股票投资组合管理分开看待。
- 交易成本被分类为固定交易成本和可变交易成本,以及显性交易成本和隐性交易成本。
- 固定交易成本独立于交易规模和市场条件等因素。
- 可变交易成本依赖交易规模、市场条件和其他因素。
- 资产经理和投资组合团队的交易员寻求降低、优化和有效地管理可变交易成本。
- 显性交易成本是可观察到的并且预先已知的成本,如佣金、托管费、过户费、税收(资本利得税和股息税)及买卖价差。
- 买卖价差是市场为交易特权向所有人收取的即时交易成本,较高的即时流动性等同于较小的价差。
- 从经济视角来看,买卖价差是在出现短期委托单不平衡的情况下,交易商为提供即时性和短期价格稳定性而收取的价格。
- 买卖价差作为一个真实的流动性度量是具有误导性的,因为它仅反映了小额交易的价格。
- 隐性交易成本是不可观察到的并且不是预先已知的,包含市场影响成本和机会成本。
- 一般而言,隐性成本在总交易成本中占主导地位。
- 隐性交易成本包含投资延迟成本、市场影响成本、价格变动风险、市场时机成本和机会成本。
- 当证券价格在资产经理做出买入/卖出证券的决策与交易员将实际交易带入市场的间隔期内发生不利变化时,这种形式的隐性交易成本被称为投资延迟成本。
- 投资延迟成本取决于投资策略。
- 交易的市场影响成本(价格影响成本)是交易价格与在假如交易未发生的情况下主导的市场(中间)价格的偏差。
- 市场影响成本是流动性的成本。
- 市场影响成本是暂时性市场影响成本和永久性市场影响成本的总和。
- 暂时性市场影响成本具有短暂性质,可以代表为使流动性提供方接受委托单所必需的额外流动性让步、库存效应或不完全替代。
- 永久性价格影响成本是随着市场根据交易的信息内容作出调整,所导致的持久性价格变化。

- 数项研究报告称市场影响成本通常是不对称的(即买单和卖单的市场影响成本不同)。
- 在股票市场中,买单的价格变动风险通常被定义为在交易期间归因于证券总体趋势的价格上升,而其余部分是市场影响成本。
- 市场时机成本是在交易时可归因于其他市场参与者或总体市场波动的证券价格变动的结果。
- 机会成本是不交易的成本,被定义为在扣除交易成本后,资产经理所期望的投资与实际投资之间的业绩差异。
- 流动性是由代理人在市场中交易时创造的,不是由做市商、经纪人和交易商创造的。
- 做市商、经纪人和交易商是促进交易执行和维持有序市场的中介。
- 流动性与交易成本是相互关联的。
- 在高流动性的市场中,大宗交易可以立即执行,而不会产生高额的交易成本。
- 在实践中,对大额委托单而言,交易员在买入时支付高于要价的金额,并在卖出时获得低于出价的金额。
- 一般而言,交易成本是用执行价格与某个公允市场基准之间的差额衡量的。
- 交易成本的度量包括交易前度量、交易后度量和当日(或平均)度量。
- 交易前度量使用在交易决策时或交易决策前发生的价格作为基准。
- 交易后度量使用在交易决策后发生的价格作为基准,如交易日的收盘价或次日的开盘价。
- 交易量加权平均价格是当日度量的一个例子。
- 为了更好地理解投资组合的业绩表现,将投资决策从委托单执行中分解出来可能十分有用,这是执行差损方法背后的基本思想。
- 执行差损的估计是通过比较实际投资组合的利润/损失与一个虚拟"纸面"投资组合(其中,所有交易都是以虚拟的市场价格完成的)的业绩表现而取得的。
- 市场影响成本在预测特定交易策略产生的交易成本,以及设计最优交易方法方面十分有用。
- 在预测市场影响成本时使用的基于交易的因素的例子为:交易规模、交易的相对规模、市场流动性的价格、交易类型(信息交易或非信息交易)、投资者的效率和交易风格、市场或交易所的具体特征、提交交易的时间和交易时机,以及委托单的类型。
- 最重要的市场影响预测变量可能基于交易的绝对或相对规模。
- 在预测市场影响成本时使用的基于资产的因素的例子为:价格动量、价格波动性、市值、成长型与价值型,以及特定的行业或板块特征。
- 交易成本可被纳入资产配置模型,我们有软件可以处理与纳入这些成本相关的复杂性。
- 资产经理构建最优投资组合,以在给定其对现行交易成本的评估的情况下,反映预期回报与风险之间的最佳权衡。
- 交易员基于机会成本与市场影响成本之间的权衡,决定执行交易的时机。
- 人们已提出的最优执行的模型旨在取得单笔交易,或有时是一系列交易的最佳执行。
- 优异的投资业绩表现基于对四个关键要素的仔细考虑:形成现实的回报预期、控制投资组合风险、有效地控制交易成本,以及监测总体投资业绩。

参考文献

Adcock, C. J. and N. Meade, 1994. "A simple algorithm to incorporate transaction costs in quadratic optimization," *European Journal of Operational Research*, 79:85—94.

Almgren, R., 2003, "Optimal execution with nonlinear impact functions and trading-enhanced risk," *Applied Mathematical Finance*, 10(3):1—18.

Almgren, R. and N. Chriss, 2000/2001. "Optimal execution of portfolio transactions," *Journal of Risk*, 3:5—39.

Bertsimas, D., P. Hummel, and A.W. Lo, 1999. "Optimal control of execution costs for portfolios," Working Paper, MIT Sloan School of Management.

Best, M. J. and R. R. Grauer, 1991. "On the sensitivity of mean-variance efficient portfolios to changes in asset means: Some analytical and computational results," *Review of Financial Studies*, 4(2):315—342.

Best, M. J. and J. Hlouskova, 2005. "An algorithm for portfolio optimization with transaction costs," *Management Science*, 51(11):1676—1688.

Bikker, J. A., L. Spierdijk, and P. J. van der Sluis, 2007. "Market impact costs of institutional equity trades," *Journal of International Money and Finance*, 26(6):974—1000.

Chan, L. and J. Lakonishok, 1993a. "Institutional trades and intraday stock price behavior," *Journal of Financial Economics*, 33:173—199.

Chan, L. and J. Lakonishok, 1993b. "Institutional equity trading costs: NYSE versus Nasdaq," *Journal of Finance*, 52(1):71—75.

Chen, A. H., F. J. Fabozzi, and D. Huang, 2009. "Models for portfolio revision with transaction costs in the mean-variance framework," in *The Handbook of Portfolio Construction: Contemporary Applications of Markowitz Techniques*, edited by J. Geurard. New York: Springer.

Chen, A.H., F.C. Jen, and S. Zionts, 1971. "The optimal portfolio revision policy," *Journal of Business*, 44:51—61.

Chiyachantana, C. N., P. K. Jain, C. Jian, and R. A. Wood, 2004. "International evidence on institutional trading behavior and price impact," *Journal of Finance*, 59:869—895.

Collins, B. C. and F. J. Fabozzi, 1991. "A methodology for measuring transaction costs," *Financial Analysts Journal*, 47:27—36.

Domowitz, I., J. Glen, and A. Madhavan, 1999. "International equity trading costs: A cross-sectional and time-series analysis," Technical Report, Pennsylvania State University, International Finance Corp., University of Southern California.

Domowitz, I. and X. Wang, 2002. "Liquidity, liquidity commonality and its impact on portfolio theory," Working Paper, Smeal College of Business Administration, Pennsylvania State University.

Engle, R. F. and R. Ferstenberg, 2007. "Execution risk," *Journal of Portfolio Management*, 33(12):34—44.

Fabozzi, F. J. and J. L. Grant, 1999. *Equity Portfolio Management*. Hoboken, NJ: John Wiley & Sons.

Foster, F. D. and S. Viswanathan, 1990. "A theory of the interday variations in volume, variance, and trading costs in securities markets," *Review of Financial Studies*, 4: 593—624.

Foucault, T., O. Kadan, and E. Kandel, 2005. "Limit order book as a market for liquidity," *Review of Financial Studies*, 18(2):1171—1271.

Harris, L. E. and V. Panchapagesan, 2005. "The information content of the limit order book: Evidence from NYSE specialist trading decisions," *Journal of Financial Markets*, 8:25—67.

Hu, G., 2005. "Measures of implicit trading costs and buy-sell asymmetry," Working Paper, Babson College.

Keim, D. B. and A. Madhavan, 1997. "Transaction costs and investment style: An interexchange analysis of institutional equity trades," *Journal of Financial Economics*, 46: 265—292.

Kolm, P. N. and F. J. Fabozzi, 2011. "Modelling market impact costs," in *Equity Valuation and Portfolio Management*, edited by F. J. Fabozzi and H. M. Markowitz (Chapter 17). Hoboken, NJ: John Wiley & Sons.

Kolm, P. N. and L. Machlin, 2008. "Algorithmic trading: Where are we headed?" Working Paper, Courant Institute, New York University.

Lobo, M. S., M. Fazel, and S. Boyd, 2007. "Portfolio optimization with linear and fixed transaction costs," *Annals of Operations Research*, 152(1):341—365.

Perold, A. F., 1988. "The implementation shortfall: Paper versus reality," *Journal of Portfolio Management*, 14(3):4—9.

Pogue, G. A., 1970. "An extension of the Markowitz portfolio selection model to include variable transactions costs, short sales, leverage policies and taxes," *Journal of Finance*, 25(5):1005—1027.

McSherry, R., 1998. *Global Trading Cost Analysis*. Elkins/McSherry Co., Inc.

Smith, B. F., D. Alasdair, S. Turnbull, and R. W. White, 2001. "Upstairs market for principal and agency trades: Analysis of adverse information and price effects," *Journal of Finance*, 56:1723—1746.

Spierdijk, L., T. Nijman, and A. van Soest, 2003. "Temporary and persistent price effects of trades in infrequently traded stocks," Working Paper, Tilburg University and Center.

Torre, N., 1998. "The Market Impact Model™." Three-part series in *Barra Newsletters*, NL165—NL167.

Tuttle, L. A., 2002. "Hidden orders, trading costs and information," Working Paper, Ohio State University.

Vangelisti, M., 2006. "The capacity of an equity strategy," *Journal of Portfolio Manage-*

ment, 32(2):44—50.

Wagner, W. H. and M. Edwards, 1998. "Implementing investment strategies: The art and science of investing," in *Active Equity Portfolio Management*, edited by F. J. Fabozzi (pp.179—194), Hoboken, NJ: John Wiley & Sons.

Willoughby, J., 1998. "Executions song," *Institutional Investor*, 32(11):51—56.

Yoshimoto, A., 1996. "The mean-variance approach to portfolio optimization subject to transaction costs," *Journal of Operations Research Society of Japan*, 39(1):99—117.

15

使用含基本面因子的多因子风险模型管理普通股投资组合 *

学习目标

在阅读本章后,你将会理解:

- 基于基本面的多因子风险模型可用于构建投资组合的方法;
- 什么是跟踪误差;
- 回望跟踪误差与前视跟踪误差的区别;
- 跟踪误差的决定因素;
- 什么是回报生成函数;
- 分解投资组合风险的不同方法;
- 基本面多因子风险模型可如何被用于:(1)评估当前的投资组合是否与管理人的优势一致;(2)根据股票市场指数控制风险;(3)构建投资组合以有意地下注。

引言

采用量化导向型普通股策略的股票投资组合经理,通常使用多因子模型来构建投资组合。多因子模型有两种类型。第一种是用于预测预期回报率的模型。在股票投资组合管理中,Fama-French 三因子模型和五因子模型是此类模型的例子。第二种多因子模型在投资组合的建立和再平衡中预测风险。通常,第二种模型是由第三方供应商提供的。

在本章中,我们使用一个先前可以获得的商业模型来说明使用基本面因子预测风险的多

———————————

    * 本章是与弗兰克·J.琼斯(Frank J. Jones)和拉曼·瓦德哈拉(Raman Vardhara)合作撰写的,前者是圣何塞州立大学的金融学和会计学教授;后者是注册金融分析师、OFI 环球资产管理公司的量化分析主管及奥本海默基金公司的副总裁和投资组合经理。

因子模型的一般特征，以及它们是如何被用于构建投资组合的。我们从回顾跟踪误差的概念开始，它是理解投资组合相对基准指数的潜在业绩表现及投资组合相对基准指数的实际业绩表现中的一个关键概念。在第16章中，我们将解释和举例说明多因子风险模型在债券投资组合管理中的应用。

跟踪误差

投资组合的风险可以用投资组合回报率的标准差来衡量。这一统计度量提供了围绕投资组合平均回报率的一个区间，一段时间内的实际回报率可能会以某个指定概率落在这个区间内。我们可以计算投资组合在一段时间内的回报率均值和标准差（或波动性）。

投资组合或市场指数的标准差或波动性是一个绝对数。投资组合经理或客户也可以询问投资组合回报率相对某个指定基准的变化情况。这种变化情况被称为投资组合的跟踪误差。具体而言，跟踪误差衡量了投资组合回报率相对于其基准的回报率的分散程度。也就是说，跟踪误差是投资组合的主动回报率的标准差，主动回报率被定义为：

$$\text{主动回报率} = \text{投资组合的实际回报率} - \text{基准的实际回报率} \tag{15.1}$$

如果一个为匹配基准指数而创建的投资组合（即指数基金）通常具有零主动回报率（即始终与其基准的实际回报率相匹配），那么其跟踪误差为零。但持有与基准有很大不同的头寸的主动管理型投资组合可能具有较大的主动回报率，无论是正数还是负数，因此其将具有年化跟踪误差，如5%—10%。

从这些历史实际主动回报率计算而来的跟踪误差被称为回望跟踪误差或事后跟踪误差。回望跟踪误差的问题在于，它未反映资产经理当前的决策对未来主动回报的影响，因此也未反映可能会实现的未来跟踪误差。假如投资经理在今天显著改变了投资组合的贝塔或板块配置，那么使用先前时期的数据计算的回望跟踪误差将不能准确地反映当前的投资组合未来风险将会如何。也就是说，回望跟踪误差将几乎没有预测价值，在投资组合的未来风险方面可能具有误导性。

资产经理需要对跟踪误差的前视估计，以准确反映未来的投资组合风险。在实践中，这是通过使用商业软件供应商的服务完成的，商业软件供应商拥有一个被称为多因子风险模型的模型，模型定义了与基准指数相关的风险。供应商的软件使用对基准指数中股票的历史回报率数据的统计分析来得出因子并量化它们的风险（这涉及使用方差和相关系数）。通过使用投资组合经理当前投资组合的持仓，软件可以计算投资组合对各种因子的当前敞口，并将其与基准对这些因子的敞口进行比较。使用有差别的因子敞口和这些因子的风险，可以计算出投资组合的前视跟踪误差，这个跟踪误差亦称预测跟踪误差或事前跟踪误差。

我们不能保证（以一年为例）年初的前视跟踪误差与年末计算的回望跟踪误差完全匹配。这有两个原因。第一个原因是，随着时间的推移和投资组合经理对投资组合作出变更，前视跟踪误差估计将会发生变化，以反映新的敞口。第二个原因是，前视跟踪误差的准确度依赖于分析中使用的方差和相关系数的稳定性程度。尽管存在这些问题，但在年内不同时间取得的前视跟踪误差估计的平均值,将会相当接近于年末取得的回望跟踪误差估计。

这些估计中的每一个都有其用途。前视跟踪误差在风险控制和投资组合构建中十分有用。资产经理可以立即看到任何计划中的投资组合变更可能会对跟踪误差产生的影响。因此,资产经理可以对各种投资组合策略开展"如果"分析,并排除那些将会导致跟踪误差超出资产经理的风险容忍度水平的策略。回望跟踪误差对评估实际业绩的分析十分有用,如信息比率。

跟踪误差的决定因素

有数个因素会影响跟踪误差的水平。根据 Vardharaj、Fabozzi 和 Jones(2004),主要因素如下:
- 投资组合中的股票数量;
- 投资组合相对基准的市值和风格差异;
- 板块配置与基准的偏差;
- 市场波动性;
- 投资组合的贝塔。

投资组合中的股票数量

随着投资组合逐渐包含越来越多基准指数中的股票,跟踪误差呈现下降趋势。图 15.1 说明了这种一般效应,它显示了一个以标普 500 指数为基准的大型股投资组合的股票数量的影响。注意,一个最优选择仅由 50 种股票组成的投资组合可以在 2.3% 的误差范围内跟踪标普 500 指数。对于中型股和小型股,Vardharaj、Jones 和 Fabozzi(2004)发现,跟踪误差分别为 3.5% 和 4.3%。相比之下,随着投资组合逐渐包含越来越多不在基准中的股票,跟踪误差呈上升趋势。

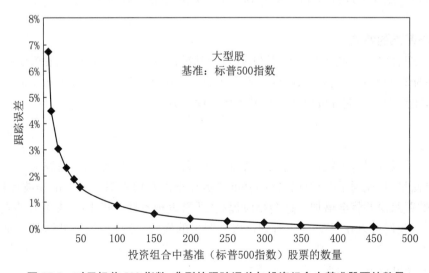

图 15.1 对于标普 500 指数,典型的跟踪误差与投资组合中基准股票的数量

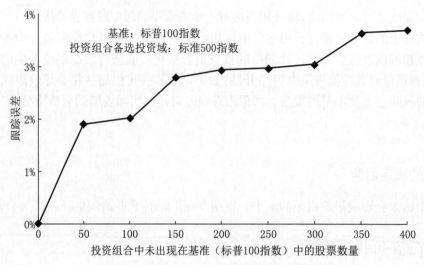

图 15.2　跟踪误差与投资组合中非基准股票的数量

图 15.2 说明了这个效应。在本例中，基准指数为标准 100 指数，投资组合逐渐包含越来越多取自标普 500 指数、但不在标普 100 指数中的股票。结果是，相对于标普 100 指数的跟踪误差上升了。

投资组合相对基准的市值和风格差异

Vardharaj、Jones 和 Fabozzi（2004）发现，随着投资组合的平均市值偏离基准指数的平均市值，跟踪误差将会上升。跟踪误差还会随着投资组合的总体风格（成长/价值）偏离基准指数的风格而上升。第一，假如保持风格不变，他们发现当市值规模的差异增大时，跟踪误差也会上升。例如，相对于标普 500 指数（它是一个大型股混合投资组合），中型股混合投资组合的跟踪误差为 7.07%，而小型股混合投资组合的跟踪误差为 8.55%。第二，对于给定的市值规模，当风格为成长型或价值型时，跟踪误差大于风格混合型投资组合。

板块配置与基准的偏差

当投资组合对各种经济板块的配置不同于基准的配置时，这会导致跟踪误差。一般而言，当板块配置的差异增大时，跟踪误差也会上升。Vardharaj、Jones 和 Fabozzi（2004）发现，一般而言，跟踪误差会随着板块下注水平的加大而上升。

市场波动性

受管理的投资组合一般仅在基准中持有一小部分资产。鉴于这点，高波动性的基准指数（以标准差衡量）将比通常波动性较低的基准指数更难以密切跟踪。随着市场波动性的上升，投资组合的跟踪误差将会增加。这会相应提高"严重表现不佳"（指 10% 或更大的表现不佳差异）的概率。我们可以在图 15.3 中看到这点。图中的横轴是跟踪误差，纵轴是与基准指数相差 10% 或更多的概率（在这则计算中，我们假设主动回报率呈正态分布，阿尔法值为 −0.26%；这是国内股票共同基金的平均阿尔法值）。

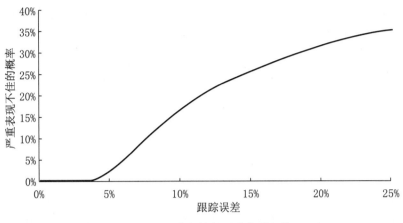

图 15.3　跟踪误差和严重表现不佳

　　随着跟踪误差的上升，表现优异的概率与严重表现不佳的概率以相同幅度增加。但是，这两种极端的相对业绩表现的投资管理后果不是对称的——严重的表现不佳可能会导致投资组合经理被解聘。另一个含义是，由于市场波动性的上升会使跟踪误差增加，从而提高严重表现不佳的概率，因此在市场波动性较高的时期内，更加需要投资组合经理更频繁、更密切地监测投资组合的跟踪误差。

投资组合贝塔

　　市场组合的贝塔值为1，无风险投资组合（现金）的贝塔值为零。假设一名投资者持有现金和市场组合的组合。于是，投资组合的贝塔值低于1。与市场相比，受管理的投资组合对系统性风险的敏感度更低，因此其风险低于市场。反之，当投资者通过以无风险利率借取资金并投资于市场组合来持有杠杆化市场组合时，贝塔值高于1，投资组合的风险大于市场。

　　我们可以证明，当贝塔值低于1和高于1时，投资组合相对市场组合的跟踪误差都会上升。因此，当投资组合中持有现金的比例增加时，尽管其绝对风险下降，但跟踪误差风险会上升。正如图 15.4 所显示的那样，随着贝塔值逐渐偏离1，跟踪误差呈线性上升的趋势。

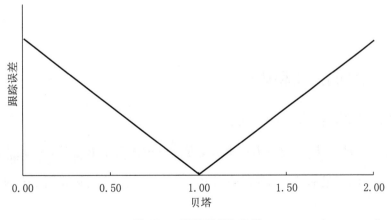

图 15.4　跟踪误差和贝塔

在上述例子中,我们作了一个简单的假设,即投资组合经理在对其贝塔值作出变更时,仅在持有市场组合与持有现金之间进行选择。在更一般的情况下,基金可以按任意比例持有任意数量的股票,其贝塔值可以出于其他原因而不同于1。然而,即便是在这种一般的情况下,当投资组合的贝塔值偏离市场贝塔值时,跟踪误差也会上升。

对跟踪误差的边际贡献

由于跟踪误差是由管理人通过相对于基准指数设定更高和更低的股票权重而进行的各种下注(有些是有意的,有些是无意的)引起的,理解跟踪误差对于每种下注的微小变化的敏感度将是有用的。

例如,假设投资组合最初对半导体行业设定的权重比基准指数高出 3%,跟踪误差为 6%。假设由于投资组合中的半导体行业权重增加了 1%(因此高出基准指数 4%),跟踪误差随后上升到 6.1%。因此,我们可以说该行业的权重每增加 1%,就会添加 0.1% 的跟踪误差。也就是说,它对跟踪误差的边际贡献为 0.1%。这仅适用于边际,即适用于微小的变化而非大幅变化。

我们也可以对个体股票计算边际贡献。假如风险分析采用多因子风险模型,那么我们也可以取得风险因子的类似边际贡献估计。

一般而言,权重高于基准的行业(或股票)的边际贡献为正,权重低于基准的行业(或股票)的边际贡献为负。原因如下:假如投资组合中持有的某个行业的权重已经过高,那么增加这个权重将导致投资组合进一步偏离基准指数。这种更大的偏离会使跟踪误差上升,从而导致这个行业的边际贡献为正。然而,假设投资组合在某个行业中的权重低于基准。于是,增加投资组合在这个行业中的权重将使投资组合向基准收敛,从而减小跟踪误差。这会导致该行业的边际贡献为负。

对于寻求改变投资组合跟踪误差的资产经理而言,边际贡献分析可能是有用的。假设资产经理希望减小跟踪误差,那么他应降低投资组合中权重高于基准的具有最高正边际贡献的行业(或股票)权重过高的程度。或者,资产经理可以降低权重低于基准的具有最高负边际贡献的行业(或股票)权重过低的程度(即增加总体权重)。这种改变可以最有效地减小跟踪误差,并同时将其所需要的投资组合周转和相关费用最小化。

基本面因子模型的描述和估计

在基本面因子模型中估计的基本关系为:

$$R_i - R_f = \beta_{i,\,F1} R_{F1} + \beta_{i,\,F2} R_{F2} + \cdots + \beta_{i,\,FH} R_{FH} + e_i \tag{15.2}$$

其中,R_i 为股票 i 的回报率,R_f 为无风险回报率,$\beta_{i,\,Fj}$ 为股票 i 对风险因子 j 的敏感度。R_{Fj} 为风险因子 j 的回报率,e_i 为证券 i 的非因子(特定)回报率。

上述函数被称为回报生成函数。

在我们的例子中,在展示多因子模型如何用于投资组合的构建和再平衡时,我们使用

Barra 公司开发的一个模型的旧版[1]，即 E3 模型。尽管这个模型已被更新，但我们的讨论和举例说明提供了用于理解使用基本面因子模型的价值的基本要点。

Barra 基本面因子模型使用公司和行业属性及市场数据作为"描述量"。描述量的例子为：市盈率、市净率、盈利增长估计和交易的活跃程度。基本面因子模型的估计从分析股票历史回报率和关于公司的描述量开始。例如，在 Barra 模型中，识别风险因子的过程从描述量必须解释数百种股票的月回报率开始。描述量不是"风险因子"。它们是风险因子的候选者。描述量是根据它们解释股票回报率的能力进行选择的。也就是说，所有描述量都是潜在的风险因子，但只有那些在解释股票回报率中显得重要的描述量才被用于构建风险因子。

一旦具有统计显著性的描述量在解释股票回报率中被识别后，它们就被分类为"风险指标"或"因子"，以捕捉相关的公司属性。例如，市场杠杆、账面杠杆、债务/权益比率和公司的债务评级等描述量被组合起来，以取得一个被称为"杠杆"的风险指标或因子。因此，风险指标是捕捉公司某个特定属性描述量的组合。

例如，在本章仅用于举例说明目的的 Barra 基本面因子模型（E3 模型）中，有 13 个风险指标和 55 个行业组。表 15.1 列举了 Barra 模型中的 13 个风险指标。表中还显示了用于构建每个风险指标的描述量。55 个行业分类被进一步划分为板块。例如，以下三个行业构成能源板块：能源储备和生产、石油炼制和石油服务。非周期性消费品板块由以下五个行业组成：食品和饮料、酒精、烟草、家居产品和食品超市。Barra 模型中的 13 个板块为：基本材料、能源、非周期性消费品、周期性消费品、消费性服务、工业、公用事业、交通、医疗、科技、电信、商业服务和金融。

在给定风险因子后，模型使用统计分析来估计关于每种股票对每个风险因子的敞口(β_{i,F_j})的信息。对于给定的时间段，每个风险因子的回报率(R_{F_j})也可以利用统计分析来估计。任何股票的预期回报率的预测都可从式(15.2)得出。非因子回报率(e_i)是通过从该时期内股票的实际回报率中减去由风险因子预测的回报率得出的。[*]

我们从个股转向投资组合，可以计算投资组合的预测回报率。投资组合对既定风险因子的敞口不过是投资组合中每种股票对该风险因子的敞口的加权平均。例如，假设投资组合中有 42 种股票。进一步假设股票 1—40 在投资组合中有 2.2% 的等额权重，股票 41 占投资组合的 5%，股票 42 占投资组合的 7%。于是，投资组合对风险因子 j 的敞口为：

$$0.022\beta_{1,Fj} + 0.022\beta_{2,Fj} + \cdots + 0.022\beta_{40,Fj} + 0.050\beta_{41,Fj} + 0.007\beta_{42,Fj} \qquad (15.3)$$

非因子误差项以与个股情况下相同的方法衡量。然而，在一个充分多元化的投资组合中，投资组合的非因子误差项将远远小于投资组合中个股的非因子误差项。

同样的分析可应用于股票市场指数，因为指数不过是一个股票投资组合。

---

[1]　这里介绍关于这个模型的一些历史。这个基本面因子模型的起源是巴尔·罗森伯格（Barr Rosenberg）的研究，他当时是加州大学伯克利分校的金融学副教授，在 20 世纪 70 年代的一系列研究论文中发展了以下理论：公司的微观经济特征或基本面特征可被用于解释股票回报率［例如，见 Rosenberg 和 Marathe（1976）以及 Rosenberg 和 Guy（1976）］。罗森伯格然后成立了巴尔·罗森伯格联合公司（Barr Rosenberg & Associates，即 BARRA 公司），它是一家量化咨询公司。这家公司开发了数个基本面因子模型，本章的举例说明使用了其中一个模型，即 E3 模型。2004 年，BARRA 公司被摩根士丹利资本国际公司（MSCI）收购，被称为 MSCI BARRA 公司。

[*]　原书为由风险因子预测的回报率减去实际回报率，疑有误，已修改。——译者注

表 15.1　Barra E3 模型的风险定义

风险指标中的描述量	风险指标
贝塔乘以西格玛	波动性
日标准差	
最高价和最低价	
股票价格的对数	
累积范围	
交易量贝塔	
序列相依性	
期权隐含的标准差	
相对强度	动量
历史阿尔法	
市值的对数	规模
市值对数的立方	规模的非线性
股票周转率(年)	交易的活跃程度
股票周转率(季度)	
股票周转率(月)	
股票周转率(五年)	
拆股指标	
交易量/方差比率	
过去五年期间的股息支付比率	成长
资本结构的变化程度	
总资产的增长率	
过去五年期间的盈利增长率	
分析师预测的盈利增长率	
新近的盈利变化	
分析师预测的市盈率	盈利收益率
往绩年市盈率	
历史市盈率	
市净率	价值
盈利的变化程度	盈利变化程度
现金流的变化程度	
盈利中的非经常性项目	
分析师预测的市盈率的标准差	
市场杠杆	杠杆
账面杠杆	
债务/总资产比率	
优先级债务的评级	
对外汇的敞口	货币敏感性
预测的股息收益率	股息收益率
在美国 E3 模型估计空间以外的公司的指标	非估计空间的指标

风险分解

基本面因子模型真正的有用性在于可以很容易地估计一个含数种资产的投资组合的风险。让我们考虑一个含 100 种资产的投资组合。风险通常被定义为投资组合回报率的方差。因此,在这种情况下,我们需要得出 100 种资产的方差—协方差矩阵。这将要求我们估计 100 个方差(对每种资产估计一个方差)和 100 种资产之间的 4 950 个协方差。也就是说。我们总共需要估计 5 050 个数值,这是一项十分困难的任务。假设我们不这样做,而是使用一个三因子模型来估计风险,那么,我们需要估计:(1)100 种资产中每种资产的三个因子载荷(即 300 个数值);(2)因子的方差—协方差矩阵的六个数值;(3)100 个残余方差(每种资产有一个)。也就是说,我们仅需要总共估计 406 个数值。与不得不估计 5 050 个数值相比,这代表计算量将近减少 90%,是一个巨大的改进。因此,通过使用精选的因子,我们可以大幅减少估计投资组合风险所涉及的工作量。

基本面因子模型使投资组合经理和客户可以分解风险,以评估投资组合对因子的潜在业绩表现,并评估投资组合相对基准的潜在业绩表现。这是模型的投资组合构建和风险控制应用。此外,我们还可以评估投资组合相对基准的实际业绩表现。

Barra(1998)提出,在使用基本面因子模型时,有多种方法可以用来分解投资组合的总风险。[①]根据投资组合经理采用的股票投资组合管理方法,每种分解方法对投资组合经理可能都是有用的。四种分别方法为:(1)总风险分解;(2)系统性—残余风险分解;(3)主动风险分解;(4)主动系统性—主动残余风险分解。我们将在后文描述每种方法,并解释采用不同策略的投资组合经理将会如何发现分解有助于投资组合的构建和评估。

在所有这些风险分解方法中,首先将总回报率划分为无风险回报率和总超额回报率。总超额回报率为投资组合实现的实际回报率与无风险回报率之差。与总超额回报率相关的风险被称为总超额风险,其在四种方法中被进一步划分。

总风险分解

有些资产经理寻求将总风险最小化。例如,采用多空策略或市场中性策略的资产经理会试图构建将总风险最小化的投资组合。对于此类资产经理,将总超额风险分解为两个组成部分——共同因子风险(如市值和行业敞口)和特定风险——的总风险分解方式是有用的。这项分解如图 15.5 所示。[②]这里没有对市场风险作出规定,而是只有归因于共同因子风险和公司特定影响(即某家公司独有的风险,因而不与其他公司的特定风险具有相关性)的风险。因此,市场组合不是在这项分解中被考虑的风险因子。

---

①② 本节之后的讨论取自 1998 年的 Barra(1998)手册中描述公司模型的内容。

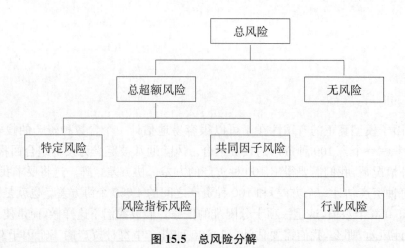

图 15.5　总风险分解

资料来源：Barra(1998:34,图 4.2)。经许可转载。

系统性—残余风险分解

有些资产经理寻求选择市场时机，或有意进行下注以创建不同于市场组合的敞口。此类经理会发现将总超额风险分解为系统性风险和残余风险是有用的，如图 15.6 所示。与刚才描述的总风险分解方法不同，这种见解将市场风险引入分析之中。

系统性—残余风险分解中残余风险的定义方法与总风险分解中的残余风险不同。在系统性—残余风险分解中，残余风险是与市场组合没有相关性的风险。残余风险进而被划分为特定风险和共同因子风险。注意，此处描述的风险划分与在 Ross(1976)开发的套利定价理论中的不同。在该模型中，所有不能通过多元化消除的风险因子都被称为"系统性风险"。在这里的讨论中，我们将不能通过多元化消除的风险因子归类为市场风险和共同因子风险。残余风险可通过多元化降低至能忽略不计的水平。

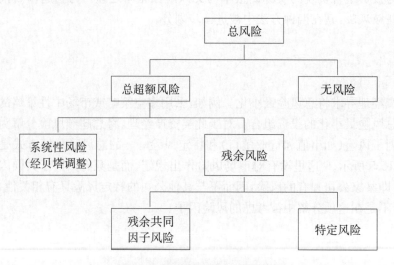

图 15.6　系统性—残余风险分解

资料来源：Barra(1998:34,图 4.3)。经许可转载。

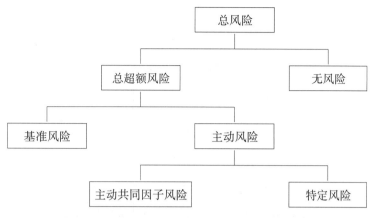

图 15.7　主动风险分解

资料来源：Barra(1998：34，图 4.4)。经许可转载。

主动风险分解

资产经理需要评估投资组合的风险敞口，并解释相对于基准指数的实际业绩。主动风险分解方法有助于实现这个目的。在这种类型的分解中，如图 15.7 所示，总超额风险被划分为基准风险和主动风险。基准风险被定义为与基准组合相关的风险。

主动风险是由于资产经理试图取得超越基准的回报而产生的风险。主动风险被进一步划分为共同因子风险和特定风险。

主动系统性—主动残余风险分解

有些资产经理在选择股票时叠加一个市场择时策略。也就是说，他们不仅试图选择他们认为将会表现优异的股票，而且还试图选择购买股票的时机。对于采用这种策略的资产经理来说，在评估业绩时将市场风险与共同因子风险区分开来十分重要。在我们刚才讨论的主动风险分解方法中，市场风险未被识别为风险因子之一。

由于市场风险（即系统性风险）是主动风险的一个要素，因此资产经理偏好纳入这种风险作为一个风险来源。在纳入市场风险后，我们就有了如图 15.8 所示的主动系统性—主动残余风险分解方法。总超额风险被再次划分为基准风险和主动风险。然而，主动风险被进一步划分为主动系统性风险（即主动市场风险）和主动残余风险。接着，主动残余风险被划分为共同因子风险和特定风险。

风险分解的总结

四种风险分解方法不过是切分风险的不同方法，以帮助投资组合经理构建投资组合和控制投资组合的风险，并帮助客户理解投资组合经理的业绩表现如何。图 15.9 提供了四种将风险划分为特定风险和共同因子风险、系统性风险和残余风险，以及基准风险和主动风险的方法的概述。

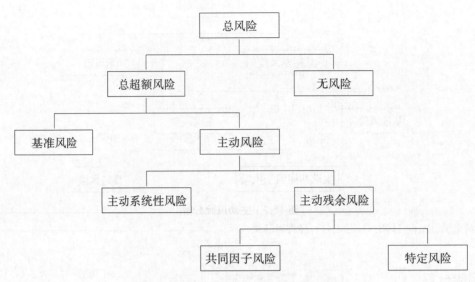

图 15.8　主动系统性—主动残余风险分解

资料来源：Barra(1998:37,图 4.5)。经许可转载。

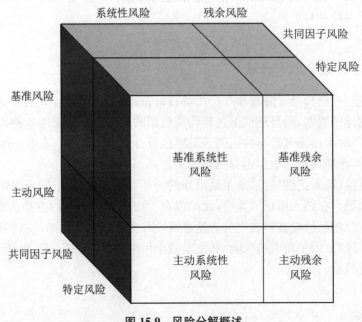

图 15.9　风险分解概述

资料来源：Barra(1998:38,图 4.6)。经许可转载。

投资组合构建和风险控制应用

基本面因子模型的强大之处在于,在给定风险因子和风险因子敏感度后,我们可以量化和控制投资组合的风险敞口状况。以下三个例子说明了如何做到这点,以使投资组合经理通过以下做法来避免无意下注:(1)评估投资组合的风险敞口;(2)根据一个股票市场指数控制风险;(3)倾斜投资组合。在这些例子中,我们使用了 Barra E3 因子模型。[①]

评估投资组合的风险敞口

我们可以使用基本面多因子风险模型来评估现有投资组合是否与管理人的优势一致。表 15.2 是截至 2000 年 9 月 30 日投资组合 ABC 中持有量最多的前 15 种股票的列表。表 15.3 是同一投资组合的风险—回报报告。投资组合的市值总额超过 37 亿美元,持有 202 种股票,预测的贝塔值为 1.20。风险报告还显示投资组合的主动风险为 9.83%。这是相对于基准(标普 500 指数)的跟踪误差。注意,超过 80% 的主动风险方差(为 96.67)来自共同因子风险方差(为 81.34),仅有一小部分来自股票特定风险方差(为 15.33)。显然,这个投资组合的管理人押下了相当大的因子赌注。

表 15.2 投资组合 ABC 的持仓(仅显示前 15 种股票)

投资组合:基金 ABC 报告日:2000 年 10 月 15 日		基准:标普 500 指数 定价日:2000 年 9 月 29 日			模型日:2000 年 10 月 2 日 模型:美国股票 3 模型	
名称	股数	价格(美元)	权重(%)	贝塔值	主要行业名称	板块
通用电气	2 751 200	57.81	4.28	0.89	金融服务	金融
花旗集团	2 554 666	54.06	3.72	0.98	银行	金融
思科系统公司	2 164 000	55.25	3.22	1.45	计算机硬件	科技
易安信公司,马萨诸塞州	1 053 600	99.50	2.82	1.19	计算机硬件	科技
英特尔公司	2 285 600	41.56	2.56	1.65	半导体	科技
北电网络公司	1 548 600	60.38	2.52	1.40	电子设备	科技
康宁公司	293 200	297.50	2.35	1.31	电子设备	科技
IBM	739 000	112.50	2.24	1.05	计算机软件	科技
甲骨文公司	955 600	78.75	2.03	1.40	计算机软件	科技
太阳计算机微系统公司	624 700	116.75	1.96	1.30	计算机硬件	科技
雷曼兄弟公司	394 700	148.63	1.58	1.51	证券和资产管理	金融
摩根士丹利添惠公司	615 400	91.44	1.52	1.29	证券和资产管理	金融
华特迪士尼公司	1 276 700	38.25	1.32	0.85	娱乐	消费性服务
可口可乐公司	873 900	55.13	1.30	0.68	食品和饮料	消费品(非周期性)
微软公司	762 245	60.31	1.24	1.35	计算机软件	科技

[①] 瓦拉达拉齐、法博齐和琼斯基于 Barra(1998)建议的应用创建了这些例子。

表 15.3 投资组合 ABC 的风险—回报分解

风险—回报

资产数量	202	总股数	62 648 570
		平均股价	59.27 美元
投资组合贝塔值	1.20	投资组合价值	3 713 372 229.96 美元

风险分解	方差	标准差(%)
主动特定风险	15.33	3.92
主动共同因子风险		
风险指标	44.25	6.65
行业	17.82	4.22
协方差	19.27	
总主动共同因子风险[a]	81.34	9.02
总主动风险[b]	96.67	9.83
基准风险	247.65	15.74
总风险	441.63	21.02

注:a 等于风险指标＋行业＋协方差。b 等于主动特定风险＋总主动共同因子风险。

　　表 15.4 的 A 栏评估了投资组合 ABC 相对于标普 500 指数(投资组合基准)的因子风险敞口。第一列显示了投资组合的风险敞口(Mgd),第二列显示了基准的风险敞口(Bmk)。最后一列显示了主动风险敞口(Act),它是投资组合风险敞口与基准风险敞口的差额。对风险指标因子的敞口是以标准差为单位衡量的,而对行业因子的风险敞口是用百分比衡量的。投资组合对动量风险指标因子具有很高的主动风险敞口。也就是说,投资组合中持有的股票具

表 15.4 投资组合 ABC 的风险敞口分析

因子敞口

风险指标敞口(标准差)

	Mgd	Bmk	Act
A. 标普 500 指数风险敞口的分析			
波动性	0.220	−0.171	0.391
动量	0.665	−0.163	0.828
规模	−0.086	0.399	−0.485
规模的非线性	0.031	0.097	−0.067
交易的活跃程度	0.552	−0.083	0.635
成长	0.227	−0.167	0.395
盈利收益率	−0.051	0.081	−0.132
价值	−0.169	−0.034	−0.136
盈利变化程度	0.058	−0.146	0.204
杠杆	0.178	−0.149	0.327
货币敏感性	0.028	−0.049	−0.077
收益率	−0.279	0.059	−0.338
非估计空间的指标	0.032	0.000	0.032

因子敞口	行业权重（百分比）		
	Mgd	**Bmk**	**Act**
A. 标普 500 指数风险敞口的分析			
采矿和金属	0.013	0.375	−0.362
黄金	0.000	0.119	−0.119
林业和纸业	0.198	0.647	−0.449
化学	0.439	2.386	−1.947
能源储备	2.212	4.589	−2.377
石油炼制	0.582	0.808	−0.226
石油服务	2.996	0.592	2.404
食品和饮料	2.475	3.073	−0.597
酒精	0.000	0.467	−0.467
烟草	0.000	0.403	−0.403
家居产品	0.000	1.821	−1.821
食品超市	0.000	0.407	−0.407
耐用消费品	0.165	0.125	0.039
机动车和零件	0.000	0.714	−0.714
服装和纺织	0.000	0.191	−0.191
服装店	0.177	0.308	−0.131
专营零售	0.445	2.127	−1.681
百货商场	0.000	2.346	−2.346
建筑和不动产	0.569	0.204	0.364
出版	0.014	0.508	−0.494
媒体	1.460	2.077	−0.617
酒店	0.090	0.112	−0.022
餐饮	0.146	0.465	−0.319
娱乐	1.179	1.277	−0.098
休闲	0.000	0.247	−0.247
环境服务	0.000	0.117	−0.117
重型电子设备	1.438	1.922	−0.483
重型机械	0.000	0.062	−0.062
工业零件	0.234	1.086	−0.852
电力公用事业	1.852	1.967	−0.115
天然气公用事业	0.370	0.272	0.098
铁路	0.000	0.211	−0.211
航空	0.143	0.194	−0.051
卡车货运/海运/空运	0.000	0.130	−0.130
医疗服务	1.294	0.354	0.940
医疗产品	0.469	2.840	−2.370
药物	6.547	8.039	−1.492
电子设备	11.052	5.192	5.860
半导体	17.622	6.058	11.564
计算机硬件	12.057	9.417	2.640
计算机软件	9.374	6.766	2.608
国防和航空航天	0.014	0.923	−0.909
电话	0.907	4.635	−3.728
无线通信	0.000	1.277	−1.277

续表

因子敞口	行业权重(百分比)		
	Mgd	Bmk	Act
A. 标普 500 指数风险敞口的分析			
信息服务	0.372	1.970	−1.598
工业服务	0.000	0.511	−0.511
人寿/健康保险	0.062	1.105	−1.044
财产/伤亡保险	1.069	2.187	−1.118
银行	5.633	6.262	−0.630
储蓄机构	1.804	0.237	1.567
证券和资产管理	6.132	2.243	3.888
金融服务	5.050	5.907	−0.857
互联网	3.348	1.729	1.618
权益型 REIT	0.000	0.000	0.000
B. 相对标普 500 指数板块权重的板块风险敞口分析(百分比)			
基本材料	0.65	3.53	−2.88
采矿	0.01	0.38	−0.36
黄金	0.00	0.12	−0.12
林业	0.20	0.65	−0.45
化学	0.44	2.39	−1.95
能源	5.79	5.99	−0.20
能源储备	2.21	4.59	−2.38
石油炼制	0.58	0.81	−0.23
石油服务	3.00	0.59	2.40
消费品(非周期性)	2.48	6.17	−3.70
食品/饮料	2.48	3.07	−0.60
酒精	0.00	0.47	−0.47
烟草	0.00	0.40	−0.40
家居产品	0.00	1.82	−1.82
食品超市	0.00	0.41	−0.41
消费品(周期性)	1.36	6.01	−4.66
耐用消费品	0.17	0.13	0.04
机动车	0.00	0.71	−0.71
服装	0.00	0.19	−0.19
普通服装	0.18	0.31	−0.13
专营零售	0.45	2.13	−1.68
百货商场	0.00	2.35	−2.35
建筑	0.57	0.20	0.36
消费性服务	2.89	4.69	−1.80
出版	0.01	0.51	−0.49
媒体	1.46	2.08	−0.62
酒店	0.09	0.11	−0.02
餐饮	0.15	0.47	0.32
娱乐	1.18	1.28	−0.10
休闲	0.00	0.25	−0.25

续表

因子敞口	行业权重(百分比)		
	Mgd	**Bmk**	**Act**
B. 相对标普 500 指数板块权重的板块风险敞口分析(百分比)			
工业	1.67	3.19	−1.51
环境服务	0.00	0.12	−0.12
重型电子设备	1.44	1.92	−0.48
重型机械	0.00	0.06	−0.06
工业零件	0.23	1.09	−0.85
C. 相对标普 500 指数的板块风险敞口的分析			
公用事业	2.22	2.24	−0.02
电力公用事业	1.85	1.97	−0.12
天然气公用事业	0.37	0.27	0.10
运输	0.14	0.54	−0.39
铁路	0.00	0.21	−0.21
航空	0.14	0.19	−0.05
卡车货运	0.00	0.13	−0.13
医疗保健	8.31	11.23	−2.92
医疗服务提供商	1.29	0.35	0.94
医疗产品	0.47	2.84	−2.37
药物	6.55	8.04	−1.49
科技	53.47	30.09	23.38
电子设备	11.05	5.19	5.86
半导体	17.62	6.06	11.56
计算机硬件	12.06	9.42	2.64
计算机软件	9.37	6.77	2.61
国防和航空航天	0.01	0.92	−0.91
互联网	3.35	1.73	1.62
电信	0.91	5.91	−5.00
电话	0.91	4.63	−3.73
无线通信	0.00	1.28	−1.28
商业服务	0.37	2.48	−2.11
信息服务	0.37	1.97	−1.60
工业服务	0.00	0.51	−0.51
金融	19.75	17.94	1.81
人寿保险	0.06	1.11	−1.04
财产保险	1.07	2.19	−1.12
银行	5.63	6.26	−0.63
储蓄机构	1.80	0.24	1.57
证券/资产管理	6.23	2.24	3.89
金融服务	5.05	5.91	−0.86
权益型 REIT	0.00	0.00	0.00

注:Mgd 是指所管理的投资组合的风险敞口;Bmk 是指基准的风险敞口;Act 是指主动风险,Act =
Mgd − Bmk。

有显著的动量。在市值方面,投资组合中的股票小于基准的平均水平。行业因子敞口表明,投资组合对半导体行业和电子设备行业具有异常高的主动风险敞口。表 15.4 的 B 栏将行业敞口综合起来以取得板块敞口。它表明投资组合 ABC 对科技板块具有非常高的主动风险敞口。如此大的下注可能会使投资组合经历回报率的大幅动荡。

这种风险报告的一个重要用途是识别投资组合的下注,无论是明确的还是隐含的。例如,假如投资组合 ABC 的管理人不希望对科技板块或动量风险指标押下如此大的赌注,那么他可以对投资组合进行再平衡,以尽可能减少此类下注。

根据股票市场指数控制风险

股票指数化的目标是与某个指定的股票市场指数的业绩表现匹配并且几乎没有跟踪误差。为了做到这点,指数化投资组合的风险状况必须与指定股票市场指数的风险状况相匹配。换言之,指数化投资组合的因子风险敞口必须尽可能与指定的股票市场指数对这些相同因子的风险敞口进行匹配。因子风险敞口的任何差异都会导致跟踪误差。识别差异使指数化投资经理对投资组合进行再平衡,以减小跟踪误差。

为了举例说明这点,假设一名指数化投资经理已构建一个由 50 种股票组成的投资组合,以与标普 500 指数相匹配。表 15.5 显示了这个由 50 种股票组成的投资组合和标普 500 指数对 Barra 风险指标和行业组别的风险敞口的输出结果。表中的最后一列显示了风险敞口的差额。除了对规模因子和一个行业(权益型 REIT)的风险敞口之外,这个差额很小。也就是说,这个由 50 种股票组成的投资组合对规模风险指标和权益型 REIT 具有更大的风险敞口。

表 15.5　与标普 500 指数最优匹配的由 50 种股票组成的投资组合的因子敞口

	风险指标敞口(标准差)		
	Mgd	Bmk	Act
波动性	−0.141	−0.084	−0.057
动量	−0.057	−0.064	0.007
规模	0.588	0.370	0.217
规模的非线性	0.118	0.106	0.013
交易的活跃程度	−0.101	−0.005	−0.097
成长	−0.008	−0.045	0.037
盈利收益率	0.103	0.034	0.069
价值	−0.072	−0.070	−0.003
盈利变化程度	−0.058	−0.088	0.029
杠杆	−0.206	−0.106	−0.100
货币敏感性	−0.001	−0.012	0.012
收益率	0.114	0.034	0.080
非估计空间的指标	0.000	0.000	0.000
行业权重(百分比)			
采矿和金属	0.000	0.606	−0.606
黄金	0.000	0.161	−0.161
林业和纸业	1.818	0.871	0.947
化学	2.360	2.046	0.314
能源储备	5.068	4.297	0.771
石油炼制	1.985	1.417	0.568

行业权重(百分比)		
Mgd	**Bmk**	**Act**
石油服务 1.164	0.620	0.544
食品和饮料 2.518	3.780	−1.261
酒精 0.193	0.515	−0.322
烟草 1.372	0.732	0.641
家居产品 0.899	2.435	−1.536
食品超市 0.000	0.511	−0.511
耐用消费品 0.000	0.166	−0.166
机动车和零件 0.000	0.621	−0.621
服装和纺织 0.000	0.373	−0.373
服装店 0.149	0.341	−0.191
专营零售 1.965	2.721	−0.756
百货商场 4.684	3.606	1.078
建筑和不动产 0.542	0.288	0.254
出版 2.492	0.778	1.713
媒体 1.822	1.498	0.323
酒店 1.244	0.209	1.035
餐饮 0.371	0.542	−0.171
娱乐 2.540	1.630	0.910
休闲 0.000	0.409	−0.409
环境服务 0.000	0.220	−0.220
重型电子设备 1.966	1.949	0.017
重型机械 0.000	0.141	−0.141
工业零件 1.124	1.469	−0.345
电力公用事业 0.000	1.956	−1.956
天然气公用事业 0.000	0.456	−0.456
铁路 0.000	0.373	−0.373
航空 0.000	0.206	−0.206
卡车货运/海运/空运 0.061	0.162	−0.102
医疗服务 1.280	0.789	0.491
医疗产品 3.540	3.599	−0.059
药物 9.861	10.000	−0.140
电子设备 0.581	1.985	−1.404
半导体 4.981	4.509	0.472
计算机硬件 4.635	4.129	0.506
计算机软件 6.893	6.256	0.637
国防和航空航天 1.634	1.336	0.297
电话 3.859	3.680	0.180
无线通信 1.976	1.565	0.411
信息服务 0.802	2.698	−1.896
工业服务 0.806	0.670	0.136
人寿/健康保险 0.403	0.938	−0.535
财产/伤亡保险 2.134	2.541	−0.407
银行 8.369	7.580	0.788
储蓄机构 0.000	0.362	−0.362
证券和资产管理 2.595	2.017	0.577
金融服务 6.380	6.321	0.059
互联网 0.736	0.725	0.011
权益型 REIT 2.199	0.193	2.006

注:Mgd 是指所管理的投资组合的风险敞口;Bmk 是指标普 500 指数(基准)的风险敞口;Act 是指主动风险,Act = Mgd − Bmk。

表 15.5 中的例子使用了截至 2001 年 12 月 31 日的价格数据。它展示了如何将基本面因子模型与优化模型结合起来，以在寻求给定数量的持股品种的情况下构建指数化投资组合。具体而言，表 15.5* 中分析的投资组合是一个模型应用的结果，在这个应用中，经理希望仅用 50 种股票构建一个与标普 500 指数匹配并且将跟踪误差最小化的投资组合。表 15.5 中不仅构建了由 50 种股票组成的投资组合，而且优化模型与因子模型的结合表明跟踪误差仅为 2.19％。由于这是复制了标普 500 指数并且将跟踪误差风险最小化的由 50 种股票构成的最优投资组合，这告诉指数化投资经理，如果他寻求更低的跟踪误差，那么就必须持有更多的股票。然而需要注意的是，随着时间的流逝和价格的变动，最优投资组合会发生变化。

倾斜投资组合

现在，让我们考察主动型资产经理如何能构建投资组合以进行有意下注。假设资产经理寻求通过将投资组合向低市盈率股票倾斜，构建一个相对于标普 500 指数产生优异回报的投资组合。与此同时，经理不希望显著地增加跟踪误差。一个显而易见的方法似乎是识别备选域中所有市盈率低于平均水平的股票。但这个方法的问题在于，它引入了对其他风险指标的无意下注。

相反，资产经理可以使用优化方法与基本面因子模型的结合来构建希望得到的投资组合。这个过程中需要的输入信息为所寻求的倾斜敞口和基准股票市场指数。资产经理可以设置更多的约束条件，如对投资组合中包含的股票数量的约束。优化模型可以处理额外的设定条件，如对个体股票的预期回报率或阿尔法值的预测。

在我们的例子中，资产经理寻求偏于低市盈率股票，即向高盈利收益率股票（因为盈利收益率是市盈率的倒数）的倾斜敞口。基准是标普 500 指数。我们寻求一个平均盈利收益率至少偏离基准盈利收益率 0.5 个标准差的投资组合。我们不对投资组合中包含的股票数量设定限制，也不希望对其他任何风险指标因子（盈利收益率以外的因子）的主动风险敞口的大小超过 0.1 个标准差。通过这种方法，我们避免了无意下注。尽管我们不在这里报告最优投资组合的持股情况，但表 15.6 通过将投资组合的风险敞口与标普 500 指数的风险敞口进行比较，提供了对投资组合的分析。

表 15.6　一个向盈利收益率倾斜的投资组合的因子敞口

风险指标敞口（标准差）		
	Mgd	**Bmk**	**Act**
波动性	−0.126	−0.084	−0.042
动量	0.013	−0.064	0.077
规模	0.270	0.370	−0.100
规模的非线性	0.067	0.106	−0.038
交易的活跃程度	0.095	−0.005	0.100
成长	−0.023	−0.045	0.022
盈利收益率	0.534	0.034	0.500
价值	0.030	−0.070	0.100
盈利变化程度	−0.028	−0.088	0.060
杠杆	−0.006	−0.106	0.100
货币敏感性	−0.105	−0.012	−0.093
收益率	0.134	0.034	0.100
非估计空间的指标	0.000	0.000	0.000

---

* 原书为表 15.4，疑有误，已修改。——译者注

续表

	行业权重（百分比）		
	Mgd	Bmk	Act
采矿和金属	0.022	0.606	−0.585
黄金	0.000	0.161	−0.161
林业和纸业	0.000	0.871	−0.871
化学	1.717	2.046	−0.329
能源储备	4.490	4.297	0.193
石油炼制	3.770	1.417	2.353
石油服务	0.977	0.620	0.357
食品和饮料	0.823	3.780	−2.956
酒精	0.365	0.515	−0.151
烟草	3.197	0.732	2.465
家居产品	0.648	2.435	−1.787
食品超市	0.636	0.511	0.125
耐用消费品	0.000	0.166	−0.166
机动车和零件	0.454	0.621	−0.167
服装和纺织	0.141	0.373	−0.232
服装店	0.374	0.341	0.033
专营零售	0.025	2.721	−2.696
百货商场	3.375	3.606	−0.231
建筑和不动产	9.813	0.288	9.526
出版	0.326	0.778	−0.452
媒体	0.358	1.498	−1.140
酒店	0.067	0.209	−0.141
餐饮	0.000	0.542	−0.542
娱乐	0.675	1.630	−0.955
休闲	0.000	0.409	−0.409
环境服务	0.000	0.220	−0.220
重型电子设备	1.303	1.949	−0.647
重型机械	0.000	0.141	−0.141
工业零件	1.366	1.469	−0.103
电力公用事业	4.221	1.956	2.265
天然气公用事业	0.204	0.456	−0.252
铁路	0.185	0.373	−0.189
航空	0.000	0.206	−0.206
卡车货运/海运/空运	0.000	0.162	−0.162
医疗服务	0.000	0.789	−0.789
医疗产品	1.522	3.599	−2.077
药物	7.301	10.000	−2.699
电子设备	0.525	1.985	−1.460
半导体	3.227	4.509	−1.282
计算机硬件	2.904	4.129	−1.224
计算机软件	7.304	6.256	1.048
国防和航空航天	1.836	1.336	0.499
电话	6.290	3.680	2.610
无线通信	2.144	1.565	0.580
信息服务	0.921	2.698	−1.777
工业服务	0.230	0.670	−0.440
人寿/健康保险	1.987	0.938	1.048
财产/伤亡保险	4.844	2.541	2.304
银行	8.724	7.580	1.144
储蓄机构	0.775	0.362	0.413
证券和资产管理	3.988	2.017	1.971
金融服务	5.510	6.321	−0.811
互联网	0.434	0.725	−0.291
权益型 REIT	0.000	0.193	−0.193

注：Mgd 是指所管理的投资组合的风险敞口；Bmk 是指标普 500 指数（基准）的风险敞口；Act 是指主动风险，Act ＝ Mgd − Bmk。

关键要点

- 多因子风险模型有两种类型:预测预期回报率的模型和预测风险的模型。

- 在量化导向型股票投资组合管理中,多因子风险模型通常被用于投资组合的构建和再平衡。

- 在投资组合构建中使用的一个关键度量是跟踪误差。跟踪误差量化了投资组合主动回报率(即投资组合的回报率与基准指数的回报率的差额)的变化程度。

- 跟踪误差是主动回报率的标准差。

- 五个影响跟踪误差水平的主要因素为:(1)投资组合中的股票数量;(2)投资组合相对基准的市值和风格差异;(3)板块配置与基准的偏差;(4)市场波动性;(5)投资组合的贝塔值。

- 跟踪误差有两种类型:回望跟踪误差和前视跟踪误差。

- 回望跟踪误差是用投资组合实现的实际回报率计算的。

- 回望跟踪误差的一个主要缺陷在于,它未反映投资组合经理当前的决策对未来主动回报的影响,因此假如投资组合经理对投资组合进行大幅的再平衡,它可能具有误导性。

- 前视跟踪误差是当前投资组合的未来跟踪误差的估计。

- 有四种方法可用于分解投资组合的风险:总风险分解、系统性—残余风险分解、主动风险分解,以及主动系统性—主动残余风险分解。

- 在所有这些风险分解方法中,首先将总回报率划分为无风险回报率和总超额回报率。

- 总超额回报率为投资组合实现的实际回报率与无风险回报率之差。

- 与总超额回报率相关的风险被称为总超额风险,可用四个方法进一步划分。

- 四种风险分解方法不过是切分风险的不同方法,以帮助投资组合经理构建投资组合和控制投资组合的风险,并帮助客户理解投资组合经理的业绩表现如何。

- 在基本面因子模型中,公司和行业属性及市场数据被用作"描述量",以识别哪些属性在解释股票回报率中具有统计显著性。

- 描述量的例子为:市盈率、市净率、盈利增长估计和交易的活跃程度。

- 经发现具有统计显著性的描述量被分类为"因子"或"风险指标",以捕捉相关的公司属性。

- 例如,市场杠杆、账面杠杆、债务/权益比率和公司的债务评级等描述量被组合起来,以取得一个被称为"杠杆"的因子。

- 基本面多因子风险模型可被用于评估投资组合的风险敞口、根据一个股票市场指数控制风险,以及倾斜投资组合。

参考文献

Barra, 1998. *Risk Model Handbook for United States Equity*: *Version 3*. Berkeley, CA.

Rosenberg，B.，and J. Guy，1976. "Prediction of beta from investment fundamentals，" *Financial Analysts Journal*，July-August：62—70.

Rosenberg，B.，and V. Marathe，1976. "Common factors in security returns：Microeconomic determinants and macroeconomic correlates，" University of California Institute of Business and Economic Research，Research Program in Finance，Working paper No.44.

Vardharaj，R.，F.J. Fabozzi，and F.J. Jones，2004. "Determinants of tracking error for equity portfolios，" *Journal of Investing*，13(2)：37—47.

16

使用多因子风险模型管理债券投资组合

学习目标

在阅读本章后,你将会理解:

• 债券投资组合经理如何使用多因子风险模型来评估投资组合相对于基准的风险,并在风险敞口不可接受的情况下重新构建或平衡投资组合;

• 对投资组合久期的贡献和对基准久期的贡献的含义;

• 什么是利差久期;

• 在多因子风险模型中期权性风险是如何处理的;

• 与房产抵押贷款证券投资相关的风险因子;

• 多因子风险模型是如何将投资组合的系统性风险分解为期限结构因子风险和非期限结构风险的;

• 在债券投资组合中为何存在非系统性风险;

• 优化程序在多因子风险模型中的使用;

• 资产经理如何使用优化程序来构建投资组合以纳入市场观点。

引言

在第 15 章中,我们展示了基本面多因子风险模型如何可被用于普通股投资组合管理。在本章中,我们会解释和举例说明多因子风险模型如何能用于债券投资组合管理。这些模型能够使债券投资组合经理评估投资组合相对于基准的风险,并在风险敞口不可接受的情况下重新构建或平衡投资组合。

投资组合相对基准的风险特征

在我们的举例说明中,我们使用一个由 40 种债券组成的实际债券投资组合。表 16.1 显示了这些债券。表 16.1 中的最后一列显示了截至 2008 年 9 月 17 日每种债券的市值百分比(权重)。表 16.2 按板块提供了投资组合的细分。本例中使用的基准为巴克莱美国综合指数(如今被称为彭博巴克莱美国综合指数)。表 16.1 中的最后一列按板块显示了投资组合与基准之间的差异。负号表示投资组合中板块的权重低于基准;正号表示投资组合中板块的权重高于基准。正如我们可以看到的那样,除了金融板块和房产抵押贷款板块(即联邦过手证券)之外,这个投资组合中所有板块的权重都低于基准。

表 16.1 截至 2008 年 9 月 17 日由 40 种债券组成的投资组合

CUSIP 代码	发行人名称	息票率	到期日	穆迪评级	标准普尔评级	板块	市值(%)
FGB06006	房地美黄金担保单户房产抵押贷款	6	3/1/2036	AAA	AAA	FHb	9.29
FNA05005	房利美传统长期交易	5	2/1/2035	AAA	AAA	FNa	8.84
FNA05407	房利美传统长期交易	5.5	5/1/2037	AAA	AAA	FNa	8.46
FNA05405	房利美传统长期交易	5.5	3/1/2035	AAA	AAA	FNa	8.33
FGB05005	房地美黄金担保单户房产抵押贷款	5	2/1/2035	AAA	AAA	FHb	7.67
002824AT	雅培公司-全球债券	5.875	5/15/2016	A1	AA	IND	6.18
FNA06006	房利美传统长期交易	6	4/1/2036	AAA	AAA	FNa	6.15
912828CT	美国中期国债	4.25	8/15/2014	AAA	AAA	UST	6.11
FNA05403	房利美传统长期交易	5.5	8/1/2032	AAA	AAA	FNa	6.03
060505DP	美国银行	5.75	12/1/2017	AA2	AA	FIN	5.73
172967CQ	花旗集团-全球债券	5	9/15/2014	A1	A+	FIN	5.16
FNA06007	房利美传统长期交易	6	6/1/2037	AAA	AAA	FNa	5.12
FNA05003	房利美传统长期交易	5	9/1/2032	AAA	AAA	FNa	4.90
912828BH	美国中期国债	4.25	8/15/2013	AAA	AAA	UST	1.60
912828BR	美国中期国债	4.25	11/15/2013	AAA	AAA	UST	1.56
912828CA	美国中期国债	4	2/15/2014	AAA	AAA	UST	1.42
912828CJ	美国中期国债	4.75	5/15/2014	AAA	AAA	UST	1.39
912828DC	美国中期国债	4.25	11/15/2014	AAA	AAA	UST	1.27
912828DM	美国中期国债	4	2/15/2015	AAA	AAA	UST	1.24
912828DV	美国中期国债	4.125	5/15/2015	AAA	AAA	UST	1.22
31359MJH	房利美-全球债券	6	5/15/2011	AAA	AAA	USA	0.20
31359MFG	房利美-全球债券	7.25	1/15/2010	AAA	AAA	USA	0.19
31359MFY	房利美	6.625	9/15/2009	AAA	AAA	USA	0.18
3134A35H	房地美	6.875	9/15/2010	AAA	NR	USA	0.15
31359MEV	房利美-全球债券	6.375	6/15/2009	AAA	AAA	USA	0.15

CUSIP 代码	发行人名称	息票率	到期日	穆迪评级	标准普尔评级	板块	市值（%）
3137EAAT	房地美	5	6/11/2009	AAA	AAA	USA	0.13
369604AY	通用电气-全球债券	5	2/1/2013	AAA	AAA	IND	0.13
369604BC	通用电气-全球债券	5.25	12/6/2017	AAA	AAA	IND	0.10
36962GYY	通用电气金融服务公司	6	6/15/2012	AAA	AAA	FIN	0.09
17275RAC	思科系统公司-全球债券	5.5	2/22/2016	A1	A+	IND	0.08
459200GJ	IBM-全球债券	5.7	9/14/2017	A1	A+	IND	0.08
00209TAA	AT&T 宽带公司-全球债券	8.375	3/15/2013	BAA2	BBB+	IND	0.07
172967EM	花旗集团-全球债券	6.125	11/21/2017	AA3	AA−	FIN	0.07
22541LAB	瑞士信贷第一波士顿美国公司	6.125	11/15/2011	AA1	AA−	FIN	0.07
437076AP	家得宝公司-全球债券	5.4	3/1/2016	BAA1	BBB+	IND	0.07
617446GM	摩根士丹利添惠	6.75	4/15/2011	A1	A+	FIN	0.07
61748AAE	摩根士丹利添惠	4.75	4/1/2014	A2	A	FIN	0.07
25152CMN	德意志银行	6	9/1/2017	AA1	AA−	FIN	0.06
78387GAP	西南贝尔通信公司-全球债券	5.1	9/15/2014	A2	A	IND	0.06
233835AW	戴姆勒-克莱斯勒北美公司	6.5	11/15/2013	A3	A−	IND	0.05
29078EAB	EMBARQ 公司	7.082	6/1/2016	BAA3	BBB−	IND	0.05
68402LAC	甲骨文公司	5.25	1/15/2016	A2	A	IND	0.05
852061AD	斯普林特 Nextel 公司	6	12/1/2016	BAA3	BB	IND	0.05
88732JAH	时代华纳有线公司-全球债券	5.85	5/1/2017	BAA2	BBB+	IND	0.05
65332VBG	Nextel 通信公司	7.375	8/1/2015	BAA3	BB	IND	0.04

表 16.2　投资组合和基准的板块构成

板　　块	占投资组合的比例	占基准的比例	高于基准（＋）/低于基准（一）
国债	15.81	22.66	−6.85
联邦机构债券	1.00	10.12	−9.12
金融机构	11.27	7.83	3.44
工业	7.08	7.52	−0.44
公用事业	0.00	1.98	−1.98
非美国信用	0.06	6.95	−6.89
房产抵押贷款证券	64.78	37.17	27.61
资产支持证券	0.00	0.79	−0.79
商业房产抵押贷款证券	0.00	4.98	−4.98
总和	100.00	100.00	

　　表 16.3 报告了按信用品质划分的投资组合配置，它还显示了基准的信用品质。MBS 信用是指对联邦机构 MBS 的敞口。投资组合仅有对房利美和房地美发行的 MBS 的敞口，而基准包含了对房产抵押贷款板块的所有三家发行人的敞口：吉利美、房利美和房地美。由于投资组合对房产抵押贷款板块有很大的风险敞口，理解它与基准相比在这个板块中的配置十分重要。

表 16.3　投资组合和基准的信用品质

信用品质	占投资组合 的比例	占基准 的比例	高于基准（＋）／ 低于基准（－）
MBS	64.79	37.17	27.62
AAA	17.13	41.06	－23.93
AA	5.94	4.87	1.07
A	11.81	9.21	2.60
BAA	0.24	7.69	－7.45
BA	0.09	0.00	0.09
总和	100.00	100.00	

表 16.4　按板块显示的久期和对久期的贡献

板块	投资组合			基准			差额	
	占投资 组合的 比例	久期	对久 期的 贡献	占投资 组合的 比例	久期	对久期 的贡献	占投资 组合的 比例	对久期 的贡献
国债	15.81	5.13	0.81	22.66	5.21	1.19	－6.85	－0.38
联邦机构债券	1.00	1.40	0.01	10.12	3.98	0.35	－9.12	－0.34
金融机构	11.27	5.89	0.66	7.83	5.25	0.42	3.44	0.24
工业	7.08	6.00	0.42	7.52	6.48	0.49	－0.44	－0.07
公用事业	0.00	0.00	0.00	1.98	7.32	0.15	－1.98	－0.15
非美国信用	0.06	6.88	0.00	6.95	5.90	0.41	－6.89	－0.41
房产抵押贷款证券	64.78	5.65	3.66	37.17	5.23	1.58	27.61	2.08
资产支持证券	0.00	0.00	0.00	0.79	3.15	0.02	－0.79	－0.02
商业房产抵押贷款证券	0.00	0.00	0.00	4.98	4.60	0.23	－4.98	－0.23
总和	100.00		5.56	100.00		4.84		0.72

　　40 种债券的投资组合和基准的久期分别为 5.56 和 4.84。表 16.4 按板块显示了投资组合和基准的久期。使用关于每个板块的权重及久期的信息，我们可以计算对投资组合久期的贡献和对基准久期的贡献。对投资组合久期的贡献是投资组合中持有的债券使投资组合久期增加的数额。对基准久期的贡献是指数中的债券使基准久期增加的数额。

　　例如，让我们考虑房产抵押贷款板块。这个板块占投资组合的 64.78％，占基准的 37.17％。投资组合和基准的久期分别为 5.65 和 5.23。因此，对久期的贡献如下式所示：

$$对投资组合久期的贡献 = 0.647\,8 \times 5.65 = 3.66$$
$$对基准久期的贡献 = 0.371\,7 \times 5.23 = 1.94$$

(16.1)

　　久期提供了一个投资组合或基准指数对利率水平变化的风险敞口的度量，但它未能衡量投资组合或基准指数对收益率曲线形状变化的风险敞口。[①] 为了大概地了解投资组合相对于基准的收益率曲线风险敞口，一个简单的方法是考察投资组合和基准指数的现金流现时价值的分布。表 16.5 的 A 栏显示 40 种债券的投资组合与巴克莱美国综合指数的现金流现时价

[①] 本书配套册的第 16 章讨论了各种类型的收益率曲线变化（即移动）。

表 16.5　估计相对于基准的收益率曲线风险敞口

A.现金流结构的现时价值的差额(投资组合－基准)

年	差额(%)
0.00	0.181
0.25	0.569
0.50	0.363
0.75	0.849
1.00	−1.095
1.50	−3.958
2.00	−2.923
2.50	−2.343
3.00	−1.655
3.50	−1.518
4.00	−2.500
5.00	0.668
6.00	10.340
7.00	1.938
10.00	1.233
15.00	0.736
20.00	−0.013
25.00	−0.344
30.00	−0.505
40.00	−0.009

B. 关键利率久期的差额(投资组合－基准)

年	差额(%)
0.50	−0.003
2.00	−0.214
5.00	0.485
10.00	0.257
20.00	−0.185
30.00	−0.359

值差额的分布。差额似乎表明,投资组合的构建类似于一个集中在 5 年期至 10 年期范围内的子弹型投资组合。

一个评估收益率曲线风险敞口的绝佳方法是确定投资组合和基准的关键利率久期。关键利率久期是投资组合的价值对某个关键即期利率的变化的敏感度。即期利率曲线上衡量关键利率久期的标的期限根据具体的供应商各有不同。表 16.5 的 B 栏中报告的六个关键利率久期显示了投资组合与基准的关键利率久期差额。显然,投资组合的短期端和长期端的权重低于基准,而 5 年期和 10 年期板块的权重高于基准。

投资组合或债券指数的利差久期是以每个板块的利差久期的市值加权平均值计算的。表 16.6 按板块显示了 40 种债券的投资组合与基准的利差久期差额。注意,金融机构和房产

表 16.6 按板块划分的对利差久期的贡献的差额

板 块	差 额
国债	−0.34
联邦机构债券	−0.35
金融机构	0.36
工业	−0.04
公用事业	−0.14
非美国信用	−0.38
抵押贷款证券	0.98
资产支持证券	−0.03
商业抵押贷款证券	−0.29

抵押贷款板块的利差久期差额*较高,而所有其他板块的利差久期差额较低。

一些公司债券和联邦机构债券有内嵌的期权——赎回权和回售权。这些期权会影响投资组合和基准的业绩表现。由这些内嵌期权导致的对业绩表现的负面影响被称为期权性风险。债券的期权性风险敞口发生的原因是,利率的变化会改变内嵌期权的价值,这进而会改变债券的价值。

在投资组合和基准层面亦是如此。期权性风险可以利用在期权定价中通常使用的度量来量化。在期权定价理论中,期权的德尔塔估计了期权价值对标的工具价格变化的敏感度。对于债券,我们可以计算每种含内嵌期权的债券的德尔塔,然后将这些德尔塔综合起来,以取得投资组合或基准的德尔塔的估计值。

表 16.7 报告了 40 种债券的投资组合和基准指数的德尔塔,以及两者之间的差额。占投资组合的比例代表除房产抵押贷款板块之外的所有持仓(因此,投资组合的 35.22% 的比例值等于 100% 减去 64.78% 的所持房产抵押贷款证券的比例值)。注意,所持债券是按照内嵌期权和证券的交易方式划分的。子弹型债券没有内嵌期权,因此这些债券的德尔塔为零。根据证券的市场价格,含内嵌期权的证券被划分为交易至赎回日或交易至到期日。在这个背景下,"交易至"表明证券的价格是如此产生的:市场或在证券将被赎回、或在证券不被赎回的假设下对证券进行定价。对于含回售权的证券而言,情况同样如此——它们被划分为交易至回售日或交易至到期日。

表 16.7 基准的期权性风险敞口

期权的德尔塔	基准(除 MBS 之外)			差 额	
	占投资组合的比例	德尔塔	对德尔塔的贡献	占投资组合的比例	对德尔塔的贡献
子弹型	41.48	0.000 0	0.000 0	−13.18	0.000 0
可赎回,交易至到期日	14.62	0.063 9	0.009 3	−7.70	−0.009 3
可赎回,交易至赎回日	0.93	0.835 4	0.007 8	−0.93	−0.007 8
可回售,交易至到期日	0.02	0.238 0	0.000 0	−0.02	0.000 0
可回售,交易至回售日	0.02	0.428 3	0.000 1	−0.02	−0.000 1
总和	57.07		0.017 2	−21.85	−0.017 2

---

* 原书为利差久期较高,似有误,已修改。——译者注

　　虚拟投资组合与基准的最大偏差产生于房产抵押贷款板块。投资于这个板块的三种主要风险是板块风险、提前还款风险和凸性风险。房产抵押贷款板块的子板块一般是基于息票率划分的。使用这种分类的动机是,息票率相对于现行房产抵押贷款利率的高低会对提前还款产生影响,从而影响过手证券相对于国债的交易利差。提前还款又会影响基础房产抵押贷款池在多长时间内保持未偿状态。这个特征被称为标的房产抵押贷款池的老化,可被分类为未老化、中度老化和老化的。对于这个虚拟投资组合,房产抵押贷款板块在 40 种债券的投资组合情况下对久期的贡献与在基准指数情况下对久期的贡献之间的差额为 1.31。

　　在提前还款风险方面——因预期提前还款的变化导致证券价格发生不利变化的风险——对提前还款使用的基准是 PSA 提前还款基准。[①]提前还款风险的一种度量是提前还款敏感度,它是在提前还款上升 1% 的情况下 MBS 价格变化的基点数。例如,假设对于某种提前还款速度为 300 PSA 的房产抵押贷款产品,其价格为 110.08。PSA 提前还款率上升 1% 意味着 PSA 从 300 PSA 上升至 303 PSA。假设在 303 PSA 的速度下,我们使用估值模型重新计算价格,得出 110.00。因此,价格降幅为 0.08,用基点表示为 −8;因此提前还款敏感度为 −8。

　　一些抵押贷款产品的价值在提前还款增加时上升,而另一些产品的价值在提前还款增加时下降。前者的例子为折价交易的过手证券(即息票率低于现行房产抵押贷款利率的过手证券)和纯本金房产抵押贷款拆离证券。这些证券具有正提前还款敏感度。价值在提前还款增加时下降的房产抵押贷款产品的例子为溢价交易的过手证券(即息票率高于现行房产抵押贷款利率的过手证券)和纯利息房产抵押贷款拆离证券。这些证券具有负提前还款敏感度。对于 40 种债券的投资组合和基准,投资组合经理可以用对提前还款敏感度的贡献的差额来计算风险敞口。对于 40 种债券的投资组合,这个数值为 0.34。

　　最后,让我们考察房产抵押贷款板块投资的第三种风险:凸性风险。房产抵押贷款市场中通常呈现负凸性的板块为过手证券。因此,投资组合经理应评估投资组合的凸性相对于基准指数凸性的比较。投资组合经理对房产抵押贷款板块的配置可能与基准指数相同并具有相同的有效久期,但假如投资组合具有不同的凸性敞口,那么业绩表现可能与基准大不相同。这个概念被称为凸性风险。房产抵押贷款板块的凸性风险敞口是用投资组合凸性与基准指数凸性之间的差额衡量的;对于 40 种债券的投资组合,这个数值为 −0.54。这意味着投资组合比指数具有更大的负凸性。

跟踪误差

　　正如上一章所解释的那样,因子模型试图识别导致前视跟踪误差的特定风险。所有风险都是用前视跟踪误差而非回望跟踪误差量化的。我们的虚拟投资组合基于多因子风险模型的跟踪误差为 62 个基点。为了理解风险位于何处,我们可以对跟踪误差进行分解。我们的分析首先将风险分解为两大类别——系统性风险和非系统性风险(亦称残余风险)。对于我们的虚拟投资组合来说,以下因素是确定的:

---

　　① 第 3 章讨论了这个提前还款基准。

因系统性风险导致的前视跟踪误差＝58 个基点

因非系统性风险导致的前视跟踪误差＝20 个基点

这似乎与投资组合 62 个基点的跟踪误差不一致,因为两种风险的总和超过了 62 个基点。原因在于,跟踪误差代表的是标准差*。因此,并非这两种风险的总和必须等于投资组合的跟踪误差。相反,是这两种跟踪误差的平方和等于投资组合跟踪误差的平方。或等价而言,两种跟踪误差的平方和的平方根等于投资组合的跟踪误差;即 $[(58)^2+(20)^2]^{\frac{1}{2}}=61.35$,或 62 个基点(四舍五入)。

将方差相加起来需要作出一个假设。这个假设是,因子之间的相关性为零(即因子在统计上是独立的)。假如情况并非如此,那么在估计跟踪误差时必须将因子之间的相关性考虑在内。

系统性风险可被分解为两种风险:期限结构因子风险和非期限结构因子风险。投资组合对利率总体水平变化的风险敞口是用对以下风险的敞口衡量的:(1)收益率曲线的平行变化;(2)收益率曲线的非平行变化。综合起来,这种风险敞口被称为期限结构风险。我们知道 40 种债券的投资组合的久期大于基准的久期(5.56 相对于 4.84)。表 16.5 基于现金流现时价值的分布和关键利率久期,显示了投资组合与基准的收益率曲线风险差额。因子模型表明,因期限结构风险导致的前视跟踪误差为 52 个基点。

非因对期限结构变化的敞口导致的其他系统性风险被称为非期限结构风险。这些风险因子包括板块风险、品质风险、期权性风险、息票风险和 MBS 风险(板块风险、提前还款风险和凸性风险)。对于 40 种债券的投资组合,因子模型表明因非期限结构风险导致的跟踪误差为60 个基点。我们现在知道因系统性风险导致的前视跟踪误差为 58 个基点,由以下两项组成:

因期限结构风险导致的前视跟踪误差＝52 个基点

因非期限结构风险导致的前视跟踪误差＝60 个基点

正如我们指出的那样,因系统性风险导致的预测跟踪误差不等于这两个跟踪误差成分之和。假如期限结构因子和非期限结构因子在统计上是独立的,那么来自所有系统性因子的总前视跟踪误差为 79 个基点。然而,当考虑到相关性时,因系统性风险导致的前视跟踪误差为58 个基点。

在表 16.8 中,我们用两种方式报告了系统性风险的前视跟踪误差子成分。在标记为"隔离的跟踪误差"一列中,跟踪误差是在仅分开考虑每个风险因子的单独影响的情况下估计的。例如,品质的 9 个基点的跟踪误差仅考虑了因品质导致的投资组合风险敞口与基准风险敞口之间的不匹配,并且仅考虑了不同品质评级的品质风险敞口的相关性。表中标题为"累积跟踪误差"和"累积跟踪误差的变化"的最后两列报告了第二种分解跟踪误差的方式。累积跟踪误差是通过在跟踪误差计算中递增地一次引入一组风险因子计算的。例如,在第一行中,52 个基点代表因期限结构风险敞口导致的跟踪误差。第三行显示因板块风险敞口导致的跟踪误差。59 个基点的累积跟踪误差代表由期限结构风险敞口(52 个基点)和板块风险敞口综合起来导致的跟踪误差,但忽略了所有其他系统性风险因子。由于通过将板块风险敞口与期限结构风险敞口相加而增加的跟踪误差为 7 个基点,累积跟踪误差的变化为 7 个基点。表中最后一列报告的数值为 8,这仅仅是因为中间数字计算涉及四舍五入。

＊　原书为方差,似有误,已修改。——译者注

表 16.8　系统性跟踪误差的分解（以基点为单位）

	隔离的跟踪误差	累积跟踪误差	累积跟踪误差的变化
跟踪误差：期限结构	52	52	52
非期限结构	60		
跟踪误差：板块	18	59	8
跟踪误差：品质	9	64	5
跟踪误差：期权性	2	64	0
跟踪误差：息票	3	65	0
跟踪误差：MBS 板块	59	52	−13
跟踪误差：MBS 波动性	33	53	1
跟踪误差：MBS 提前还款	8	58	5
总系统性跟踪误差			58

　　由于开展计算的方式，倒数第二列显示的所有系统性风险的 58 个基点的累积跟踪误差和最后一列报告的相同数值的"总系统性跟踪误差"，考虑了系统性风险因子之间的相关性。然而，我们应该记住，尽管无论引入系统性风险因子的顺序如何，总系统性跟踪误差都是相同的，但根据引入系统性风险因子的顺序，表中最后两列的中间数值会有所不同。

　　非系统性风险被划分为因发行人而异的特定风险和因债券而异的特定风险成分。这种风险是由投资组合对特定债券和特定发行人的风险敞口大于基准指数导致的。为了理解这些非系统性风险，让我们查看表 16.1 中的最后一列，它报告了 40 种债券的投资组合的市场价值投资于每种债券的比例。由于投资组合中仅有 40 种债券，每种债券都构成投资组合的一个不可忽略的部分。具体而言，让我们来看投资组合对雅培公司、美国银行和花旗集团这三家公司债券发行人的风险敞口。它们各自占投资组合的 5% 以上。如果这三家发行人中有任何一家的评级被下调，那么这将会使 40 种债券的投资组合产生巨大损失，但不会对基准造成显著影响，因为基准中包含 5 000 多种债券。因此，对特定公司债券发行人的大额风险敞口代表投资组合的风险敞口与基准指数的风险敞口之间的重大不匹配，我们在评估投资组合相对于基准指数的风险时必须考虑到这一点。40 种债券的投资组合的非系统性跟踪误差为 21 个基点，由因发行人而异的特定跟踪误差（20 个基点）和因债券而异的特定跟踪误差（20 个基点）组成。

构建和重新平衡投资组合

　　至此，我们已经看到投资组合经理如何能利用因子模型来量化投资组合对因子的风险敞口，这些因子会影响投资组合相对于基准的业绩表现。我们从 40 种债券的投资组合开始，然后描述了投资组合风险。然而在实践中，因子模型被用于构建投资组合，然后通常被用于重新平衡或重组投资组合。

　　使用多因子风险模型进行初始的投资组合构建涉及使用一个优化程序。投资组合优化程序软件在约束条件的限定下，取得目标函数的最优值。尽管对软件的讨论超出了本章范围，但重要的是应理解，一旦投资组合经理指定目标后，优化程序将会计算最优投资组合。以下两个使用 40 种债券的投资组合的例子将说明如何使用因子模型和投资组合优化程序重新平衡投资组合。

在我们的第一个例子中,假设投资组合经理希望显著减小前视跟踪误差。对于我们的 40 种债券的投资组合来说,跟踪误差为 62 个基点。假设投资组合经理希望重新平衡投资组合,以使其跟踪误差为 33 个基点。目标是以具有成本效益的方式重新平衡投资组合。我们可以使用投资组合优化程序来识别能以具有成本效益的方法减小跟踪误差的交易。投资组合优化程序从可接受证券(即投资指导方针允许的证券)的市场价格的备选域开始。投资组合优化程序旨在选择一种交易,这种交易识别 1 对 1 债券互换,以使交易中购买的每一单位债券能够最大限度地减小跟踪误差。在我们的 40 种债券的投资组合情况下,投资组合优化程序识别了表 16.9 中的第一笔交易。这笔交易将跟踪误差从 62 个基点减小至 47 个基点。表中的五笔互换以最具成本效益的方式将跟踪误差减小至 33 个基点。

表 16.9　投资组合优化程序识别的互换,将跟踪误差从 62 个基点减小至 33 个基点

初始跟踪误差:62 个基点
目标跟踪误差:33 个基点

互换♯1:
出售:90 426 000 美元的房利美传统长期交易债券,息票率为 5.000%,到期日为 2035 年 2 月 1 日
购买:86 931 000 美元的房地美债券,息票率为 5.375%,到期日为 2014 年 1 月 9 日
交易成本:443 392 美元
新跟踪误差:47 个基点

互换♯2:
出售:31 199 000 美元的房利美传统长期交易债券,息票率为 6.000%,到期日为 2037 年 6 月 1 日
购买:32 186 000 美元的联合利华资本公司全球债券,息票率为 5.900%,到期日为 2032 年 11 月 15 日
交易成本:158 462 美元
新跟踪误差:41 个基点

互换♯3:
出售:44 621 000 美元的房利美传统长期交易债券,息票率为 5.500%,到期日为 2037 年 5 月 1 日
购买:32 186 000 美元的联合利华资本公司全球债券,息票率为 5.900%,到期日为 2032 年 11 月 15 日
交易成本:219 553 美元
新跟踪误差:37 个基点

互换♯4:
出售:19 337 000 美元的房利美传统长期交易债券,息票率为 6.000%,到期日为 2036 年 4 月 1 日
购买:17 278 000 美元的美国长期国债,息票率为 5.500%,到期日为 2028 年 8 月 15 日
交易成本:91 537 美元
新跟踪误差:34 个基点

互换♯5:
出售:13 676 000 美元的美国银行债券,息票率为 5.750%,到期日为 2017 年 12 月 1 日
购买:12 233 000 美元的房利美全球债券,息票率为 7.250%,到期日为 2010 年 1 月 15 日
交易成本:64 772 美元
新跟踪误差:33 个基点

五笔互换的累计成本:977 717 美元

表 16.10　投资组合优化程序识别的互换,减小跟踪误差但保持板块风险的跟踪误差

初始跟踪误差:62 个基点
要求的板块风险跟踪误差:18 个基点

互换#1:
出售:6 649 000 美元的美国银行债券,息票率为 5.750%,到期日为 2017 年 12 月 1 日
购买:6 174 000 美元的房地美债券,息票率为 5.250%,到期日为 2012 年 3 月 15 日
交易成本:32 057 美元
新跟踪误差:60 个基点

互换#2:
出售:4 659 000 美元的房利美传统长期交易债券,息票率为 5.000%,到期日为 2035 年 2 月 1 日
购买:6 174 000 美元的房地美债券,息票率为 5.250%,到期日为 2012 年 3 月 15 日
交易成本:24 647 美元
新跟踪误差:59 个基点

互换#3:
出售:773 000 美元的 IBM 全球债券,息票率为 5.700%,到期日为 2017 年 9 月 14 日
购买:786 000 美元的房地美债券,息票率为 5.250%,到期日为 2012 年 3 月 15 日
交易成本:3 898 美元
新跟踪误差:59 个基点

互换#4:
出售:773 000 美元的思科系统公司全球债券,息票率为 5.500%,到期日为 2016 年 2 月 22 日
购买:764 000 美元的房地美债券,息票率为 5.250%,到期日为 2012 年 3 月 15 日
交易成本:3 842 美元
新跟踪误差:59 个基点

互换#5:
出售:515 000 美元的甲骨文公司债券,息票率为 5.250%,到期日为 2016 年 1 月 15 日
购买:500 000 美元的房地美债券,息票率为 5.250%,到期日为 2012 年 3 月 15 日
交易成本:2 537 美元
新跟踪误差:59 个基点

互换#6:
出售:11 560 000 美元的雅培公司全球债券,息票率为 5.875%,到期日为 2016 年 5 月 15 日
购买:11 937 000 美元的房地美债券,息票率为 5.450%,到期日为 2013 年 11 月 21 日
交易成本:58 743 美元
新跟踪误差:57 个基点

互换#7:
出售:7 176 000 美元的房利美传统长期交易债券,息票率为 5.000%,到期日为 2035 年 2 月 1 日
购买:8 026 000 美元的旅行者集团债券,息票率为 6.250%,到期日为 2017 年 3 月 15 日
交易成本:38 005 美元
新跟踪误差:50 个基点

互换的累计成本:163 730 美元

在我们的第二个例子中，我们将看到投资组合优化程序如何还能用于构建投资组合以融入市场观点。让我们假设投资组合经理在板块选择中遵循自上而下的方法。因此，投资组合经理寻求对板块风险的敞口，并且与此同时寻求尽可能减小对其他风险因子的敞口，如期限结构风险及非板块、非期限结构的系统性风险。投资组合优化程序可被用于重新平衡当前的投资组合，以保持板块风险产生的当前跟踪误差，但减小其他系统性风险产生的跟踪误差。投资组合优化程序的设置使得减小板块风险敞口将会产生很大的惩罚。例如，考虑 40 种债券的投资组合，其前视跟踪误差为 62 个基点，因板块风险导致的前视跟踪误差为 18 个基点。投资组合优化程序的运行目的是在减小因其他风险因子导致的跟踪误差的同时，使因板块风险导致的跟踪误差尽可能保持接近于 18 个基点。投资组合优化程序识别了表 16.10 中的七笔债券互换。在这七笔债券互换后，投资组合的预测跟踪误差从 62 个基点下降至 56 个基点，板块跟踪误差保持不变，其他系统性风险的跟踪误差发生了变化。

关键要点

- 多因子风险模型使债券投资组合经理能够评估投资组合相对于基准的风险，并在风险敞口不可接受的情况下重新构建或平衡投资组合。
- 对投资组合久期的贡献等于投资组合中持有的债券使投资组合久期增加的数额。
- 对基准久期的贡献是基准指数中的债券使基准久期增加的数额。
- 尽管久期提供一个投资组合或基准对利率水平变化的风险敞口的度量，但它未能衡量投资组合或基准指数对收益率曲线形状变化的风险敞口。
- 一个评估收益率曲线风险敞口的度量是投资组合和基准的关键利率久期。
- 关键利率久期是投资组合的价值对某个关键即期利率变化的敏感度。
- 投资组合或债券指数的利差久期是以每个板块的利差久期的市值加权平均值计算的。
- 债券的内嵌期权会影响投资组合和基准的业绩表现。
- 债券的期权性风险敞口发生的原因是，利率的变化会改变内嵌期权的价值，这进而又会改变债券的价值。
- 期权性风险可以利用在期权定价中通常使用的度量来量化。
- 期权的德尔塔估计了期权价值对标的工具价格变化的敏感度。
- 我们可以计算每种含内嵌期权的债券的德尔塔，然后将这些德尔塔综合起来，以取得投资组合或基准的德尔塔的估计值。
- 虚拟投资组合与基准的最大偏差产生于房产抵押贷款板块。
- 投资于这个板块的三种主要风险是：(1)板块风险；(2)提前还款风险；(3)凸性风险。
- 提前还款风险的一种度量是提前还款敏感度，它是在提前还款上升 1％ 的情况下 MBS 价格变化的基点数。
- 在多因子风险模型中，所有债券投资组合风险都是用前视跟踪误差而非回望跟踪误差量化的。
- 系统性风险可被分解为两种风险：期限结构因子风险和非期限结构因子风险。

- 期限结构风险衡量了投资组合对利率总体水平变化的风险敞口，它是用对以下风险的敞口衡量的：(1)收益率曲线的平行变化；(2)收益率曲线的非平行变化。

- 非期限结构风险是非因对期限结构变化的敞口导致的系统性风险。

- 非期限结构风险包括板块风险、品质风险、期权性风险、息票风险和房产抵押贷款证券风险(板块风险、提前还款风险和凸性风险)。

- 非系统性风险被划分为因发行人而异的特定风险和因债券而异的特定风险成分。

- 非系统性风险是由投资组合对特定债券和特定发行人的风险敞口大于基准指数导致的。

- 使用多因子风险模型来进行初始的投资组合构建涉及使用优化程序软件，以在约束条件的限定下取得目标函数的最优值。

- 债券投资组合经理可以使用投资组合优化程序来组建投资组合，以融入市场观点。

17

回测投资策略

学习目标

在阅读本章后,你将会理解:

- 什么是回测,以及为何回测是资产经理使用的工具;
- 三种类型的回测(前进式方法、重采样方法和蒙特卡洛方法);
- 每种回测方法的优点和缺点;
- 回测的原因;
- 为何回测不是一种研究工具;
- 使用前进式回测方法的陷阱;
- 与回测相关的偏差:最佳期偏差、时间段偏差、幸存者偏差、赢者偏差、前视偏差、数据发布时间偏差和选择偏差;
- 什么是过度拟合;
- 与回测相关的实施问题;
- 在多重检验下的选择偏差问题;
- 应向客户披露的关于回测的信息;
- 应向回测构建者提出的问题。

引言

回测是资产管理人工具箱中的一项必备工具。不幸的是,它也可能是最不为人们所理解的工具之一。尽管我们对回测的含义有多种定义,但一个合理的定义是:它是对拟议投资策略在某些条件成立的情况下将会如何表现的模拟。在本章中,我们主要关注与历史回测(亦称前进式方法）相关的陷阱。开展回测的方法要求我们有深厚的概率理论和统计分析背景知识。因此，本章不介绍回测的细节。本章的目的是提供对回测方法的非技术性描述，重点是前进式方法。在下一章中，我们关注另一种回测方法的使用：蒙特卡洛方法。

三种类型的回测

我们有三种通过利用历史观察值来对投资策略进行回测的方法。我们简要地描述这些方法，并解释使用这些方法的优点和缺点。

前进式方法

前进式方法在历史完全重演的假设下评估投资策略的业绩表现。每个投资策略决策都基于决策作出之前的观察。开展完美无瑕的前进式分析是具有挑战性的，我们将在本章后面讨论其原因。开展前进式回测没有通用方法。为了具有准确性和代表性，每项前进式回测都必须量身定制，以评估拟议投资策略的假设。

前进式方法有两个主要优点。其主要优点在于，它有清晰的历史诠释。此外，它的表现可以用纸面交易来评估。

前进式方法有四个主要缺点。第一，它只测试了一种情景（历史路径），很容易过度拟合。但历史仅是随机过程的一个实现结果。假如我们使用时间机器，那么大量历史事件的结局都会不同。由于前进式回测不代表历史，我们没有理由相信它们会代表未来。因此，前进式方法更有可能是一种描述性（或轶事性）陈述，而不是一种推断性陈述。[1]第二，前进式方法的初始决策是基于总样本中的部分样本作出的。大部分信息仅被一小部分决策使用。第三，前进式回测不会告诉我们策略为何会盈利。这个方法从未说明导致策略成功的数据生成过程。如果数据生成过程发生变化，研究人员将无法在策略产生损失之前放弃。第四，回测结果不一定代表未来的业绩表现，因为它们可能会因特定的数据点系列而产生偏差。

让我们更仔细地考察第四个缺点。前进式方法的支持者通常论证，预测过去将会导致过于乐观的业绩表现估计。然而，在通常情况下，在倒转顺序的观察序列上拟合一个表现出色的模型（后退式回测）将会导致表现不佳的前进式回测。事实是，使用前进式方法过度拟合回测与过度拟合后退式回测一样容易。我们可以通过考察改变观察序列如何能产生不一致的结果来看到过度拟合的证据。假如前进式方法的支持者是正确的，那么我们应观察到后退式回测的表现系统性地超越了前进式方法。情况并非如此，因此支持前进式方法的主要论证相当薄弱。

重采样方法

第一种类型的回测是重采样方法，它解决了前进式方法的第　个缺点。重采样方法在未

---

[1] 参见 López de Prado（2018）的第 11 章。进一步的解释参见 Bailey、Borwein、López de Prado 和 Zhu（2014a，2014b）。

来路径可以通过对过往观察值的重新采样来模拟的假设下,评估投资策略的业绩表现。重新采样可以是确定或随机的。通过确定性重新采样进行回测的一个例子是交叉验证。在交叉验证回测中,研究人员将数据集划分成 k 组(被称为折),然后使用 $k-1$ 组来训练模型,并交替使用所保留的剩余组来测试结果。通过随机重新采样进行回测的一个例子是自举法,其中观察值是使用带放回的方法从样本中抽取的。

被推销一项投资策略的客户通常会询问在压力情景下,策略的业绩表现会如何。通常,不可预见的黑天鹅情景是 2008 年的全球金融危机或 2001 年的互联网泡沫。处理压力情景的一种方法是将观察结果划分成两个集合。第一个集合涵盖客户希望资产经理测试的时间段,被称为测试集。第二个集合涵盖数据集的其余部分,被称为训练集。例如,在机器学习开发的策略中,我们在 2009 年 1 月 1 日—2017 年 1 月 1 日的时期内训练分类器,然后在 2008 年 1 月 1 日—2008 年 12 月 31 日的时期内对之进行测试。所取得的 2008 年的业绩表现并不具有历史准确性,因为分类器是使用仅在 2008 年以后可以取得的数据训练的。但历史准确性不是测试的目标。测试的目标是将一项对 2008 年毫不知情的策略置于如 2008 年这样的压力情景中。

使用重采样方法进行回测的目标不是取得具有历史准确性的业绩表现。相反,重采样方法的目标是从多个样本外情景中推断出未来的业绩表现。对于每个回测期,我们模拟分类器的业绩表现,了解除该时期以外的所有信息。

回测的重采样方法同时有优点和缺点。优点有三个。回测的重采样方法的第一个优点是,它不是某个特定(历史)情景的结果。第二个优点是,每个决策都基于相等大小的数据集作出,使不同时期的结果在用于作出这些决策的信息量方面具有可比性。第三个优点是,重采样方法可以依赖许多不同的路径,使研究人员能够考虑与数据生成过程一致的更一般情景。例如,通过重采样方法回测,我们可以对策略的夏普比率分布进行自举抽样,这要比前进式方法得出的单一路径夏普比率含有远更丰富的信息。尽管过度拟合前进式回测十分平常,但过度拟合重采样方法回测却非常困难。[①]

蒙特卡洛方法

第三种类型的回测——蒙特卡洛方法——同时解决了前进式方法的两个缺点。蒙特卡洛方法在未来路径可通过蒙特卡洛来模拟的假设下,评估投资策略的业绩表现。蒙特卡洛方法要求对数据生成过程有更深入的了解,数据生成过程是从对观察结果的统计分析或理论(如市场微结构、制度过程、经济联系等)得出的。例如,经济理论可能会提出两个变量具有协整关系,实证研究可能会表明表征协整向量的数值的范围。因此,研究人员可以模拟数百万年的数据,其中协整向量可以取估计范围内许多不同的值。这是一项比仅仅从有限的(并且可能是不具有代表性的)观察结果集合中重新进行观察结果采样远更丰富的分析。[②]

让我们考虑一名希望设计一项做市策略的研究人员。市场微结构理论告诉我们,信息匮乏的交易者会因暂时性的市场影响导致短期的均值回归,而消息灵通的交易者则会对市场价格造成永久性影响。消息灵通的交易者以速度 μ 抵达市场,信息匮乏的交易者以速度 ε 抵达

---

① 参见 López de Prado(2018)的第 12 章。

② 参见 López de Prado(2018)的第 13 章。

市场。对历史时间序列的统计分析会告诉我们 μ 和 ε 的波动范围,这可以用于模拟在各种情景下的长时间序列。对于给定的 μ 和 ε 的组合,蒙特卡洛方法使我们能够得出最优的做市策略,即在蒙特卡洛回测中将夏普比率最大化的获利了结和止损水平的集合。相比之下,前进式方法和重采样方法会使用所有 μ 和 ε 的历史值对做市策略的总体业绩表现进行回测,而不允许研究人员估计在特定的 μ 和 ε 成对组合水平的业绩表现,也不允许研究人员对每个特定的成对组合得出最优做市策略。

蒙特卡洛方法相对于前进式方法和重采样方法提供了以下四个关键优势:

(1)蒙特卡洛回测有助于解决金融学的第一个认知论局限,因为它们使研究人员能够开展随机控制的实验。诚然,这些实验要求对特定的数据生成过程作出假设,但至少这个数据生成过程是明确的(与在金融期刊中发表的前进式回测不同)。在蒙特卡洛回测中,研究人员会声明研究结果的基础假设。假如客户认为真实的数据生成过程不同,那么研究人员必须被告知一个替代的数据生成过程,并重复这项分析。

(2)蒙特卡洛回测有助于解决金融学的第二个认知局限,因为研究人员不需要假设数据生成过程是恒定不变的。相反,研究发现与某个特定的数据生成过程相关联,其中实现值可以随着时间的推移取自不同的数据生成过程。某个特定的数据生成过程产生实现值的概率可以用统计方法评估,这使研究人员能够随着条件的变化启用或停用模型。

(3)蒙特卡洛回测允许结合先验,先验注入的信息超出了我们从一个有限的观察结果集合所能了解到的信息的范围。当这些先验由理论驱动之时,蒙特卡洛方法提供了模拟最有可能发生的情景的强大工具,即使其中一些情景是过去未曾观察到的。

(4)蒙特卡洛回测的长度可被扩展到为实现目标置信度所需要的任意长度。这很有帮助,因为蒙特卡洛回测避免了使用有限的数据集所固有的不确定性。

在这三种类型的回测中,前进式方法是截至目前最常见的。因此,我们在本章中重点研究前进式方法的特性,但会在下一章中讨论回测的蒙特卡洛方法,因为它克服了前进式方法的主要局限。

回测的原因

知识论或认知论——哲学的一个分支,它处理了有正当理由的信念与意见的区别——为评估回测提供了指导。两个主要的认知论局限阻碍了金融学成为一门与物理学、化学或生物学不相上下的科学。首先,金融学不符合波普尔的可证伪性标准[①],因为金融理论不能用实验室中的受控实验来检验。"价值因子和动量因子解释了股票的优异表现"之类的声明不能被证明是错误的,即便它们确实是错误的。研究人员拥有的全部是由某个未知的数据生成过程产生的单一已实现路径(一个价格时间序列)的结果。我们不能在控制环境条件的同时,从相同的数据生成过程抽取数百万条不同的路径,并评估在多少种情形下价值因子和动量因子是具有解释力的。因此,金融经济学家的声明是基于软事性信息而非科学证据之上的。不幸的

---

① 在科学哲学中,这个标准是由哲学家卡尔·波普尔爵士(Sir Karl Popper)提出的,用于区分科学理论和非科学理论。

是，这个局限未能阻止研究人员对假定的"因子"提出无数伪科学声明。

困扰金融界的第二个认知论局限是非平稳性。金融系统是极其动态和复杂的，环境条件会随着时间的推移迅速发生变化。由于监管、预期、经济周期、市场制度和其他环境变量的变化，金融的因果机制不是固定不变的。例如，即使价值和动量因子确实真正解释了 20 世纪股票的优异表现，但由于新近的技术变化和地缘政治变化，情况也可能不再如此。也许价值和动量仅能在特定条件下发挥作用，而这些条件如今已不复存在。因此，金融研究人员不能在这一术语的科学意义上提出理论。

由于这些认知论的局限性，研究人员依赖回测来制定投资策略。回测在未来观察结果将取自产生过往观察结果的同一数据生成过程的假设下，推断出投资策略的业绩表现。

为何前进式回测不是一种研究工具

资产经理对前进式回测感兴趣的一个原因在于，它提供了对拟议投资策略的合理性检查。尽管一个恰当执行的前进式回测对评估拟议投资策略的潜在业绩表现有极大帮助，但很好地开展前进式回测极其困难，资产经理必须意识到我们在本章中描述的回测的陷阱。不幸的是，在资产管理中，回测通常被视为一种研究工具。这不是回测的正确用法。正如本章所解释的那样，在研究导向型学术期刊中发表的大多数回测都是有缺陷的，我们有理由怀疑相同情况适用于许多向资产管理公司的客户提议的策略。

前进式回测是假设的。它不是科学家所称的"实验"。在从实验推导出精确的因果关系时，科学家可以在实验室中重复实验。在这样做的过程中，科学家可以控制环境变量。回测不能证明任何因果机制。它们为资产经理提供了很少的见解，不能解释为何某项策略会产生有利的业绩表现指标。一旦发现有利的结果后，资产经理总是能够提供一些故事来解释为何策略是成功的。据称，确实有数百种投资策略在某个指定的业绩指标方面是成功的，这些指标通常伴随着某种错综复杂的解释。未作披露的是为发现这个结果开展了多少次试验，以及策略在哪些条件下可能会失败。

通常，资产经理使用回测来改善其策略的业绩表现。这忽略了回测的要点，即丢弃糟糕的模型，而不是改进它们。基于回测结果来调整投资策略是浪费时间的，也是一种在策略的潜在业绩表现方面误导客户的方式。资产管理团队应将他们的时间和精力分配在使策略的所有组成部分都正确的任务上。在模型完全设定之前，不应开展回测。假如回测失败，那么资产经理应修正导致检验伪策略的研究过程。当工厂生产有缺陷的汽车时，解决方案是修理工厂，而不是修理每一辆来自生产链的汽车。

前进式回测的陷阱

前进式回测的陷阱是众所周知的。让我们考察两家金融机构——德意志银行和花旗银行衍生产品部门——所讨论的陷阱。

德意志银行的量化团队称这些陷阱为"量化投资的七宗罪"[①]:

- 幸存者偏差;
- 前视偏差;
- 讲故事;
- 数据挖掘和数据窥探;
- 交易成本;
- 异常值;
- 卖空。

花旗银行股票衍生品部门在 2015 年芝加哥期权交易所的风险管理研讨会上的演讲列举了回测的十个陷阱如下[②]:

- 集中关注期望值,而忽略了其他度量;
- 低估幸存者偏差;
- 混淆相关性和因果关系;
- 选择不具代表性的时间段;
- 不恰当地解释异常值;
- 过度拟合和数据挖掘;
- 忽视逐日盯市的业绩表现;
- 未能预料到意外的事情;
- 低估隐藏的风险敞口;
- 忘记实践层面。

上述问题仅是大多数资产管理公司经常犯下的基本错误中的一小部分,它们绝对无法构成一份详尽无遗的清单。在后文中,我们将讨论这些陷阱和其他一些陷阱。

前进式回测偏差

在前进式回测中,结果通常受到研究偏差或实验者偏差的影响。当执行回测的资产经理有机会为了取得希冀的结果而有意使测试产生偏差时,这种情况就会发生。例如,当资产经理选择开展回测的时间段有可能产生希冀的结果时,这种情况就有可能发生。假如资产经理希望测试一项涉及一个众所周知驱动回报的因子的投资策略,那么资产经理可能会选择一个包含该因子表现最佳的商业周期的时间段。所报告的回测结果排除了策略表现不佳的时间段的业绩表现。这种类型的偏差被称为最佳期偏差。当测试的时间段——回测开始和终止的时间——使结果在波动性、经济增长期和利率水平方面对不同的时间段敏感时,会发生时间段偏差。

幸存者偏差

当回测者在评估策略的业绩表现时仅使用幸存的例子时,就会发生幸存者偏差。通过在

---

① Luo、Alvarez、Wang、Jussa、Wang 和 Rohal(2014)。
② 该演讲见 Sarfati(2015)。

回测中仅使用当前的投资备选域,投资策略忽略了一些公司破产或证券退市的事实。由于幸存者偏差导致回测数据中仅有幸存者或赢者,它有时被称为赢者偏差,它使拟议的投资策略看上去比实际更好。

为了举例说明幸存者偏差,考虑这一事实:投资策略通常涉及使用某个市场指数作为基准。然而,指数的构成成分会发生变化(即公司被移除并由其他公司替代)。因此在回测期内,指数成分的变化必须被考虑。例如,道琼斯工业平均指数(DJIA)包含 30 家重要的美国蓝筹工业公司(即指数排除了运输公司和公用事业公司)。假设资产经理通过考察投资策略在一段长时期内的业绩表现指标,对一项涉及 DJIA 的投资策略进行回测。所使用的业绩表现指标是策略的回报率。然而,这种信息表明了什么?我们难以诠释策略的回报率,因为它忽略了以下事实:在 1896 年创建的 DJIA 最初包含的 30 家公司中没有一家公司出现在当前的指数中。通用电气——DJIA 中最后幸存的成员——于 2018 年被移除。公司可能出于各种原因从指数中被移除,但通常是由财务考虑引起的。例如,通用电气经历了财务困境,导致股票价格大幅下跌。不仅 DJIA 指数发生了变化,而且被加入指数的公司也是选股委员会认为可以反映经济变化状况的公司。例如,在通用电气被移除时,它被连锁药店沃尔格林(Walgreens)取代。自 2010 年以来发生的变化已导致 DJIA 不再由工业公司代表,取而代之的是由知名的消费品、科技、医疗保健和金融公司代表。

幸存者偏差的另一个例子是对早期初创公司的投资。考察新创企业的表现的一个很好的数据库来自投资于早期初创公司的风险投资公司。代表了 450 多家风险投资公司的组织是全国风险投资协会(National Venture Capital Association,NVCA)。据《华尔街日报》报道,风险资本家表示一个常用的经验法则是:30%—40% 的初创公司会彻底失败,30%—40% 的初创公司会收回原始投资,10%—20% 的初创公司会产生丰厚的回报。[①] 根据 NVCA 的估计,25%—30% 的由风险投资支持的企业失败了。换言之,70%—75% 的企业成功了。这听上去像是形成了一种潜在的、有利可图的投资策略。然而,其他研究未对新创企业成功的概率作出如此乐观的描述。

Ghosh(2011)的一项研究表明,无论失败是如何定义的,新创企业成功的可能性都不大。他的研究中包含了 2004—2010 年期间获得风险投资资金(一般至少为 100 万美元)的 2 000 家公司。根据不同的失败定义计算的失败率如下:(1)清算所有资产、从而导致投资者损失大部分或所有投资本金的公司占样本的 30%—40%,(2)投资回报不如预期的公司占样本的 70%—80%,(3)投资回报不如已公布的预测的公司占样本的 90%—95%。Ghose(2011)提出了他的研究发现与 NCVA 得出的结果[如 Gage(2012)所引述]之间存在差异的原因。失败率有向下偏差,因为许多由风险投资支持的公司是亏本出售的,而风险资本家将其归类为"收购"。也就是说,存在幸存者偏差。产生选择偏差的第二个原因是,风险资本家往往会强调成功,但避免讨论失败。正如 Ghosh(2011)指出的那样,风险资本家"非常安静地埋葬他们的死者"。

前视偏差

当资产经理使用在作出投资决策时尚未公开的信息时,就会发生前视偏差。即便只有能够在信息实际公开前的数分钟内使用信息的优势,也可能会导致投资策略的伪发现。前视误

---

① Gage(2012)。

差至少在两种情况下发生。

第一种情况是在回测中使用当策略在现实中使用时不可获得的数据。例如，假设资产经理基于季度盈利报告如何影响股票回报率制定了一项策略。假设回测涉及使用季度盈利来预测一周后的回报率。因此，该策略可能需要使用 9 月 30 日的第三季度的盈利来预测 10 月的第一周的回报率。问题在于，第三季度的盈利在 9 月 30 日不是公开可得的，而通常滞后一个月公布。因此，(譬如)在 9 月 30 日，盈利信息不是已知的，因而回测结果将毫无意义。这是前视偏差的经典例子。这种形式的前视偏差亦称数据发布时间偏差，可以通过确保所使用的数据在回测模拟决策时是实际可获得的来避免这种偏差。这种类型的前视偏差的一个例子是所提供的价格来自不同时区，而在使用历史数据时未认识到这点。

前视偏差发生的第二种情况是使用在证券交易委员会备案的财务报表而不查看后续的修订。人们一般会认为此类报告中的数字是最终数字。情况未必如此。公司可以修改它们在证券交易委员会备案的文件，并发布修改后的文件。这种偏差可以通过检查每个数据点的时间戳并将发布日期、分发延迟和回填更正考虑在内来解决。

过度拟合和选择偏差

回测过度拟合可被定义为在多重回测下的选择偏差。当投资策略的设计目的是在回测中表现良好时，就会发生这种偏差。这在根本上不同于样本内的过度拟合，后者与模型的复杂度相关。事实上，回测过度拟合可以发生在一个十分简单的模型上。

随机模式不太可能在未来重现，当我们对回测进行过度拟合以从这些模式获利时，会导致极其乐观的业绩预测。因此，为在回测中表现良好这一目的设计的投资策略将会失败。回测过度拟合并非完全可以避免，我们必须假设所有回测都呈现某种程度的"选择偏差"。当资产管理公司分享对拟议投资策略的回测结果时，据信只有那些展示会产生盈利的投资策略的结果才会得以披露。

克服回测过度拟合偏差可以说是资产管理中最根本的问题。假如这个根本问题有一个简单的解决方案，那么资产管理公司将必然实现优秀的业绩，因为它们只会投资于成功制胜的策略。

使回测过度拟合偏差如此难以评估的原因是，回测显示基于某个业绩指标策略是成功的，但它实际上并不成功——被称为"假阳性"——的概率会随着在同一数据集上开展的每一次新测试而变化。此外，关于所有回测产生的结果信息不会与当前或潜在的客户分享，而策略是向他们提议的。尽管不存在简单的解决方案来避免过度拟合偏差，但资产经理可以采取一些步骤来减小这种偏差。López de Prado(2018，Chapter 12)描述了这些步骤。

关于偏差的研究

有多项研究已考察在投资策略的设计和回测中固有的偏差。Harvey 和 Liu(2016)考察了可归因于在计量经济分析背景下的数据挖掘和多重检验，以及研究人员仅发表正面结果这一倾向的固有偏差。他们考察这种偏差的具体领域是解释横截面回报率。横截面回报率始于 1967 年资本资产定价模型的检验，自那时起，已有数万项实证研究试图解释横截面股票回报率，它们代表了大量的数据挖掘。这是多重检验的一个清晰的例子。于是，问题是：鉴于我们上述关于多重检验的讨论,设定学生临界 t 值为 2.0 的常用统计检验是否恰当? 在寻找从业人员和学术研究人员进行数据挖掘以试图发现的新因子,以及在多重检验背景下处理统计检验的恰当方式的过程中,作者提出了新的临界 t 值应该是多少的问题。

根据 Harvey 和 Liu(2016)的研究,在 313 项已发表的研究中,有 316 个因子已被用于解释横截面回报率。在每项研究中,因子是用常用临界值 2.0 或临界夏普比率的等效值检验的。作者发现,在 313 项研究中,几乎所有据报告具有显著性的因子在根据估计的检验次数进行调整之后,都不符合显著性标准。在对已知的检验因子的数量(316 个)和在未发表的研究中尝试过的额外因子的数量作出假设后,他们预测了未来(至 2032 年)适当的临界 t 值应该是多少。他们提供了 1967—2032 年期间适当临界值的时间序列。

McLean 和 Pontiff(2016)重点关注了策略发表后在预测横截面股票回报率方面的业绩表现。基于在学术期刊上发表的研究中检验的 97 个变量,他们发现样本外的回报率低了26%,发表后的回报率低了 58%。这表明,当投资者从学术出版物中了解到股票错误定价的信息时,既存在数据挖掘效应(如较低的样本外业绩所示),也存在拥挤效应。

在认识到需要提高临界 t 值或等效的临界夏普比率后,Harvey 和 Liu(2006)讨论了对新策略的夏普比率应用 50% 折减的常见做法。他们论证,事实上应该应用一项考虑到先前检验次数的非线性调整。在另一项研究中,Harvey 和 Liu(2014)提出了考虑到多重检验的方法,并使用已发表的量化交易策略考察了一个实例。Bailey 和 López de Prado(2014)考察了在非常一般的假设下,当策略的回报率基于策略开发过程的额外信息和策略回报率的统计特性呈现非正态分布时,他们必须根据多重检验对夏普比率作出的调整。

实施问题

在回测中,可能会忽视与投资策略相关的一些实施问题。以下的一些例子说明了通过回测的投资策略的现实交易在实践中却可能失败的原因:
- 竞争对手或交易商抢先于策略进行交易;[①]
- 由于市场影响成本,交易成本高于在回测中使用的交易成本;[②]
- 不能购买大量小型公司的股票,而这是投资策略的一部分;
- 随着竞争对手获悉和使用策略,策略很快会达到其容量;
- 不能以回测中假设的成本对现货产品建立空头头寸(在现实交易中找到可以从其借入证券的出借方)。

回测和假设检验

在评估投资策略时,原假设(用 H_0 表示)是不存在可以盈利的策略。备择假设(用 H_1 表

---

① 在这里,我们在一般意义上将抢先交易定义为基于信息优势或更快的实施过程领先于其他市场参与者进行交易的做法。
② 市场影响可被定义为交易对证券价格的暂时性或永久性影响。

表 17.1　混淆矩阵

关于投资策略的决策	投资策略无利可图 （原假设是正确的）	投资策略可以产生盈利 （原假设是错误的）
接受原假设	真阴性	假阴性（第二类错误）
拒绝原假设	假阳性（第一类错误）	真阳性

示）是策略可以产生盈利。在将盈利策略和非盈利策略区分开来时，我们可能会犯下两个错误：伪发现错误和遗漏发现错误。伪发现错误是在投资策略被发现可以盈利，但事实上却无利可图时发生的错误。在统计学中，这种类型的错误被称为第一类错误，它发生的概率为 α——原假设被拒绝，而它事实上是正确的。遗漏发现错误是在投资策略被发现无利可图，而它事实上却可以产生盈利时导致的。也就是说，原假设未被拒绝，而它事实上是错误的。这在统计学中被称为第二类错误，它发生的概率为 β。表 17.1 被称为混淆矩阵，总结了四种情景：

在伪发现（第一类）错误和遗漏发现（第二类错误）之间存在权衡。让我们用一个通过回测评估投资策略的例子来更清晰地说明这种权衡。我们首先假设投资策略是错误的（原假设），直至我们可以通过假设检验证明它是正确的为止。使用来自回测的回报率，我们可以检验业绩表现是否具有统计显著性。拒绝投资策略无利可图的原假设需要多强的证据？这是第一类错误（伪发现错误）的函数。显著性水平（α）越低，实证证据就必须越强；因此，实际产生盈利的策略中被拒绝的部分就越大（即遗漏发现错误的概率将会上升）。

检验力被定义为 1 减去在原假设错误时不拒绝原假设的概率。也就是说，检验力为 1 减去第二类错误（β）。理想情况是同时使两种错误的概率尽可能降低。然而，这两种错误不能被独立设定，因此两者之间存在权衡。

多重检验下的选择偏差问题

金融学中的大多数实证研究可能都是错误的。为了理解原因，我们需要回顾假设检验是如何在金融文献中被滥用的。在回测中，从业者和学术研究人员利用假设的统计检验。在检验这些投资策略时，他们使用相同的历史数据集。问题在于，随着他们在相同的观察值上开展多次检验，α 和 β 不是固定不变。报告从多次回测产生的最佳回测结果而不考虑到 α 的增加，将导致比预期远远更多的假阳性。

美国统计协会在其道德准则中谴责了多重检验下的选择偏差问题，其措辞如下[①]：

　　要认识到，任何频率论的统计检验都有一个随机的可能性，在实际不存在显著性的情况下表明显著性。在相同的分析阶段对相同的数据集开展多重检验，会提高取得至少一个无效结果的几率。从多次平行检验中选择一个"显著"结果将会构成得出错误结论的严重风险。在这种情况下，不对检验的全部范围及其结果进行披露将极具误导性。

多重检验下的选择偏差问题贯穿了所有的科学和社会科学领域。如今，大多数实验科学的期刊论文都包含关于多重检验对发现结果的影响的讨论。例如，Strasak、Zama、Marinell、

---

① 取自美国统计协会的第 8 号准则（1997：5）。

Pfeiffer 和 Ulmer(2007)发现,2004 年,在两大顶级临床科学期刊(《新英格兰医学期刊》和《自然医学》)发表的论文中,有三分之二的论文包含了对这个问题的详尽讨论。

在本章后,我们将提供一个模板,它可用于评估多重检验下的选择偏差对评价经回测的投资策略的影响。

1933 年,两位统计学家耶日·内曼(Jerzy Neyman)和埃贡·皮尔逊(Egon Pearson)提出了我们今天所使用的检验假设的框架。[①]然而,他们未考虑到开展多重检验并选择最佳结果的可能性。当一项检验被重复多次时,综合的假阳性概率将会上升。为了看到这一点,考虑我们第二次重复一个假阳性概率为 α 的检验。在每次试验中,不发生第一类错误的概率为 $(1-\alpha)$。假如两次试验是独立的,那么在第一次和第二次检验中都不发生第一类错误的概率为 $(1-\alpha)^2$。假设 α 为常用的 5%,不发生第一类错误的概率为 90.25%,低于一次检验中的概率。至少发生一次第一类错误的概率是互补数,即 $1-(1-\alpha)^2$。在我们的例子中,它是 9.75%,大于原始的 5%。

对于 K 次独立检验的"族",我们会以 $(1-\alpha)^K$ 的置信度拒绝原假设。"族"假阳性概率被称为族错误率(family wise error rate, FWER),等于 $\alpha_K=1-(1-\alpha)^K$。这是至少有一个阳性是错误的概率,与没有一个阳性是错误的概率 $(1-\alpha)^K$ 是互补数。因此,假如有 100 次检验并且 α 为 5%,那么 FWER 为 99.4%。

假设我们设定 K 次独立检验的 FWER 为 α_K。于是,个体的假阳性概率可以从上述等式得出,即 $\alpha=1-(1-\alpha_K)^{1/K}$。这被称为对多重检验的西达克(Šidàk)校正。根据泰勒展开式的第一项,它可被近似为 $\alpha\approx\dfrac{\alpha_K}{K}$,这被称为 Bonferroni 近似。[②]

应该披露的回测信息

由于在多重检验下选择偏差问题的重要性,Fabozzi 和 Lópze de Prado(2018)建议投资策略的开发人员在向客户推销策略时提供一份报告。他们称这份报告为"SBuMT 报告",即多重检验下的选择偏差(selection bias under multiple testing)的缩写。SBuMT 报告由以下部分组成:试验族、族规模和族错误率。

试验族是一个结果的集合,研究人员从中选择一个结果提交给客户和潜在客户供其考虑,或在期刊上发表。他们讨论了两种情况。在第一种情况下,研究人员披露一系列对备选投资策略计算的回测结果,目的是根据某个业绩统计量(如夏普比率、信息比率、回报率/回撤比率等)选择最佳结果。在第二种情况下,研究人员披露一系列对备选的数据集或模型设定计算的回归结果,目的是选择统计显著性水平最大的结果(如具有最低的 p 值、最高的调整后 R 平方等)。策略开发人员应在 SBuMT 报告中解释他们对试验族的精确定义。他们是如何

---

① Neyman 和 Pearson(1933)。

② FWER 是用于多重检验的一个严格程序,被批评导致了许多第二类错误。另一个较不严格的用于多重检验的程序是伪发现率(false discovery rate, FDR)。

记录试验的。假如试验不可公开披露，那么他们必须解释原因。是什么导致他们执行那些特定试验，而非其他试验，等等。

族规模是所开展的显著不同的实验的次数（K），其中 $K \leqslant N$。例如，由两个完全相同的实验组成的试验族的规模为 1。在 SBuMT 报告中，策略开发人员应解释他们用以确定族规模的确切方法。

策略开发人员应报告他们的检验所隐含的 FWER（α_K）。[1]这可以基于样本长度、试验次数和一个给定的 α，用年化的夏普比率临界水平来表示。

在给定单次检验的显著性水平 α 和族规模 K 后，FWER 可以估计如下：

$$\alpha_K = 1 - (1-\alpha)^K \tag{17.1}$$

上述表达式可在回归研究的情况下使用。在夏普比率的情况下，我们已知在回报率是平稳和遍历的过程（不一定呈独立且完全相同的正态分布）的一般假设下，如果真实的夏普比率等于 SR^*，那么统计量 $\hat{z}[SR^*]$ 是渐近为标准正态分布的：

$$\hat{z}[SR^*] = \frac{(\hat{SR} - SR^*)\sqrt{T-1}}{\sqrt{1 - \hat{\gamma}_3\hat{SR} + \frac{\hat{\gamma}_4-1}{4}\hat{SR}^2}} \xrightarrow{a} Z \tag{17.2}$$

FWER 可以直接从原假设下的夏普比率估计推导而来：

$$\alpha_K = 1 - Z[\hat{z}[0]]^K \tag{17.3}$$

表 17.2 的 A 栏给出了当 $\alpha_K = 0.05$ 时，在回报率遵循标准正态分布的假设下（$\hat{\gamma}_3 = 0$，$\hat{\gamma}_4 = 3$），与样本长度（T）和族规模（K）的各种组合相关的夏普比率临界值。表中的夏普比率已通过每年应用 250 个观察值进行了年化。注意，随着 α_K 的升高，临界值将会变小。尽管表中未显示（因为仅显示了 $\alpha_K = 0.05$），但随着 α_K 的上升，多重检验调整的程度变得更为严重。例如，当 $\alpha_K = 0.05$ 时（见 A 栏），临界值从 1.625 6（$K=1$）上升至 2.590 2（$K=10$），提高了 57%。相比之下，当 $\alpha_K = 0.2$ 时（表中未显示），临界点从 0.843 9（$K=1$）上升至 2.025 1（$K=10$），提高了 140%。

如第 4 章所解释的那样，一个更切合实际的回报率假设是，它们是非正态分布的。关于对冲基金策略的研究显示，它们的特征是正的过度峰度。[2]表 17.2 的 B 栏显示了在 $\hat{\gamma}_3 = -3$、$\hat{\gamma}_4 = 10$ 和 $\alpha_K = 0.05$ 的非正态分布情况下，重复 A 栏中计算所得出的结果。这些结果表明，忽略回报率的非正态性可能会导致 FWER 被严重低估，从而导致假阳性的数量高于预期。例如，在 $\alpha_K = 0.05$、$T = 250$ 和 $K = 10$ 的情况下，将非正态性考虑在内使临界值从 2.590 2（A 栏）上升至 3.403 9，提高了 31%。此外，在非正态性的假设下，多重检验调整远更突出：当 $\alpha_K = 0.05$ 时，临界值从 1.953 6（$K=1$）上升至 3.403 9（$K=10$），提高了 74%，而不是在正态情况下观察到的 57% 的升幅（见表 17.2 中的 A 栏）。[3]

---

① Fabozzi 和 López de Prado（2018）建议通过对回测回报率的相关系数矩阵进行聚类，并使用最优聚类数量作为对独立试验次数的保守度量来确定族规模。这个度量之所以保守，是因为独立试验的次数不能超过低相关性试验的次数。

② 例如，参见 Brooks 和 Kat（2002）；Ingersoll、Spiegel、Goetzmann 和 Weich（2007）。

③ 更多细节参见 López de Prado 和 Lewis（2018b）。

表 17.2 当 $\alpha_K = 0.05$ 时,样本长度(行)与试验次数(列)的各种组合的年化夏普比率临界水平

A 栏:正态情形($\hat{\gamma}_3 = 0$, $\hat{\gamma}_4 = 3$)

aSR	1	2	5	10	25	50	100	250	500	1 000
250	1.652 6	1.966 0	2.336 0	2.590 2	2.900 3	3.118 9	3.326 2	3.585 7	3.772 6	3.952 5
500	1.165 8	1.386 1	1.645 6	1.823 6	2.040 2	2.192 5	2.336 7	2.516 8	2.646 2	2.770 5
750	0.951 1	1.130 6	1.342 0	1.486 8	1.662 9	1.786 7	1.903 8	2.049 9	2.154 8	2.255 5
1 000	0.823 4	0.978 7	1.161 5	1.286 7	1.438 9	1.545 8	1.647 0	1.773 1	1.863 7	1.950 5
1 250	0.736 3	0.875 1	1.038 5	1.150 4	1.286 3	1.381 8	1.472 2	1.584 8	1.665 6	1.743 1
1 500	0.672 0	0.798 7	0.947 8	1.049 8	1.173 8	1.261 0	1.343 3	1.446 0	1.519 7	1.590 3
1 750	0.622 1	0.739 3	0.877 3	0.971 8	1.086 5	1.167 1	1.243 3	1.338 3	1.406 4	1.471 8
2 000	0.581 9	0.691 5	0.820 5	0.908 9	1.016 1	1.091 5	1.162 7	1.251 5	1.315 2	1.376 3
2 250	0.548 6	0.651 9	0.773 5	0.856 8	0.957 9	1.028 9	1.096 0	1.179 7	1.239 7	1.297 3
2 500	0.520 4	0.618 4	0.733 8	0.812 7	0.908 6	0.976 0	1.039 6	1.119 0	1.175 9	1.230 5

B 栏:非正态情形($\hat{\gamma}_3 = -3$, $\hat{\gamma}_4 = 10$)

aSR	1	2	5	10	25	50	100	250	500	1 000
250	1.953 6	2.405 3	2.980 2	3.403 9	3.955 5	4.369 4	4.782 8	5.331 0	5.748 9	6.170 7
500	1.308 8	1.592 4	1.943 8	2.196 3	2.516 8	2.751 7	2.981 4	3.278 9	3.500 5	3.719 6
750	1.044 5	1.264 7	1.534 6	1.726 6	1.968 0	2.143 2	2.313 2	2.531 6	2.692 8	2.851 2
1 000	0.892 5	1.077 7	1.303 3	1.462 9	1.662 4	1.806 5	1.945 7	2.123 7	2.254 4	2.382 3
1 250	0.791 1	0.953 5	1.150 6	1.289 4	1.462 4	1.586 8	1.706 8	1.859 7	1.971 7	2.080 9
1 500	0.717 5	0.863 6	1.040 4	1.164 5	1.318 9	1.429 7	1.536 3	1.671 8	1.770 9	1.867 3
1 750	0.660 9	0.794 7	0.956 1	1.069 3	1.209 8	1.310 4	1.407 1	1.529 7	1.619 2	1.706 3
2 000	0.615 7	0.739 7	0.889 1	0.993 7	1.123 3	1.216 0	1.304 9	1.417 6	1.499 7	1.579 5
2 250	0.578 5	0.694 6	0.834 2	0.931 8	1.052 6	1.138 9	1.221 6	1.326 3	1.402 5	1.476 5
2 500	0.547 3	0.656 7	0.788 2	0.880 0	0.993 5	1.074 4	1.152 0	1.250 1	1.321 5	1.390 7

作为一个例子,表 17.2 显示了当 $\alpha_K = 0.05$ 时,在正态情况(A 栏)和特定的非正态情况(B 栏)下这些临界值的水平。

此外,法博齐和洛佩斯·德普拉多还建议在 SBuMT 报告中包含两个可选部分:检验力和稳健性分析。研究人员应计算检验力,并确定多重检验是如何影响检验的真阳性概率的。多重检验还会影响第二类错误,以至于检验没有任何检验力。换言之,假如代价是我们遗漏大部分真正的策略,那么拥有较低的假阳性率毫无意义。因此,研究人员应报告检验力,即 $1 - \beta_K$。 SBuMT 报告的可选部分将包含对研究结论如何受到不同族规模的影响的分析。[1] 在回测背景下,López de Prado 和 Lewis(2019)推导出假阴性概率(β_K)作为 FWER 的一个函数:

$$\beta_K = Z\left[Z^{-1}\left[(1 - \alpha_K)^{1/K} \right] - \frac{SR^* \sqrt{T-1}}{\sqrt{1 - \hat{\gamma}_3 \widehat{SR} + \frac{\hat{\gamma}_4 - 1}{4} \widehat{SR}^2}} \right] \tag{17.4}$$

---

[1] 稳健性分析的一个例子见 López de Prado 和 Lewis(2019)。

其中，$Z[\cdot]$为标准正态累积分布函数，$\widehat{SR}$为估计的夏普比率（非年化值），T为观察值的数量，$\hat{\gamma}_3$为回报率的偏度，$\hat{\gamma}_4$为回报率的峰度。

当我们假设回报率呈正态分布时，标准正态分布的回报率偏度（$\hat{\gamma}_3$）等于 0，回报率的峰度（$\hat{\gamma}_4$）等于 3。

在检验中用作备择假设的真实夏普比率的数值为 SR^*。

客户问题的样本

除了收到上述的信息披露外，客户还应提出有关提交给他们的特定回测的具体问题。下面列举了一些问题，投资者应记住这些问题，并根据所提交的策略作出一些调整。

超越均值之外

- 你是否计算了均值以外的度量，如标准差、偏度和夏普比率？
- 你能给我看一下回报率分布图吗？

幸存者偏差

- 你是否核查了回测有幸存者偏差？
- 假如查看指数的成分，你是否考虑到了指数成员随着时间的变化？

相关性和因果关系

- 所称的原因在时间上是否领先于结果？
- 预测力是否强大？
- 你是否测试了可能由混杂变量引起的偏差？

时间段

- 你的时间段里包含哪些区制？
- 我能看一下在每个区制下的业绩表现吗？
- 该时间段是否包含与当前环境相似的市场环境？
- 该时间段是否包含任何极端的历史事件？
- 该策略是否包含一个减损机制？
- 该时间段是否可能过短/过长？

异常值

- 你是否识别了可能的异常值,如果识别了,是什么异常值?
- 你评估了每个异常值的影响吗?
- 异常值是否说明了一个故事,还是应该将其排除?

过度拟合和数据挖掘

- 业绩对参数变化的敏感度如何?
- 除了提交的模型之外,你还尝试了多少种其他模型?
- 我能看一下统计检验(T 检验、F 检验等)吗?
- 模型是否进行了样本外检验?

逐日盯市

- 你是否评估了该策略的逐日盯市业绩表现?
- 我能看一下最大回撤及回撤的分布吗?

预料到意外的事情

- 哪些意外的事件或市场环境可能会导致策略崩溃?
- 你是如何对策略进行压力测试的?

隐藏的风险敞口

- 你是否通过一个风险归因模型来运行策略,以查看未识别的风险敞口?

实践层面

- 这项策略可以被套利或抢先交易吗?
- 你是否考虑到了交易成本?
- 假如信号发生在接近交易的时候,使用先前信号的基差风险是多少?

关键要点

- 回测的一个合理定义是:它是对拟议投资策略在某些条件成立的情况下将会如何表现

的模拟。

- 前进式方法、重采样方法和蒙特卡洛方法是用于回测的三种方法。
- 前进式方法是在回测中使用的最常见的方法。
- 前进式方法在历史完全重演的假设下评估投资策略的业绩表现,开展完美无瑕的前进式分析是具有挑战性的。
- 前进式方法的主要优点在于,它有清晰的历史诠释。
- 前进式方法的一个优点是,其表现可以用纸面交易来评估。
- 前进式方法有四个主要缺点是:(1)它只测试了一种情景(历史路径),很容易过度拟合;(2)初始决策是基于总样本中的部分样本作出的;(3)结果不会告诉我们策略为何会盈利;(4)结果不一定代表未来的业绩表现,因为它们可能会因特定的数据点系列而产生偏差。
- 重采样方法解决了前进式方法只评估单一情景的缺点,因为它在未来路径可通过对过往观察值的重新采样来模拟的假设下,评估投资策略的业绩表现。
- 客户通常对策略在压力情景下的业绩表现感兴趣,如 2008 年的全球金融危机或 2001 年的互联网泡沫。
- 重采样法方通过将观察值划分为训练集和测试集来评估压力情景。
- 在使用重采样方法时,回测的目标不是取得具有历史准确性的业绩表现,而是从多个样本外情景中推断出未来的业绩表现。
- 重采样方法有三个优点:(1)它不是某个特定(历史)情景的结果;(2)每个决定都是基于相等大小的数据集作出的,使不同时期的结果在用于作出这些决策的信息量方面具有可比性;(3)它可以依赖许多不同的路径,使研究人员考虑与数据生成过程一致的更一般情景。
- 蒙特卡洛方法在未来路径可通过蒙特卡洛来模拟的假设下,评估投资策略的业绩表现,它解决了前进式方法的缺点,与前进式方法和重采样方法相比具有多个优点。
- 蒙特卡洛方法要求对数据生成过程有更深入的了解,数据生成过程是通过对观察结果的统计分析或理论得出的。
- 知识论或认知论是哲学的一个分支,处理了有正当理由的信念与意见的区别,它为评估回测提供了指导。
- 两个主要的认知论局限阻碍金融学成为一门科学,它们是:(1)金融理论不能用实验室中的受控实验来检验;(2)金融系统是极其动态且复杂的,环境条件会随着时间的推移迅速发生变化。
- 由于金融学的这两个认知论局限,研究人员依赖回测来开发投资策略。
- 前进式回测提供了对拟议投资策略的合理性检查,但它不应被视为一种研究工具。
- 尽管通过查看可归因于投资策略的投资初始价值和期末价值并计算概率,投资策略可能是具有吸引力的,但回测在策略表现不如预期时有助于识别市场的区制。
- 资产经理使用回测来改善其策略的业绩表现是错误的,因为回测的目的是丢弃糟糕的模型,而不是改进它们。
- 在回测策略时有大量的偏差和实施问题。
- 当资产管理团队中执行回测的个人有机会为了取得希冀的投资策略结果而有意使测试产生偏差时,研究偏差或实验者偏差就会发生。
- 当资产经理排除策略表现不佳的时间段的业绩表现时,回测结果报告中的最佳期偏差就会发生。

● 当测试的时间段（起始日和终止日）使得结果在波动性、经济增长期和利率水平方面对不同的时间段敏感时，就会发生时间段偏差。

● 当回测者在评估策略的业绩表现时仅使用幸存的例子时，就会发生幸存者偏差。

● 当资产经理使用在作出投资决策时尚未公开的信息时，就会发生前视偏差。

● 当投资策略的设计目的是在某个回测中表现良好时，就会发生选择偏差。

● 回测过度拟合可被定义为在多重回测下的选择偏差。

● 克服回测过度拟合偏差的问题可以说是资产管理中最根本的问题。

● 回测过度拟合偏差难以评估的原因在于，回测显示基于某个业绩指标策略是成功的，但它实际上并不成功（即假阳性）的概率会随着在同一数据集上开展的每一次新测试而变化。

● 回测在本质上是假设检验，其中原假设是所检验的投资策略不能产生盈利。

● 回测有两种类型的错误：伪发现错误和遗漏发现错误。

● 伪发现错误是在投资策略被发现可以盈利，但事实上却无利可图时发生的错误，它在假设检验中被称为第一类错误（或 α 错误）。

● 遗漏发现错误是在投资策略被发现无利可图，而它事实上可以产生盈利时导致的，它在假设检验中被称为第二类错误（或 β 错误）。

● 在伪发现（第一类）错误和遗漏发现（第二类）错误之间存在权衡。

● 在回测中，研究人员使用相同的历史数据库，利用统计分析进行假设检验，而未考虑到过度检验；这会产生假阳性的检验结果。

● 多重检验下的选择偏差问题贯穿了所有的科学和社会科学领域。

● 由于在多重检验下选择偏差问题的重要性，在向客户推销新的投资策略时，资产管理人应提供一份使客户能够评估回测的报告。

参考文献

American Statistical Association，1997. "Ethical guidelines for statistical practice." Committee on Professional Ethics of the American Statistical Association(April).

Bailey, D. H., J. Borwein, M. Lopez de Prado, and O. J. Zhu, 2014a. "The deflated Sharpe ratio: Correcting for selection bias, backtest overfitting and non-normality," *Journal of Portfolio Management*, 40(5):94—107.

Bailey, D. H., J. Borwein, M. López de Prado, and O. J. Zhu, 2014b. "Pseudo-mathematics and financial charlatanism: The effects of backtest overfitting on out-of-sample performance," *Notices of the American Mathematical Society*, 61(5):458—471.

Brooks, C. and H. Kat, 2002. "The statistical properties of hedge fund index returns and their implications for investors," *Journal of Alternative Investments*, 5(2):26—44.

Fabozzi, F. J. and M. Lopez de Prado, 2018. "Being honest in backtest reporting: A template for disclosing multiple tests," *Journal of Portfolio Management*, 45 (1): 141—147.

Gage, D., 2012. "The venture capital secret," *The Wall Street Journal*, September 20. Available at: http://online.wsj.com/news/articles/SB10000872396390443720204578004980476429190.

Ghosh, S., 2001. "Why companies fail—and how their founders can bounce back," Word Knowledge, Harvard Business School, March 2011. Available at: http://hbswk.hbs.edu/item/6591.html.

Harvey, C. and Y. Liu, 2014. "Evaluating trading strategies," *Journal of Portfolio Management*, 40(5):108—118.

Harvey, C. and Y. Liu, 2016. "... and the cross-section of expected returns," *Review of Financial Studies*, 29(1):5—68.

Ingersoll, J., M. Spiegel, W. Goetzmann, and I. Welch, 2007. "Portfolio performance manipulation and manipulation-proof performance measures," *Review of Financial Studies*, 20(5):1504—1546.

Luo, Y., M. Alvarez, S. Wang, J. Jussa, A. Wang, and G. Rohal, 2014. "Seven sins of quantitative investing," White paper, Deutsche Bank Markets Research, September 8.

López de Prado, M. and M. Lewis, 2019. "Detection of false investment strategies using unsupervised learning methods," *Quantitative Finance*, 19(9):1555—1565.

McLean, R. D. and J. Pontiff, 2016. "Does academic research destroy stock return predictability?" *Journal of Finance*, 71(1):5—32.

Neyman, J. and E. Pearson, 1933. "IX. On the problem of the most efficient tests of statistical hypotheses," *Philosophical Transactions of the Royal Society. Series A*, 231:289—337.

Strasak, A., Q. Zaman, G. Marinell, K. Pfeiffer, and H. Ulmer, 2007. "The use of statistics in medical research: A comparison of The New England Journal of Medicine and Nature Medicine," *The American Statistician*, 61(1):47—55.

Sarfati, O., 2015. "Backtesting: A practitioner's guide to assessing strategies and avoiding pitfalls." Citi Equity Derivatives. Presented at the CBOE 2015 Risk Management Conference. Available at: https://www.cboe.com/rmc/2015/olivier-pdf-Backtesting-Full.pdf.

18

蒙特卡洛回测方法

学习目标

在阅读本章后,你将会理解:

- 全天候假设的含义;
- 战略性投资算法与战术性投资策略的区别;
- 数据生成过程(DGP)的含义;
- 使用蒙特卡洛方法对合成数据集开展回测的实践;
- 蒙特卡洛回测方法如何克服与前进式回测方法和重采样回测方法相关的问题;
- 客户对蒙特卡洛回测方法的担忧,以及为何这种担忧是错误的;
- 一种识别现行数据生成过程的实用方法。

引言

正如上一章所解释的那样,有两个主要局限阻碍金融学成为一门与物理学、化学或生物学不相上下的科学。首先,由于在资产管理中运用的金融理论不能用实验室中的受控实验来检验,"价值因子和动量因子解释了股票的优异表现"之类的声明不能被证明是错误的,即便它们确实是错误的。资产经理拥有的全部是由某个未知的数据生成过程(data-generating process,DGP)产生的单一已实现路径(一个价格时间序列)的结果。投资专业人士不能在控制环境条件的同时,从相同的 DGP 抽取数百万条不同的路径,并评估在多少种情形下价值因子和动量因子具有解释力。

困扰金融界的第二个局限是非平稳性。金融系统是极其动态且复杂的,环境条件会随着时间的推移迅速发生变化。由于监管、预期、经济周期、市场制度和其他环境变量的变化,金融的因果机制不是固定不变的。例如，即便价值因子和动量因子确实真正解释了 20 世纪股票的优异表现，但由于新近的技术、行为或政策的变化，情况也可能不再如此。也许价值和动量仅能在特定条件下发挥作用，而这些条件如今已经不复存在。因此，金融经济学家的声明（资产经理依赖这些声明来制定投资算法）通常是以轶事性信息为基础的，不能提升到科学理论的标准。

由于这些局限，资产经理在制定投资算法时依赖回测。正如上一章所解释的那样，回测涉及在未来观察结果将取自产生过往观察结果的同一 DGP 的一般假设下，推断出投资算法的业绩表现。在上一章中，我们解释了两种回测方法：前进式方法和重采样方法。至此，从业者和学术研究人员采用的最常见的方法是前进式方法。

回测方法选择中隐含的假设是，既定的投资算法应在所有市场区制下部署。我们称这种假设为全天候假设，基于该假设的策略被称为"战略性投资算法"（或"投资策略"）。全天候假设不一定是正确的，正如许多投资策略在近年来盛行的近零利率环境中艰难挣扎的事实所表明的那样，这激发了识别在特定市场区制下最优化的投资算法的问题，我们将其称为"战术性投资策略"。

在本章中，我们论证，对合成数据集开展的回测应成为开发战术性投资算法的标准实践。在这里，我们考察蒙特卡洛模拟如何用于回测。这个回测方法可以有助于解决上文提到的两个局限，从而使金融理论更接近于科学标准。我们从讨论 DGP 的含义开始。

DGP

在数据科学和统计学中，DGP 这一术语可以有不同的含义。一个含义是收集数据、将数据输入数据库并在可以获得新数据时更新数据的过程或程序。尽管数据收集过程对创建准确的数据库十分重要，以便研究人员可以从中使用数据来建立模型、检验其感兴趣的假设和（就我们本章的目标而言）回测策略，但这不是我们在本章中使用术语 DGP 的方式。相反，我们在本章中用它来定义生成我们所研究数据的随机过程。DGP 从识别预期将在 DGP 中重要的随机变量开始，这些随机变量也包括没有观察值的变量。

三种类型的回测

一般而言，我们可以区分三种类型的回测。第一，前进式方法在历史完全重演的假设下评估拟议投资算法的业绩表现。[①]前进式方法的第一个警告是，过去的时间序列仅反映 DGP 产生的一条可能路径。假如我们使用时光机器，那么 DGP 的随机性质将产生一条不同的路

---

① 支持前进式方法的主要论点是，它防止了前视信息的泄露，正如上一章所描述的那样。然而，假如后退式回测不呈现出比前进式方法显著更佳的表现，那么前视泄露不是一个问题，这导致支持前进式方法的主要论证相当薄弱。

径。由于前进式回测不代表过去的 DGP，我们没有理由相信它们能代表未来的 DGP。因此，前进式方法更有可能产生一个描述性（或轶事性）陈述，而不是推断性陈述。[1]前进式方法的第二个警告是，DGP 从未被说明：假如 DGP 发生变化，那么资产经理将不能在策略产生损失前停用策略，因为管理人从未理解使策略奏效的条件。

第二种类型的回测是重采样方法，它解决了前进式方法的第一个警告。重采样方法在未来路径可以通过对过往观察值的重新采样来模拟的假设下，评估了投资策略的业绩表现。重采样可以是确定性的（如刀切法、交叉验证）或随机的（如二次抽样、自举法）。由于重采样方法可以产生许多不同的路径，而历史路径只是其中的一种可能性，它使资产经理能够考虑与 DGP 一致的更一般情景。例如，通过重采样方法回测，资产经理能够对策略的夏普比率的分布进行自举抽样，这比前进式方法推导出来的单一路径夏普比率含有更多的信息。尽管过度拟合前进式回测十分平常，但过度拟合重采样方法回测更为困难。尽管如此，对有限的历史样本进行重采样可能不会产生代表未来的路径。[2]

我们推迟至本章为止讨论的一个回测方法是蒙特卡洛模拟方法。第 5 章提供了对蒙特卡洛方法的解释。在本章中，我们将解释蒙特卡洛方法如何被应用于回测，以及蒙特卡洛回测如何解决前进式方法的两个警告。蒙特卡洛回测方法在未来路径可通过蒙特卡洛模拟的假设下，评估投资算法的业绩表现。蒙特卡洛回测要求对 DGP 有更深入的了解，DGP 是通过对观察结果的统计分析或理论（如市场微结构、制度过程、经济联系等）得出的。例如，经济理论可能会提出两个变量具有协整关系，实证研究可能会表明表征协整程度的数值的范围。因此，评估投资算法的分析师可以模拟数百万年的数据，在分析中使用的协整度量可以取估计范围内许多不同的值，这是一项比仅从有限的（并且可能是不具有代表性的）观察结果集合中重新进行观察结果采样更丰富的分析。[3]

蒙特卡洛回测的四个独特优势

与前进式方法和重采样方法相比，蒙特卡洛回测提供了四个关键优势。第一，蒙特卡洛方法有助于解决金融学的第一个局限，因为它们使回测能够基于随机化的受控实验来开展。诚然，这些实验要求假设一个特定的 DGP，但至少该 DGP 是明确说明的（与在金融学术期刊中发表的前进式回测不同，其中报告了回测的实证结果）。在蒙特卡洛回测中，关于业绩表现的研究结果所依据的假设是公开声明的。假如资产经理认为真实的 DGP 是不同的，那么他只需要提出一个替代的 DGP 并重复开展分析。蒙特卡洛回测可被视作合成测试的一种特殊情况，用统计方法对来自已知模型的计算机生成数据进行测试。[4]

第二，蒙特卡洛回测有助于解决金融学的第二个局限，因为资产经理不需要假设 DGP 是恒定不变的。相反，发现是与某个特定 DGP 相关联的，实现值可以随着时间的推移取自不同

---

① 参见 López de Prado（2018）的第 11 章。

② 参见 López de Prado（2018）的第 12 章。

③ 参见 López de Prado（2018）的第 13 章。

④ 参见 Jarvis、Sharpe 和 Smith（2017）。

的 DGP。换言之,蒙特卡洛回测使我们能够开发战术性投资算法(即为了在某个特定 DGP 下表现最优而设计的投资策略),而不是在前进式方法或重采样方法的帮助下开发的战略性投资算法(即全天候投资算法,它是指在所有市场区制下预期都表现良好的算法)。[1]特定 DGP 产生实现值的概率可以进行统计评估,这使研究人员能够随着条件的变化启用或停用战术性策略。

第三,蒙特卡洛回测使研究人员能够在收集新数据之前融入事件的概率[2],这注入了超出我们能从有限的观察值集合中所了解的范围的信息。当这些先验由经济理论驱动时,蒙特卡洛方法提供了模拟最有可能发生的情景的强大工具,即便其中一些情景未在过去被观察到。与前进式方法或重采样方法不同,蒙特卡洛回测能够帮助我们开发在存在罕见事件(即黑天鹅事件)的情况下部署的战术性策略。

第四,蒙特卡洛回测的长度可以扩展到为实现目标置信度所需的任意长度。这是有帮助的,因为蒙特卡洛回测避免了使用有限数据集所固有的不确定性。

对蒙特卡洛回测的担忧

客户有时怀疑蒙特卡洛回测,因为它们是基于合成数据计算投资算法的业绩表现的,这些数据可能不代表真实 DGP 未来的实现值。出于两个原因,这种怀疑在很大程度上是错误的。第一,估计 DGP 不一定是一个比预测市场更困难的问题。一方面假设统计方法能够导致成功的投资结果,另一方面又假设统计方法不能识别 DGP,这在理智上是不一致的。第二,前进式方法和重采样方法使用的观察值在未来不太可能以与模拟完全相同的方式重现,蒙特卡洛方法生成的路径出现的可能性不一定更小。

另一个担忧是,执行回测的分析员可能会选择一个尤其有利于投资算法的 DGP。这种担忧也是错误的:蒙特卡洛方法明确声明了业绩模拟的基础假设,因此假如 DGP 不切实际地有利于该策略,那么客户可以提出反对。相比之下,前进式方法和重采样方法通过选择模拟所使用的历史数据集隐含了这些假设,混淆了选择偏差和确认偏差的危险。

DGP 的例子

蒙特卡洛方法从一个估计的总体或 DGP 中随机抽取新的(未观察到的)数据集,而不是从观察到的数据集抽取(就像自举法所做的那样)。蒙特卡洛实验可以是参数的或非参数的。参数蒙特卡洛方法的一个例子是区制转换时间序列模型[3],其中样本是从备选过程 $n=1, \cdots,$

---

[1]　近年来,一种已被证明是时尚的做法是,一些资产经理通过长期的前进式回测(在一些情况下,涵盖 100 年以上的数据)来推广某些投资因子。让我们在之前从未经历过的负利率盛行的环境中考虑这项工作的有效性。相比之下,在使用含负利率的 DGP 模拟的数据上开展蒙特卡洛回测是可能的。

[2]　在贝叶斯统计推断的术语中,这个概率被称为先验概率。

[3]　例如,参见 Hamilton(1994)。

N 抽取的,在时间 t 从过程 n 抽取数据的概率 $p_{t,n}$ 是从中抽取先前观察值的过程的一个函数(马尔可夫链)。期望值最大化的算法可被用于估计在时间 t 从一个过程转换至另一个过程的概率(转换概率矩阵)。这个参数方法实现了与观察到的数据集的统计特性的匹配,这些特性随后在未观察到的数据集中得到了复制。[①]

参数蒙特卡洛方法的一个潜在警告是,DGP 可能比一组有限的代数函数所能复制的生成过程更为复杂。当这种情况发生时,通过使用各种技术开展非参数蒙特卡洛实验可能会有所帮助。正如 De Meer Pardo(2019)所解释的那样,这些技术包括变分自编码器、自组织映射和生成对抗网络。[②]

自编码器是一种学习如何在低维空间中表示高维观察值的神经网络。变分自编码器有一个额外的特性,使它们的潜在空间是连续的。这使我们能够成功地进行随机抽样和插值,并将它们用作一个生成模型。一旦变分自编码器学习了数据的基本结构,它就可以在给定的分散度范围内,生成与原始样本的统计特性相似的新观察值(因此有"变分"的概念)。

自组织映射与自编码器不同,因为它应用了竞争式学习(而不是纠错),并且它使用邻域函数来保持输入空间的拓扑特性。

生成对抗网络训练两个互相竞争的神经网络,其中一个网络(被称为生成器)负责从一个分布函数生成模拟的观察值,另一个网络(被称为判别器)负责在给定真实观察数据的情况下,预测模拟的观察值不成立的概率。两个神经网络互相竞争,直至它们收敛于一个平衡为止。训练非参数蒙特卡洛方法所使用的原始样本必须具有足够的代表性,以学习 DGP 的一般特征,否则应更倾向于使用参数蒙特卡洛方法。[③]

战术性投资算法工厂

前进式回测方法和重采样回测方法试图找到"全天候"投资算法,也就是说,不与特定 DGP 相关的战略性投资算法,它们可以在所有市场条件下部署。战略性(全天候)投资算法的概念与市场经历不同区制的事实不相一致,在这些区制中,一些策略预计会成功,其他策略预计会失败。鉴于市场具有自适应性并且资产经理会从错误中汲取教训,真正的全天候策略存在的可能性相当渺茫(自由裁量投资组合经理通常使用这一论点)。即便全天候策略确实存在,它们也可能是在一个或多个区制中奏效的策略总体中一个微不足道的子集。

与前进式回测和重采样回测相比,蒙特卡洛回测帮助我们确定了投资算法对每个 DGP 特征的精确敏感度。一旦我们理解了使策略奏效的特征,我们就可以在监测市场条件的适当性并得出适当的事前风险配置的同时,战术性地部署该策略。当我们以这种方式使用蒙特卡洛回测时,它使我们对策略交易,而不是对市场交易。在这种投资模式下,资产管理公司将开发尽可能多的战术性投资算法[④],然后仅部署那些经认证在现行市场条件下奏效的策略。这

---

① 参见 Franco Pedroso、Gonzalez-Rodriguez、Cubero、Planas、Cobo 和 Pablos(2019)。
② 这些方法可被理解为潜在变量的非参数、非线性的估计量(与非线性主成分分析类似)。
③ 更多的细节参见 López de Prado(2019)。
④ 参见 López de Prado(2018)的第 11 章。

些策略是因 DGP 而异的,并非因工具而异的:相同的策略可以随着时间的推移在不同工具上(在那些工具暂时性地遵循与该策略相关的 DGP 时)战术性地部署。战术性策略工厂方法与战略性策略工厂方法的主要区别是,战术性策略工厂的目标是开发不需要在所有情况下都始终奏效的因 GDP 而异的策略。相反,战术性策略工厂的策略仅需要在它们通过认证的 DGP 中奏效。

DGP 的识别

蒙特卡洛回测使研究人员根据 DGP 识别问题来提出策略选择问题。这是有利的,因为寻找一个在所有可能的 DGP 中都奏效的策略要比估计当前的 DGP 是什么(这又会决定在给定时点应该运行的策略)更具有挑战性。此外,从数学角度来看,识别与某个特定 DGP 相关的最优策略是一个定义明确的问题。[1]

识别现行 DGP 的一种实用方法如下。首先,通过蒙特卡洛回测,对类型广泛的 DGP 开发许多战术性投资算法。其次,选择一个新近市场表现的样本。最后,评估新近市场表现的样本是从每个被研究的 DGP 抽取的概率。这个概率可以通过不同的方法估计。[2]接着,由此产生的概率分布可用于在战术性策略工厂开发的不同策略之间配置风险。换言之,是部署了一个最优策略的集合,而不仅仅是最有可能的最优策略。

在实践中,我们仅需要少数新近的观察值就可以使估计的概率分布缩小可能的 DGP 的范围。原因在于,我们在比较两个样本时,其中合成样本可能由数百万个数据点组成,丢弃与新近观察值不一致的 DGP 通常不需要许多观察值。

另一种可能性是创建回报率分布与既定 DGP 的分布匹配的一篮子证券。在这种替代实施方法下,我们不估计证券遵循 DGP 的概率,而是创建既定策略对之最优的合成证券(作为一篮子证券)。

运行最优策略集合的一个好处在于,集合策略不对应于任何特定的 DGP。这使集合策略能够动态、平滑地从一个 DGP 过渡到另一个 DGP,甚至可以从以前从未见过的 DGP 中获利。

关于蒙特卡洛方法回测的结束语

使用蒙特卡洛方法的回测为资产管理团队提供了开展与随机化受控实验等价的金融实验的可能性。蒙特卡洛回测可以理解为在某些声明的环境条件下对投资算法的业绩表现的认证,类似于工程师对某类设备的性能进行认证的方式。与前进式方法和重采样方法相比,

---

① 许多期刊论文都推广投资算法,而不说明这些策略据信利用的 DGP。在不知道 DGP 的情况下,客户和资产管理公司的管理层无法知道在哪些条件下应该运行策略,或在何时应该停用策略。

② 方法包括总变差距离、Wasserstein 距离、Jensen-Shannon 距离、KL(Kullback-Leibler)散度的某个派生或 KS(Kolmogorov-Smirnov)检验。

蒙特卡洛回测告诉我们在哪些条件下应部署战术性投资策略。这项信息亦能帮助资产管理团队准确指出策略在哪些环境下最为脆弱,何时应停用策略,以及为应对策略需要配置多大风险。

鉴于市场具有自适应性并且资产经理会从错误中汲取教训,真正的全天候策略存在的可能性相当渺茫(自由裁量投资组合经理通常使用这一论点)。即便全天候策略确实存在,它们也可能是所有在一个或多个区制中奏效的策略总体的一个微不足道的子集。因此,资产经理应接受战术性策略工厂的方法模式,从而通过蒙特卡洛回测开发尽可能多的战术性投资算法。

关键要点

- 有两个主要局限阻碍金融学成为一门科学:(1)金融理论不能用实验室中的受控实验来检验;(2)金融系统是极其动态和复杂的,环境条件会随着时间的推移迅速发生变化。
- 由于这些局限,资产经理在制定投资算法时依赖回测,它涉及在未来观察结果将取自产生过往观察结果的同一数据生成过程的一般假设下,推断出投资算法的业绩表现。
- 回测中的 DGP 被定义为生成我们所研究的数据的随机过程,从识别预期将在过程中重要的随机变量开始。
- 回测有三种方法:前进式方法、重采样方法和蒙特卡洛方法。
- 从业者和学术研究人员采用的最常见的回测方法是前进式方法。
- 回测方法选择中隐含的假设是,既定的投资算法应在所有市场区制下部署,这种假设被称为全天候假设。
- 基于全天候假设的策略被称为战略性投资算法。
- 由于全天候假设不一定是正确的,因此激发了识别在特定市场区制下最优化的投资算法的问题,这被称为战术性投资算法。
- 与前进式方法和重采样方法相比,蒙特卡洛方法的四个优势是:(1)使回测能够基于随机化的受控实验来开展;(2)使我们能够开发战术性投资算法;(3)使我们能够在收集新数据之前融入事件的概率;(4)回测的长度可以扩展到为实现目标置信度所需的任何长度。
- 客户有时怀疑蒙特卡洛回测,因为它们是基于合成数据计算投资算法的业绩表现的,这些数据可能不代表真实 DGP 未来的实现值。
- 一些客户对蒙特卡洛回测的担忧是错误的,因为:(1)估计 DGP 不一定是一个比预测市场更困难的问题;(2)其他两种回测方法(前进式方法和重采样方法)使用的观察值在未来不太可能以与模拟完全相同的方式重现,蒙特卡洛方法生成的路径出现的可能性不一定更小。
- 蒙特卡洛回测的一个优点是,它使研究人员能够根据 DGP 识别问题来提出策略选择问题。
- 使用蒙特卡洛方法识别现行 DGP 的一种实用方法如下:(1)对类型广泛的 DGP 开发许多战术性投资算法;(2)选择一个新近市场表现的样本;(3)评估新近市场表现的样本是从每个被研究的 DGP 抽取的概率。

● 蒙特卡洛方法生成的概率分布应用于在战术性策略工厂开发的不同策略之间配置风险。

参考文献

De Meer Pardo, F., 2019. "Enriching financial datasets with generative adversarial networks," Working paper. Available at: http://resolver.tudelft.nl/uuid:51d69925-fb7b-4e82-9ba6-f8295f96705c.

Franco-Pedroso, J., J. Gonzalez-Rodriguez, J. Cubero, M. Planas, R. Cobo, and F. Pablos, 2019. "Generating virtual scenarios of multivariate financial data for quantitative trading applications," *Journal of Financial Data Science*, 1(2):55—77.

Hamilton, J., 1994. *Time Series Analysis*. Princeton, NJ: Princeton University Press.

Jarvis, S., J. Sharpe, and A. Smith, 2017. "Ersatz model tests," *British Actuarial Journal*, 22(3):490—521.

López de Prado, M., 2018. *Advances in Financial Machine Learning*. Hoboken, NJ: Wiley.

López de Prado, M., 2019. *Systems and Methods for a Factory that produces Tactical Investment Algorithms through Monte Carlo Backtesting*. United States Patent and Trademark Office, Application No.62/899, 164.

López de Prado, M., 2020. *Machine Learning for Asset Managers*. Cambridge: Cambridge University Press.

图书在版编目(CIP)数据

资产管理：工具和问题 / （美）弗兰克·J. 法博齐
等著 ；俞卓菁译. -- 上海 ：格致出版社 ：上海人民出
版社，2024. --（高级金融学译丛）. -- ISBN 978-7
-5432-3610-3

Ⅰ. TP274

中国国家版本馆 CIP 数据核字第 20246LT255 号

责任编辑　　王浩森
装帧设计　　人马艺术设计·储平

高级金融学译丛

资产管理：工具和问题
[美]弗兰克·J.法博齐
[美]弗朗西斯科·A.法博齐
[西]马科斯·洛佩斯·德普拉多
[美]斯托扬·V.斯托亚诺夫　著
俞卓菁　译

出　　版　格致出版社
　　　　　上海人民出版社
　　　　　（201101　上海市闵行区号景路 159 弄 C 座）
发　　行　上海人民出版社发行中心
印　　刷　浙江临安曙光印务有限公司
开　　本　787×1092　1/16
印　　张　20.5
插　　页　1
字　　数　487,000
版　　次　2024 年 10 月第 1 版
印　　次　2024 年 10 月第 1 次印刷
ISBN 978 - 7 - 5432 - 3610 - 3/F · 1600
定　　价　108.00 元

本书根据 World Scientific Publishing 2021 年英文版译出

2024 年中文版专有出版权属格致出版社

本书授权只限在中国大陆地区发行

版权所有　翻版必究

上海市版权局著作权合同登记号:图字 09-2024-0044 号